Dirty Tricks Or Trump Cards

U.S. Covert Action & Counterintellingence

더러운 속임수인가 아니면 비장의 카드인가

미국의 비밀공작과 방첩

로이 고드슨(Roy Godson) 저
허태회 역

박영사

개정판 서 문

인류역사를 통해 국제정치와 정보활동은 진화를 거듭하며 발전해왔다. 아마도 이 발전의 과정에서 가장 급격한 변화는 전근대사회가 근대사회로 바뀌면서 나타났고 이 과정에서 정보활동 방법 또한 현저하게 변화하였다. 이제 우리는 근대 및 근대 후기, 포스트모던이라는 세 가지 형태가 공존하는 근대 후기와 포스트모던 시대에 진입하고 있기 때문에 기존 정보활동 관행과 새로운 도전이 공존하는 복잡한 상황에 직면할 수밖에 없다.

이러한 정보활동이 직면한 도전 과제를 다루기에 앞서 먼저 각 사회마다 고유의 특징적 가치관, 제도권 내 행위자들, 그리고 정보활동 관행상 차이를 구분해 보고자 한다. 전근대 및 근대, 그리고 근대 후기 사회에서의 정보활동 간에는 유사성도 발견되지만 동시에 현저한 차이도 발견된다. 때문에 만약 우리가 정말로 근대 후기 혹은 포스트모던 시대로 진입하고 있다면 각 사회 간의 정보활동에서 연속성뿐만 아니라 차이점이 발견된다 하더라도 그리 놀랄 일이 아니다. 미국과 여타 국가의 사람들은 각 사회 행위자들이 어떤 특성을 가지고 행동하는지, 그리고 그들이 직면하고 있는 정보환경은 어떤 것인지를 정확히 이해하고 예측할 필요가 있다.

이 서문에서는 이러한 도전과제들이 미국의 정보활동, 특히 미국의 방첩과 비밀공작에 어떤 함의를 갖는지 살펴봄으로써 결론을 맺고자 한다. 결론을 미리 말한다면, 이런 비밀스런 행위들이 전근대 행위자들에게 유용하게 활용됐고 지금도 일부 근대 국가들에게 활용되고 있는 것처럼 이러한 정보활동 수단을 효율적으로 사용하는데 따른 기회와 도전은 21세기 초반에도 여전히 폭 넓게 존재하고 있다는 것이다.

전근대 사회의 정보활동

각각의 사회마다 어떤 목적을 달성하기 위해 동원된 핵심적 가치 및 사회제도, 전략들은 서로 현저한 차이가 있는 것으로 발견된다. 전근대 사회 사람들은 인류의 가장 전형적인 특성을 보여주고 있는데, 이들은 50만 년 전의 원시부족 공동체에서부터 1만 년 전 나타난 정착 농경사회를 거쳐 5천 년 전 하천을 따라 출현한 거대 다민족 문명에 이르기까지 존재했었다. 이러한 원시적이고 전통적 생활양식은 도처에서 두드러진 형태로 존재하다가 우리가 초기 근대라고 부르는 종교개혁과 르네상스, 그리고 초기 계몽주의사회 및 산업혁명의 시기가 되어서야 변화되기 시작했다. 이어 전개된 근대사회는 자유주의를 꽃피웠지만 20세기 들어 전체주의라는 자유주의 아류를 낳기도 했다.

근대사회가 확산되면서 20세기 들어 전통 사회와 극심한 마찰을 일으키며 충돌이 발생하였고 이러한 충돌은 최근 세계의 역사에서도 지배적인 정치투쟁이 되어 오고 있다. 이러한 정치투쟁은 현재 우리가 '정보(intelligence)'라고 부르는 용어를 만들어내는데 일조하였는데, 이 '정보'라는 용어는 20세기 이전에는 전근대나 근대 사회를 막론하고 대부분의 사회에서 생소한 개념이었다.

전근대 사회는 대체로 전통적 가치관과 사회제도로 특징지어 진다. 물론 개인적으로 몇몇 엘리트들이 "근대적"이었다고 할 수도 있겠지만 일반대중에게는 전통적 가치관과 사회제도가 지배적이었다. 과거는 현재가 본받아야 할 모델이었다. 자연은 인간을 통제했고 인간은 종교를 통해 거대한 자연과 조화를 이루려했다. 전통사회에는 엄격한 위계질서가 존재했고 태어나면서부터 신분과 역할이 정해지는 사회였다. 가족과 자신이 속한 신분질서에 순응하는 것이 가장 지배적인 사회의 기준이었다. 통치자의 가치관이 정치제도 및 정부, 정보활동 양식을 결정했다. 가장 기본적인 정치단위는 가족과 부족 그리고 종교 공동체였는데 이들은 종종 서로 중복되기도 했다. 이런 종교에 기반을 둔 강력한 권력자가 '누가 언제 어디에 살고 무슨 일을 해야 하며 어떤 전쟁에 참여해야 하는지'를 결정했다.

때때로 다민족으로 구성된 사회나 제국이 형성되기도 했다. 그러나 그리스

제국, 로마제국, 터키제국 그리고 아랍제국이 그랬던 것처럼, 거의 대부분 다민족으로 구성된 제국들은 제국 내에서 민족들 간의 위계서열을 수립해 놓고 있었다. 몇몇 제국은 영구적 혹은 반영구적 관료제를 창설하여 상행위 및 사유재산제, 비정부기구를 인정하는 등 보다 근대적 경향을 보이기도 했다. 반면에 다른 제국들은 종교·정치 엘리트들에 의한 강력한 통치, 농경관료제(agro-bureaucracy), 사유재산과 비정부기구에 대한 제한적 인정, 미약한 법제도 등 특성을 가진 '동양적 전제주의' 경향을 보였는데 중국 고대 한(漢)나라가 그 대표적 사례다.

이러한 사회에서 정보는 통치자의 이해관계에 기여하는 방향으로 활용되었다. 통치자들은 막강한 권력을 가지고 있었지만 극소수 사람들만을 신뢰했다. 심지어 가족도 믿지 않았고 신하도 믿지 않았으며, 특히 타 지역의 지도자들은 더더욱 믿지 않았다. 이러한 불신은 상호적인 것이었다. 라이벌 관계에 있는 통치자들은 서로를 두려워했다. 그들에게 있어 정보수집, 그리고 우리가 방첩 및 비밀공작 이라고 부르는 활동들은 매우 중요한 통치의 수단이었다. 방첩활동은 충성심 없는 가족 구성원을 색출하거나 라이벌 및 정보원을 간파하고 무력화시키기 위해 반드시 필요한 수단이라고 믿었다. 비밀공작은 라이벌 진영 지도자들의 충성심과 그들 휘하의 지휘관 및 군사 지도자들을 은밀히 회유하는데 사용될 수 있는 유용한 도구였다.

진보된 전통사회 통치자의 책사들이 기록한 이론서나 역사서, 그리고 근대사회에 의해 붕괴되기 이전 전통사회 사람들의 회고록 간에는 놀라운 유사성이 존재한다. 이중 가장 유명한 것들은 중국의 「(손자병법의 저자) 손무」, 인도의 「카우틸랴」, 셀주크의 「니잠 알 물크」, 중세 후기 베네치아의 대사들, 그리고 15-16세기 스페인 선교사들의 저작들이다.

이들 저작의 주목할만한 점은 이들이 모두 적의 계획을 사전에 알아내서 무력화시키고 회유하는데 비밀정보가 필요하다는 점을 강조했다는 사실이다. 정보는 보통 통치자의 직접적 통제 하에 통치자에게 집중되어 있었다. 이 당시에는 20세기 자유주의 국가들의 특성처럼 간주되어진 방첩이나 비밀공작과 같은 정보활동의 세부적 구성요소에 대해서는 거의 논의가 없었다. 정보활동은 부족, 도시, 제국과 같은 외부의 대상뿐 아니라 통치자 자신의 가족과 신하, 그리고 라이벌 가문을 목표로 수행되었다. 전쟁과 평화 혹은 국내의 적과 해외의 적에 대한 구분이 거의 없었다. 웨스트팔리아 체제 및 그로시우스적 국가개념이 도입된 근대 자유주의 사회와는 대조적으로 당시에는 라이벌에 대한 무력 사용이 대체로 일반적이었다. 진정한 평화는 극히 예외적인 것이었으며, 항상은 아니라 하더라도 정보활동이 대부분의 상황에서 수행되어졌다. 정보를 수집해 적이 침투하거나 아군을 회유하지 못하도록 예방하는 것이 정보활동의 기본이었다.

그리고 전근대사회에서는 정보활동에 거의 아무런 제약이 없었다. 은밀하고 잔인한 수법들이 일상적으로 동원되었다. 이 시대는 인권이나, 법치 혹은 인간의 존엄성을 존중하는 시대가 아니었다. 뇌물, 고문, 납치, 강간 등의 비밀스러운 협박과 설득의 기법, 그리고 국내외 적을 약화시키고, 설득하고, 저지하고 무너뜨리기 위해 암살·테러·독극물 등 매우 은밀한 폭력기법들이 공공연하게 동원되었다.

근대적 개념의 국제관계가 성립되기 이전의 정보활동에서는 방첩 및 비밀공작과 같은 비밀활동들이 강조되었다. 통치자들은 공격적 혹은 방어적 목적하에서 이러한 방첩과 비밀공작을 종종 활용했다. 국내외를 막론하고 적의 공작요원이나 적을 지지하는 세력들은 찾아내 무력화시키는데 초점이 맞춰졌다. 라이벌 관계에 있는 부족, 종교지도자 그리고 도적들과 같이 적으로 인식되는 세력들을 기만·회유·약화시켜 무너뜨리기 위한 목적으로 비밀스러운 수단들이 동원되었다.

근대적 정보활동의 진화

근대 사회가 진화하고 가치관과 사회제도, 기술이 진보함에 따라 정보활동 또한 진화하고 발전하게 된다. 이러한 변화는 점진적이면서도 근대사회 자체가 진화해온 방식처럼 불규칙한 것이었다. 과거가 현재와 미래를 구속하지 않는다는 믿음, 그리고 자연은 인간을 위해 이용해야 할 대상이라는 믿음은 과학 기술의 발전에 커다란 영향을 미쳤다. 이러한 믿음은 20세기 정보활동에도 커다란 영향을 끼쳤다. 물리학의 법칙을 이해하고 빛·열·무선파장과 같은 전자기 스펙트럼을 이용할 수 있게 되면서 신호정보(SIGINT), 영상정보(IMINT) 그리고 오늘날 기술정보(MASINT)라고 불리는 형태의 기술정보 수집 시대가 열리게 되었다. 인적 수단에만 의존했던 "세계에서 두 번째로 오래된 직업"에 가장 중요한 변화가 생긴 것이다.

근대화가 진전됨에 따라 신분·가족·종교에 구속된 위계적 신분질서에 반대하는 인간평등에 대한 신념이 성장하면서 정보활동에도 중요한 변화가 발생하기 시작했다. 계몽사상 및 미국 독립선언서, 프랑스 헌법에 구체화된 이러한 사상은 한 두세기를 거치면서 위계적·종교적·민족 기반의 권위를 변형시키기 시작했다. 항상 그런 것은 아니지만 최소한 이론적으로는, 정부의 기관 및 제도는 신분에 관계없이 국민의 권익신장을 위해 봉사하게 되어 있었다.

한 사람의 군주에 의해 소유·통치되었던 초창기 국가에서 국민에 의해 통치되고 민족자결 원칙을 따르는 주권국가로 성장한 것은 가히 혁명적이라고 할 수 있었다. 민족자결의 원칙은 18세기말 북서유럽을 필두로 하여 전유럽으로 확산되었다. 이러한 민족자결 원칙의 확산은 역설적이게도 유럽 제국주의의 확산과 함께 전통 세계관에 놓인 여타 지역으로도 서서히 전파되었다.

하지만 유럽의 모든 전통군주와 국가들이 이러한 가치관을 받아들인 것은 아니었다. 러시아와 오스트리아·헝가리 제국 지도자들은 이러한 가치관의 수용을 거부했다. 유럽 엘리트들 중에는 다민족·다종교 사회를 결집시켜 제국주의를 타도하기 위한 목적으로 근대적 가치관을 기회주의적으로 받아들이는 세력도 있었다. 일부 엘리트들은 만인평등의 개념과 법치주의 개념을 지지하면서 근대적 가치관을 받아들이긴 하였으나 이질적 구성원이 뒤섞여 있는 사회에서 실질적 권위를 유지하는 것은 불가능했다. 20세기 들어서는 구소련과 파시시트의 이탈리아, 스페인 및 포르투갈, 나치 독일에서 변종된 사회체제가 등장했다. 대부분 서구권 국가에서는 짧게는 4년, 길게는 75년에 걸친 몇 차례의 전쟁과 냉전을 겪은 후에야 법치주의를 기반으로 하는 자유주의 사회가 자리 잡게 되었다.

수세기 동안 유럽의 지배를 받아온 전통적 비서구권 국가에서는 이러한 과정에 더 많은 시간이 소요되었다. 서구권의 중등교육과 대학교육을 받으며 노동조합주의를 받아들인 비서구권 국가 엘리트들은 서구 제국주의에 대항하며 이질적 민족으로 구성된 국민들을 결집시켰다. 민족자결주의 및 독립 주권국가라는 기치를 내걸고 그들은 타국 및 UN에 의해 주권국가로 인정받는 準국가 내지는 군소 국가를 수립하였다. 하지만 엄밀히 말해 실제로 독립 주권국가가 갖추어야 할 요건을 갖춘 국가는 거의 없었다. 그러한 국가의 국민들 대부분은 여전히 전통적 가치관 속에서 살고 있었고, 사회제도는 근대국가라는 껍질 속에서 전통적 방식을 고수하고 있었다. 또한 이들 국가의 정부는 특정 개인이나 집단의 이권만을 대변하면서 영토의 상당 부분을 장악하지조차 못했기 때문에 국민들의 충성심을 강제할 수도 없었다. 따라서 세금징수 체계와 법집행은 당연히 미약할 수밖에 없었고, 관료체계와 경찰력 또한 엉성했고, 전통적인 지방의 토호 세력들은 중앙정부의 권위에 도전했다. 그럼에도 불구하고 이들 국가들은 국제사회에서 "근대적 민족국가"로 인정되었다.

근대적 사회체계가 내실 있게 제도화된 지역에서 국가는 "클라우제비츠 삼위일체설"로 불리는 이론에 따라 국가, 군대, 그리고 국민으로 구분될 수 있다. 대부분의 유럽국가와 북미, 그리고 일본에서는 관료제적 주권국가가 자리를 잡고 이들 국가의 이해관계는 다른 주권국가들로부터 인정되었다. 직업 군인으로 구성된 군대가 주권국가들이 준수하는 국제법 및 국제적 전쟁 규범에 따라 국가 이익을 수호했다. 군대는 타국과 자국의 이익을 위협하는 군사조직으로부터 자국을 보호하는 역할을 담당했다. 군에서 타국 군대를 대상으로 정보를 수집하기 위해 소규모 정보수집 부대를 운영하기도 했지만 전문적 정보 조직을 운영하는 경우는 거의 없었다. 국가의 권위를 인정하지 않는 시민이나 무법자들은 경찰력과 형법의 집행을 통해 다스렸다. 군대를 제외한 나머지 인구는 군대와 구분된 비전투원으로 분리되었고 전투력을 갖추고 있지도 않았다. 특수한 경우를 제외하고는 그들에게 무기도 없었다. 군대는 이들이 타국 군을 직접적으로 지원하지 않는 한 타겟으로 삼지도 않았다. 19세기 후반 들어 유럽과 북미에서 자유주의 시스템이 제도화됨에 따라 각국은 더 이상 자국 시민을 대상 목표로 삼지 않았다. 형법을 위반하거나 타국을 지원하는 혐의가 없는 이상 자국 시민들을 대상으로 하는 정보활동은 하지 않았다.

클라우제비츠의 삼위일체는 자유민주국가와 변종 파쇼 국가들 간의 전쟁에는 적용되지 않았다. 볼셰비키주의자, 파시스트 및 나치스는 권력을 잡은 후 클라우제비츠의 삼위일체론을 존중하지 않았다. 그들은 외부에 적이 존재하지만 내부에도 적이 존재한다고 보고 자국군 내에도 존재할지 모르는 스파이를 색출하기 위해 방첩기관을 만들었다. 나치 등 권력 핵심층은 대내외 적과 항상 대치하고 있었다. 그들은 집단 학살, 인종청소를 마다하지 않았고 자국민에 대한 숙청에도 거리낌이 없었다. 비밀공작과 방첩은 적을 와해시킬 수 있는 최고의 도구로 간주되었다. 전쟁이 발발하자 자유민주국가들은 변종 파쇼국가들의 해외정보활동에 대항했다. 그래서 1차 세계대전과 2차 세계대전 기간 동안에 민주국가들은 강력한 정보활동을 전개하는 조직을 발족시켰지만 전쟁이 끝난 후에는 이들 기관들의 활동이 급격히 감소하게 되었다. 1947년 즈음에 동서냉전이 본격화되면서 자유민주 국가들은 다시 정보기관을 재건하여 방첩 및 비밀공작 역량을 갖추어 나가기 시작했다.

클라우제비츠의 삼위일체설은 2차 세계대전이 끝난 후 비서방권에서 반식민주의 폭력투쟁을 전개하는 과정에서 모순점을 드러냈다. 식민지 독립운동에 대한 억압 과정에서, 그리고 식민지인들이 반식민주의 투쟁을 위해 구소련 및 미국과 비밀스러운 관계를 유지하게 되자, 서구권은 비서구권 민간인들을 타겟으로 삼게 되었다. 독립운동을 억압하는 제국주의 세력과 독립운동을 주도했던 세력들 간에 수단과 방법을 가리지 않고 수행됐던 정보활동은 전근대 사회를 떠올리게 했다.

하지만 제국주의 세력과 반식민 투쟁세력 간의 갈등관계를 제외하고는 대체로 클라우제비츠 삼위일체설은 유효했다. 근대 자유민주국가의 안보기관은 주로 해외정보활동에 중점을 두었으며 타국이 국익을 위해 어떤 활동을 하고 있는지를 파악하고 타국 군이 어떤 작전을 수행하고 있는지를 파악하는데 중점을 두었다. 정보기관에서 정보활동 수행 시 사용하는 자원 중 90% 이상은 자국민이 아닌 외국인에게 집중되어 있었다. 전체적으로 보았을 때 방첩활동과 비밀공작활동은 상당한 제약을 받았고 정보활동을 담당하는 관료기구는 여러 곳으로 분산되었다. 정보수집은 자국이 아니라 타국 및 타국의 국익추구와 군사활동, 그리고 일부 타국의 경제활동을 대상으로 이루어졌다.

이러한 계몽주의운동의 영향을 받아 안보개념이 확산됨에 따라 대학들이 1950년대 들어 "국가안보론"을 가르칠 때 안보의 대상은 외국과, 외국군 그리고 첨단기술이 되었다. 정보활동, 특히 비밀공작은 사관학교를 포함한 어느 대학의 커리큘럼에도 없었고 정보기관 내부의 훈련센터를 제외하고는 어느 기관에서도 찾아볼 수 없었다. 정보기관 훈련센터에서조차 교육 중점사항은 정보수집과 분석이지 방첩과 비밀공작이 아니었다. 특히 이러한 경향은 2차 세계대전 종전 후 미국에서 더욱 두드러졌다. 국가를 중심으로 한 국제정치학 및 국제관계학, '국가안보학'은 비교적 최근까지도 학계와 정계에서 주류를 형성하고 있었다.

현대 국제정치에서의 정보활동

그러나 동서 냉전이 끝나기도 전에 세계화, 정보화 그리고 포스트모던이라고 불리는 다양한 사회조류와 경향이 생겨나기 시작했다. 그러나 이런 사회조류의 주창자들이 사용한 현상에 대한 견해와 해석은 매우 다양했다. 이들이 사용한 "역사의 종말", "문명의 충돌", "지하드(聖戰) 對 맥월드"(전 세계적으로 확산된 미국의 맥도날드 프랜차이즈를 지칭), "무정부 사회의 도래" 등에서 나타나듯이 이들은 동일현상에 대해서 서로 다르게 해석하고 있는 것이다. 좀 더 정확히 얘기하면, 근대적 국민국가의 몰락이 예견되었던 것은 이번이 처음이 아니었다. 아직 그 윤곽조차 희미해 잘 알 수는 없지만 새로운 시대가 도래하고 있다는 연역적·귀납적 증거들은 넘쳐나고 있다.

현대 정치가들의 권위를 빌려 말해보자면, 새로운 국제정치의 시대가 우리 앞에 펼쳐지고 있는 것처럼 보인다. 근대적 가치관과 사회제도가 완전히 사라졌다고 말할 사람은 거의 없겠지만 많은 사람들이 익숙한 것과 새로운 것들이 뒤엉켜 이전과는 다른 뭔가 새로운 것이 만들어지고 있다고 말한다. 게다가 그들은 이런 혼재된 양상으로 인해 새로운 안보위협이 발생하고 이 새로운 위협에 대응하기 위해 정보활동 방식에 대한 새로운 접근이 필요하다고 제안한다. 그래도 그들은 방첩 및 비밀공작처럼 지금까지 도외시 되었던 수단을 사용하자고 적극적으로 주장하지는 않고 있다. 그러나 그들이 주장하는 논리적 함의는 그 방향으로 향하고 있다.

여러 국가의 리더들과 전문가, 정부관계자와 비정부기구 관계자들은 사고의 방향을 바꾸기 시작했다. 유럽연합, 유럽평의회, 美州기구 같은 지역기구 그리고 UN, IMF, IBRD와 같은 국제기구들은 새로운 안보위협을 파악해 대응하는 능력을 키우기 시작했고 안보계획 수립 시 이를 반영하기 시작했다. 세계 공동체가 직면해야 하는 요소를 고려해야 하는 가치관과 행위자, 제도 및 기구들이 오랫동안 지배적이었던 관점과 정책을 변화시키고 있는 것이다. 비록 누구도 국가안보를 위해 정보활동을 적극적으로 전개해야 한다고 제안하지는 않지만, 국가를 비롯한 여러 행위자들은 국가안보 없이 지속가능한 발전을 성취할 수 없음을 깨닫기 시작했다.

국제정치와 안보연구 학계와 이 분야에 정통한 전문가들 또한 상당한 차이를 보이긴 하지만 큰 틀에서는 유사한 결론을 내리고 있다. 21세기 초 국제환경을 고려했을 때 안보에 대한 새로운 접근과 역량의 구비가 요구되고 있다. 국제관계 전문가들은 보통 외부적 변수에만 집중하고 국가 중심적인 경향을 보이고 있다. 그들은 국가가 직면한 안보위협 요소를 연구하고 국가가 어떻게 무력을 사용·관리해야 하는지를 연구한다. 소수 전문가들이 국가의 해외정보활동을 연구하기도 하지만 이때도 정책결정에 필요한 투입 요소로서 정보의 수집·분석에만 집중할 뿐이다. 비밀공작에 집중하는 경우는 거의 없다고 볼 수 있다. 하지만 국가 중심적 패러다임으로만으로는 현재 국제정치의 주요 양상을 설명할 수 없다. 현실주의와 자유주의 그리고 최근 이 두 관점에서 파생된 신현실주의와 신자유주의 같은 국제정치를 설명하는 이론으로는 어떠한 힘이 세계화와 통합으로 이끌고 있는지를 충분히 설명할 수 없고, 국가가 왜 파편화되고 분열되는지를 말해줄 수도 없다. 또한 이 이론들은 중앙아시아 및 발칸반도, 안데스산맥, 러시아 같은 주요 국가에서 통제할 수 없는 무력사태가 발생하는 이유를 이해하는데도 도움을 주지 못한다.

보통 내적 변수에 중점을 두고 연구하는 비교정치학 전문가들 사이에는 과거에 학계를 지배했던 개념과 이론만으로는 특정 국가나 특정지역 정치상황을 온전하게 설명할 수 없다는 인식이 최근 커지고 있다. 비교정치 학자들의 주요 관심사항은 대체로 한 국가의 사회제도, 정치과정 및 국내정책이다. 지역전문가들은 국가나 지역의 분열양상과 같은 불안정성에 관심을 갖고 연구한다. 그들은 전통적 가치관과 사회제도가 근대적이고 포스트모던적인 세력과 상호작용하며 뒤섞여 있음을 인지하고 이러한 양상을 설명하고자 한다. 그러나 많은 이들은 여전히 개발론적인 관점 혹은 서구 자유민주적인 패러다임으로 문제를 설명하려 한다. 비교정치학자들은 근대화와 세계화가 자유민주적이고 근대화된 국민국가를 탄생시키고 있다고 믿는다. 또한 서구 정치학에서 사용하는 이론과 개념을 통해 근대화와 세계화를 보다 잘 이해하고 그 과정을 선도할 수 있다고 믿는다. 정치학자들은 국가나 비국가 행위자가 자행하는 테러와 같은 폭력적 수단, 혹은 국가나 비국가 행위자의 정보 악용을 범죄라고 간주한다. 그러나 비밀공작을 차치하고, 지역적·국제적 안보 위협이나 정보활동은 거의 관심을 받지 못한다.

그럼에도 불구하고 내적 변화요소들이 점차 숙성되고 있다. 그렇다면 무엇이 변화하고 있는가? 전지구적 차원에서 일어나는 가치관·신념·기대 등의 변화상태를 측정하는 것은 쉬운 일이 아니다. 하지만 양상이 변하고 있다. 어떤 이들은 이 양상을 근대 후기 혹은 反모던(antimodern)적이라고 부른다. 이러한 변화들은 근대국가의 통치방식에 영향을 주고 있으며 전면으로 부각된 안보문제에도 영향을 끼치고 있는 것으로 보인다. 이 양상은 국가를 더욱 파편화시키기도 하며 또 어떤 때는 국가 간의 통합으로 이끌기도 한다. 그래서 국가는 더 이상 국제정치의 중심적 행위자라는 인식이 점차 감소하고 있다.

국가를 분열시키는 양상을 구체적으로 살펴보면 다음과 같다.

① 현지화 : 세계의 다양한 지역 사람들이 자신의 뿌리를 중요시하는 경향이 농후해지고 있다. 이러한 경향은 "제4차 세계운동"이라 불리고 있으며 여러 대륙에서 그 예가 발견되고 있다.

② 국유화 혹은 민족 분리주의 : 혈연 · 인종 · 민족 혹은 역사적 뿌리에 바탕을 둔 정체성을 중요하게 생각하고 이질적 문화권에서 온 인종에게 시민권을 주는 것에 반대한다.

③ 지역주의 : 국가를 구성하는 여러 지역이 국가보다 중요하게 간주되고 있다. 세계 도처에서 국가의 개념이 약화되고 있다.

④ 이민 및 소수민족 종족주의 : 이민이 증가하고 사람들의 이동이 늘어났지만 현지 문화에 충분히 동화되는 과정이 결여되어 있다. 세계 곳곳에 흩어져 살고 있는 디아스포라들은 분리정책에 따라 따로 떨어져 공동체를 이루고 있다.

동시에 국경을 넘어 사람들을 통합시키는 경향도 보이고 있는데 이로 인해 국민국가가 약화되고 있고 정부의 역할도 약화되고 있다. 이를 가장 뚜렷하게 보여주는 경향이 바로 세계시민주의이다. 세계 여러 곳에서 살고 있는 특정 유형의 사람들이 서로에게 동질감을 느끼고 있다는 의미다. 근대국가의 엘리트들과 전통국가의 선진 엘리트들이 이 세계관을 공유한다. 세계화와 정보화, 정보통신 기술의 발달로 인해 생성된 세계시민주의 경향을 설명하기 위해 다양한 이론이 제시되고 있다. 보통 고등교육을 받은 엘리트들은 자신이 특정 국가에만 속한다거나 자신의 뿌리가 특정 민족에만 해당된다는 생각을 갖고 있지 않다. 이 엘리트들은 점차 "세계시민"이 되어가고 있으며 세계의 다양한 도시를 여행하고, 거주하고, 이사하고, 일하며 그곳에서 자녀들을 양육하고 있다. 이들은 대부분 영어로 의사소통이 가능하다. 그들은 자신을 "세계문화" 그리고 "인류"를 대표하는 "新계급"이라고 인식하고 있다.

후기 포스트모더니즘을 가져온 한 가지 요인은 때로 해체주의라고 불리는 급진적 포스트모던 철학이다. 이 철학사조는 건국신화와 같은 이야기의 근간을 흔든다. 해체주의는 전통사회와 근대사회 각각에서 사회의 정체성과 제도를 확립했던 종교와 계몽주의의 근간을 흔든다. 해체주의를 다룬 서적을 연구하거나 주요 해체주의 이론가를 알고 있는 외부의 학계 인사는 거의 없으며 그렇게 하려는 의지나 인내심도 없고 그렇게 할 시간도 없다. 하지만 한 시대를 풍미했던 사상들이 그러하듯 해체주의는 예술·영화·문학·텔레비전을 통해 점차 엘리트 계층에서 대중문화 속으로 점차 확산되고 있다.

동시에 자유주의적 국제주의의 특징인 자유·민주사회·법치·시장자본주의에 대한 열망은 커지고 신뢰가 더욱 깊어지고 있다. 공산주의가 쇠퇴한 이후의 지배적 이데올로기를 든다면 아마도 자유주의적 국제주의가 될 것이다. 근대국가 미국과 여러 다국적 기업에 의해 발전된 국제주의는 세계도처에 지지세력이 퍼져있다. 하지만 국제주의는 이전에 공산통치를 받았거나 식민지였던 사회에는 아직 제대로 자리를 잡지 못하고 있다. 게다가 종종 反서구 운동의 형태로 표출되는 이슬람주의 혹은 "반미주의"가 세계 도처에서 등장하고 있다.

이러한 서로 상반된 세력이 다른 방향으로 끌어당기는 가치관의 소용돌이가 만들어지고 있으며 사회의 다양한 계층에서 통합과 분열의 힘이 동시에 작용하고 있다. 한쪽에서는 자유민주주의적 근대국가를 지지하지만 또 다른 한쪽에서는 이를 반대한다.

한편, 근대민족국가는 지금까지 강화되어 오고 있다. 민족자결주의 원칙은 여전히 강력하다. 수백만의 사람들이 세계 여러 곳으로 이사를 하고 여행하면서 살고 있지만 그들은 여전히 자신의 모국에 충성심을 보이고 있다. 어떤 코스모폴리탄(세계시민)들은 일본 소니 제품을 사용하고, 캐나다의 시그램즈 위스키를 마시며 미국산 모토로라 휴대폰을 사용하지만 많은 사람들은 여전히 근대국민국가를 지지한다. 그들은 썩 내키진 않지만 세금을 납부하고 법을 지키며 자국의 독립을 위해 목숨까지 바치며 싸우는 것처럼 보인다. 지난 20년간 분리독립국이나 신생국 숫자는 상당히 증가했다. 1975년에는 150개국이던 것이 1997년에는 193개국으로 증가했다. 많은 분리 독립국들은 여전히 근대민족국가로 발전하기를 열망하고 있다.

반면, 국민들이 근대민족국가에 대해 충성하는 태도를 당연한 것이라고 볼 수는 없다. 지금까지 충성과 헌신을 강제하는 국가 하부단위(substate) 행위자 및 초국적(trans-state) 행위자들은 무척 많이 증가했다. 이 행위자 중 일부는 합법적이지만 그렇지 않은 것들도 있다. 또 하나의 괄목할만한 추세는 국가 내지는 정부 행위자와 반대되는 개념인 지역 행위자의 성장과 세력 확장이다.

종종 해당지역뿐 아니라 전세계로 영향력을 확대해 가는 이들 합법·불법적 새로운 행위자의 증가는 위태롭게 확대되어 가고 있으며 줄어들 기미를 전혀 보이고 있지 않다. 이들 행위자 중에는 위계구조와 관료조직, 예산기능, 심지어 국방 기능까지 갖춘 공식적 조직도 있다. 다른 조직들은 보다 수평적·주기적으로 함께 일하는 네트워크로서 이들 중 몇몇은 목표성취를 위해 폭력이나 협박을 사용하기도 한다.

이러한 트렌드를 나타내주는 지표 중 하나는 국제정부간기구(IGO)와 국제비정부기구(NGO) 숫자의 증가이다. 1차 세계대전 발발 하루 전 통계에 따르면 당시 49개 국제정부간기구와 170개 국제비정부기구가 있었다. 이 숫자는 1970년대 중반 300개의 국제정부기구와 2,400개 국제비정부기구로 증가했고, 1988년 통계로는 4,518개의 국제비정부기구로 확대되었다. 국제비정부기구는 지금까지 해마다 3-5%의 성장세를 보여 왔으며 현재는 대략 25,000여개의 국제비정부기구가 있는 것으로 추산된다.

이러한 공식·비공식적 행위자들은 여러 가지 유형으로 존재한다. 경제나 민족과 관련된 유형이 있고 한 가지 목적을 위해 만들어진 행위자가 있는가 하면 여러 목적을 동시에 달성하기 위해 만들어진 행위자도 있다. 또한 종교 공동체적 행위자가 있는 반면에 범죄성향을 가진 조직도 존재한다. 다국적기업이나 초국가적 생산·용역·금융·통신과 같은 경제관련 행위자들은 가장 많은 주목을 받아오고 있다. 이들은 세계 자원 및 생산역량의 상당한 부분을 차지하고 있기 때문에, 이들 행위는 세계 도처에서 경제적·사회적·정치적 안정성을 유지시킬 수도 있고 동시에 저해할 수도 있다. 이들 중 몇몇은 자신만의 정보·방첩·비밀공작 기능을 갖추고 있으며 이들을 통제할 수 있는 국가는 거의 없다고 볼 수 있다.

민족관련 집단은 두 가지 유형으로 나눌 수 있다. 첫째는 비밀정보활동과 폭력까지 동원해 독립적 민족국가 혹은 자치정부를 추구하는 집단이고, 두 번째는 보다 제한적 목적을 가지고 있으면서 사용 수단이 제한되어 있는 집단이다. 최근 몇 년 동안 목적 달성을 위해 폭력도 불사하는 민족적 집단은 특정 지역에 집중되어 있는 경향을 보이며, 구유고슬라비아와 구소련 지역이 특히 두드러진 곳이었다. 대부분의 다른 대륙에서도 많은 예를 찾아볼 수 있다. 거의 모든 지역에서 그들의 상대적인 영향력은 증가하고 있는 반면, 국가의 힘과 권위는 점차 감소하고 있다.

종교운동은 때때로 민족집단의 범위와 겹치는 경향이 있다. 극단적 이슬람 근본주의자들은 지역적 기반을 가지고 있으며 광범위한 세력 분포를 보이고 있다. 상당 수 세력들은 국가의 지원을 받지도 않는다. 이들은 인적·물적 자원과 비밀조직을 바탕으로 세계 도처에서 물리적 폭력을 동원할 수도 있는 능력을 보유하고 있다. 일본에 근거지를 두고 러시아와 미국에서도 활동을 했던 옴진리교와 같은 종교는 비밀조직을 통해 폭력을 동원하며, 심지어 대량살상무기도 사용할 수 있는 초국가적 행위자였다.

증가 일로에 있으면서 세계적 영향력을 행사하고 있는 국제비정부기구는 세력분포를 분류하기가 쉽지 않다. 아마 코스모폴리탄이라는 용어가 적합한 듯 보인다. 어떤 국제비정부기구들은 하나의 이슈를 추구하고 있고 다른 국제비정부기구들은 글로벌 거버넌스를 추구한다. 국제노동운동 분야 국제비정부기구는 벌써 수십 년째 활동해 오면서 20세기 국제정치에서 중요한 역할을 담당하고 있다. 하지만 다른 분야 국제비정부기구들은 비교적 활동의 역사가 짧다. 몇몇 국제비정부기구들은 자금력이 풍부하고 조직구성이 탄탄하다. 예를 들어 『국제투명성기구(Transparency International)』는 부패척결에 초점을 맞추고 있는 반면, 『국제사면위원회(Amnesty International)』는 인권보호를 위한 활동과 법치가 바로설 수 있도록 하는 역할을 담당하고 있다. 보통 이러한 기구들은 합법적·공개적으로 활동하지만 국제비정부기구 중에는 조직구성이 느슨하고 비밀스런 활동을 하는 기구들도 있다. 비교적 주류에 속하는 국제비정부기구들 중에서도 목적 달성을 위해 물리적 협박이나 폭력을 종종 사용하는 기구가 있다. 특히 급진적 환경운동 기구나 네트워크에 이러한 성향이 강하다. 전통적 조직구조를 가지고 있는 세계적 국제비정부기구인 『그린피스』 몇몇 회원들 또한 물리적 수단을 동원해온 것으로 밝혀졌다.

범죄성향 조직들은 그 특성상 비밀스러운 활동을 할 수밖에 없다. 그들 조직들은 시칠리아 섬이나 동남아 같은 지역에서 수십 년째 강력한 영향력을 행사해 왔다. 그러나 최근에는 범죄조직 숫자가 급증하고 특정 지역 근거지를 넘어 초국가적 영역으로 확대되고 있다. 전세계에서 범죄조직을 찾아볼 수 없는 곳이 거의 없다. 안데스지방이나 동남아, 서남아, 나이지리아, 러시아, 멕시코 같은 국가들은 범죄조직의 온상과도 같은 지역으로 마약과 같은 범죄 원료의 공급처가 되는 곳이다. 다른 지역들은 범죄자와 범죄에 사용되는 물품이 이동하는 통로와 같은 역할을 한다. 중앙아시아 및 터키, 캐리비안 국가들이 이 범주에 속한다. 이 지역을 제외한 다른 지역들도 비밀 금융거래, 자금세탁, 위조여권이나 위조문서 제공 등 범죄자들이 국내법을 회피하는데 이용된다. 유럽 군소국가 중에는 조세피난처로 알려진 곳이 많은데 이들 군소 국가들은 그저 조세피난처 역할만 하는 것이 아니라 제공 서비스의 영역까지 확장하고 있다. 남태평양과 카리브해 연안 지역도 범죄에 악용될 수 있는 지하경제의 영향으로 최근 범죄의 새로운 온상으로 부상하고 있다. 범죄활동으로 인한 전체 지하경제의 규모는 연간 5000억 달러에서 1조 달러 정도로 추산되는데, 이는 전세계 절반에 해당하는 국가들의 GNP 보다 많은 수준이다.

대부분의 불법자금은 북미·유럽·호주·일본과 같이 상대적으로 부유한 국가에서 파생되어 나온다. 조직범죄는 마약·매춘·도박·고리대금업과 같은 전통적 악덕행위를 더욱 지능화시키면서 발전하고 있다. 또한 조직범죄는 밀입국과 같은 새로운 범죄영역으로 발을 넓혔다. 일부 국가 및 연구기관 통계에 따르면 해마다 범죄조직의 도움으로 백만 명 이상이 국경을 넘어 타국으로 밀입국하는데 범죄조직은 그 대가로 해마다 50억불에서 70억불 가량의 수입을 올린다. 이밖에도 범죄조직들이 고소득을 올리는 범죄유형은 납치·차량절도·독극물 불법폐기와 같은 환경범죄, 멸종위기 동·식물의 절도 및 운송 등이다. 범죄조직들이 무기도 거래하고 있지만, 아직까지는 대량살상무기를 거래하지는 않는 것으로 알려지고 있다. 하지만 그들이 마음만 먹으면 그것도 언제든지 할 수 있는 능력을 가지고 있다.

이들 범죄조직의 활동은 생산적인 곳에 쓰여야 할 자금을 불법으로 횡령하기 때문에 경제발전을 좀먹고 환경을 파괴하며 수많은 사람들의 인권을 침해한다. 조직범죄의 해악은 이 뿐만이 아니다. 조직범죄와 정치 행위자들 간의 비밀스런 커넥션, 즉 이들 간의 공생 및 협력관계는 심각하다. 범죄조직은 비밀스럽게 정부의 행정·입법·사법부와 다양한 수준의 공생관계를 형성하고 있고, 정당·금융기관·변호사 등 비정부 영역과도 다양한 협력·공생 관계를 형성하고 있다. 또한 범죄조직은 폭력을 사용하는 민족주의 단체와 종교단체 같은 불법적인 정치행위자와도 비밀스럽게 협력하고 있다.

이러한 사태가 어제 오늘의 문제는 아니지만 현재 규모의 공생·협력 관계는 전례가 없는 수준이다. 이러한 문제는 모든 대륙에서 나타나고 있다. 특히, 미국의 관심국가인 멕시코, 러시아, 독립국가연합, 터키, 나이지리아 및 남아공 같은 국가에서 이러한 문제가 심각하게 발생하고 있다. 이들 지역에서는 출처 및 이동경로, 서비스, 목표 지역들이 서로 얽혀있기 때문에 거의 대부분의 사람들이 이런 정치가와 범죄조직 간의 공생관계로 피해를 입고 있고 이제는 세계적인 문제가 되고 있다. UN이나 세계은행 같은 국제기구, 美洲기구(OAS) 및 EU 같은 지역공동체, 그리고 G8 국가들은 이제 정치가와 범죄조직 간의 공생관계 및 부패문제를 향후 10년간 해결해야 할 가장 심각한 안보문제로 간주하고 있다.

요약하면, 근대적 자유주의 사회는 이제 비국가 행위자들에 의해 많은 도전을 받고 있다. 이는 이제 근대 민족국가 및 준(準)국가 시대가 끝났다는 말이 아니다. 이제 한 개인이 지역적·국가적 혹은 세계적 수준에서 자신이 원하는 바를 얻기 위해 동원 할 수 있는 수단이 매우 다양해졌음을 의미한다. 민족국가 정부 및 비국가 행위자를 통해 원하는 바를 이룰 수도 있지만 합법·불법 및 공식·비공식 행위자 등 다양한 방법을 통해 원하는 바를 달성할 수 있게 되었다.

가치관 및 행위자들이 더욱 복잡한 양상으로 변화함에 따라 이에 대처하는 전략이나 도구 및 기법 또한 변화를 겪고 있다. 이러한 변화는 전근대 사회에서 근대사회로 변화했던 시기에도 나타났었다. 전통적 사회에서는 지역과 다민족 제국 엘리트들이 "국가"나 "사회"보다 중요한 존재였다. 왕이나 황제의 암살, 라이벌 왕과의 혼인이나 무력을 통한 동맹, 책사(策士)나 라이벌 왕의 부하 장군들 부패는 19세기 및 20세기 『웨스트팔리아』 근대국가체제가 제도화되기 전에는 모든 국가에서 일반적으로 행해진 관행이었다.

그러나 근대국가체제가 도입되면서 국가운영 방식이 크게 변화되었다. 이제는 국가운영이 통치자 개인의 사리사욕을 채우는 것이 아니라 군비증강과 동맹관계를 이용하는 능력 중에 "무엇이 국익에 보탬이 되는가?"하는 판단에 초점이 맞춰져 있다. 이제는 국가만이 무력사용을 독점하는 시대가 되었다. 국가와 사회 혹은 국민 간의 차이도 극명해졌다. 경쟁관계의 라이벌 국가를 약화시키기 위해 때때로 그 국가 국민들을 위협하기도 했다. 한 예로 나치와 집권공산당들은 공개적 혹은 비밀스런 수단을 사용하여 전쟁에서 특정국가 국민들을 위협하였다. 때때로 노동·종교·문화 단체같은 비국가 기관이 국가에 의해 세워지기도 했지만 국가의 기능을 수행하는 주요한 기관들 즉, 군·경제·외교 기관과 같은 단체들이 국익 신장이라는 명목 하에서 국가에 의해 독점되었다.

근대 후기 및 포스트모던 사회와 행위자들 간의 세력전이는 기술·전략·제도의 변화와 맞물려 발생하고 있다. 미국과 같은 자유민주주의 국가에서는 목적 달성을 위해 필요한 거의 모든 자원을 동원하는 것이 가능하다. 향후 10년 후 미래에는 미국과 다른 국가 간 권력 비대칭 관계가 형성될 가능성도 높다. 미국은 다른 국가보다 군사·경제·정치적으로 더 많은 자원을 동원해 세계 대부분의 지역에 배치할 수 있다. 반면에, 비국가 행위자를 포함해 약소국 및 準국가들은 미국 및 다른 자유민주 국가들의 안보를 위협할 수 있다. 이러한 국가들은 약하기는 하지만 국가운영이 개인이나 가문의 이해관계에 따라 이루어진다는 특징을 갖고 있다. 이런 국가 및 많은 불법 행위자들을 "클라우제비츠 삼위일체설"로 설명하는 것은 불가능하다. 이런 국가에서는 국가와 국민의 차이가 불분명하다. 결과적으로 이런 국가 통치자와 그들 가족들은 잠재적으로 암살·강탈·뇌물수수 및 부패의 타겟으로 간주된다.

또한 이러한 국가에서는 군대·경찰·정보기관과 같은 관료시스템과 일반 국민 간의 구분도 불분명하다. 많은 準국가, 약소국가 및 비국가 단체 지도자들은 통상적으로 準군사 조직이나 사병을 보유하고 있다. 때때로 이 準군사 조직이나 사병들은 정규군과 구별하기 위해 고유 제복을 착용하기도 한다. 그들은 민간인 복장을 하고 있을 수도 있고 아예 정체를 숨기기도 한다. 또 그들은 일반 국민 속에 섞여 살 수도 있고 따로 살고 있을 수도 있으며 정규훈련을 받았을 수도 있고 받지 않았을 수도 있다. 그들은 포로·부상자 대우 및 민간인 대우와 같은 전시에 국제적으로 통용되는 전쟁법규정의 적용을 받지 않는다. 이러한 조직의 지도자들은 따로 떨어져 거주하며 지역민을 착취하고 지역민의 물자를 갈취한다. 그들은 사업가·농부·근로자·여행객 같은 합법적 시민들에게서 뿐만 아니라 마약·무기밀매 같은 묵인된 불법 활동에서도 세금을 갈취해

간다. 몇몇 지역 유지들 또한 개인적 영달을 위해, 혹은 자신의 사병을 운영하기 위해 범죄를 자행하면서 영리를 취하고 있다. 물론 이러한 準군사 조직은 미국 및 다른 국가의 정규군과는 군사적으로 비교가 되지 않지만 어떤 경우에는 자유민주국가의 군대를 무력화 시키고 위험에 빠뜨릴 수 있는 다양한 지역적·향토적 이점을 가지고 있다.

미국 등 민주주의 국가들은 이런 새로운 행위자가 중요 역할을 차지하고 있는 지역에서 광범위한 이해관계를 가지고 있다. 역사상 미국처럼 이렇게 많은 국민이 해외에 살고 있고 자산 및 원자재를 해외에 다량으로 보유해온 국가는 일찍이 없었다. 많은 미국 국민과 자산, 원자재가 약소국이나 통제 불능의 비국가 행위자의 점유지에 위치해 있다. 게다가 이 지역들은 미국을 비롯한 민주주의 국가의 영토를 공격하기 위한 이동로 및 피신처 등으로 사용되고 있다.

이들 지역 중 상당수는 전략적 중요성을 갖고 있다. 이 지역 내 몇몇 정부는 현재 혹은 가까운 장래에 대량살상무기를 보유할 것이며 역내에서 대량살상무기를 이동시키거나 북미·유럽·일본 등지로 대량살상무기를 이동시킬 수도 있다. 미국 등 국가가 이들 지역에서 발생하는 분쟁에 개입한다면 이들 정부들은 다양한 보복수단을 동원해 미국을 비롯한 국가들을 위협할 수도 있다.

근대적 기술의 진보는 적에게 피해를 입힐 수 있는 새로운 기회를 제공하고 있다. 총과 포 같은 재래식 무기로 싸웠던 재래전에 더해 현대 정치적 행위자들은 이제 정보전 혹은 사이버전이라 불리는 새로운 유형의 전쟁에 관심을 보이고 있다. 통신·교통·금융·보건 시스템과 같은 선진 인프라는 "대량살상무기"에 무척 취약할 수밖에 없다. 예를 들어 미국의 전기공급이 차단되거나 멕시코시티 같은 핵심지역의 수도공급이 교란된다면 이는 재앙이나 다름없다. 전문지식이 증가함에 따라 국내외 자산과 해외거주 교민을 보호해야 할 의무가 있는 자유민주주의 국가의 취약성은 더욱 심화될 것이다.

적대 세력들 또한 대량살상무기 및 교란 기술을 효과적으로 개발하고 사용하기 위해서는 방첩활동과 비밀공작 기능을 가진 비밀조직이 필요하다는 사실을 깨닫게 될 것이다. 혁명적이라 할 수 있는 정보화 시대가 도래함에 따라 이들 적대 세력은 대량살상무기 및 교란 기술을 더욱 손쉽게 획득할 수 있다. 정보혁명으로 인해 이제 적들은 자신들의 정체를 숨길 수 있는 기만작전도 더욱 용이하게 펼칠 수 있게 되었다. 세계의 절반을 차지하는 불량국가·약소국가·準국가 지도자들, 극단적 민족주의자·테러리스트 및 범죄조직과 같은 비국가 행위자들은 스스로 혹은 다른 정치 행위자와 협력하여 대량살상무기 및 교란기술, 그리고 이러한 기술을 운용하는 방첩·비밀공작 기능을 보유한 비밀조직을 갖게 될 것이다.

정보의 역할

국제 정치는 늘 소용돌이와 같다. 여전히 지도자 및 사회제도, 전통사회를 이끌어 가는 여러 기관이 존재하고 있고, 국제정치의 중심에는 클라우제비츠의 법칙을 따르는 현대 자유주의 국가들이 있다. 그리고 지역적·국지적·지구적 차원에서 살펴보면 가치관·사회제도·기술 등 분야에서 국가 및 정부의 권위를 약화시키는 근대 후기적 트렌드도 상존하고 있다. 이러한 시대 상황에서 일관성 있는 정책과 전략을 추진하는 것은 결코 쉽지 않다.

이런 상황에서 정보는 어떠한 함의를 가지는가?

본서에서 논하고 있는 정보의 네 가지 요소(수집, 분석, 방첩, 비밀공작)는 서로 상호보완적 관계이고 국가의 정책 및 전략과 맞물려 있다. 정책과 전략수립 시 일관성이 요구된 미국의 對蘇 봉쇄정책 시기에 이러한 정보의 구성요소는 좀 더 분명하게 정의되었으며 자원도 그에 따라 할당되었었다. 네 가지 요소는 전략목표를 달성하기 위해 서로를 지원하는 상호보완적 관계에 있었다. 하지만 구소련이라는 명확한 적이 존재함에도 불구하고 정보활동에 항상 이상적 조건이 주어졌던 것은 아니었다. 나중에 밝히겠지만 여러 변수 혹은 조건들이 효과적 정보활동에 영향을 끼쳤다. 우리가 현재 경험하고 있는 것처럼 우리는 급변하고 불확실하며 복잡다단한 시대에 살고 있기 때문에 전략목표 달성에 필요한 일관된 정보활동을 기획하기가 매우 어렵다. 정책입안자들로부터 항상 확실하고 뚜렷한 정보활동의 가이드라인을 기대하기도 어렵다. 만약 정책 입안자들이 확실하고 뚜렷한 정보활동 가이드라인을 제시하더라도 가이드라인에 따른 효과적 정보활동을 실행하기 위해서는 목표에 적합한 수단의 재조정 과정이 필요하다.

수집관 및 분석관들은 많은 행위자들과 이들이 사용하는 다양한 전략 및 도구를 분석해내야 한다. 이러한 많은 행위자들은 종종 같은 지역에서 활동하기도 하지만 때로는 전 세계를 대상으로 활동하기도 한다. 그렇기 때문에 이런 행위자들이 어떤 목적을 가지고 어떤 활동을 하는지 파악하고 이들이 목표 달성을 위해 어떤 수단을 동원하는지 분석하는 것은 수집관과 분석관들이 해야 할 중요한 역할이다. 활동 가이드라인에 일관성이 있든지 없든지 수집관·분석관들은 적의 위협을 예측하고 정책입안자들이 정책을 입안할 수 있도록 정보를 제공해야 한다.

수집·분석은 말할 것도 없고 방첩활동 및 비밀공작도 계속 그래 왔듯이 정책수립 시 이를 사용자가 효과적으로 이용할 수 있도록 하여 유리한 고지를 선점하게 해야 한다. 비밀 활동은 위협과 기회를 식별할 뿐만 아니라 정책과 전략을 수립하는데 필요한 도구로도 사용될 수 있다. 효과적 비밀공작과 방첩활동은 자국과 자국 정보기관을 적 정보활동으로부터 보호할 수 있으며, 적을 약화시키고 동맹국을 지원하기도 한다.

방첩활동

방첩활동의 가장 중요한 임무는 적이 가지고 있는 정보나 적의 비밀조직을 식별해내 무력화시키고 자국에 유리한 방향으로 이용하는 것이다. 방첩은 본질적으로 방어수단이지만 동시에 공격수단이기도 하다. 방어수단으로서의 방첩활동은 자국의 군사·외교·기술 관련 비밀을 보호하고, 적 정보기관의 침투와 기만공작에 대한 정보를 수집하고 적의 비밀공작 조직을 분석하는 임무를 수행한다. 공격수단으로서의 방첩은 적에 대한 정보를 수집하고, 적의 취약점을 분석해 자국에 유리하도록 역용하는 전략을 세우도록 지원한다. 현실적으로 민주국가 방첩기관만이 국내와 해외에서 이런 방어 및 공격 임무를 수행할 수 있다. 사법당국 및 외교·경제·문화 단체들은 방첩기관이 이와 같은 공격·방어 임무를 수행하는데 있어서 방첩기관과 협력하여 지원할 수 있다. 민간 부문에서도

적이 침투해 자국의 제반 자원을 악용하는 것을 막는데 도움을 줄 수 있다. 하지만 적의 비밀 정보활동을 파악해 대응하고 역이용하는 것은 방첩활동, 그 중에서도 해외에서 활동하는 방첩조직만이 할 수 있다.

예를 들어, 민주 국가에서 사법당국은 보통 대응하는 역할을 맡는다. 법치주의 원칙을 준수하면서 범죄자는 물론이고 테러리스트나 대량살상무기 확산세력을 색출하는데 핵심적인 역할을 수행한다. 그러나 민주 국가에서 사법당국의 중요한 역할은 과거 및 현재의 형법 위반 범죄자를 검거하고 기소하는 일이다. 예외적 경우를 제외하고 사법당국은 타국 법률의 위반에 초점을 맞추지 않는다. 사법당국에서는 장기 계획을 세우고 고차원적 전략을 사용하여 적의 비밀정보기관에 침투하고 그들을 무력화시키는 기술을 개발하거나 이에 필요한 지식을 축적할 필요성을 느끼지 못한다.

사법당국은 또한 공개적 방식으로 업무를 수행하며 법치주의 원칙을 준수해야만 한다. 사법당국의 업무수행과 업무성과는 감사를 받는다. 종종 사법당국 직원이 지득하게 되는 정보는 공판 준비과정에서 제출되어야 하고, 법정에서 피고에게도 제시되어야 한다. 사법당국의 임무·훈련·업무방식·업무절차·조직문화는 해외 현지의 법률을 지킬 필요가 없고 업무에 대한 감사도 받지 않는 정보·방첩 기관과는 판이하게 다르다. 이는 노련하고 업무에 해박한 사법당국 조사관이나 분석관이 해외범죄조직을 찾거나 무력화시키는데 공헌을 하지 않는다는 말이 아니다. 하지만 사법당국이 오늘날 적의 실체를 파악하고 대응하는데 필수적인 임무·역량·자원·기술을 가지고 있지 않다는 점만은 분명하다.

방첩은 정부 및 비국가행위자 간의 모종의 결탁에 대처하는데도 중요한 역할을 수행한다. 前 독일 해외정보부 비밀공작부서 부서장이 최근 지적한 것처럼 범죄조직의 리더와 정부관계자 간의 비밀스런 협력관계는 세계 여러 지역에 상존하고 있다. 이러한 경향은 구소련에서 특히 두드러졌다. 이들 지역 정부 및 범죄조직 간 연결고리는 수많은 전·현직 정보기관원이 참여함으로써 강화되고 보호된다. 따라서 사법당국이 이런 비밀 연결 라인에 침투하는 것은 무척 어렵다. 정부·범죄조직 간의 협력서클 요원이 사법당국과 정보기관에 침투한 적이 종종 있고, 심지어는 정직한 지방공무원이 정부·범죄조직 간 협력서클 소속의 상관에게 보고하는 일이 생길 수도 있다. 이 노련한 전직 독일 해외정보부 부서장은 이러한 부패세력을 찾아내 분석하는 임무는 해외방첩전문가에게 맡기는 것이 최선이라고 주장한다. 해외방첩 전문가들은 지역 사법당국이나 보안·안보 담당 공무원보다 믿을 수 있고 업무 재량권의 범위도 훨씬 넓다. 그들은 타국 정부와 비국가행위자 간의 비밀협력관계를 이해하고 분석할 수 있는 능력과 기술도 갖고 있다.

비슷한 논리로, 사법당국은 정치·종교적 목적 달성을 위해 폭력을 사용하는 비국가행위자 및 범죄자 간의 관계에 침투하기가 매우 어렵다. 이들 간의 비밀관계를 감시하고 그 속에 침투하기 위해서는 국내외를 넘나들어야 하며, 비교적 일반인들이 접근하기 어려운 장소까지 접근 할 수 있어야 한다. 안데스산맥 동쪽지역, 레바논의 베카계곡, 서남아, 동남아 및 중앙아시아는 거의 통제불능 지역으로써 접근이 용이하지 않다. 다양한 국가·비국가 행위자들의 활동 및 정보공작이 기존 정부·비국가행위자들의 비밀 활동과 동시에 진행될 경우, 무슨 일이 벌어지는지 파악하는 것은 결코 쉽지 않다. 설사 행위자를 파악했다 하더라도 그들의 활동 동기를 파악하고 이러한 비밀활동 과정에서 사용될 가능성이 높은 기법을 예측하는 것은 오늘날 자유주의 국가가 직면한 또 하나의 과제이다.

수집관·분석관들이 적의 움직임을 감지해 내고 적으로부터 자국을 지키는데 도움을 주는 일련의 활동을 방어적 측면의 방첩활동이라고 한다면, 이보다 전략적 측면에서 훨씬 중요한 의미를 가지는 것이 공세적 측면의 방첩활동이다. 자유민주주의 국가들은 전시나 위기 상황에서만 이 공세적 방첩활동이란 무기를 사용한다. 평시 번영을 누리는 상황에서 공세적 방첩활동은 늘 우선순위에서 밀려나고 이를 담당한 방첩 요원들은 별로 지원을 받지도 못한다. 때때로 이스라엘처럼 자국이 위협받고 있다고 생각하는 국가에서는 공세적 방첩활동을 전개하기도 한다. 현재 미국은 공세적 방첩활동이 필요한 상황에 놓여있다. 미국에 대한 위협이라고 볼 수 있는 범죄조직·테러단체·불량국가들이 최근 사용하는 첨단기술은 과거의 적인 구소련이 사용했던 것과는 차원이 다르다. 공세적 방첩활동은 적 조직에 대한 지식을 통해 적의 허를 찌르고 적의 공세적 방첩활동을 막아내는데 자신들의 핵심전력을 동원하도록 만들 수도 있다.

또한 연합국이 2차 세계대전과 걸프전에서 그랬듯이 적을 기만하고 와해시킬 수도 있게 해준다.

게다가, 테러리스트나 범죄조직 지도자가 체포돼 복역하는 것을 우리가 거의 목격하지 못했던 것처럼, 적 지도자를 체포·수감하는 것은 생각보다 어렵기 때문에 우리는 다른 수단을 필요로 한다. 20세기 들어 자유민주 국가들이 방첩활동을 활용해온 것처럼, 우리는 현재 직면한 여러 위협요소를 대처하는 데에도 방첩활동을 적극 활용할 수 있다. 방첩활동이 언론에 보도되는 경우는 별로 없지만 방첩활동은 종종 서방국가에서 범죄조직을 와해시키거나 약화시키는데 중요한 역할을 담당해 왔다. 본질적으로 범죄자들은 조직원간에도 서로 믿지 않는 성향이 있다. 이런 범죄자들의 성향을 이용해 범죄조직 및 이들과 연계된 정부 관계자들에게 역정보를 흘림으로써 서로 불신이 싹트게 한다면, 이들은 내부적 상황을 파악하여 누가 배신자인지 가려내는데 상당한 시간을 허비해야 할 것이다. 이렇게 범죄조직을 장악해 자신들의 정체가 노출됐다고 믿게 하거나 조직원 간에 서로 배신했다고 믿게 함으로써 조직의 전력을 크게 약화시킬 수도 있다. 물론, 이렇게 역정보를 사용한다고 해서 해당지역 모든 범죄자들을 저지할 수 있는 것은 아니다. 하지만, 범죄조직을 약화시키고 범죄조직과 정부 인사들 간의 비밀 커넥션을 와해시킬 수는 있다.

물론 이것은 무척 어렵고 위험한 임무다. 철저한 주의 및 사전계획을 요구하며, 작전부서 외부에서도 냉철한 검토가 필요하다. 범죄조직·정부·테러조직 간의 유착관계를 와해시키는 프로그램이 효과적이며 민주적 기준을 충족시키는지도 살펴봐야 한다. 방첩부서의 작전 수행과정에서 범죄조직 특성상 범죄자들은 폭력사태와 살인 같은 중범죄를 일상적으로 자행할 것이며 그 때문에 작전에 따르는 리스크도 클 것이다. 범죄자들은 자신들이 위협 받고 있다는 생각이 들면 격렬하게 반응할 것이고 살인도 마다하지 않기 때문이다. 하지만 이 조직을 그대로 방치하면 대량살상을 기도할 수 있는 위협요소가 되고, 인권유린 및 경제 활력의 감소, 민주주의 시스템에 대한 위협으로 연결되어 결코 바람직하지 않은 결과를 초래하게 될 것이다. 여러 위협을 가하는 다양한 범죄조직 및 행위자 간에 새로운 협력관계가 생겨날 가능성 등도 있기 때문에 대안이 없는 상황이다.

비밀공작

비밀공작은 목표대상의 상황이나 조건 및 행동에 영향력을 행사하지만, 이 비밀공작을 지시하는 사람이 노출되면 안 된다는 특성이 있다. 비밀공작과 방첩활동은 둘 다 적을 조정하고 통제한다는 공통점을 가지고 있다. 하지만 중요한 차이점은 비밀공작이 정보기관원 이외의 사람을 대상으로 하는 반면, 방첩활동은 적의 정보공작원이나 그들에게 지시를 내리는 정부관계자를 대상으로 한다는 점이다. 비밀공작은 가치체계에 영향력을 행사하거나, 보다 공개적인 기관 및 단체에 영향력을 행사하려는 활동이다. 국가 및 비국가 행위자 모두를 대상으로 삼을 수도 있다.

20세기 자유민주주의 국가에서 비밀공작의 역사는 다양한 형태를 띠어 왔다. 놀라운 성공사례도 찾아볼 수 있지만 참담한 실패사례도 부지기수로 많다. 대부분의 자유민주 국가에서 비밀공작은 논란의 소지가 있는데 몇몇 국가들은 20세기 후반 효과적이면서도 민주주의적 가치를 훼손하지 않는 범위 내에서 비밀공작을 활용·감시하는 메커니즘을 구축하였다.

자유민주주의 국가에서는 보통 비밀공작에 부정적 경향을 보이면서 공개적 영향력 행사를 선호한다. 정부가 공개적으로 자원 배분 및 민주적 가치 증진, 법치주의 확산, 경제 발전과 같은 목표를 위해 노력하는 곳에서는, 미국『전미 민주주의기금』 및 영국의『웨스트민스터 재단』, 독일『정당재단』 등과 같은 시스템 운영자들이 비밀수단은 쓸모가 없고 오히려 불이익만 가져다 준다라고 주장한다. 그러나 비밀공작이 공개적 수단에 대한 보조 역할로서 유용한 여러 상황들을 생각해볼 수 있다. 일반적으로 비밀공작은 공개적 수단을 사용했을 경우에 공작 수혜자 및 스폰서가 피해를 입게 될 경우에 유용하다. 전시·평시를 불문하고 비밀공작 스폰서 및 수혜자, 공작원의 신원을 철저하게 감추고 공작을 진행할 경우 우호세력을 보강하고 적대세력을 약화시킬 수 있는 기회가 종종 발생한다. 본문에서 나중에 설명하겠지만 철저한 신분위장이 필요할 때가 있고 어떤 때는 대강의 신분가장으로도 충분한 경우가 있을 수 있다.

예를 들어, 테러리스트 및 핵확산 세력, 그리고 범죄자 및 이들과 결탁한 정부관계자들에 대한 대항수단 중 하나는 먼저 이들을 공개적으로 폭로하는 것이다. 어떤 개인이나 집단이 비인도적 활동을 벌이고 있고 도적질을 일삼고 있음이 널리 알려진다면 그 개인이나 집단은 더욱 철저한 감시 하에 놓이게 되고 이는 전보다 비인도적 활동 및 도적질을 더 이상 할 수 없다는 것을 의미한다. 만약 마약거래, 여성·아동 인신매매, 핵물질거래 등 불법활동을 일삼는 극단적 민족주의 조직이나 혁명조직, 혹은 종교집단이 공개적으로 폭로된다면 이들은 '공공의 적' 같은 존재가 될 것이며 세계 여러 국가 및 국제기구가 이들을 비난할 것이다. 이들 불법활동 조직원 가족들은 점차 비자발급이 어려워질 것이고 해외여행 또한 어려워질 것이며 합법적 회사 및 은행을 통해 비즈니스를 하기도 어려워질 것이다. 이들의 선전활동은 무시되고 효과적 활동 자체가 점차 어려워질 것이다.

때로는 공개적 폭로가 공공연하게 수행될 수도 있다. 한 개인 또는 집단의 특정 범죄 자행사실을 정부가 공개적으로 발표하고 공개·비공개적 정보활동을 통해 관련사항을 문서화한다면, 이들의 범죄를 최소화시킬 수 있는 가능성이 더욱 높아진다. 물론 이렇게 불법 범죄활동을 폭로하는 방법은 이점도 있지만 단점도 있다. 따라서 공익캠페인 등을 통해 비공개적 방법으로 노출시키는 것이 보다 현명한 방법이다. 공익캠페인를 활용하면 누가 어떻게 정보를 수집했는지를 밝히지 않고 불법활동 관련정보를 대중에 노출시킬 수 있다. 많은 국가에서 아직까지 책·기고문·영상 등의 공개 캠페인을 통해 특정 그룹 및 정치인이 불법활동을 자행하고 있다는 사실을 의도적으로 노출시킨 적은 없지만, 이러한 활동은 조직범죄에 연루된 범죄 집단이나 정치인의 평판·영향력에 심각한 타격을 가할 수 있다.

전적으로 공개적 수단에 의존해 체계적 캠페인을 조직화하는 것은 매우 어렵기 때문에 국제적 연합을 결성하는 것은 거의 불가능하다. 때문에 두 국가가 연합해 공개 캠페인을 전개하면 정부에서 주도적으로 특정 외국인을 부당하게 괴롭힌다는 인상을 줄 수 있다. 이들 불법세력은 보통 뒤를 봐주는 정부관계자가 있고 변호사·홍보 전문가를 고용해 자신들의 혐의를 최소화하려 할 것이다. 범죄조직의 불법활동 사실을 분명히 하면서 캠페인을 지속하기 위한 차원에서 정부는 소송을 통해 협조자 및 기술적 증거를 공개하라는 유혹을 받을 수도 있다. 또한 이런 공개적 캠페인은 여러 민간부문 전문가들을 채용하는데 어려움을 야기할 수도 있다. 민간부문 전문가들 중에는 범법자들을 공개적으로 비난하는 캠페인에 찬성하는 사람도 있고 캠페인을 통해 범법자들의 정보를 확산시키는 것에 동의하는 사람들도 있을 것이다. 하지만 대다수의 많은 사람들, 특히 국내외 기관들은 범법자들이 명예훼손으로 소송을 제기할 수 있기 때문에 법적 책임을 부담스러워 할 것이다. 정부의 하수인처럼 보여 지는 것에도 거부감을 보일 것이고, 범법자들은 여러 경로를 통해 보복하겠다고 협박할 것이다. 미국 정부에서 나서서 군사적으로 보호해주는 것이 어떤 상황에서는 중요할지 모르지만 해외 비정부행위자들을 정치적·심리적으로 보호하는 데는 별로 도움이 되지 않을 것이다. 정부와 직접 연관되어 있다는 사실 자체가 불리하게 작용하기 때문이다.

마지막으로 비밀 캠페인을 진행하면 법적으로 정부가 노출될 수 있는 소지를 줄일 수 있다. 비밀 캠페인을 진행하면 미국 내 또는 해외에서 범죄조직이 민사소송을 통해 미국 정부에 소를 제기해 정부가 피고가 되는 상황을 피할 수 있다. 하지만 정부가 특정 시점에 범법자나 범죄조직을 고소하기로 결정할 경우, 과거 공개 캠페인 등을 통해 공개한 정보 때문에 난감한 상황에 직면할 수도 있을 것이다.

비밀 캠페인에는 필수 불가결한 리스크가 수반된다. 정부가 범죄자라고 판단되는 개인의 유죄 여부에 대한 오판을 내릴 수 있다. 정부가 범죄자로 한번 낙인찍으면 한 개인은 그 오명을 되돌릴 방법이 없다. 이런 리스크를 최소화하기 위해 적을 대중에게 폭로·와해시키는 목적의 프로그램들을 특별히 감독할 필요가 있다. 비밀 캠페인 진행 이전과 진행 과정에서의 대상목표 협의에 대한 오판을 최소화하고 민주적 가치를 훼손하지 않기 위해 비밀캠페인의 지침·절차·기법 등을 행정부와 사법부에 미리 제출하도록 해야 한다.

그리고 대상목표가 보복을 가할 수 있다는 위험부담도 있다. 대상목표가 캠페인을 주최하고 캠페인에 연관된 관계자를 추적해 보복하는 것도 가능하다. 실제 일어난 사례를 보더라도 기자들이 살해당한 경우가 많고 관계자들이 공개 또는 비밀 여부를 막론하고 보복을 당하기도 했다.

마지막으로 비밀 캠페인이 일반대중에 노출될 수 있는 리스크가 있다. 만약 대상목표의 범법행위를 충분히 입증할 수 있고 사용된 캠페인이 민주적 가치를 훼손하지 않았으며, 해당 프로그램에 대한 정책적 합의가 이루어진 상태에서 진행됐다면 일반대중에게 노출되더라도 큰 문제가 되지는 않는다. 물론, 비밀 캠페인은 노출되었을 때 단기적으로는 악영향을 끼친다. 하지만 해당 비밀공작이 대중의 위협 인식과 일치하고 승인절차가 규정대로 지켜졌으며 비밀공작 수단이 상식적 범위를 넘지 않았을 경우, 일반 대중에게 노출된다 하더라도 리스크는 그리 크지 않다. 본문에서 지속적으로 논의하겠지만 대중에게 노출된 수많은 공작이 성공적인 결과를 거두었다. 그 사례로 극단주의 조직이나 폭력조직과 결탁한 정적(政敵)의 실체를 폭로하거나 적 정보기관의 활동을 폭로한 것 을 들 수 있다.

지금까지 비밀공작 및 방첩활동이 오늘날 사회 환경에 어떻게 적용될 수 있는지를 살펴보았다. 하지만 그렇다고 해서 비밀공작이나 방첩활동을 통해서만 안보가 지켜진다는 의미는 절대로 아니다. 실제로 본서의 주된 논제도 역사적으로 그런 경우가 거의 없었다는 것이다. 그러나 일반인들에게는 “더러운 속임수”라는 인식이 있지만 미국과 같은 자유민주 국가가 전시 및 비상시를 제외하고는 비밀공작을 전략적으로 활용하는데 너무 소극적이었다는 점은 지적할만하다. 물론, 복잡다단한 양상을 보이는 국제정치 하에서 목표 달성을 위해서는 국내뿐만 아니라 자유민주 국가 간에도 위협에 대한 기본적 인식과 비밀공작 활용에 대해 합의가 선행되어야 한다. 그리고 비밀공작이 자유민주적 가치를 훼손하지 않는 범위 내에서 원칙에 따라 수행되며 법률을 준수하고 효과적으로 진행되는지 여부를 검증하는 장치가 마련되어야 한다.

이러한 사회적 합의가 진전됨에 따라 비밀공작은 국가정책의 전체적 틀 안으로 통합되어질 수 있다(국가 정책의 전체적 틀 자체가 존재하지 않는다면 비밀공작은 단독으로 효과를 거두기 어렵다). 또한, 비밀공작에 대한 합의가 이루어지고 국가 정책의 큰 틀 속에 통합되어 추진된다 하더라도 효과적 비밀공작이 추진되기 위해서는 비밀공작과 방첩활동을 지원하는 비밀 “인프라”가 필요하다. 상근

전문가를 채용해 훈련시켜야하며 이들이 비밀공작 업무를 수행할 때 필요한 물질적 · 심리적 지원도 병행하여야 한다. 하지만 자유민주주의의 역사가 말해주듯 이들 전문가들은 충분한 훈련을 받지 못하고 보수도 충분히 받지 못했다. 이러한 이유로 채용된 전문가들은 비밀공작 업무를 꺼려하고 고용계약을 갱신하지 않는 경우가 많다. 하지만 몇몇 전문가들은 비밀공작 업무에 매료되어 봉급 인상이나 승진도 마다한 채 육체적 · 정치적 · 심리적 리스크를 기꺼이 감당하려 한다.

본서에서 추가 논의하겠지만, 비밀공작 및 방첩업무에 대한 그들의 참여는 그들의 활동을 비생산적이라고 평가하는 동료들과의 갈등을 종종 유발하기도 한다. 방어적 방첩 담당관들은 조직 내에서 종종 "브레이크"나 "우유부단한 사람"으로 평가받고 직원채용 및 비밀 수집활동을 수행하는 열성적 수집관들을 방해하는 존재로 비춰진다. 하지만 "브레이크 · 우유부단함"이라 비난받는 방어적 방첩 담당관의 성향이 필요한 때가 있다. 비밀공작 작전이 실패한 경우 사후 분석을 해보면 방첩활동 수행방식이 신중하지 못했음이 드러나는 경우가 종종 있기 때문이다.

공세적 방첩전문가 및 비밀공작 전문가들은 종종 추가적 부담을 감내해야 한다. 이들은 조직 내 검열관이나 감독관들에 의해 오해를 받을 소지가 다분한 '회색지대' 업무를 다루기 때문에 항상 특정한 리스크에 노출되어 있다. 전략적 · 공세적 사고를 하는 뛰어난 방첩 및 비밀공작 전문가는 많지 않다. 특히 위기 시가 아닌 평시에는 더욱 그러하다. 조류를 거스르고 있기 때문에 적국에서는 이들 전문가를 찾아내 이들을 대상으로 하는 방첩작전을 펼치기가 쉽다. 적국이 비밀공작이나 방첩 전문가를 찾아내 "당신은 우리에게 감시당하고 있다", "언젠가 당신에게 보복할 것이다"라는 식으로 접근해 무력화 시킨다 해도 별로 놀라운 일이 아니다. 물론 "시기와 방식은 모를 수도 있다." 하지만 이들에 대한 위협이 상존하고 있고 실제로 위협하는 경우도 생길 것이다.

전통 · 근대 · 근대 후기적 요소가 복잡하게 뒤섞여 있는 현대 민주주의 체제 속에서 국익을 보호 · 증진하기 위해 국가는 목표에 대한 정책적 · 전략적 합의를 이루어야 할 뿐만 아니라 성과를 거양하기 위한 공개 · 비공개 프로그램의 도입과 실행 인프라의 구축이 필요하다. 국가가 이러한 요건을 충족시켰을 때 비밀공작은 21세기의 '트럼프 카드(비장의 무기)'가 될 수 있을 것이다.

서 문

조직의 50년대 전성기를 회고하며 한 전직 CIA간부는 50년대에 CIA가 직면했던 현실을 제대로 묘사하려면 소설을 써야 한다고 말했다. 이는 일반적으로 통용되는 관점이며 이러한 관점을 통해 정보활동의 낭만적인 이미지가 고착화되는 경향이 있는 것이 사실이다. 하지만 CIA의 업무는 「존 르카레」나 「렌 데이튼」의 스파이 소설처럼 그렇게 흥미롭지는 않다.

노련한 비밀공작 전문가였던 「윌리엄 후드」의 저서를 보면 다음과 같은 구절이 나온다.

> ... 스파이 업무의 절반 정도는 기다림이고 30% 정도는 보고 및 기록하는 일이다. 업무를 하다보면 한 달에 실제 요원들과 접촉하거나 협조자와 연락하는 시간은 잘해야 몇 시간도 채 되지 않는다. 미행감시를 하면서 몇 시간이고 대상자를 감시하거나 안가에서 전화를 기다리는 시간, 보고서를 작성하는 시간 등이 스파이 업무의 대부분을 차지하는데 이러한 현실을 잘 아는 전직 정보기관 출신 소설가조차도 왜 이런 내용은 소설에서 언급하지 않는지 이해할 수 없었다...

정보활동 세계가 다른 직종과는 다른 고유한 측면이 존재하기는 하지만 정보기관 업무란 여전히 인간사의 법칙이나 관료제의 특성을 반영하고 있다. 간단히 말해 정보활동이 여전히 비밀스럽고 이해하기 힘든 요소를 가지고 있지만 일반 대중의 문화적 측면을 고려하지 않고 정보활동을 하지는 않는다.

정보활동을 제대로 이해하기 위해 우리는 소설이라는 장르에만 국한시킬 필요가 없다. 지난 20년 동안 정보활동에 대한 학문적 연구는 크게 증가했다. 영어로 발행된 정보활동 관련 저서만을 따져보아도 그 분량은 엄청나며 꾸준히 증가하고 있다. 최근에는 정보활동 역사 연구와 개념적 연구 성과가 종종 출판되고 있는데 이는 정보학 연구자들이 과거 가능하리라고 생각했던 수준을 뛰어넘는 발전이다. 요즘에는 외교사 및 국가운영, 군사업무의 "감추어진 측면"처럼 과거 대중에게 잘 알려지지 않았던 영역에 대한 접근성이 높아지고 있다. 세계 곳곳의 여러 정부 기록물보관소에서 구할 수 있는 자료를 바탕으로 출판된 자료가 많아지면서 이런 경향은 점점 더 뚜렷해지고 있다. 비록 손무의 『손자병법』이나 클라우제비츠의 『전쟁론』에 필적할 수 있는 저작은 아직 없지만 정보학 연구는 2차대전 후 정보기관 초기의 저작물이나 60년대 유행했던 언론의 폭로기사 수준을 훨씬 뛰어넘고 있다.

하지만 이런 정보학의 발전에도 불구하고 정보활동을 구성하는 네 가지 기본요소 중 방첩 및 비밀공작에 대한 우리의 이해는 기껏해야 초보적 수준에 머물고 있다. 정보수집 및 분석과 비교해 보았을 때 방첩과 비밀공작은 지금까지 체계적인 연구가 이루어지지 않았다고 볼 수 있다. 심지어 아직도 음모론에 빠진 사람들의 가십거리나 영화시나리오 작가들의 스토리 소재 수준에 머물러있는 경향이 있다. 나는 이 책을 계기로 방첩 및 비밀공작에 대한 연구가 정보수집 및 분석과 같은 수준으로 발전하기를 바란다.

'방첩'은 적의 정보활동을 감지해 무력화시키고 이용하는 활동을 총칭한다. 또한 적 정보요원으로부터 자국의 비밀을 지켜내는 활동을 포함한다. 만약 적이 우리의 외교·군사·첨단기술에 대한 비밀이나 정보활동 사실을 알아낸다면 우리는 상대적으로 엄청나게 불리한 위치에 처할 것이다. 방첩활동을 효과적으로 수행한다면 적을 역으로 이용해 우리 이익에 기여하도록 만들 수도 있다.

'비밀공작'은 타국에서 발생한 사건에 자국이 연관되어 있음을 드러내지 않고 영향력을 행사하는 것이다. 능수능란하고 치밀하게 기획된 정책 하에서 수행된다면 비밀공작은 오늘날의 위험스런 세계에서 우리가 결정적으로 유리한 고지에 오를 수 있게 해준다.

본서는 왜 방첩과 비밀공작이 미국 정보활동의 역사에서 도외시되어 왔는지 살펴보는 것으로 시작한다. 역사적 예시를 통해 그렇게 도외시한 결과로 어떠한 악영향이 나타났는지도 조명해보고자 한다. 2장과 3장에서는 2차 세계대전 이후 현재까지 미국이 수행해온 방첩과 비밀공작활동의 발전과정을 묘사한다. 정보활동 역사에 관한 학문적 연구가 아직 일천하고 모든 정보활동 자료에 대한 공식적 접근이 허용되지 않고 있기 때문에 현재로서는 미국 정보활동 역사를 포괄적으로 기술하기는 어렵다. 하지만 본서를 통해 정보활동의 역사에 대한 윤곽은 가늠해볼 수 있을 것이다.

이러한 배경 하에서 본서는 어떻게 하면 비밀공작과 방첩활동이 가장 효과적으로 수행될 수 있는지 "이상적" 원칙과 기법을 소개하고자 한다. 이런 원칙을 도출하기 위해 미국 정보활동이나 구소련과의 냉전만을 소재로 삼지는 않았다. 세계의 정보활동 역사를 살펴보면 배울 점이 있는 교훈들이 무궁무진하다. 본인도 본서를 기획하며 이러한 세계 정보활동의 역사를 통해 많은 도움을 받았다. 본서에서 중점적으로 기술하고 있는 내용은 방첩활동과 비밀공작이 미국에서 어떻게 수행되어 왔는지에 관한 비교다. 이어서 미래 미국의 안보를 위해 방첩활동과 비밀공작이 어떠한 방식으로 수행되어야 하는지도 검토해 보고자 한다.

또한 본서는 미국의 방첩활동 및 비밀공작과 관련해 이상과 현실 간의 차이를 설명하고 그 차이를 어떻게 좁힐 것인가에 대한 대안도 제시한다. 미래 미국의 안보를 위협하는 요소를 제거하기 위해 이상과 현실 간의 차이는 좁혀져야 하기 때문이다.

차 례

Chapter

01

미국 정보활동이 간과해 온 요소들

정보란 무엇인가? 이 질문에는 여러 가지 답변이 있을 수 있다. 정보의 이론적 정의(定義)에 대한 학문적 합의는 이루어지지 않고 있다. 정보를 정의하는 한 가지 좋은 방법은 이론을 제쳐두고 국가들이 실제로 어떻게 정보활동을 수행하는지 살펴보는 것이다. 하지만 이 접근법 또한 여러 가지 다양한 답변이 가능하다. 이런 경우 혼동을 피하기 위해 정보의 기본적 특성을 나열해 보는 것도 좋다. 하지만 결론부터 말하자면, 정보란 여러 정보기관들이 다양한 활동을 통해 수집하고 가공하며 보호하는 첩보이다. 정부의 형태, 정치史 그리고 안보문제를 종합적으로 고려할 경우 정보는 다음의 네 가지 기능으로 나누어 볼 수 있다. 즉 수집, 분석, 방첩, 비밀공작이다.

특정 국가가 정보활동을 수행할 때 이러한 구분법을 따르지 않거나 혹은 이 네 가지 기능 모두를 수행하지 않을 수도 있다. 하지만 이 네 가지 기능 중 어느 한 기능이나 하나 이상 기능을 수행하지 않는다고 해서 이들 네 가지 기능을 유기적으로 연결시키는 논리가 바뀌지는 않는다. 또한, 이들 네 기능 중

하나 이상이 부재하거나 네 기능 모두를 적절히 수행하지 못할 경우 국가안보를 수호하는데 상당한 장애가 있을 것이라는 사실을 부인할 수도 없다. 최선의 정보활동은 분명 이들 네 가지 기능으로 구성되는 것이기 때문이다.

'수집'이란 가치있는 첩보를 모으는 과정이며 이 과정의 많은 부분은 비밀스런 방식으로 수행된다. 모든 첩보가 정보로 간주되지는 않고 정책결정자나 정보관리자가 가치있다고 판단한 첩보만이 정보로 결정된다. 또한 가치있는 첩보로부터 가치없는 첩보를 구분해내는 어떤 규정이 있는 것도 아니다. 보통 정부들은 성취하거나 저지, 혹은 영향을 끼치고자 하는 사안과 관련된 첩보에만 관심을 가지나, 일부 정부들은 다른 것들을 원할 수도 있다. 모든 시대에 걸쳐 모든 정부가 가치 있다고 평가하는 특정 유형의 첩보가 있을 수 있지만, 사전에 "이런 첩보가 바로 정보다"라고 미리 결정되어 있는 것은 아니다.

광의의 의미에서 정보에는 세 가지 출처가 있다. 즉 공개정보, 기술정보, 인간정보다. 각 출처에서 얻어지는 첩보는 각각의 장점과 단점이 있다.

'분석'은 첩보를 처리하는 과정이며 동시에 처리결과로 얻어지는 산물이다. 보통 첩보는 정보요원의 보고서 혹은 특정 장비를 통해 찍은 사진 등 가공되지 않은 형태로 수집된다. 그리고 분석이라는 과정을 통해 첩보는 의미를 가지게 된다. 분석은 첩보를 걸러내고 다른 데이터와 비교하는 과정을 수반하며 결론적으로 첩보를 가공해 보다 넓은 정보라는 맥락에 포함시키는 것이다.

분석을 거친 데이터는 당면한 안보상황에 관한 구체적인 내용일수도 있고 장기적인 관점에서 미래 트렌드에 관한 예측처럼 광범위한 내용일수도 있다.

'방첩'은 적 정보활동으로부터 자국의 비밀을 보호하고 적 정보활동을 자국에 유리한 방향으로 역이용하는 일련의 활동을 포함한다. 자국 비밀을 보호하기 위해 국가들은 주로 정해진 보안절차나 대응책에 의존하고 있다.

보안절차란 다소 수동적 개념으로써 비밀에 접근할 수 있는 인원을 제한하고 접근권 부여를 위해 신원조회를 실시하며 손실 추적을 위해 회계시스템을 가동하는 등의 활동을 모두 포함한다. 대응책이란 적 정보기관이 사용하는 특정 기법이나 전략으로부터 자국을 보호하기 위한 보안 절차이다. 방첩활동은 이와는 대조적으로 적 정보기관의 활동을 감지해 무력화시키고 역이용하는 일련의 적극적 활동이다.

'비밀공작' 혹은 영국식 표현으로 '특별 정치공작'은 타국에서 발생하는 사건에 자국이 개입하고 있음을 드러내지 않고 영향력을 행사하려는 시도이다. 타국의 사건에 영향력을 행사하고자 하는 활동은 물론 정치나 외교정책과 관련된 일이다. 국가는 어떤 대외적 활동을 수행할 때 무엇을 성취하고자 하는지 혹은 어떻게 목적을 달성하려고 하는지를 좀처럼 드러내지 않는다. 따라서 국가의 활동은 종종 비밀리에 위장된 형태로 비밀스럽게 수행된다.

비밀공작은 2차 세계대전 이후 생겨난 미국식 표현이다. 많은 국가들이 비밀스런 방식으로 타국의 내정에 영향력을 행사하려 하고 있지만 다른 국가에서는 비밀공작이라는 표현을 좀처럼 사용하지 않는다. 대부분의 국가들은 공개적 활동과 비밀스런 활동을 엄밀하게 구별하지는 않기 때문이다. 정부가 행정부 소속으로 비밀 공작적 성격을 가진 업무를 위해 특별 기관을 설치하기도 하지만 많은 국가들은 이를 정상적 국가운영의 일부라고 간주해 버린다.

일반적으로 비밀공작은 네 가지 영역 중 하나에 해당한다. 즉, 선전, 정치공작, 준군사작전 그리고 정보지원이다.

- '선전'은 타국의 특정 사건에 영향력을 행사하기 위해 언어 · 상징 · 기타 심리기법 등을 활용한다. 1950년 이후 수행된 대부분의 선전은 매스미디어를 통해 영향력을 행사하는 것에 초점이 맞춰져 왔다.
- '정치공작'은 타국의 특정 사건에 영향력을 행사하기 위해 정치적 수단(조언, 영향력있는 인물활용, 정보, 물자지원 등)을 적극 활용한다. 타국 정부나, 노동 · 종교운동 관련 비정부기구, 민족 집단이나 범죄카르텔같은 비국가행위자를 대상으로 주로 수행된다.
- '準군사작전'은 물리력을 동원하는 활동이다. 테러단체, 저항운동, 반군, 비정규군에 대한 지원을 의미하거나 반대로 이들에 대항하는 방어 활동을 의미한다. 또한 준군사작전은 적이 중요한 정보를 획득하지 못하도록 물리력을 동원하는 활동도 포함한다.
- '정보지원'은 정상적 외교관계에 따른 협력 이상으로 타국 정부의 정보활동을 지원하는 것을 의미한다. 정보지원은 타국 요원을 훈련시키고 물자 · 기술적 지원을 제공해 타국에서 발생하는 사건이나 내정에 영향력을 행사하는 것을 목표로 한다. 혹은 목표하는 효과를 거두기 위해 특정 정보를 은밀히 전달하는 활동도 포함한다.

정보 구성요소의 통합

정보활동을 구성하는 네 가지 요소는 기능에 따라 구분될 수 있다. 정보기관 종사자들은 보통 한 가지 전문분야를 가지며 여러 전문분야를 갖고 있는 사람도 그중 한 분야를 선호하는 경향이 있다. 사실상 정보의 네 가지 구성요소는 상호의존적이다. 만약 한 가지 요소가 약화되거나 없어지면 다른 요소가 영향을 받을 수밖에 없다. 방첩과 비밀공작은 정보수집과 정보분석이 얼마나 효과적인가에 성패가 달려 있으며 그 반대의 경우도 마찬가지다. 또한 방첩과 비밀공작은 정부의 정책방향과 추진력에도 크게 영향을 받는다.

이러한 상호의존관계가 항상 분명하게 드러나는 것은 아니지만 정부가 효과적 방첩시스템을 구축하고자 한다면 정부는 이러한 상관관계를 고려해야 한다. 이러한 상호의존관계가 매우 복잡다단하며 종종 혼란스럽다는 점도 이해해야 한다.

정보분석과 정보수집은 국가 정책이 지향하는 방향에 따라 그 목표가 정해진다. 정책입안자들은 정책을 수립하고 정보수집 및 분석에 관한 우선순위를 결정한다. 하지만 분석관과 수집관들이 항상 정책입안자들이 정해놓은 우선순위를 따르는 것은 아니며 정책입안자들이 중요하다고 생각하는 질문에 답을 하지 않을 수도 있다. 만약 분석관 및 수집관들의 업무방향이 정책입안자들의 관심사와 너무 동떨어져 있다면 고위관료와의 소통 창구가 상실되어 업무에 필요한 가용자원이 삭감될 수도 있다.

많은 분석관들은 비밀스런 정보활동 결과로 인해 수집된 첩보에 크게 의존한다. 분석관들이 공개출처를 통해 필요한 자료를 수집할 수도 있지만 인간정보와 기술정보에 주로 의존한다. 이러한 업무방식이 민간부문에서 분석을 담당하는 사람과 정보기관 분석관과의 큰 차이점이다.

분명하게 드러나지는 않지만 분석관과 수집관들은 비밀공작을 통해 많은 도움을 받는다. 비밀공작 채널은 종종 매우 중요한 첩보를 획득할 수 있는 출처가 되기 때문이다. 왜 그럴까? 정부는 타국의 특정 사건에 영향을 끼치고자할 때 정부 내 상위 기관들로부터 필요한 우수 요원들을 모집한다. 타국에 영향력을 행사하려는 정부는 종종 정치공작을 조심스럽게 동원하게 되는데 이때 정보기관은 상대방이 현재 무엇을 중요하게 생각하고 있으며 어떠한 의도를 가지고 있는지를 정확하게 알고 있어야 한다. 비밀공작을 통해 상위 기관에 침투된 요원들은 이때 보다 고급첩보를 제공할 수 있는데 이러한 이들의 첩보는 분석관이 보고서를 생산하는 데 큰 도움을 준다.

중요한 정보를 가지고 있는 협조자들은 종종 자신이 전달하는 정보가 악용되지 않을 것이라는 확신이 없는 한 정보 전달을 주저하는 경우가 많다. 돈을 목적으로 스파이행위를 하는 사람도 있지만 자국의 정책을 바꿔 보고자 타국에 정보를 건네는 사람도 있다. 어떤 사람들은 자국에서 실행하고 있는 정책이나 자국에서 벌어지고 있는 사건에 영향력을 행사하기 위해 자신의 생각을 현실로 만들기 위한 효과적 수단을 모색한다. 그들은 종종 마음속에 품고 있는 목적 때문에 위험도 감수한다. 이렇게 자신의 신념 때문에 정보를 제공하는 타국 협조자들로 인해 정보가 유입되면서 정보수집 및 방첩, 정보분석 역량은 더욱 강화되기도 한다.

물론, 비밀공작 자산을 이용한 첩보수집에만 의존하다 보면 역효과가 나타날 수 있다. 정보원들은 본능적으로 자신의 이익을 추구하는 경향이 강하기 때문이다. 그들은 자연스럽게 자신의 평판을 좋게 만들 수 있는 정보만을 취사선택해 보고하거나 타국 정보기관을 특정 방향으로 유도하는 정보만을 보고하는 경향이 있다. 그렇기 때문에 수집관 및 분석관들이 비밀공작을 통해 수집한 첩보는 독립된 별도의 부서를 통해 검증을 받아야 한다는 원칙이 필요하다.

정보의 네 가지 요소는 모두 방첩활동으로부터 많은 도움을 받는다. 방첩은 수집활동을 보호하고 적 정보기관이 우리의 공개정보 및 인간정보 수집활동, 기술정보 수집을 오도하거나 와해하지 못하도록 방어한다. 방첩활동을 수행할 때 담당자들은 정책 입안자들로부터 주로 업무 가이드라인을 제공받는다. 물론, 방첩이 모든 것을 다 보호할 수는 없다. 정책 입안자들은 무엇을 방어하고 무엇을 무력화시키며 무엇을 와해시킬 것인지 결정해야 한다. 이렇게 범위를 한정하는 것은 특히 미국처럼 세계적으로 막대한 정보를 수집하는 국가에게 특히 중요하다. 미국은 이런 문제를 극복하기 위해 광범위한 기술정보 수집시스템을 개발해왔다. 한 가지 유형의 정보에만 의존함으로써 미국은 구소련 및 이라크가 기술정보를 조작하는 것에 취약했던 적이 있었다. 이라크가 1980년대 개발한 대부분의 핵무기 프로그램이 미국 기술정보 시스템에 거의 감지되지 않았던 것이다.

적의 기술정보 조작에 기만당하지 않으려면 분석관 및 수집관들은 방첩활동으로부터 지원을 받아야 한다. 방첩활동을 통해 수집관들은 이중첩자를 파악할 수 있고, 분석을 왜곡하기 위해 스파이가 치밀하게 계산해 유도하는 정보에 기만당하지 않을 수 있다. 이와 비슷한 이유로 비밀공작을 수행 할 때도 방첩활동의 지원이 필요하다. 비밀공작 수행시 방첩의 지원을 받지 못하면 적 정보기관의 침투를 받아 조직이 와해될 수 있는 위험성이 있다. 美蘇 냉전기간 동안 英美가 공산국가를 대상으로 추진했던 비밀공작 사례 중 종종 이런 사례가 있었다.

정보수집은 정보의 다른 구성요소 및 정부의 정책방향에도 크게 의존한다. 정책 입안자들은 정보분석을 바탕으로 우선순위를 설정하며 수집관들이 수집해야 할 과제들을 제시한다. (수집관들이 분석관들처럼 정책입안자들의 질문에 항상 대답해야 하는 것은 아니지만 정책입안자의 관심사와 너무 동떨어진 정보를 수집하면 예산이 삭감될 수 있다.) 분석관들 또한 정책입안자들처럼 수집관이 최선을 다해 응답해야 하는 과제를 제시한다. 그리고 위에서 언급한 것처럼 정보수집은 방첩에 크게 의존한다. 적 정보기관에서 수집관들을 기만하는 사례가 종종 발생하기 때문에 방첩활동을 통해 방지해야 하는 것이다. 동시에, 방첩활동을 통해 적절한 보호를 받으면 정보수집 역량이 강화되어 보다 양질의 정보수집이 가능해지기 때문에 적에 대한 정보수집은 비밀공작 프로그램을 통해 더욱 강화된다. 그래서 방첩활동과 정보 수집 및 분석 활동이 상호 보완적이라고 할 수 있다.

물론, 비밀공작 프로그램은 방첩활동을 통해 지속적인 보호가 필요하다. 비밀공작과 정보의 다른 구성 요소간에 밀접한 상호작용이 필요한 이유는 지휘통제 부분이다. 정보의 네 가지 구성요소가 동일한 지휘관의 지휘를 받는 단일기관으로 통합되어있지 않으면 지시를 내리는 것이 거의 불가능하다. 정보의 네 가지 구성요소가 각자 독립적으로 저마다의 목표를 추구한다면 해외에서 근무하는 공작관들은 과도한 경쟁을 하게 되고 정보업무가 혼란상태에 빠질 것이다. 이러한 실패사례는 실제 2차 세계대전 당시 영국이 수행했던 비밀공작 및 정보수집 작전과 戰後 미국의 초기 공작활동에서 찾아볼 수 있다. 비밀공작과 정보의 다른 구성요소 간에(특히 정보수집) 밀접한 상호작용이 필요한 또 하나 이유는 많은 국가에서 사회적 영향력을 가진 좋은 협조자가 될 만한 사람들은 이미 수집관들의 대상목표이기 때문이다. 수집관들이 보통 비밀공작에 필요한 기본적 인프라를 구축하는 임무를 맡는데, 좋은 수집활동은 성공적 비밀공작 활동을 바탕으로 하기 때문이다.

이러한 정보의 구성요소간의 공생관계는 다음과 같이 요약해볼 수 있다. 즉, 비밀공작, 방첩, 분석 그리고 수집은 전체적인 정보체계에 기여하며 이와 동시에 전체적 정보체계는 각각의 구성요소에 기여한다.

만약 누군가가 특정 시기 국가정보체계를 정의하거나 설명하고자 한다면 정보를 구성하는 네 가지 요소간의 관계를 고려해야 하고 또한 각 구성요소와 국가정책 간의 관계도 생각해야 한다. 정보기관 직원들, 특히 고위 간부들은 정보의 구성요소 간 관계를 이해하고 업무에 반영하고 있는지 점검해야 한다. 만약 그렇지 않다면, 예를 들어 정보공동체가 세력다툼으로 인해 분열되어 있거나 발전 없이 현실에 안주하고자 하는 유혹에 빠져 있다면 이상적이고 효과적인 정보체계는 요원한 꿈이 될 것이다.

간과된 정보의 구성요소

정보를 구성하는 네 가지 요소 중 수집과 분석은 미국에서 비밀공작이나 방첩보다 역사적으로 그다지 문제를 일으킬만한 소지가 없었다. 그에 비해 비밀공작이나 방첩은 상대적으로 신문 1면의 톱기사로 보도되거나 뜨거운 논쟁에 휩싸일 가능성이 높다고 볼 수 있다. 그 이유 중 한 가지는 일반인들의 사고에서 수집과 분석은 합리적 의사결정을 위한 유용한 수단이라는 인식이 있기 때문이다. 일을 하는 과정에서 우리는 일상적으로 정보를 수집하고 분석하며 최선의 분석결과에 근거해 결정을 내린다. 물론 정보기관이 수행하는 수집과 분석은 개인 보다 훨씬 복잡하고 전문성을 요구하지만 일반적 정보수집과 분석의 개념은 일반인에게도 낯설지는 않다.

이와 대조적으로 방첩과 비밀공작은 조금 더 비밀스러운 활동이다. 대부분의 사람들은 타인의 불법 활동을 캐내거나 정교한 속임수를 생각해 내는데 시간을 보내지 않는다. 자유민주주의 국가 국민들은 일반적으로 타인을 대할 때 열린 마음으로 정직하게 대한다. 일반인들의 눈에는 수집과 분석이 비밀공작이나 방첩활동 보다 덜 "부정직하게" 보일지 모른다. 아마 미국이 역사적으로 정보활동에 가장 크게 기여한 부분은 첨단기술을 이용해 정보활동을 혁신하고 정보활동의 외연을 확장시킨 것이라고 볼 수 있다. 우주궤도를 회전하며 지구상의 특정 공장을 위성 촬영하는 것은 돈이나 섹스로 공장장을 매수하는 것 보다 세련된 방법처럼 보인다. 미국이 정보수집 활동을 하면서 기술적 수단을 주로 활용한 결과 일반인들은 정보수집 활동이 상대적으로 "깨끗한"일이라는 인상을 가지게 되었다.

미국 내에서 정보분석은 학문연구와 유사하다는 인식이 확산되어 "깨끗한" 일이라는 인상이 더욱 강해졌다. 2차 세계대전 이후 정치 및 정치인들로부터 의도적으로 거리를 두기 시작한 분석관들은 국제적 사건에 관해 학문적이고 객관적 분석을 제공하기 위해 노력하였다. 분석관들의 궁극적인 목표는 미국이 처한 안보환경을 정부관료의 입맛에 맞게 가공하는 것이 아니라 있는 그대로 제시함으로써 정부 관료들이 "정직하게" 업무를 수행할 수 있도록 하는 것이다. 분석관들은 사회과학을 모델로 삼고 있어 뒷골목이나 권력투쟁의 한복판보다는 학문적 환경에서 업무를 수행하는 것을 선호한다.

분석 및 수집업무를 강화해야 한다는 목소리가 자주 나오는 것에 반해, 비밀공작 및 방첩활동을 강화해야 한다는 정부관계자들의 주장은 종종 회의적인 반응을 불러일으켜 왔다. 이러한 반응은 부분적으로는 2차 세계대전 이후 외교정책에 대한 합의가 무너졌기 때문이다. 정보기관의 공작에 대한 미 행정부와 의회 차원의 조사, 그리고 이어진 언론의 부정적 보도들로 인해 이러한 부정적 여론은 더욱 심화되었다. 1976년에 발표된 『Church 위원회(上院 정보위원회)』와

『Pike 위원회(下院 정보위원회)』의 보고서를 검토해보면 미국시민에 대한 미국 정보기관, 특히 방첩기관의 인권침해를 집중적으로 다루고 있음을 알 수 있다. 상하원 정보위원회의 두 번째 관심사항은 미국의 비밀공작이었다. 『Church 위원회』의 보고서는 분석과 수집에는 3%밖에 할애하지 않았다. 미국 일반대중에게 방첩과 비밀공작은 부정한 방법을 사용하거나 가끔 불법적 수단을 사용한다는 인식이 강했다. 그렇다고 해도 『Church위원회』의 보고서는 너무 한쪽으로 편중되게 구성되어 있다. 성공적 공작사례는 거의 다루지 않았고, 국가안보를 위협하는 요소에 대한 평가를 기반으로 방첩활동과 비밀공작을 어떻게 활용해야 하는가에 대한 분석도 거의 전무하다시피 했다. 영국의 한 학자가 언급했듯이 2차 세계대전 후 『Church위원회』의 보고서 및 정보기관 보고서는 본질적으로 정보기관이 상대하고 제거해야 할 위협요소를 무시하거나 과소평가하고 정보의 국내적 측면에만 관심을 가지는 경향이 있었다.

방첩활동에 관하여 상하원 정보위원회의 보고서는 미국 시민의 자유와 권리에 관해 대규모적인 논쟁을 불러일으켰다. 구소련의 KGB 및 GRU의 일사불란하고 세련된 정보수집 공작을 무력화시키는데 있어 미국 방첩기관이 얼마나 효과적이고 제 기능을 다하고 있는지에 대한 분석은 사실상 전혀 언급이 없었다.

또한 비밀공작은 일반대중에게 민주적 절차를 무시하고 정권의 목표를 달성하기 위해 대통령이 사용하는 비밀 외교정책도구로 간주되어왔다. 게다가 비밀공작은 적법한 의회의 감독을 거치지 않고 타국의 정권을 타도하거나 정부 요인을 암살하는데 사용되었고 국가의 도덕적 양심과 배치되는 목적에 종종 사용되었다. 하지만 미국 외교정책이나 국방을 지원하는데 있어서 비밀공작이 과연 효과적인지에 대한 질문은 거의 논의되지 않았다. 「사뮤엘 헌팅턴(Samuel Huntington)」은 이 시기 정보활동에 대한 논의, 특히 비밀공작에 관해 다음과 같이 언급했다. "지금같은 여건과 상황이었다면 CIA를 조사하던 상하원 정보위원회는 CIA가 왜 「파트리스 루뭄바(Patrice Lumumba)(콩고 독립운동가)」와 「피델 카스트로(Fidel Castro)」 암살공작에 처참하게 실패했는지 의문을 품었을 것이다. 하지만 1975년 당시에는 CIA가 본연의 직무를 수행하지 못한 무능력함에는 아무도 관심을 가지지 않은 채 CIA의 부도덕함에만 관심을 가졌다." 확실히 자유민주적 가치들은 방첩이나 비밀공작과 쉽게 조화를 이루기 어렵고 자주 충돌을 일으킨다. 1970년대 초중반에는 미국 외교정책이 갑작스럽게 전면 조정됨에 따라 이러한 갈등관계는 더욱 깊어졌다. 구소련과 냉전이 시작된 이후 미국의 대외정책을 지배해 온 국가안보목표(공산주의 봉쇄정책)와 이를 지원하기 위해 동원된 군사·정보 및 기타 수단들이 도전받게 된 것이다. 당시 정보학을 연구하던 많은 학자들이 이러한 비판적 관점에서 연구를 수행한 것이 전혀 놀랄만한 일은 아니다.

1970년대 말 구소련의 아프가니스탄 침공이나 이란 인질사태 같은 사건을 겪으면서 미국 일반 대중들은 미국의 권위와 파워가 점차 감소하고 있음을 느끼게 되었다. 미국이 해결해야 할 안보위협에 여전히 직면해 있음을 인식한 것이다. 이러한 안보위협의 인식으로 인해 정보활동을 통제하고자 하는 의회의 분위기가 상당히 완화되었다. 『Church 위원회』나 의회의 다른 위원회에서 제안한 정보공동체 업무범위와 활동을 제한하는 명문화된 세부 규정의 필요성에 대한 의견은 대체로 무시되었다. 그럼에도 불구하고 방첩과 비밀공작에 대한 비판적인 관점에 대한 책들은 여전히 출판되었고, 다양한 형태로 미국의 파워를 행사해야 한다는 관점이 부각되어 졌다. 하지만 적극적이고 강력한 비밀공작과 방첩활동을 정당화시킬 수 있는 논리의 부재로 인해 비밀공작과 방첩은 잘해야 필요악이라는 의견이 대체로 일반적이었다.

대부분의 정책입안자 및 국회의원들은 비밀공작과 방첩활동을 수집과 분석보다 중요성이 떨어지는 정보의 "서자" 쯤으로 생각하는 경향이었다. 최근에는 일반대중이 접근할 수 있는 비밀공작과 방첩활동에 관한 자료가 많이 쏟아져 나오고 있음에도 불구하고 이런 불균형적인 시각이 정보활동에 관한 대부분의 학술서적에서 발견되고 있다. 따라서 이러한 불균형을 고찰해 보는 것은 학문적인 중요성 이상의 의미가 있다. 역사적으로 비밀공작과 방첩활동을 효과적으로 수행해온 국가는 그렇지 않은 국가보다 훨씬 유리한 고지를 점령해왔기 때문이다.

방첩활동

방첩공작을 효과적으로 수행하지 못해 부정적인 결과를 낳게 된 사례는 무수히 많다. 타국 정보기관의 수집공작으로부터 자국의 군사·외교 기밀을 보호하지 못해 기밀이 유출되면 재앙과 같은 결과를 가져온다. 적이 자국의 이러한 군사·외교 기밀을 습득한다면 적은 자국의 전략을 와해시키거나 완전히 무력화시킬 수 있다. 미국이 1차 대전에 참전하게 된 경위를 살펴보면 이러한 점을 분명히 알 수 있다.

1915년 이후 독일은 미국이 영국·프랑스 쪽에 가담하지 못하도록 하기 위해 적극적인 공작을 수행했다. 전쟁이 시작되자 영국은 독일의 대서양 횡단 케이블을 절단해버렸다. 그 후 독일은 통신을 위해 무선신호를 사용하거나 영국 영해를 지나는 타국 케이블을 이용해야만 했기 때문에 영국은 독일의 암호화된 메시지를 중간에서 도청할 수 있었다. 영국은 『40호실(영국 해군본부 암호해독팀)』의 활약을 통해 독일 통신암호를 탈취하고 수많은 독일군 메시지를 해독해낼 수 있었다.

독일은 자국의 암호통신 문서의 노출가능성을 전혀 고려하지 않고 암호가 해독되지 않을 것이라고 맹신한 나머지 영국 정보기관이 자국의 비밀 군사·외교 통신을 읽고 있다는 것을 눈치 채지 못했다. 또한 독일 정보기관은 영국 정보기관에 침투해 자국 비밀이 잘 보호되고 있는지 검증하는 것이 필요하다고 생각하지도 않았다. 1917년 독일 외교장관 「짐머만(Zimerman)」은 駐워싱턴 독일대사관에 암호전문을 보내 이 전문을 멕시코시티에도 전달하라고 지시했다. 전문 내용은 미국에 대항하는 멕시코에 대해 독일이 동맹을 제안하는 것이었다. 영국은 이 전문을 가로채 미국에 전달하여 독일의 적대적 의도를 폭로함으로써 미국이 1차 대전에 참전하지 못하도록 만들려는 독일의 목표를 좌절시킬 수 있었다. 이 공작을 통해 영국은 미국을 연합국 쪽으로 끌어들인 것이다.

영국은 독일의 비밀계획을 미국에 전달하면서도 자국이 독일 통신을 도청한 사실을 드러내지 않아야 한다는 어려운 문제를 직면했다. 이에 영국은 자국의 정보자산 보호를 위해 『멕시코 전보국』에서 짐머만 전보 한 부를 더 탈취해 미국에 전달하는 형식을 취했다. 그래서 미국 정부가 전보 내용을 언론에 공개했을 때는 영국의 개입 사실이 전혀 드러나지 않았다. 반면, 독일은 유출된 전문의 출처를 밝힌다면서 베를린 · 워싱턴 · 멕시코시티 공관으로 메시지를 송부하는 과정에서 모두 원본과 동일한 암호를 사용함으로써 결국 영국이 손쉽게 메시지를 추가로 확인할 수 있는 기회까지 제공했다.

이 모든 일련의 사건은 어떤 의미가 있는가? 만약 독일 방첩기관이 자국 통신을 도청으로부터 보호하거나 아니면 영국 도청능력 및 정보활동을 무력화시킬 수 있었다면 미국은 연합국에 동참하기를 끝까지 주저했을 수 있었다. 미국이 연합국에 더욱 늦게 참전했다면 1918년 독일의 공격을 봉쇄하고 1차 대전의 결과를 바꿔놓는데 필요한 군사력을 신속하게 동원할 수도 없었을 것이다.

취약했던 독일의 방첩 및 보안활동은 2차 세계대전에서도 적나라하게 드러났다. 나치 보안국은 구소련 군사정보기관의 공작 요원이던 「리하르트 조르게(Richard Sorge)」를 동경주재 독일대사관에 침투시키면서 그가 급진좌파였다는 사실과 모친이 러시아인이었다는 배경을 무시했다. 반면, 소련 공작원으로 활동한 조르게는 독일의 유력 일간지 리포터로 가장해 일본 주재 독일대사와 급속도로 가까워졌다. 그의 개인적인 노력과 그가 심어놓은 협조자를 통해 그는 마침내 독일과 일본의 전쟁계획 상당부분을 파악해 소련에 보고할 수 있었다.

조르게는 1941년 검거되기 직전, 일본이 장고 끝에 만주 쪽에서 소련의 극동군을 공격하지 않기로 결정했다는 핵심 정보를 모스크바에 전송했다. 일본이 소련을 공격하는 대신 태평양으로 남하하여 미국과 영국군을 공격한다는 계획이었다. 이 정보를 통해 스탈린은 극동지역 주둔 소련군의 절반을 서부전선으로 이동시켜 모스크바로 진격해오는 독일군에 대항할 수 있었다. 그래서 나치의 공격은 겨울 동안에 극적으로 저지되었다. 돌이켜보면 그 때가 역사적 전환점이었다. 그 이후 독일군은 유리한 고지를 점령하지 못하고 열세에 처할 수밖에 없었기 때문이다.

적의 취약한 보안 및 방첩활동을 잘 이용하면, 우리는 평시에도 전략적 우위를 유지할 수 있다. 강력한 정보수집 역량을 바탕으로 전략적 균형을 자국에 유리한 방향으로 바꿔 놓은 사례는 구소련이 잘 보여주고 있다.

핵개발 초기 구소련은 스파이 활동을 통해 미국과 영국으로부터 20세기에 가장 중요한 군사기술을 획득하는데 도움을 받을 수 있었다. 정치적으로 구소련에 동조하는 서방국가 과학자 및 기술자들과 지속적으로 연락하면서 소련은 원자폭탄 제조에 핵심적인 기밀을 손에 넣을 수 있었다. 기밀 탈취 공작에 핵심적 역할을 했던 공작원은 「클라우스 푹스(Klaus Fuchs)」, 「알란 넌 메이(Alan Nunn May)」, 「브루노 폰테코르포(Bruno Pontecorvo)」 그리고 「데이빗 그린글래스(David Greenglass)」였다. 원자폭탄 제조 기밀을 손에 넣지 않았더라도 구소련은 결국 핵무기를 개발했을 것이다. 하지만 구소련이 이때 원자폭탄 제조기밀을 손에 넣지 못했다면 핵무기 개발에 소요되는 비용은 훨씬 막대해졌을 것이다. 게다가 스탈린은 이 정보를 손에 넣음으로써 서방 국가들과의 협상에서 유리한 고지를 차지할 수 있었다.

실제로 2차 세계대전 직후 구소련은 군사기술을 대부분 서방에 의존했다. 미국 정부에 따르면 구소련은 수십 년 동안 과학·기술 및 무기체계 개발에 막대한 자본을 투입하긴 했지만 정보활동을 통해 입수한 서방의 중요 군사기술에 군사력 건설을 많이 의존했다.

여기서 주목해야 할 사항은 구소련이 서방의 군사기술을 획득하기 위해 사용했던 치밀한 계획이다. 구소련의 군사기술 획득공작은 국방부 연구보고서 『구소련의 서방 핵심 군사기술 획득 : 최신동향』을 포함한 여러 자료에 드러나 있다. 이 보고서 대부분은 1981년 초 프랑스 정보기관에 고용된 코드명 "Farewell"로 불렸던 KGB공작관이 제공한 정보로 구성되어 있다. 1981－1982년 "Farewell"은 소련의 군사기술 획득시스템, 연간 기술획득 실적, 프랑스에서 외교관으로 가장해 활동하고 있는 구소련 과학자 및 기술자들 명단 등을 프랑스에 전달했다. 그래서 프랑스 미테랑 대통령은 1983년 이들 대부분을 추방할 수 있었다.

이 보고서에 따르면 소련은 군사기술을 획득하기 위해 주먹구구식으로 계획 없이 공작을 진행하지 않았다. 복잡하고 치밀한 시스템을 통해 기술 "쇼핑목록"을 작성하고, 이 목록 중 어떤 기술을 획득하는데 성공했고 어떤 기술을 실패했는지 체계적으로 관리했다. 소련은 『소비에트 군산복합위원회(VPK)』라는 별도의 조직을 만들어 서방 군사기술 획득을 관리 · 감독하였다. 소련의 비효율적 경제시스템을 보완하기 위해 조직된 VPK는 주요 방위산업체의 무기개발 기술요구사항을 수렴해 중요도를 평가한 다음, 결과를 "획득" 담당 기관에 전달하였다. 획득 담당 기관에는 KGB 내의 『T局』으로 불리는 부서, GRU, 『국가과학기술위원회(GKNT)』, 그리고 심지어 『소비에트과학원』 등도 가담하였다. 공개적 정보수집 및 비밀공작을 동원한 획득시스템을 통해 소련은 목표 군사기술을 보유한 업체 및 과학자, 기술자 등을 추적할 수 있었고 목표기술 획득 방식을 효율적으로 관리하였던 것이다.

소련 스스로 밝힌 자료에 따르면 획득목표 기술 중에서 매년 1/3 정도만 실제적으로 입수되었다. 그러나 획득을 목표로 한 기술목록 자체가 해마다 15%씩 증가하였다. 이는 소련의 서방기술 의존이 끊이지 않고 있으며 서방기술을 획득하려는 공작이 증가하고 있고, 기술획득에 대한 기대치도 높아 졌다는 것을 의미한다. 서방기술 획득 공작은 보통 2년 또는 5년 계획으로 진행되었다. 1979년과 1980년에 매년 4000개의 기술샘플과 8만 건의 기술문건이 서방국가로부터 입수되었는데 그로인해 4－5천 건의 군사·산업 프로젝트가 혜택을 볼 수 있었다. 대부분의 문건과 핵심기술들은 국가기밀이거나 모종의 국외반출 통제를 받고 있었다. 구소련 자료에 따르면 1976－1980년 4년간의 서방기술 획득공작을 통해 국방 및 항공산업 분야에서 8억불의 연구비가 절감되었고 수십만 명이 수년 동안 해야 하는 연구과정을 생략하는 성과를 거둘 수 있었다. 요약해 보면, 소련은 서방기술에 대한 수집공작을 통해 첨단무기를 신속히 개발할 수 있었고 이로 인해 절약한 자원을 다른 프로젝트에 사용할 수 있었으며, 이미 큰 부담을 떠안은 경제에 추가적 부담을 지우지 않고 연구개발을 진행할 수 있었다.

미국의 국방예산 지출측면에서 본다면, 소련으로 유출된 기술은 국방예산에 상당히 부정적인 영향을 주었다. 의회 보고서는 미국이 소련으로의 기술유출을 막을 수 있었다면 NATO군을 유지하는데 필요한 비용을 훨씬 절감할 수 있었을 것이라고 주장하고 있다. 미 국방예산은 상당부분 안보적 위협요인에 따라 결정되는데 냉전기에는 소련의 기술획득 비밀공작으로 인해 위협요인이 더욱 증가했던 것이다. 만약 전시였다면 단순한 국방예산 증가가 아니라 엄청난 인명을 앗아갔을 지도 모른다.

방첩활동이 직면하고 있는 도전과제가 항상 분명한 것은 아니다. 상황이 뒷받침 된다면 타국 여론과 의사결정에 영향력을 행사하는 비밀공작은 국제정치에서 중요한 역할을 담당할 수 있다. 비밀공작 기법에는 주체를 숨기고 비밀리 진행하는 선전활동, 유력인사 활용, 역정보의 이용(의도적으로 유포하는 주체를 감추고 허위정보를 흘리는 방법) 등의 방법이 있다. 이러한 비밀공작 기법은 구소련에서 종종 "적극적 조치"라는 용어로 불렸다. 소련은 2차대전 이후 냉전기간 동안 서유럽 지역에서 공격적인 비밀공작을 수행하였다. 1970년대 중반 소련의 공작 성공사례는 NATO가 "중성자탄"을 도입해 핵무기 공격시스템을 근대화하기로 한 결정에 대한 것이었다. 구소련은 미국과 서유럽국가들의 우유부단함을 역이용해 서방국가의 의사결정 과정에 영향력을 행사했다. NATO는 소련의 공개·비공개적 "적극적 조치"를 막아내지 못했다. 소련은 3년 동안 매년 1억불을 투입해 서방기술 획득을 담당하는 조직에 지원하였는데 이들 조직 중에는 전국 공산당 지부와 위장단체가 있었다고 미국은 추정하고 있다.

구소련이 1979년 차세대 중거리 미사일 『SS－20』을 유럽에 배치하기로 한 결정에 대한 대응으로 NATO는 첨단 크루즈 미사일과 『Pershing Ⅱ』 로켓포를 도입해 NATO군의 핵무기시스템을 현대화시켰다. NATO군의 중성자탄 도입저지 비밀공작을 성공적으로 이끈 소련은 NATO의 추가 병력 배치를 저지하기 위해 대규모의 비밀공작을 진행시켰다. 하지만 서독·영국·이탈리아에 NATO군 배치를 주장하는 유럽의 정치인들이 중요 선거에서 잇달아 당선됨에 따라 소련의 비밀공작은 결국 실패로 돌아갔다. 돌이켜 보면, 매우 위험한 순간이었다. 만약 소련이 비밀공작에 성공했다면 NATO군은 약화됐을 것이고 심지어 NATO 동맹은 와해되었을 수도 있었다. 소련이 비밀공작에 실패한 이유는 서방국가들이 소련의 중성자탄 도입 저지공작을 막아내지 못한 자신들의 실수를 깨닫고 물러서지 않았던 데도 있었다. NATO는 자신들의 중거리 핵전력을 저지하려는 소련의 비밀공작을 언론에 폭로하기로 결정했다. 영국·서독·미국 등 서방 정보기관들은 언론에 정보를 흘려 NATO 현대화에 동조하는 정당이나 민간단체가 이 사실을 알게 만들었다. 만약 당시 서방 정보기관들이 소련의 비밀공작을 파악하고 무력화시키기 위한 노력을 적극적으로 전개하지 않았다면 어떤 일이 일어났을지 아무도 모른다. 하지만 다행스런 것은 소련에 대항한 서방정보기관들의 활동이 처음에 회의적인 모습을 보였지만 나중에는 NATO 역사에 길이 남을 결정적 움직임을 보여줬다는 것이다.

효과적 방첩활동의 한 가지 핵심요소는 타국의 정보활동으로 인해 야기된 위협요소를 확실하게 이해하는 것이다. 이는 동맹국이나 적국을 불문하고 타국에 관련된 정보를 수집해야 한다는 의미이다. 타국에 대한 정보를 수집하는 방법은 여러 가지가 있다. 가장 중요한 방법은 적 정보기관에 잠입하는 것이다. 타국 정보기관에 침투하기 위해 방첩기관은 적 정보기관 내부인물을 매수하거나 적 정보기관 통신암호 등을 해독할 수 있어야 한다. 방첩기관이 가장 이상적으로 생각하는 방식은 적 정보기관에서도 가장 민감한 정보를 취급하는 부서에 근무하는 요원을 매수해 자국의 이중스파이로 만드는 것이다.

20세기의 가장 성공적 이중스파이 사례로는 1940년대와 1950년대에 영국 MI6 고위직까지 올랐지만 청년시절부터 소련의 이중스파이로 활동한 「킴 필비(Harold A.R. Kim Philby)」 사건을 들 수 있다. 「킴 필비」는 캠브리지大 재학 당시 좌익서클에서 활동하였고 1930년대 비엔나에 거주하면서 오스트리아 출신 공산당 소속 여성과 결혼했지만 MI6는 2차대전 초기 필비를 채용하면서 그에 대한 신원조회를 철저하게 하지 않았다. 필비는 주요 보직을 성공적으로 수행하며 2차대전 종전 후 MI6 방첩부서 수장까지 되었다. 그는 1949년에 워싱턴 지부장으로 파견되어 CIA 및 OPC(美 정책조정실), FBI 등과의 협력을 담당하는 수석연락관 직책도 수행했다. 그는 당시 MI6를 지휘할 차기 부장으로까지 거명되었기 때문에 고급비밀에 용이하게 접근할 수 있었다. 그래서 그는 10년 이상 많은 서방의 공작내용을 소련에 전달하고 소련 정보기관이 공작수행 시 노정하는 취약한 보안사실을 경고해 주기까지 했다.

필비는 서방 정보기관의 『철의장막』 공작을 소련에 알려 주어 소련이 서방권의 공작을 무력화시킬 수 있도록 지원했다. 또한 잔인한 알바니아 독재자 「엔버 호자(Enver Hoxha)」 정권 타도를 목표로 하는 레지스탕스 운동을 지원하는 미국의 공작 내용을 소련에 전달한 것으로도 추정된다. 1948년 유고슬라비아 티토가 소련에서 떨어져 나가자 알바니아는 구소련 블록에서 물리적으로 고립되었다. 미국과 영국은 알바니아에서 공산주의를 몰아내면 지중해의 소련 잠수함 기지(알바니아 사세보섬)를 철수시킬 수 있을 뿐만 아니라 동유럽과 소련에서 활동 중인 레지스탕스 세력에 더욱 힘을 실어줄 수 있다고 믿었다. 하지만 필비가 모든 계획을 알고 있었기 때문에 알바니아 공작은 처음부터 운명이 정해져 있었던 것이다. 그래서 1949－1950년 공작을 담당했던 알바니아 거주 공작관들은 사살되거나 알바니아군에 포로로 붙잡혔다. 돌이켜 보면, 알바니아나 다른 소련권 국가에서 레지스탕스 운동이 성공할 가능성은 희박했다고 할 수 있지만 필비가 미·영의 공작 계획을 모두 알고 있었기 때문에 그 희박한 가능성마저 원천봉쇄 되었던 것이다.

방첩분석을 소홀히 수행하는 것은 보안을 제대로 지키지 않는 것만큼 나쁜 결과를 가져올 수 있다. 1990년대 핵무기 개발 프로그램을 진행했던 이라크가 그 전형적 사례다. 미국 정보기관은 이라크가 핵무기를 개발하고 있다는 것을 어느 정도 알고 있었지만 1991년 걸프전이 끝나고 UN조사팀이 이라크 핵시설을 방문한 후에야 이라크가 핵개발에 얼마나 몰두했는지 깨닫게 되었다. 돌이켜 보면, 미국의 전반적 기술정보 수집시스템을 알고 있던 이라크는 미 정보기관을 기만하기 위해 철저하고 치밀한 공작을 진행했음이 분명하다. 국회 청문회에서 「로버트 게이츠(Robert Gates)」 중앙정보장(DCI)이 증언한 바에 따르면, 걸프전이 없었다면 「사담 후세인(Saddam Hussein)」 정권은 미 정보기관이 전쟁 발발 전 예측했던 1990년대 말이 아니라 1992년쯤 핵무기를 개발할 수 있었을 것이다.

방첩분석은 외부 침입자를 색출하는데 결정적인 역할을 수행한다. 예를 들어 1980년 중반 KGB는 CIA와 FBI에 매수된 구소련 공작관들을 색출해 체포하고 있음이 분명했다. 공작이 연이어 실패했다는 것은 KGB가 CIA와 FBI의 비밀공작 계획을 알고 있었음을 말해주는 것이었다. 방첩분석관들은 어떻게 KGB가 공작계획을 알게 되었는지 궁금할 수밖에 없었다. 1985년 변절자로 밝혀진 전직 CIA 요원 「리 하워드(Lee Howard)」와 관련이 있을까? 아니면 모스크바 해병대 위병사건과 관련해 대사관에서 보안이 지켜지지 않은 것인가? 美 정보기관 사용 통신회선이 도청되었을까? 아니면 이 모든 악재가 복합적으로 발생했을까? 아니면 분석관들이 최종적으로 결론 내린 것처럼 「알드리히 에임즈(Aldrich Ames)」가 CIA 공작국 내의 對소련 방첩과장을 맡으면서 접근할 수 있었던 기밀에 공식·비공식적으로 접근한 CIA 내부의 인물이 있었던 것일까? 이런 사건의 경우 방첩업무 핵심은 분석을 통해 선택지를 제거해가며 가능성을 조금씩 좁혀나가는 것이다. 분석이 잘 이루어졌을 경우 이러한 과정을 통해 비밀공작을 적으로부터 보호할 수 있지만 분석이 제대로 이루어지지 않거나 분석과정을 거치지 않는 경우 적의 공작에 취약한 채 노출되어 기만당할 가능성이 크다. 에임즈가 KGB 스파이로 활동한 결과 미국은 역사적으로 중요한 시기에 구소련 및 이후 러시아를 대상으로 더 이상 스파이 공작을 지속할 수 없었다.

적 정보활동을 무력화시키는 것은 방첩활동의 핵심적 업무다. 하지만 방첩업무는 방어적 차원을 훨씬 넘는 업무를 담당하기도 한다. 적 정보활동을 무력화시키는 업무에 더해 방첩활동은 때때로 공세적 자세로 적 정보기관을 조정할 수 있어야 한다. 우리의 공세적 방첩활동으로 적 정보기관은 실제로 막다른 길로 이끌려가거나 자국의 정책을 우리가 의도한 방향으로 조정하게 되지만 보통 자신들이 공작활동을 성공적으로 수행하고 있다고 믿게 된다. 이런 유형의 기만작전을 전술적 기만이라고 하는데 신형 항공기의 실제 성능을 감추는 것과 같은 작전이 여기에 해당된다. 1944년 연합군의 노르망디 상륙작전과 같은 기만작전은 군사전략적 기만에 해당하고 1920년대 신생 구소련이 서방을 기만하기 위해 실시한 "트러스트" 작전은 정치전략적 기만에 해당한다. 이 분야에 정통한 한 학자는 다음과 같이 말했다.

> 조직 내부에 뜻을 달리하는 반대그룹이 없다면 위장된 반대그룹을 만들어라. 반대그룹을 통해 상대적으로 위험하다고 할 수 있는 해외 망명자 조직에 침투해 그들의 행동을 약화시키거나 조정할 수 있고 실제 조직 내부의 반대세력이 누구인지 알아낼 수 있다. 만약 위장 반대그룹이 아니라 실제 반대그룹이 있다면 반대그룹에 침투해 그 그룹을 통제하고 반대그룹 스스로 정체를 드러내도록 자극해야 한다.

때때로 여건이 허락되고 방첩담당관들이 노련하다면 방첩활동을 통해 조직 내부나 해외에 망명한 반대세력이 펼치는 기만작전을 간파할 수 있을 뿐만 아니라 적 정보기관이나 적 정부의 기만작전도 알아낼 수 있다. 구소련이 진행했던 "트러스트"가 바로 그런 공작이었다. "트러스트"는 1920년대 초반에 결성되었고 "체카"로 불리는 구소련 비밀기관의 통제를 받았다. 자신들이 反볼세비키 운동을 펼치는 조직과 연합해 적극적으로 활동하고 있다고 믿었던 구소련 내외의 반대세력들은 "트러스트"에 속아서 자신들의 정체를 드러냈고 구소련 보안당국은 이들을 추적할 수 있었다. "체카"는 이 정보를 활용해 서방 정보기관과 러시아 망명자 조직, 국내 반란세력간의 통신을 도청하고 통제해 국내외 반(反)공산주의 운동을 무력화시켜 버렸다.

"트러스트"는 서방 정보기관에 잠입한 공작원을 통해 구소련 정권 내부상황에 관한 역정보를 의도적으로 흘리는데도 이용되었다. 서방 국가들은 구소련에서 활동하는 자국 공작관들로부터 볼셰비키 정권 지지세력이 약화되고 있고 구소련 지휘부는 민족주의자들이기 때문에 서방국가들이 간섭하지 않는다면 혁명적 분위기에 휩싸인 국가들을 지금보다 훨씬 예측 가능한 방식으로 바꾸어 갈 사람들이라는 정보를 입수했다.

구소련의 이 방첩공작은 1920년대 레닌의 정책노선에 따른 비밀공작의 일환으로써 공산당의 통제력을 강화하고 『新경제정책(NEP)』을 통해 소련 경제를 안정화시키기 위한 목적에서 추진되었다. "트러스트"를 포함해 구소련 정보기관이 추진한 유사 기만작전들은 서방국가들로 하여금 소련을 상대로 비생산적 공작을 추진하게 만듦으로서 서방국가들을 혼란시켰다. 서방국가에 볼셰비키 당원들이 제정신을 차리고 있다는 인식을 심어주기 위한 레닌의 노력이었던 것이다.

방첩활동은 민감한 군사작전을 보호하기도 한다. 1943년 연합국은 나치 독일군에 대항해 새로운 전선을 구축하기로 결정했다. 연합국의 계획은 1944년 프랑스를 공격한 후 러시아가 동부전선에서 독일을 공격하는 동안 서부전선에서 독일을 공격한다는 작전이었다. 이 계획을 비밀로 유지하면서 히틀러가 구축한 『대서양의 벽(Atlantic Wall)』을 돌파하기 위해 연합군은 독일군으로 하여금 연합군이 노르망디에 상륙하지 않을 것이라고 믿게끔 기만하는 방첩전략을 기획했다. 독일군이 뒤늦게 연합군이 실제 노르망디에 상륙할 것임을 깨달았을 때에도 작전명 『포티튜드』로 불렸던 계획은 히틀러로 하여금 연합군이 노르망디가 아닌 백마일 이상 북쪽에 위치한 『파드칼레』로 상륙할 것이라고 독일군을 기만하는 것이었다. 이렇게 함으로써 연합군 상륙을 기다리던 히틀러는 전력을 노르망디에 집결시키지 않고 핵심전력을 엉뚱한 곳에 배치하게 하였다. 만약 히틀러의 정보기관이 연합군 공격계획이나 노르망디 공격을 위한 기만적 양동(陽動)작전을 사전에 간파했다면 1944년 노르망디 상륙작전은 실패했을 가능성이 크다. 그러나 英·美 연합군은 독일군 정보대로부터 실제 공격계획을 감추는데 성공했다. 그리고 노르망디에 상륙한 며칠 후에도 독일군 정보대가 노르망디 공격이 양동작전이라고 믿게 만드는 데도 성공했다.

전쟁 초기 영국군은 영국으로 파견된 독일의 모든 공작원들을 체포했다. 체포된 독일 공작관들은 독일을 배신하고 영국을 위해 일하거나 총살당하는 선택을 강요받았다. 대부분 독일 공작원들은 영국을 위해 일하는 쪽을 선택했다. 정보기관 용어로 그들은 이전의 후원자에게서 등을 돌린 것이다. 영국 방첩기관은 이들을 이용해 독일에 무선통신을 보내게 하면서 나치 지휘부를 기만하는 『더블크로스』 작전을 추진했다. 연합국이 『더블크로스』 기만작전을 추진하면서 얻을 수 있었던 이점은 "피드백 채널"(변절한 독일 공작원)을 통해 독일에 흘리는 역정보 효과를 직접 확인할 수 있었다는 점이다. 영국은 "울트라"로 불리는 독일의 통신을 도청해 해독하고 역용 독일공작원을 통해 나치에 흘린 역정보를 나치 지휘부가 믿고 있다는 사실을 확인할 수 있었다.

『더블크로스』 공작원들은 연합군이 파드칼레 지역으로 상륙하기 위해 대대적인 준비를 진행하고 있다고 독일에 보고했다. 잉글랜드 서부 및 북부, 스코틀랜드에서는 실제 전투를 준비하고 있는 것처럼 위장했다. 영국군과 미군 사령관들은 위장 진지를 구축하고 전함을 위장이동시켰으며 그에 적합하게 무선신호도 허위로 발송했다. 또한 독일군을 기만하기 위해 『美 제1집단군 : FUSAG』이라는 가상 부대도 만들어 파드칼레 지역을 마주한 『이스트 앵글리아』 지역에 주둔시키고 「패튼(Patton)」 장군이 사령관을 맡는다는 시나리오도 완벽하게 만들었다. 이 모든 작전은 독일군을 기만하기 위해 만들어낸 연합국 지휘부의 작품이었다. 나중에 독일군으로부터 탈취한 지도를 통해 분명히 확인되었지만, 독일군은 연합국이 포티튜드 작전에서 의도했던 것처럼 1944년 5월 15일 당시 연합군의 위장 배치상황을 표시해두고 준비하고 있었다.

독일군 암호를 해독한 "울트라"는 「히틀러(Hitler)」가 실제 연합군의 노르망디 공격을 예상하면서도 주공격 지점은 파드칼레라고 믿고 있었다는 사실을 확인해 주었다. 1944년 4월 연합군은 노르망디 해안을 따라 배치된 독일군의 장거리 포를 전략적으로 폭격하였다. 이 공격 시 향후 실제 공격할 지역이 아닌 다른 두 곳도 함께 폭격함으로써 포티튜드 작전을 지원하게 했다. 실제 노르망디에 상륙작전이 전개된 6월 6일 이후에도 연합군은 주공격 지점이 파드칼레라고 믿게 만드는 기만작전을 계속 추진함으로써 독일군이 상황을 오판하도록 만들었다.

『포티튜드』 작전은 노르망디 상륙을 성공으로 이끈 연합국 작전에서 매우 중요한 기만작전이었다. 지속적 기만작전을 추진한 결과 노르망디 해안을 방어하는 독일군 병력은 예상했던 것보다 훨씬 소규모였고 추가적 병력지원도 더디게 이루어진 것이다. 독일군이 만약 자신들의 공작원이 변절했거나 암호가 노출되었다고 의심했다면 모든 작전은 실패했을 것이다. 철저한 보안을 유지한 채 스파이를 효과적으로 이용했기 때문에 광범위한 방첩활동이 가능할 수 있었다. 전체적인 맥락에서 볼 때 방첩작전은 노르망디 상륙작전 성공에 매우 결정적이었다. 연합국의 공격이 파드칼레로 향할 것이라고 예상한 독일군은 엄청난 양의 폭약을 엉뚱한 곳에 쏟아 부었고, 이는 결국 독일군의 노르망디 해안방어 역량을 현저하게 약화시킨 것이다.

비밀공작 활동

방첩이 그런 것처럼 국가정책에 비밀공작을 적절히 활용하면 많은 이점을 얻을 수 있다. 반면, 비밀공작을 적절하게 활용하지 못하는 국가는 안보 정책의 추진과정에서 많은 문제점을 겪게 된다.

구소련은 유럽전역에 비밀정치공작 조직을 동원해 1970년대에 중성자탄 도입 및 전술핵무기 현대화를 추진하는 NATO를 무력화시키는데 활용했다. 물론, 비밀정치공작 그 자체만으로 NATO 결정을 무력화시킨 것은 아니다. NATO는 당시 지휘부의 지도력이 부족했고 무기를 현대화 시켜야 한다는 필요성에 확신이 없었다. 소련은 NATO의 중성자탄 도입저지를 위해 군사 및 외교적으로도 강도 높은 압박을 가했다. 이런 여건이 복합적으로 작용하여 NATO의 결정은 결국 번복되었다. 또한, 구소련의 비밀 지원을 받은 여러 위장단체 및 선전선동 요원들도 NATO의 중성자탄 도입 저지에 핵심적 역할을 수행했다.

자국의 개입 사실을 숨기면서 타국의 사건 및 타국정부 결정에 대한 영향력을 행사하는 비밀공작 역사를 살펴보면 꼭 서방국가와 구소련 간의 투쟁에만 국한되지는 않는다. 비록 공산권 국가들에 대한 비밀 지원을 통해 소련은 그 어떤 국가보다 비밀공작을 성공적으로 수행해왔지만, 존재하지 않았던 비밀공작을 갑자기 만들어 내 활용한 것은 아니었다.

과거 루이 15세 및 16세가 영국에 저항하는 북미지역의 식민도시를 비밀리 지원했다는 사실은 역사가들에게 잘 알려져 있다. 프랑스 왕의 책사들은 프랑스가 반란세력을 지원함으로써 북미 대륙에서 영국의 영향력을 감소시키고 프랑스의 영향력 및 무역거래를 강화시킬 수 있다고 조언했다. 1763년 『프렌치－인디언 전쟁』에서 영국에 패한 이후 영국과 스페인에게 빼앗긴 북미 식민지를 회복할 수 있을 것이라고도 조언했다. 결국 영국이 전쟁에서 패함으로써 식민지에서 프랑스에 대한 반감이 수그러지는 반면 영국에 대한 반감은 강화되었다. 그리고 프랑스는 그 反英 정서를 더욱 적극적으로 이용하고자 했다.

프랑스는 먼저 식민지에서 반란세력이 추진하는 反英 선동선전을 비밀리에 지원해 나갔다. 1776년 미국독립혁명이 시작되었을 때 프랑스 정부는 반란세력에 대한 지원을 강화해야 할지 여부를 결정해야 했다. 지원을 강화한다면 영국과의 전쟁도 불사해야 했기 때문이다. 그런 리스크가 있음에도 루이 16세의 외무장관과 「콘스탄틴 그라비르(Constantin Gravier)」, 「콤트 드 베르쟌느(Comte de Vergennes)」는 프랑스가 어떤 조치를 취하더라도 영국과의 전쟁이 불가피하기 때문에 기회가 있을 때 반란세력을 지원해 북미대륙에서 영국의 영향력을 약화시키는 편이 좋다고 주장했다. 그러면서도 「베르쟌느(Vergennes)」 및 다른 책사들은 프랑스가 표면상 북미대륙에서 영국의 식민지 문제에 개입하지 않겠다고 영국에 약속할 것을 제안했다. 하지만 이 주장의 실제 의도는 "반란세력에게 탄약·자금 등을 평범한 합법적 무역을 통해 드러나지 않게 비밀리에 지원한다"는 의도를 가지고 있었다.

당시 루이 16세에게 반란세력을 지원하지 말라고 만류하는 사람들도 있었다. 반란세력 지원에 대한 찬반 의견이 분분했던 것이다. 절대왕정의 군주로서 루이 16세는 미국인들이 지향하는 자유주의 및 反왕정 사상에도 동조할 수 없었다. 하지만 프랑스가 미국독립전쟁에 관해 아무 권한 및 통제력도 없는 상황에서 반란세력이 프랑스의 지원을 어떤 식으로 이용할지도 불확실했지만 적의 적은 친구라는 논리에서 「베르쟌느(Vergennes)」 주장에 따라 영국 지배에 반대하는 반란세력을 결국 지원했다. 1776년 5월 초 루이 16세는 그의 책사인 「피에르 아우구스틴 카론 드 버마샤이(Pierre Augustin Caron de Beaumarchais)」를 통해 미국 지원물자 구입 자금으로 백만 리브르 지급을 승인했다. 같은 해 8월 「버마샤이(Beaumarchais)」는 『로드리게 호탈리젯 치(Roderigue Hortalezet Cie)』라는 가장회사를 설립해 미국을 지원하면서도 프랑스가 개입되어있다는 사실은 숨겼다. 1년 동안 이 가장회사는 반란세력에게 프랑스 국고 자금으로 여덟 차례에 걸쳐 군수물자를 전달했다. 이 당시 스페인 또한 미국을 지원하고 있었다.

영국과의 전투가 공식적으로 시작되기 전인 1775년 9월 개최된 『제2차 대륙공회』에서는 『비밀연락위원회』의 설치가 결정되었다. 필라델피아에 위치한 『비밀연락위원회는』 운용 가능한 자금을 최대한 활용해 비밀리 군수물자를 조달하였으며, 플라망 상인으로 위장해 활동하는 프랑스 공작원들을 만나 조달 문제를 협조했다. 그 후 『제2차 대륙공회』는 1776년 「사일러스 딘(Silas Deane)」을 유럽에 대표로 보내 군수물자 조달업무를 맡게 했다. 같은 해 9월 공회는 추가적으로 「벤자민 프랭클린(Benjamin Franklin)」과 「아서 리(Arthur Lee)」를 프랑스 왕궁에 대표로 보내면서 차후 공회의 명령이 있을 때까지 보안을 유지하도록 당부했다. 프랭클린은 11월 프랑스 왕궁에 도착하고 영국에 반대하는 식민도시를 공식 대표하는 외교관으로 활동했다. 또한 프랭클린 집무실은 미국에 병력과 물자를 비밀 지원하는 유럽국가의 공식적 채널 역할도 했다.

이러한 지원이 없었다면 미국이 어떻게 전쟁을 치러냈을지 알 수 없다. 하지만 그 이후 미국 독립혁명을 연구했던 학자들은 영국과의 전쟁 초기에 프랑스 및 스페인의 지원이 결정적이었다고 주장하고 있다. 1777년 가을 영국이 필라델피아를 점령하면서 미국의 승리 가능성은 불투명해졌었다. 하지만 사라토가 전투에서 반란군이 승리했다는 소식과 「조지 워싱턴(George Washington)」 장군이 '저먼타운 전투'에서 선방했다는 소식은 프랑스로 하여금 반란군이 승리할 수도 있다고 믿게 만들었고 1778년 美弗동맹이 결성되는데 크게 일조했다.

당시 미국을 지원한 프랑스는 나중에 큰 이익을 보게 된다. 예를 들어 1803년 영불전쟁이 발생했을 때 나폴레옹은 영국만을 상대했고 미국이 영국을 지원하리라는 걱정은 하지 않았다.

독일이 미국의 1차대전 참전을 막지 못한 이유 중에는 허술한 보안과 방첩활동에 기인하지만 비밀공작을 제대로 수행하지 못한 것도 미국의 참전을 저지하지 못한 중요한 이유 중 하나다.

1차대전 초기 독일군 지휘부는 미국이 동맹국 진영에 합류할 것이라고 믿고 있었다. 이러한 독일의 생각이 착각이었음이 드러나면서 독일은 목표를 수정해야 했다. 그래서 독일은 미국이 연합국에 합류하지 못하도록 총력을 경주하게 된다. 「우드로 윌슨(Woodrow Wilson)」이 1916년 재선되기 전에 약속했던 것처럼 미국이 중립을 지키도록 하기위해 적극적인 공작을 전개한 것이다.

당시 독일에게 유리했던 사실은 미국이 여전히 영국에 대해 반감을 가지고 있었다는 사실이다. 독일은 비밀리에 아일랜드·미국인 및 독일·미국인 단체, 그리고 위장 정치단체를 이용해 英美 간의 반목을 부추겨 나갔다. 또한 駐美 독일대사와 무관들은 배후에서 사보타주(sabotage) 공작을 계획하고 공작금을 지원해 미국이 유럽에 군수물자를 지원하지 못하도록 했다. 탄약공장 폭발이나 운송선이 고장을 일으키도록 하는 독일의 사보타주 공작으로 미국의 지원은 차질을 빚을 수밖에 없었다. 독일은 심지어 멕시코가 미국과 전쟁하도록 비밀리에 선동하는 공작을 추진하기도 했다. 당시 독일 황제는 미국이 멕시코와의 전쟁에 말려들면 유럽 전쟁에 개입하지 못할 것이라고 판단한 것이다.

그러나 독일의 행동은 모순적이었으며 너무 공공연하게 뻔뻔하기까지 했다. 미국의 연합국에 대한 무기 지원을 차단하기 위해 비밀 사보타주 공작을 추진한 것뿐만 아니라 '무제한 잠수함작전'을 단행해 수많은 미국인들의 목숨을 앗아갔고 미국에 막대한 피해를 입혔다. 게다가 미국 정·재계에서 영국의 영향력을 와해시키려는 독일의 비밀공작은 너무 공공연한 방식으로 추진되어 결국 대중들에게 反獨 정서를 갖게 만들었다. 독일이 추진한 사보타주 공작 등에 대한 보안이 누설됨으로써 이러한 상황은 더욱 악화되었다. 이러한 사건들로 인해 독일이 유럽에게 만행을 저지르고 있다는 영국의 주장은 더욱 신빙성을 얻게 되었다. 「짐머만」 전보 사건이 발생했을 때도 미국에서는 이미 독일의 비밀스런 개입 의혹이 불거져있는 상태였다. 독일의 비밀공작은 결국 미국의 1차대전 참전을 저지한 것이 아니라 오히려 부추긴 형국이 되어버린 것이다.

이와 대조적으로 영국은 기회를 잘 이용했다. 또한 미국 지도부가 영국에 우호적이었기 때문에 미국에서 정교한 비밀공작을 성공리에 진행할 수 있었다. 물론, 미국이 1917년 연합국에 참전한 것은 영국의 노력만으로 이루어진 것은 아니었다. 미국인들은 초창기 1차대전에 참전할 의지가 거의 없었다. 하지만 영국의 노력은 윌슨 대통령으로 하여금 미국군을 신속히 동원해 전쟁에 참전하는 결정을 내리도록 유도했다.

이러한 영국의 성공을 가져온 핵심 요소는 무엇이었을까? 첫 번째로 가장 중요한 핵심은 영국 정보기관의 수장이었던 「윌리엄 와이즈먼(William Wiseman)」을 윌슨 대통령 곁에 심어놓은 전략이었다. 그다지 큰 성공을 거두지 못했던 청년사업가이자 극작가였던 「와이즈먼」은 세기가 낳은 가장 영향력 있는 공작관이 되었다. 「아더 윌럿(Arthur Willert)」 경에 따르면 와이즈먼은 윌슨 대통령의 최측근이었던 하우스 대령 보좌관이라는 전략적 역할을 맡게 되었다. 비록 하우스 대령과 일부 고위 관료들은 와이즈먼이 영국의 밀사라는 사실을 알고 있었지만, 「윌럿(Willert)」 경이 보기에 하우스 대령과 와이즈먼의 관계는 아버지와 아들과 같은 관계였다. 하우스 대령은 와이즈먼에게 윌슨 대통령을 대하는 방법을 직접 가르쳐 주기까지 했다. 결국 와이즈먼은 駐美 영국대사와 駐英 미국대사 간의 연락관 역할을 넘어 백악관과 영국정부 간의 핫라인과도 같은 존재로

부상한 것이다.

윌슨 대통령이 1차대전 참전을 결정한 이후에도 영국 외무부는 와이즈먼을 통해 미국이 신속하게 병력 및 군수물자를 동원하도록 영향력을 행사했다. 또한 와이즈먼은 자신에 대한 신뢰를 바탕으로 연합국과 미국 간에 협력이 최대한 이루어질 수 있도록 제반사항을 조율했다. 예를 들어 윌슨 대통령으로부터 『미국 참전연설』 원고를 장관들보다 먼저 입수하여 영국 언론이 미국의 참전을 우호적으로 보도하도록 조율했다. 영국발 보도기사는 미국 언론에도 그대로 전해져서 윌슨 대통령은 긍정적 평판과 함께 위신을 세울 수 있었던 것이다. 또한 여러 자료에 따르면 와이즈먼은 정책 제안보고서를 작성해 하우스 대령을 통해 윌슨 대통령에게 직접 보고하기도 했었다. 윌슨 대통령의 와이즈먼에 대한 신임이 워낙 두터워 1차 대전 종료 후에도 윌슨은 와이즈먼이 베르사유 개최 『파리강화회의』에서 자신의 고문을 맡아주기 원할 정도였다. 한 전직 영국 정보기관 고위간부에 따르면 와이즈먼은 "우리가 알고 있는 가장 영향력 있는 영국 공작원"이었다고 술회했다.

영국이 미국에서 비밀공작을 성공적으로 추진할 수 있었던 데에는 몇 가지 이유가 있다. 첫째, 미국이 참전해야 하는가의 문제는 정치적으로 찬반이 분분했던 사안으로써 비밀 정치선전공작을 통해 결정적 차이를 만들어낼 수 있는 전형적인 경우에 해당되었다. 물론, 영국 정보기관이 아무 기반도 없이 밑그림부터 시작한 것은 아니었다. 당시 미국 내에는 親英·反獨 정서가 지배적이었다. 특히 언론계 및 재계, 그리고 정부부처가 그러했다. 일반적으로 영국에 우호적 분위기인 미국 동부는 영국 정보기관원들이 활동하기에 독일보다 유리했다. 게다가 영국 정보기관은 독일의 공작을 사전에 파악해 무력화시킬 수 있었으며 독일 정보기관의 무능력을 역이용해 영국의 선전 공작을 성공적으로 전개할 수 있었다.

미국에서 영국과 독일 간에 전개된 경쟁적인 비밀공작활동이 왜 중요한 의미를 가지는가? 그 이유는 참전을 결정한 미국이 신속하게 병력과 군수물자를 동원함으로써 전쟁의 판도가 연합국에 유리하게 기울어진 계기가 되었기 때문이다.

아직도 증거는 부족하지만 영국 또한 1940－1941년 동안 미국 내에서 군수물자 보급을 확보하고 미국의 국내여론과 미국 정부의 정책에 영향력을 행사하기 위해 다양한 비밀공작을 추진했다. 대중에게 알려지지 않은 당시 비밀공작에는 미국 정부 고위관계자들이 연루되어 있었다. 전쟁 기간 동안「처칠」보좌관이었던「데스몬드 모톤(Desmond Morton)」은 다음과 같이 말했다. "처칠 수상 이외에는 아무도 모르는 또 하나의 1급 비밀은 미국 대통령에 의한 기밀사항의 보안유지는 영국의 통제를 받는 것이나 마찬가지였다는 사실이다." 영국 정보기관의 정보관 한 명이「에드거 후버(Edgar Hoover)」FBI 국장 및「빌 도노반(Bill Donovan)」장군과 긴밀히 협조하고 대통령에 정기적으로 관련사항을 보고했다. 여기서 중요한 것은 이러한 협력관계가 고립주의자들에게 알려진다면 엄청난 반향을 불러일으킬 것이기 때문에 보안이 유지되어야 한다는 것이었다.

「모톤」은 또한『영국보안조정국(BSC)』소속「윌리엄 스텝슨(William Stephen son)」과 그의 조직이 미국에서 활동한 사실도 언급하고 있다. 駐뉴욕『영국여권 발급사무소』직원으로 가장한 영국보안조정국(BSC)의 스텝슨은 1차대전 당시 와이즈먼이 했던 역할과 유사한 업무를 미국에서 담당했다. 스텝슨의 역할은 미국 정부 고위 관료들에게는 알려져 있었지만, 일반 대중에게는 전혀 알려지지 않았다. 영국보안조정국(BSC)은 미국 정부의 고위 관료들과 긴밀히 협조하는 관계였다. 스텝슨은 루스벨트 대통령의 각종 연설문 초안을 사전에 입수하였는데, 이는 연설문 작성에 선제적으로 대응하고 미국·영국뿐 아니라 국제적인 우호 여론을 끌어내기 위한 목적이었다. 스텝슨은 미 방첩기관이 국내에서 암약하는 나치 공작원들을 색출하는데도 도움을 주었다. 실제 FBI는 1941－1942년 사이에 42명의 독일 공작원을 체포했는데 이 중에서 36명은 영국의 협조로 검거한 것이었다. 그는「윌리엄 도노반(William Donovan)」장군이 미국 최초로 중앙집권적 정보기관인『정보조정처(COI)』를 조직하는데도 도움을 주었다. 이 정보조정처(COI)는 후에『전략사무국(OSS)』으로 개편되었다. 정부 고위 관료와 긴밀히 협조하는 것 이외에도 스텝슨과 영국 BSC는 미국 내에 방대한 비밀 조직망을 구축해 운영하였다. BSC는 전성기에 1천 명의 현장 공작원을 포함해 미국 내에서 2천 명의 직원을 채용해 운영하였다. BSC는 자체 비밀통신망도 보유하고 있었는데 한 때 FBI는 한 주 동안 BSC를 통해 영국 정보기관에 300건의 암호 전문을 보낼 정도였다.

당시 미국 정부 고위관료들이 BSC가 선전·정치공작·준군사작전 등 비밀공작을 이용해 미국의 여론을 움직여 참전토록 하게 하고, 1942년 이전 미국의 對영 무기지원을 막으려는 독일의 공작을 와해하려는 것을 알고 있었는지의 여부는 분명치 않다. 그동안 기밀로 분류된 미국내 BSC 공작활동 문건을 많이 열람한 「데이빗 이그나티우스(David Ignatius)」 및 「메리 러브웰(Mary Lovell)」의 설명에 따르면, BSC는 당시 미국 주요 신문사 사장 및 편집자, 기자들의 협조를 통해 엄청난 규모의 언론공작을 추진해 성공시켰다고 한다. BSC는 신문사·방송국·헐리우드 영화제작자 등에게 막대한 자금을 지원하며 활동을 전개했다. 참전을 반대하는 미 고립주의운동 단체인 『America First』에 요원을 침투시키는 한편, 이에 대항하는 위장단체를 직접 조직하기도 하였다. 또한, 『美노동연맹(AFL)』 같은 주요 NGO 및 여타 민족단체와 긴밀한 협조체계를 구축했다. 지지 인물이나 사안에 대해서는 선전공작을 통해 우호적 소문을 퍼뜨리고 그렇지 않은 인물과 사안에 대해서는 루머를 퍼뜨리기도 했다. 적을 무력화시키기 위해 현재 관점에서는 “더러운 속임수”라고 할 수 있는 다양한 기법을 활용했던 것이다.

나치 정권의 특성과 이웃 국가들에 행한 제국주의적 행태를 고려해본다면, BSC가 미국 여론을 원하는 방향으로 선동했던 것은 그리 어려운 것은 아니었을 것으로 보인다. 하지만 당시 미국의 여론은 유럽 전쟁에 휘말려서는 안 된다는 의견이 지배적이었다. BSC는 각종 활동을 통해 고립주의적 여론이 영국에 대한 지원을 끊지 못하도록 만들었고 결국 미국이 일본의 진주만 공격 후 병력을 동원해 2차대전에 참전토록 하는 토대를 만들었다.

동서냉전 초기의 위험한 시기에 비밀공작이 얼마나 중요했는지를 단적으로 보여주는 사건이 있다. 2차대전이 막 끝났을 때 유럽의 운명은 누구도 알 수 없었다. 나치 독일이 구소련 서부, 발트해 연안국, 그리고 동유럽에서 퇴각함에 따라 구소련의 적군(the Red Army)은 이 “해방지역”을 점령하기 위해 밀고 들어갔다. 소련은 동유럽에서 정치적 통제권을 확보하는 동시에 우크라이나와 발트해 연안 국가들에서 반(反)소 투쟁 빨치산들을 적극적으로 소탕했으며 그리스에서는 공산당이 집권할 수 있도록 지원했다. 소련이 수십 년 동안 자금을 지원하고 정치적 영향력을 행사해 온 프랑스나 이탈리아 같은 유럽의 공산당은 국내에서 핵심 정치세력으로 성장했다. 동독 공산당은 소련의 군사적 지원을 받았고, 미국·프랑스·영국이 통제하는 서독 점령지역에서도 공산당은 다시 부활했다. 뿐만 아니라 공산당은 서유럽에서 여러 노조단체를 포함한 주요 비정부기구에도 적극적으로 잠입하여 세력을 확대해 나갔다.

1940년대 말까지 구소련은 유럽에서 사실상 세계 최대의 그리고 아마 최고 숙련된 비밀공작망을 구축하였다. 유럽 비밀공작을 지휘하는 조직은 코민포름으로 불리는 공산당 정보국이었다. 코민포름은 사무국을 보유하고 있었고 운영 자금도 충분했으며 전세계에서 활동하는 공작원과 세계적 통신 네트워크 및 우편배달 체계도 갖추고 있었다. 1차대전과 2차대전 사이의 경제·정치적 혼란을 틈타서, 그리고 전쟁 시 파시스트 세력을 제거하려는 투쟁을 이용해, 구소련은 전유럽에 걸쳐 엄청난 규모의 공개·비공개 공작망을 구축한 것이다.

1947년 가을 미국이 전쟁으로 무너진 유럽경제를 회생시키고 서유럽 민주정권 안정화를 위해 마샬플랜 실행을 준비하고 있을 때 스탈린은 서유럽 국가 공산당에 선제적으로 공격할 것을 명령했다. 이에 공산당 산하 정당과 노조단체들은 마샬플랜을 무력화시키고 공산당 동의 없이는 어떤 나라도 효과적으로 국가를 운영할 수 없음을 증명하기 위해 온갖 공작을 펼쳤다.

구소련의 공식적 문건을 확인해 보지 않고서는 스탈린이 정말 서유럽의 민주국가들을 전복시키려 했는지, 아니면 그저 동유럽에 대한 정치적 통제를 확보하기 위해 미국과 연합국이 개입하지 못하도록 주의를 돌리기 위해 최대한의 혼란 상황을 야기하고 싶어 했는지를 확인할 방법은 없다. 만약 스탈린의 목적이 미국과 연합국의 주의를 다른 곳으로 돌리기 위한 것이었다면 작전은 성공했다고 볼 수 있다. 미국은 2차대전 종전 후 1－2년 간은 최소 병력만을 서유럽에 유지하면서 소련의 영향력이 확산되지 못하도록 봉쇄하는 데만 전력을 기울였기 때문이다.

1947년 말 이탈리아에서의 선거를 시작으로 미국과 서유럽 국가들은 소련이 비밀공작 또는 공개수단을 이용해 지역 민주국가들에 대한 해악을 끼치지 못하도록 공격적 행보에 나서기 시작했다. 미국은 게임에서 유리한 카드를 가지고 있었다. 즉, 미국은 당시 세계 최강대국이었고 우파 전체주의 국가 독일과의 전쟁을 치른 대부분의 유럽인들은 우파 전체주의 국가인 소련을 경계하고 있었기 때문이다. 이러한 우호적 환경을 바탕으로 서유럽에서 미국이 추진한 공작은 비밀공작의 대표적인 성공모델이 되었다.

우선 미국의 외교정책 방향과 노선은 상당히 분명했고 정부 관료들에게 명확히 전달되었으며 대통령이나 국방부 장관이 바뀌어도 지속적으로 일관성 있게 유지되었다. 국무부와 국방부 그리고 정보공동체가 같은 리듬에 맞춰 정책을 추진했고 여·야를 불문하고 정치권이 이러한 외교정책 노선을 일관성 있게 지지했다. 이러한 합의가 있었기 때문에 미국은 마샬플랜과 같은 정책이나 NATO를 통한 군사지원, 그리고 다양한 공공외교를 통해 유럽 국가들을 적극적으로 지원할 수 있었다. 미국의 이러한 일관된 정책은 서유럽 국가들에게 미국은 소련의 팽창을 봉쇄하고 억제하는데 무척 적극적이라는 인상을 심어 주었다. 또한 미국은 서유럽을 혼란에 빠뜨리려는 구소련의 공개·비공개 공작활동에도 대항할 수 있는 다양한 수단을 제시하였다.

물론 서유럽 민주주의의 정착을 위한 미국의 계획을 좌절시키려는 소련을 저지하기 위해 미국이 비밀공작에만 의존한 것은 아니다. 하지만 마샬플랜처럼 서유럽에 대한 미국의 정책적 지원에서 비밀공작은 핵심적 요소였다. 이 결론은 "비밀공작은 성공한다 해도 핵심적 중요성을 가지지 않는다"는 관점과 배치되는 것처럼 보인다. 가장 영향력 있는 비밀공작 연구문헌에는 다음과 같은 언급이 있다. "긴 역사의 경험에 비춰보면 성공한 비밀공작도 작고 모호하며 찰나적일 뿐이다." 이란(1953), 과테말라(1954), 쿠바(1961) 그리고 칠레(1970)에서의 정부 전복 공작과 같은 몇 가지 역사적 사건에만 초점을 맞추어본다면 이는 올바른 지적이다. 하지만 현실에서의 역사는 그렇게 단순하지가 않다. 최소한 2차 대전 후 미국이 서유럽에서 추진한 비밀공작 활동은 1950년대 필리핀에서의 공작, 그리고 최근 아프가니스탄과 폴란드에서의 공작처럼 비밀공작은 별로 중요하지 않다는 고정관념을 크게 바꾸어 놓았다. 실패했을 경우에도 비밀공작은 공공외교나 경제적 지원, 군사작전 실패보다 훨씬 부담이 덜하다는 결과를 보여주었다. 비록 비밀공작이 마법의 총알처럼 만능은 아니지만 언론에 종종 그려지는 것처럼 중요성이 떨어지거나 제 기능을 못하는 정책수단은 절대 아니라는 것이다.

비밀공작과 방첩은 국가안보와 국익을 수호하는데 종종 지대한 공헌을 해왔다. 역으로 말하면, 비밀공작과 방첩이 제 기능을 못한다면 적과의 경쟁에서 불리한 위치에 놓이게 된다는 것이다. 그러면 방첩과 비밀공작이 민주주의 국가의 안보에 필수적인가? 보통은 그렇지 않다. 그러나 방첩과 비밀공작을 경시하면 외교·국방정책 목표 달성을 위한 타국과의 경쟁에서 위험한 상황에 처하거나 큰 대가를 치러야 할지도 모른다.

Chapter
02

1945년 이후 비밀공작의 성공과 실패사례

미국 정보활동의 역사는 그 가치가 완벽하게 드러난 극히 이례적인 상황을 제외하고는 비밀공작에 대한 편견이 존재했음을 보여주고 있다. 제2차 세계대전까지 미국은 해외에서 영향력 공작을 전개할 수 있는 전담기구가 없었다. 필요할 때마다, 그리고 가끔은 매우 효과적으로, 의회 및 행정부가 이러한 기능을 독자적으로 수행했을 뿐이다. 사실 미국의 영토 확장 역사는 다양한 종류의 사적 영역에 대한 공적인 관여를 통해 확대되었음을 보여주고 있다. 특히 파나마 운하 사건은 매우 악명 높은 케이스이다. 1898년 스페인－미국 전쟁(Spanish－American War) 시 미 전함 '오리건 호'가 남미를 돌아가야 했을 때 파나마 운하에 대한 미국의 '전략적 지배력'의 중요성은 무척 커졌다. 1902년 파나마 해협을 관리하고 있던 콜롬비아는 미국에 파나마 해협 통행권을 보장하는 내용의 조약 비준을 거부했다. 미국으로서는 운하에 대한 지배권을 어떻게 확보하느냐가 큰 문제가 된 것이다. 사태해결을 위해 『설리번 & 크롬웰』이라는 뉴욕의 한 법률사무소는 정치공작을 착수하는 방향으로 일을 추진하였다. 이 법률사무소의 정치공작과 병행하여 미 군함들은 콜롬비아 군이 파나마 독립혁명을 진압하지 못하게 저지하는 노력을 전개했다. 파나마 공화국은 그렇게 탄생하게 된 것이다. 당시 미국 정책에서 비밀공작은 정형화된 수단이 아니었고, 미국도 사실 자국이 수행한 비밀공작에 대해 죄책감을 느끼지 못했다. 미국은 오랜 시간이 지난 후에야 콜롬비아에 배상했을 뿐이다.

제1차 세계대전 그리고 그 직후에도 비밀공작에 대한 역량 부족을 개선해 보려는 움직임은 아주 미미했다. 당초 미국은 제2차 세계대전 참전을 미루고 있었다. 그러나 진주만 공습을 계기로 미국이 참전하게 되자 1942년 『전략사무국(OSS)』이 설립됨으로써 비밀공작 역량을 갖추게 되었다. OSS는 초창기 '정보조정처(Coordinator of Information)'로 알려지기도 했다.

영국 정보활동의 영향을 받아 美전략사무국(OSS)은 비밀공작을 두 가지 형태로 발전시켰다. 한 가지는 나치에 저항하는 레지스탕스들의 사기를 북 돋우고 적의 사기를 저하시키는 심리전 개념의 "적 사기저하 작전"이다. 이 전략은 선전·선동 유인물을 적 병사들에게 살포하는 한편, 유럽의 독일군 점령지 내에서 레지스탕스 조직의 인쇄·출판물을 지원하고 지하 라디오 프로그램을 방송하는 방식으로 이뤄졌다. 또한 독일에 점령된 유럽과 아시아 일부지역을 대상으로 각종 자료와 정보 지원이 은밀하게 이루어졌다.

이런 관점에서 OSS는 엄밀한 의미에서의 정치공작 프로그램을 수행하지는 못했다. 세계 무대에서 중립국 지위를 유지하기 위해 노력하던 미국의 갈팡질팡한 대응은 '실패한 연출' 이라기보다는 공산주의자, 사회주의자, 드골지지자 등 내부 알력으로 분열된 프랑스와 같은 나라들로 인해 '연출 자체가 불가능한 것'이었다. 분파적 행동을 종전 이후로 미루라는 미국의 주장은 당시가 전시라는 사실을 무시한 것이었다. 대부분의 2차 대전 참전국들은 "전쟁이 다른 수단에 의한 정치의 연장"이라는 클라우제비츠 격언에 동의하고 있었지만 미국, 특히 미군은 지속적으로 양자를 구분했다. 미 육군 원수 「오마르 브래들리(Omar Bradley)」 장군은 후에 『아메리칸 뷰포인트』紙와의 인터뷰에서 다음과 같이 언급했다. "우리는 군인으로서 영국이 정치적 통찰력과 비군사적 목표를 종합 고려하여 전쟁을 복잡하게 전개해 나가는 것을 순진하게 바라보기만 했다." 비록 비군사적 수단들을 유연하게 활용함으로써 OSS가 전시에 큰 성과를 내주길 기대했지만, 실제로는 그렇게 되지 않았다.

심지어 종전 직전, OSS 수장인 「윌리엄 도노반(William Donovan)」 장군은 'OSS'를 전후에도 심리전 능력을 갖춘 정보기관과 비슷한 형태로 유지하는데 찬성하였다. 그러나 트루먼 대통령은 1945년 10월 1일 OSS를 해체할 것을 명령했다. 심리전과 준군사작전에 연관된 거의 대부분의 사람들이 일반 시민으로 되돌아 간 것이다. 일부만이 OSS의 후신인 『전략임무대(SSU)』에 남았고, 조사 기능은 국무부로, 나머지는 육군성으로 이관되었다. 육군성의 지원 하에 전략임무대(SSU)는 거의 전적으로 정보수집만을 담당하게 되었다. 따라서 1946년까지 미국은 비밀 영향력공작을 수행하거나 심지어 해외에서 공개적으로 선전·선동 작전을 수행하는 수단이 없었던 전쟁 전의 상황으로 되돌아간 것이다.

이러한 상황은 미국의 민주주의적 사고에 깊게 자리 잡고 있는 비밀공작에 대한 기본적 편견 때문이었다. 기본적으로 트루먼 대통령은 해외에서의 비밀공작이 민주주의 이념과 배치된다는 전통적 견해를 고수했다. 그는 또한 은밀한 수단이 미국 시민들을 대상으로 사용될 수도 있다는 본능적 우려에서 「존 아담스(John Adams)」 보다는 「샘 아담스(Sam Adams)」의 견해를 지지했다. 어쨌든 전쟁은 끝났다. 독일의 제3제국은 잿더미로 변했고, 미국에 대한 위협은 어디에서도 인지되지 않았다. 이런 상황에서 비밀공작 역량을 제도화해야 할 필요성은 어디에도 없었다.

이어진 2년 동안 미국은 중립노선을 표방해 온 전통적 관례에 따라, 필요할 때에만 해외 정치세력에 대한 지원을 하게 되었다. 대표적인 것은 1946~1947년 「제임스 포레스탈(James Forrestal)」 해군장관이 사적으로 마련한 자금을 바탕으로 프랑스에서 진행한 것으로 공산당에 저항하는 노동조합원을 지원하는 프로젝트였다. 한편, 비밀공작으로 발전할 수 있는 정보활동 기능이 국무부에도 있었지만 더 이상 발전하지는 못했다. 1930년대에 『공산주의 운동 분석팀(EUR-X)』으로 알려진 소규모 조직이 「레이 머피(Ray Murphy)」 지휘 하에 신설되었다. 그 조직은 국제 공산주의 운동을 전문적으로 다루었으며, 세련된 외교업무 담당자들이 '반스탈린주의자'들을 지원하는 모든 활동을 할 수 있도록 뒷받침 했다. 그러나 『EUR－X』는 예산이 제한되어 있었고, 실질적으로 국무부 이외 조직에는 아무 영향력도 없었다. 더구나 이 조직이 가지고 있던 작은 영향력도 전쟁 시 스탈린이 '코민테른'을 해체해 버림으로써 무력화 되었다. 사실상 이러한 상황을 이용하기는커녕 비밀공작에 대한 목표와 필요성을 찾아 낼만한 공식적인 조직 자체가 없었던 것이다.

OSS가 해체된 뒤인 1946년 초 트루먼 행정부는 대통령에게 보고되는 정보 보고서에서의 혼선과 서로 다른 견해에 대해 우려하고 있었다. 이러한 견해에 따라 1946년 해군정보국 부국장이던 「시드니 사우어스(Sydney Souers)」 제독을 '중앙정보장(DCI)'으로 임명하고 『중앙정보그룹(CIG)』이 창설되었다. 『중앙정보그룹』은 국무장관, 육군장관, 해군장관 및 대통령 수석보좌관들로 구성된 '국가정보지휘부(National Intelligence Authority)'에 보고토록 되어 있었다. 하지만 이 중앙정보그룹(CIG)은 거의 전적으로 정보수집과 분석에만 관여했고, 비밀공작은 권한 밖의 분야였다.

한편, 1946년 말 대통령의 지시에 따라 국무부·육군성·해군성은 유럽에서 소련의 의도와 서유럽에서 자체적으로 점증하는 공산주의 세력을 우려해 심리전을 강화하기 위한 구체적인 가이드라인을 만들었다. 1947년 6월 '국가안전보장법(National Security Act)' 통과 이후에는 CIG를 대체할 조직으로서의 CIA에 대한 권한과 책임에 대해 논의되기 시작했다. 이를 위해 관계부처 합동으로 『특별연구 및 평가 소위원회』가 구성되었다. 그러나 거기에는 어떤 분명한 목표 없이 막연하게 선전·선동 공작이 소련의 영향력 확장에 대응하기 위해 필요하다는 합의만이 있었다.

명확한 가이드라인 없이 일하는 것이 어려운 상황이라면, 평시에 비밀 공작활동에 책임을 지려는 기관을 찾는 것은 더욱 어려운 일이었다. 그해 11월 트루먼 대통령은 이 책임을 국무부에 맡겼지만 「조지 마셜(George Marshall)」 국무장관은 비밀공작 활동이 조금만 노출되더라도 부처의 평판에 피해를 주지 않을까 우려했다. 많은 시민들은 자극적 언론보도가 아니더라도 그러한 활동들을 부정적으로 보고 있었기 때문이다. 마셜 장관은 국무부의 비밀공작을 은폐할 수 있는 몇 가지 '비밀 지원 프로그램'을 계획하고, 이러한 '공식적 가장'을 통해 국무부를 보호하고자 했다.

반면, 군은 평시에 전개되는 비밀공작이 그들의 권한 밖이라는 견해를 가지고 있었다. 전쟁이 발발하지 않은 상황에서 그들은 이 책임을 지려하지 않았다. 특히, 군은 이러한 권한을 새로 창설된 CIA에 주려는 계획에 대해 상당히 불편해 했다.

제3대 중앙정보장(DCI)이자 초대 CIA부장인 「로스코 힐렌코에터(Roscoe Hillenkoetter)」 제독은 스스로가 비밀공작에 대해 시큰둥했다. CIA 공식 역사가들에 따르면 도노반과 대조적으로 힐렌코에터는 비밀공작을 통해 제2차 세계대전에서 승리할 수 있었다는 사실을 믿지 않았다. 게다가 그는 비밀공작 임무들이 CIA의 정보수집 및 분석에 불리한 영향을 미칠 수 있다고 확신했다. 1947년 '국가안전보장법(National Security Act)'에 따라 새로 조직된 '국가안전보장회의(NSC)'에서 많은 논쟁 끝에 트루먼 대통령은 마셜을 지지하기로 결정했다. 1947년 12월 14일 NSC는 국무부의 감독 아래 CIA에 '비밀 심리전 작전' 수행 권한을 부여하는 'NSC 지침 4/A호'를 채택한 것이다. 국무부가 비밀공작 관리에 대해 우위를 점한 것처럼 보였지만 이것은 끝까지 유지되지는 못했다. 몇 년 지나지 않아 CIA는 그들의 가장 주된 임무 중 하나인 비밀공작으로 인해 가장 거대한 정보기관으로 성장했다.

1947년의 결정에 박차를 가한 것은 1948년 예정된 이탈리아 선거였다. 이탈리아 정부는 공산주의자들의 시위에 강력 대응했지만 공산주의자들의 승리 가능성이 좀 더 높았다. 1947년 11월부터 1948년 3월까지 몇몇 NSC 지침들은 이탈리아의 반공성향 정치 지도자들과 정당들을 지원하는 것을 목표로 했다. 민주주의 옹호를 위한 대부분의 작전들은 공개적이었다. 이탈리아에 대한 밀가루 및 생필품의 수송, 미국 전함의 기항, 그리고 약 7만에 가까운 공산주의 세력과 대치해야 했던 이탈리아 무장 세력에 대한 지원 등이 그것이다. 'NSC 지침 1/3호'는 "정부 당직자와 노조 간부를 포함한 일반 개개인"이 이탈리아 사태에 관해 적극적으로 발언하고 "이탈리아의 정치적 이슈와 관련한 시민들의 편지쓰기 운동"을 권장했다. (이 제안에 대한 미국인들의 반응은 대체로 긍정적이었다.) 유일하게 진행된 진짜 비밀공작은 이탈리아 '기독교민주당(기민당)'과 다소 보수적 성향인 '반공산주의 사회민주당'에 대한 자금지원, 일부 좌파 사회주의자들에 대한 자금 지원, 그리고 몇 가지 선전·선동공작 및 역선전 공작 등으로 이루어졌다. 이러한 활동에 대한 권한은 NSC 지침에 완곡한 표현으로 묘사되어졌다.

미국의 정책은 중도 성향의 많은 이탈리아인들의 정서와 조화를 이루었다. 그러나 선거에 대한 미국의 공개·비공개적 지원의 영향력 정도를 측정하는 것은 쉬운 일이 아니다. 「알치데 데 가스페리(Alcide De Gasperi)」 주도 아래 '기민당'은 유권자 과반수의 지지를 얻었고 하원에서 절대 다수당을 차지하였다. 그리고 「데 가스페리」는 그의 내각에 '사회민주당', '자유당', '공화당' 일부도 포함시켰다. 이렇게 함으로써 그는 선거에서 1/3 가량을 득표한 공산주의자들이 '비카톨릭계 대안정당'을 자처하지 못하도록 저지했다.

전문가적 관점에서 본다면 이탈리아 민주 세력을 돕기 위한 공개 및 비공개 활동의 성급한 짜깁기는 외교적 규범을 위반한 것이었다. 많지는 않았지만 동·서유럽에 주재한 어떤 소련 대사들도 이탈리아 반도를 오르내리며 연설을 통해 효과적 선거운동을 전개한 「제임스 던(James Dunn)」 이탈리아 주재 미국대사처럼 공개적이고 활발한 활동을 한 사람은 없었다. 또한 소련에 대해 많은 경험을 가진 국무부 직원으로써 그를 수행한 「에드워드 페이지(Edward Page)」 참사관은 이탈리아 정당선거 사상 가장 유명한 자금원이라는 악명을 얻었다. 한편, 미국은 외교적 관례를 무시하면서도 공개 활동에 비밀공작을 혼합시켰다. 소련과 전쟁이 일어날지 모른다는 공포뿐만 아니라 서유럽에서 공산주의자들의 집권은 무척 위험하다는 인식이 복합적으로 반영되어 이런 "혼합공작"에 대한 필요성이 증대된 것이었다.

한편, 이탈리아 및 서유럽에서의 對소련 대응활동과 함께 CIA는 산하 비밀 수집기구인 『특수작전국(OSO)』을 활용해 중부 및 동부 유럽에서의 심리전에 착수했다. 알려진 바에 의하면 '특수작전국' 활동은 소련권 영역에 방송을 위한 라디오 송신기 지원, 독일의 비밀 인쇄공장 지원, 그리고 '철의 장막' 너머로 전단을 살포하는 것 등 매우 제한적으로 수행되었다.

1948년 초 미국 수뇌부에는 고민거리가 생겼다. 그해 2월 체코슬로바키아에서의 공산 쿠데타, 4월 이탈리아에서의 아슬아슬한 승리, 그리고 소련의 '베를린 봉쇄' 등으로 서방 진영에 위기의식이 급격히 고조되기 시작한 것이다. 방어와 대응 측면에서 심리전 공작보다 더욱 효과적인 메커니즘에 대한 요구가 증가하고 있었다.

1948년 5월 미 국무부 정책기획국장 「조지 케넌(George Kennan)」은 국무부의 조정 아래 있으면서도 국무부와는 공식적으로 연관되지 않은 영구적 비밀공작 기관의 창설을 제안했다. 6월 18일 대통령은 'NSC 지침 4/A호'를 대체할 'NSC 지침 10/2호'를 승인했고 새롭게 『특수공작부(OSP)』를 창설해 對소련 "정치전"을 전면 "확대"할 수 있는 권한을 부여했다. 그 아이디어는 동·서 유럽에서 증대되는 위기에 대응하기 위해 비밀공작을 미국 정책수단의 필수적인 요소로 포함하는 것이었다. 그러자 이전에 발생했던 문제점이 다시 표면화되었다. 국무부 산하가 아니라면 어느 부서 감독 아래 이러한 기능들이 수행되어져야 하는가의 문제였다. 군은 이를 다루고 싶어 하지 않았고 중앙정보장의 힘이 강해지는 것도 원하지 않았다. 한 CIA 역사가가 유명한 글귀를 인용해 언급한 바에 따르면, CIA 수장들은 당초 "더러운 속임수"를 수행하는 부서의 설립을 썩 달가워하지 않았다. 하지만 『특수공작부(OSP)』를 CIA 산하에 설립하는 것으로 귀결됨으로써 이러한 입장 차이가 어느 정도 정리되었고, 관계자들 모두가 더 이상 문제에 휘말리지 않게 되었다.

"비밀공작의 전성기"

『특수작전국(OSO)』과의 혼선을 피하기 위해 OSP는 설립 초기인 1948년 가을 명칭을 『정책조정실(OPC)』로 변경했다. 비록 관료제의 폭풍 속에서 살아남지 못할 운명이었지만 어디에 이 뜨거운 감자를 두느냐 하는 문제의 해결책은 관료사회의 절묘한 처리 방식을 보여 주었다. OPC는 CIA에 소속되었으나 완전히 독립된 조직으로 존재했으며 모든 연방 정부와 기관에 인력과 지원을 요청할 수 있었던 것이다. 중앙정보장은 '정책조정실(OPC)'에 사무실 및 물적 지원을 담당하도록 했지만 여전히 '특수작전국(OSO)'과는 분리시켰다. OPC는 NSC 지침에 따라 작전을 수행했고 국무부가 정책기획단을 통해 일일 '정책 지침'을 하달했다. 때에 따라서는 국방부(주로 합참)에서도 지침을 하달했다. 이 조직의 수장은 중앙정보장이 임명하지도 않았고, 중앙정보장에게 보고할 의무도 없었던 것이다.

1948년 가을 「프랭크 G. 위스너(Frank G. Wisner)」는 "정책조정"을 담당하게 되었다. 위스너는 미시시피의 부유한 집안에서 태어나 버지니아 대학을 졸업했고, 몇몇 OSS 임무를 성공적으로 수행한 월스트리트의 법률가 출신이었다. 특히 그는 루마니아가 독일에 등을 돌렸을 때 OSS가 루마니아에서 진행한 임무의 책임자로 잘 알려져 있었다. 그의 동료들에 따르면 그는 에너지가 넘쳤고 매우 뛰어났다. 1948년 9월 8일 위스너는 이탈리아에서의 비밀공작을 기획한 보고서를 입안하는 과정에서 열 명 가량의 보좌진과 첫 번째 참모회의를 열었다. 위스너의 수석 부관들은 전에 OSS에서 같이 근무한 동료들이었고 몇몇 요원들은 CIA의 각 부서에서 차출해 왔다. 그는 군과 유럽에 대한 경험이 많은 외무부 직원들 중 유망한 요원들을 끌어 모으려고 노력했다.

OPC는 워싱턴 근무 '본부요원'과 미 대사관이나 해외 미군시설에서 근무하는 '언더커버 요원'으로 구분되었다. 본부요원들은 '정치전', '심리전', '준군사작전', 그리고 '경제전' 등 네 가지 기능별 분과와 해외 OPC요원들을 담당하는 6개 대륙 담당부서로 구성되었다. OPC는 가명과 작전명이 할당되어 있었고 문서저장고로도 활용되는 OSO 중앙등록소를 사무실로 사용했다.

그 이후 몇 년간 OPC는 급성장했다. 위스너는 요원들을 대규모로 모집했고 조직은 인원, 자금, 임무, 그리고 각 대륙별 작전권을 급속도로 확보해 나갔다. NSC는 OPC가 서유럽, 동유럽, 그리고 소련에 관여하기를 원했다. 1949년 중국에서 공산당이 집권하고 한반도에서 6.25동란이 발생하자 OPC는 아시아로도 달려갔다. OPC는 1949년에 302명의 요원과 470만 달러의 예산을 보유했지만 1952년에는 2,812명에 8,200만 달러의 예산으로 늘어났다. 같은 기간 동안 해외 지부를 7개에서 47개로 대폭 확장했다.

OPC 창설 과정에서 미국 정부는 일부 조정하기 힘든 정보당국 간 갈등, 특히 첩보 수집부서와 비밀공작 담당부서 간의 충돌을 은폐했다. 둘 사이에는 필연적으로 긴장감이 흐를 수밖에 없었다. 첩보수집 요원들은 주로 '정치적 목표'를 가진 정보원들과, 비밀공작 요원들의 공작목표가 되는 사람들이 속한 부류와 어울려 함께 일한다. 그런데 비밀공작 요원들의 인맥 대다수는 당연히 첩보수집 요원들에게 좋은 정보원이 된다. 어떻게 하면 첩보수집 요원들과 비밀공작 요원들 사이의 서로 다른 목표가 갈등을 일으키지 않고 양자 간 협력관계로 발전될 수 있을 것인가? 첩보수집 요원들은 정보원을 공유하거나 비밀공작을 통해 그들을 노출시키길 꺼려했다. 반면에 비밀공작 요원들은 활용되지 않고 모여 있는 자료들은 쓸모가 없다고 생각했다. OPC가 이러한 갈등을 조정하려 하지 않았다는 것은 놀라운 일이다. 왜냐하면 미국은 제2차 세계대전 동안 영국 정보기관 MI6 수집 요원들과 '특수작전대(SOE)' 레지스탕스 요원들 사이에 무의미한 투쟁이 전개되는 것을 목격했었기 때문이다. 고전적 관료주의의 관점에서 보면 전시 해외 작전 경험은 그만큼 중요한 것이었다.

1950년대 초반까지 OPC와 OSO 사이에는 당연히 경쟁이 심화될 수밖에 없었다. 당시 OSO의 견해에 대해 SSU 및 OSO에서 근무했던 전직 요원은 이렇게 표현했다. "다년간 해외에서 비밀공작으로 유명해진 지부들은 이미 유능한 정보 수집처로서 좋은 평가를 받고 있었다. 어느 경우에도 성공의 열쇠는 해당 국가 유력자들에 대한 접근성 여부에 달려 있었다." 그의 결론은 이렇다. 두 가지 기능을 분리하는 것은 수집요원으로부터 비밀공작의 이점을 빼앗는 것이고 비밀공작 전문가들로부터는 첩보수집의 이점을 빼앗는 것이 된다는 것이다. 반면, 비밀 공작관들은 수집요원들이 정치적 목적에 대해 너무 순진하고, 그것을 달성할만한 숙련도가 부족하다고 결론을 내렸다. 그 한 예가 비밀리 미국 자금을 수수하는 이탈리아 정치인의 사진을 찍어 두자던 OSO 정보요원 「제임스 앵글톤(James Angleton)」의 주장이다. 물론, 1947－1948년 미 대사관에서 근무한 「에드워드 페이지(Edward Page)」 참사관과 그 후 OPC에서 이 건을 담당한 후임자 모두 이러한 제안을 다행스럽게 거절했다.

또한 첩보수집 요원들과 비밀공작 요원들 간에는 동일인을 대상으로 각자의 작전에 명확한 권한 설정을 하지 못했다는 현실적인 문제도 있었다. 서로 다른 기관의 공작관들이 동일인물을 공작원으로 고용한 상황에서 정보원으로 하여금 상대 기관을 대상으로 정보활동을 하도록 한 경우도 있었다. 1952년 방콕에서는 이러한 경쟁이 OSO와 OPC 공작관들 사이의 폭력사태로 비화되기도 했었다. 또 다른 문제점은 OPC에 방첩활동 및 보안을 위한 수단이 부족했다는 것이다. OSO는 자체적인 '방첩부'와 '보안부'가 있어 두 가지 활동이 모두가 가능했다. 반면, OPC 실장 위스너는 OSO와 '보안부'를 무시할 수 있다고 생각했고 실제로도 그랬다. 하지만 2차 세계대전 중 영국 『특수작전대(SOE)』가 그랬듯이 OPC는 시간이 흐르면서 방첩활동과 보안이 뒷받침되지 않는 비밀공작은 재앙을 초래할 수 있다는 사실을 깨닫게 되었다.

조직간 경쟁의식의 다른 면에는 급여 및 수행 임무의 차이가 내포돼 있었다. 1976년 '처치 위원회' 보고서에 따르면 1948년 창설 당시 OPC는 필요 요원들을 신속하게 모집하기 위해 엄청난 양의 자금을 지원받았다. 급성장하는 이 조직에서는 고용된 직원들의 급여, 계급, 지위를 급격히 올려 주었다. 그 결과 OPC는 CIA 산하 조직들 중에서 고위급 공무원 비율이 가장 높았고, 거의 모든 계급에서 OPC 요원들은 상대 OSO 요원들보다 더 많은 급여와 더 높은 계급을 유지했다.

이러한 갈등 해결의 기폭제가 된 것은 트루먼 대통령이 「힐렌코에터」 대신 「월터 베델 스미스(Walter Bedell Smith)」 장군을 중앙정보장으로 임명한 것이었다. 스미스 장군은 자신의 지휘 아래 독립적 조직이 운영되는 것을 참지 못하는 인물이었다. OPC와 OSO의 통합, 즉 첩보수집 업무와 비밀공작 업무 통합을 위한 준비가 1951년 시작되었고 1952년 6월경 거의 마무리되어 그해 8월부터는 정상적으로 통합업무가 시작되었다. 그 결과로 나타난 것이 CIA의 『계획 감독관실(DP)』이다. 초기에는 「앨런 덜레스(Allen Dulles)」가 '기획담당 부국장(DDP)'으로 임명되었다. 그 후 얼마 지나지 않아 OPC의 위스너가 기획담당 부국장으로 임명되었고 통합은 효과적으로 완료되었다. 업무의 통합은 DP 본부에서 근무하는 대륙별 담당부서와 해외 지부에서도 일어났다. OPC 본부요원들은 대륙별 담당부서를 지원하고 대륙별 담당부서와 공동으로 비밀공작 프로그램을 조정하는 DP의 비밀공작 요원이 되었다.

공산주의 확산저지에 대한 공감대

OPC 창설 결정과 1947-1948년 이탈리아에서 첫 번째 비밀공작을 수행하기로 한 결정은 미래를 위한 어떤 고려도 없이 시작된 것이었다. 미국은 한시라도 빨리 공산주의 척결이란 정책 목표를 이탈리아에서의 정책, 나아가 서유럽에서의 전반적인 정책으로 반영시키고자 했다. 이런 과정 초기에는 유럽을 포함해 미국의 정책에서도 비밀공작을 활용해 보려는 글로벌 차원의 거시적인 계획은 없었다. 대신, 국무부와 국방부는 1946-1947년의 그리스, 1947-1948년의 이탈리아, 그리고 그 후 많은 유럽 국가들에 나타난 소련의 압력에 대한 방어문제를 두고 무척 힘겨워 했다. 트루먼 대통령은 공산주의에 적극적으로 대응해야 한다는 정보기관의 초기 제안을 승인했고 그 후 비밀공작 사용에 대한 포괄적 승인도 수락했다. 기본 정책에 대한 합의가 형성되자 특정 비밀공작 기술의 사용에 대한 의회 및 정책적 승인은 불필요한 것으로 간주되었다. 의회 고위 인사들의 승인 하에 행정부는 정치적 부담 없이 비밀공작을 추진하였고 이를 수행하는 CIA는 자신들의 제도화된 특권으로 간주했다.

1940년대 미국 지도자들은 공산주의 치하에서 저항하는 유럽인들에 대한 지원을 중요하게 생각했고 1950년대에는 아시아 및 라틴 아메리카에 대한 지원을 중요시했으며 많은 국가들이 이러한 생각에 동의했다. 미국의 입장에서 보자면 세계정세는 자신들이 저지하지 못하면 소련에 의해 채워지게 될 '힘의 공백'이 있었다. 미국이 아니면 누가 소련의 군사력에 맞설 수 있을 것인가? 어느 누가 잘 조직되고 자금력도 탄탄한 공산당 및 소련에 의해 조직돼 각지에서 여론을 주도하는 노동자·지식인·청년전선에 맞설 수 있을 것인가? 미국은 소련에 조종당하는 공산주의 "불길"에 맞서기 위해 비밀공작 사용을 과감하게 시도했다. 위기에 대한 자각이 정보활동에 대한 개념과 활동양식을 바꾸게 한 것이다.

당시 공산주의의 확산을 방지하기 위해 소련 주변부에 대한 방어를 적극 전개해야 한다는 명제 하에서 많은 창의적 발상이 미국 외교가에 넘쳐났다. 그러한 정책은 만약 소련의 팽창정책이 지속적으로 저항을 받는다면 결국은 제약받을 수밖에 없을 것이라는 관점에 기초하고 있었다. 해가 지나도 소련의 공격성이 수그러들지 않게 되자 미국의 많은 보수주의자들은 유화정책을 맹렬히 비난했다. 그리고 이와 같은 정책의 균열은 향후 미국의 비밀공작이 발전해 나갈 영역과 성격을 시사하고 있었다.

미국의 정책과 비밀공작 프로그램들은 전쟁이 발발하지 않는 한 적어도 단기적으로는 공산주의 정권을 전복시킬 의도가 없었다. 전쟁 방지를 위해서는 '군사적 억지' 측면에서 비밀공작은 CIA의 다른 수단들을 훨씬 능가하는 '해독제'였다. 하지만, 핵 갈등의 파문이 정리된 이후 미국인들은 소련 영향권에 있는 지역을 둘러싼 전쟁에 개입할 준비가 되어 있지 않았다. 그래서 군사적 억지력의 유지와 해외 원조를 위한 자금지원은 상당한 반대에 부딪치곤 했다. 그리고 미국 지도자들은 비밀공작을 승인하고 계획함에 있어 일종의 '정신분열증세'를 보이기도 했다. 그들은 공적 또는 사적으로 전세계에 민주주의를 고양시키겠다고 맹세했지만 이를 위해 민주적 수단을 고안해내는 데에는 실패했다. 비밀공작 프로그램은 그 자체로는 민주주의를 고양시킬 준비가 되지 않았던 것이다. 확실한 목표나 전략이 없는 상황에서 그들의 목표는 결국 단순히 "반공" 메커니즘일 뿐이었다.

1940년대 말부터 1960년대 말까지 이러한 방어적 정책은 상당히 일관되게 유지되었다. NSC는 서로 상반된 두 가지 목표를 달성하기 위한 비밀공작 프로그램을 승인했다. 그 하나는 전복 위협을 받고 있는 정부를 지원하여 반공 성향의 정치·군사적 세력들을 강화하는 동시에 소련의 선전선동에 대응함으로써 공산주의의 확산을 방지하는 것이었다. 두 번째 목표는 공산권 내부의 저항운동을 지원하고 라디오방송·전단지·서양문학 등을 통해 애국심을 무너뜨림으로써 그들 내부에서 공산주의 체제를 약화시키는 것이었다.

이것은 결코 "더러운 속임수"가 아니었다. 미국은 그들이 하고 싶지 않다는 것을 억지로 강요한 것이 아니었다. 오히려, 정보 공동체는 미국의 도움 없이는 손발이 묶일 수밖에 없는 외국인들을 비밀공작 요원들이 도와주는 것으로 생각했다. 미국은 공산주의 영향력에서 벗어나고자 하는 민주 정당 및 비정부 세력의 지도자들, 그리고 공산당 내부에서 문제를 야기해 보려는 세력에 대해 공인되지 않은 도덕적·정치적·물질적 지원을 제공했다.

민주 국가에서의 CIA 활동은 민주적 절차를 존중하는 가운데 추진되도록 했다. 가끔씩 보수주의자들을 도와주는 정도였다. 그러나 대부분의 비밀공작 요원들은 공산주의자들이 민주좌파 및 중도세력을 포섭하려 한다고 믿고 있었다. 게다가 미국은 '자유기독교민주당'과 같은 중도우파 뿐만 아니라 사회주의자, 사회민주주의자, 노동조합원, 지식인들과의 유대를 강화함으로써 노력 대비 최고의 효과를 얻을 수 있었다. 이런 이유로 민주 국가에서의 비밀공작은 반공성향 좌파 및 중도세력 지도자들에게 자금과 물적 지원을 제공하는 것을 의미했다.

CIA요원들 간에는 좌파에 대한 지원, 특히 '스탈린주의'에 대한 비난 못지않게 미국사회의 단점을 비난하는 사회주의자·노동조합원·지식인들을 지원하는 것이 타당한지에 대한 의견 차이가 있었다. 일부에서는 미국 원조의 수혜자들이 미국에 대해 비판을 제기하더라도 그들을 신뢰할 수 있는 '반공주의자'라고 생각했고 이들이 미국에 더 유용하다고 믿었다. 반면, 다른 측에서는 '반미좌파주의자'들을 신뢰할 수 없다고 믿었다. 그들이 실제로는 공산주의자들과 공동의 목적을 추구하고 있으며 미국의 지원을 받아 '반공주의자'들의 라이벌 '친미세력'을 공격하는데 이용하고 있다고 주장했다.

이러한 균열은 '국제 노동운동'에도 영향을 미쳤다. 노동운동 내부적으로는 대혼전이 몇 십년간 계속되었다. 한편에서는 노동자 탄압을 일삼는 "노동자 국가" 소련을 비난할 뿐만 아니라 각종 연합전선 및 '국제노동행동'으로부터 공산주의자들을 배제하려 하는 '반공주의자'들이 있었다. 다른 한편에는 공산주의자들과 공동행동을 원하면서 소련과의 차이점이 크지 않다고 생각하는 '비공산주의' 노동조합원들이 있었다. CIA에서 우세한 경향은 "정치과정"을 지원하는 것이었다. 하지만 어느 파벌이 많은 지원을 받아야 하는지에 대한 결정을 내리기보다 자금 대부분을 양쪽 모두에게 고루 지원했다.

공산주의 위협에 맞서 싸우는 독재국가들, 특히 아시아 및 중동에서 CIA는 대개 가장 강한 무장집단, 민족, 이용 가능한 정치지도자 등을 동맹세력으로 선택했다. 일부 미국 지원을 받는 지도자들, 예를 들면 필리핀의 '라몬 막사이사이'같은 이들은 민주주의자였다. 이란의 '샤(shah)'와 같은 다른 이들은 훨씬 덜 민주적이었다. CIA 공작관들이 이러한 국가에서 민주주의를 발전시키고 있었든 아니든 미국 정부의 주된 관심사는 '친소(親蘇) 정권'의 집권을 방지하는데 초점이 맞춰졌다. CIA가 수행한 미국의 정책은 영향력을 발휘할 수 있는 인물들을 지원하는 것이었다. CIA는 종종 누가 영향력 있는 사람이 될지를 결정함에 있어 스스로가 주도적 역할을 수행하기도 했다.

이와 동시에 몇몇 '비밀공작국'의 고위관리 및 지부장들은 그들의 권위주의적 동맹국들로 하여금 반공성향 시위에 대해 좀 더 관용을 가지고 탄압을 줄이도록 은근히 유도했다. 그것은 때와 장소에 따라 달랐다. 개인적 신념도 있었겠지만 그것을 차치하고라도, 가혹한 탄압이 오히려 사람들을 공산주의자가 되도록 유도할 수 있으며 서구화 및 경제개발이 빈곤과 극단주의의 온상을 제거할 수 있다고 생각했기 때문이다. 모든 CIA의 부장들이 이러한 원칙이 옳다고 생각한 것은 아니었지만, 그것은 제3세계 대부분에서 추진된 미국의 정책이었다.

OPC 시절 초창기와 OPC－OSO 통합이 추진되는 과정에서 다양한 결과를 양산할 수 있는 일련의 공작 절차들이 개발되었다. NSC 정책 지침들은 DP의 계획팀과 실행팀에 상세한 가이드라인이 아닌 포괄적인 권한을 부여했다. 이렇게 해서 DP의 기획관 및 공작관들은 그들이 판단하는 최선의 시기에 최선의 방법으로 "그들 고유 업무를 할 수 있는" 유연성을 가지게 되었다. 행정부 및 의회의 어떠한 위원회도 비밀공작 프로그램에 대해 상세하게 따져 보지 않았다. 따라서 공작 프로그램이 미국정부 정책의 전반적 성공에 얼마나 공헌했는지 여부를 확인할 수 있는 방법은 없다.

비밀공작 프로그램에 대한 공식적 승인은 다른 부처에 소속되어 각기 다른 이름으로 활동하는 일련의 NSC 소위원회로부터 전달되었다. 1951년 설치된 『심리전략위원회(the Psychological Strategy Board)』, 1953년 설치된 『작전조정위원회(the Operations Coordinating Board)』, 1955년의 『5412 그룹』, 피그만 사건 후인 1961년 설치된 『스페셜 그룹』, 그리고 닉슨 행정부의 『40인 위원회

(the Forty Committee)』 등이 그것이다. 이런 소위원회들의 주안점은 각기 달랐으나 그들의 절차는 유사했다. 소위원회 참여자들은 국무부, 국방부, 그리고 NSC에서 파견된 소수의 2－3급 관료들로 구성되었다. 그들은 대개 몇 주 단위로 몇 시간 만나 활동했으며 가끔은 전화로 논의를 계속했다. 그리고 위원회에는 최소한의 직원들만 상주했다. 아마도 NSC의 직원 한 명만 관련된 서류작업을 진행했을 정도이다. 국무부 및 국방부는 많은 비밀공작 프로그램을 제안했다. 대부분의 경우 국무부·국방부는 비밀공작 담당 DP가 준비한 계획들을 승인했다. 아주 가끔씩 그들은 트집을 잡거나 심지어 DP의 제안을 거절하기도 했다. 그들은 대개 프로그램이 효과 없고 단지 시간과 자금의 낭비일 뿐이라는 현실적 이유를 들어 특정 프로그램에 대한 DCI와 DP의 이의 신청을 기각했다.

그러나 누구도 프로그램을 마지막까지 정리하는 데 대한 책임을 지지 않았다. 비록 그 책임 및 국무부와 국방부 간의 조정임무는 표면상 DP에 있었지만, DP는 시야가 넓지 못했고 그렇게 할만한 권한도 없었다.

「존 포스터 덜레스(John Foster Dulles)」가 국무부를 이끌고 있었고, 그의 동생 「앨런 덜레스(Allen Dulles)」는 행동지향적 중앙정보장이었기 때문에 1950년대에는 이것이 분명하지 않았다. 실질적 조정 및 리더십의 발휘는 활력있고 워싱턴에 연줄이 두터운 「프랭크 위스너(Frank Wisner)」에게 맡겨졌다. 그 후에는 1958년 DP가 된 「리처드 비셀(Richard Bissell)」, 그리고 「리처드 헬름스(Richard Helms)」(1962－1965년), 「데스먼드 피츠제럴드(Desmond Fitzgerald)」(1965－1967년)에게 각각 넘겨졌다.

정책 도구로서의 비밀공작

트루먼 행정부에서 존슨 행정부에 이르기까지 20년이 넘는 기간 동안 비밀공작의 개념과 역할은 계속 확장되어 왔다. 초창기에 비밀공작은 아무것도 하지 않는 것과 "해병대를 파견하는 것" 사이의 중간쯤 되는 경제·군사적 수단에 부속되는 임시방편적인 것으로 여겨졌다. 그러나 이 기간 동안 서서히 행정부와 의회 정책입안자들은 비밀공작이 일상적 정책을 위한 수단으로 활용되어야 한다고 확신하게 됐다. 비밀공작은 이제 더 이상 미국이 정책을 수행하는데 있어 부담스런 부분을 처리하는 특효약이라거나 외교·군사·경제적 수단을 대체할 수 있는 것으로 여겨지지 않았다. 오히려, 백악관·국무부·국방부 및 CIA는 비밀공작을 공산주의 및 對소련 투쟁에 활용되는 다양한 상호보완적 수단의 하나라고 생각했다.

그러나 비밀공작은 외교·원조 및 공식적 정보 프로그램처럼 법적인 지원을 많이 받지는 못했다. 미국 행정부 대부분의 조직들은 미온적 지원을 하면서 마지못해 받아 들였을 뿐이며, 때때로 특정 비밀공작 프로그램의 세부사항을 누출함으로써 불만을 표출하기도 했다. 긴박한 냉전의 현장 이외에서는 비밀공작이 미국의 이익에 기여하는 바가 그리 크지 않다는 의견이 팽배하였다. 게다가 많은 기관들은 외국에 영향력을 행사할 수 있는 힘과 자원을 가지고 있었지만 그들이 영향력을 행사할 수 없는 DP에 대해서는 불만이 많았다. 이러한 불만들로 인해 초창기에 CIA가 'NSC 지침 10/2호'와 그 후 개별적 지침들에 의거해 비밀공작 임무를 수행할 동안에도, 다른 기관들은 비밀공작이 극단적 상황에서 제한적으로만 사용되는 임시방편이라는 전통적 견해를 유지하고 있었다.

그러나 시간이 지나면서 비밀공작 입지는 탄탄해졌고 CIA의 전유물로 여겨지게 되었다. 백악관과 국무부·국방부, 그리고 CIA는 비밀공작을 승인했고 때로는 비밀공작이 결합된 합동작전을 계획하기도 했다. 그러나 전반적으로 비밀공작의 계획과 실행은 DP의 전문요원들 몫이었다. 물론 DP는 '떠돌이 무법자'가 아니었다. 암살계획을 포함해 특정 임무에 대해서는 사후 철저한 조사가 이뤄졌다. 이러한 사실은 CIA가 대통령과 NSC에 의해 설정된 일반적 가이드라인을 잘 준수했다는 것을 보여준다. 또한 더욱 놀라운 사실은 수십 년간 미 정부의 다른 조직들이 그들이 하던 비밀공작 업무에서 손을 떼면서 이 업무는 CIA의 독립적인 업무가 되었다는 것이다. 국방부는 전쟁기간 동안 병참 및 부대 배치상태 은폐 등을 제외하고는 비밀공작과 일정한 거리를 유지했다. 국무부는 비록 초기에 비밀공작 계획을 수립하는데 도움을 주기는 했지만 점차 비밀공작의 계획 및 시행에 덜 관여하게 되었다. 국무부 및 국방부의 고위 관료들은 때때로 비밀공작 프로그램을 제안하고 거의 대부분의 NSC 승인 과정에 참여했다. 병참수송 및 부대배치에 대한 보안대책을 제공하기도 했다. 그러나 궁극적으로 비밀공작의 구체적 계획수립 및 실행은 그들의 고유 업무가 아니었고 CIA만이 할 수 있는 것이었다.

대부분의 국무부 직원들은, 심지어 대사들이라 할지라도 비밀공작에 대해 아는 것이 없었다. 국무부에는 비밀공작에 대한 훈련과정이나 브리핑도 없었다. 1950년대 초반 필리핀에서처럼 가끔씩 대사들이나 특정임무에 대한 부(副)담당관들이 그들이 지원했던 CIA의 활동계획을 인지하고 반대한 경우가 있었다. 그러나 거의 대부분의 국무부 직원들은 비밀공작 계획을 수립하고 실행하는데 있어 상세한 업무협의를 각 공관의 CIA 지부에 요구하지 않았다. DP의 공작관들로부터 임무를 부여받고 "일하는" 지역관료 · 기자 · 노조 간부들도 마찬가지 였다. 이렇게 몇 년이 지나가면서 타국의 정치상황에 영향력을 행사하는 국무부의 역할은 현저히 줄어든 대신 CIA의 비중은 점차 증가하게 되었다.

국무부 직원들은 비밀공작을 거의 활용하지 못했다. 비록 그들은 간접적으로 소련의 힘을 약화시키거나 반공주의자들을 지원함으로써 이득을 보긴 했지만, 기본적으로 지역 정치인들과 군, 비정부기구 지도자들과의 협상에서 다소 "소외되어" 있었다. 1950-1960년대를 지나 1970-1980년대에 승진한 국무부 관료들은 대부분 비밀공작 프로그램에 대해 무지했고 자신들의 영향력을 상실하게 한 수단에 대해 싫어했다. 그래서 국무부 핵심적인 브레인들은 점차 비밀공작을 축출하기 시작했다. OPC에 파견된 외교부 직원 「제임스 맥카거(James McCargar)」가 지적했듯이 외교부와 OPC간에는 애정이 조금도 남아있지 않았다.

비밀공작은 CIA 내에서도 다른 업무와 잘 융합되지 못했다. 많은 수집관 및 방첩관들은 다양한 수집활동을 구분해서 실시하려고 했다. 직원들은 비밀활동에 철저한 비밀이 유지되어야 한다고 보았지만, 비밀공작은 거의 대부분의 결과 자체가 공개적으로 보여져버리기 때문에 일부만 비밀이라고 간주했다. 공작활동 주무자 및 사용 기법과 같은 것들만 비밀로 보호되고 있었으며 종종 그것 마저도 어설픈 비밀로 간주되고 있었다. 돌이켜 보면, 한 전직 방첩요원이 지적한 것처럼 비밀공작은 연날리기와 같은 것이었다. 모든 사람들이 연을 보고 연줄을 따라가다 보면 출처를 확인할 수 있었기 때문이었다. 이러한 가시성으로 인해 많은 수집관 및 방첩관들은 비밀공작 활동에 연계되기를 싫어했다.

이들은 종종 해외에서 반미주의적 성향을 가진 협조자들에 의해 추진되는 비밀공작의 정치·사상적 기반에 대해 거부감을 나타내기도 했다. 이러한 사례가 문제로 나타난 것이 1950년대 이태리에서 「제임스 앵글톤(James Angleton)」이 개입되어 전개한 비밀공작 논쟁이다. 앵글톤은 「피에트로 네니(Pietro Nenni)」가 이끄는 좌파사회당을 지원하는 OPC(후에 DP) 활동에 대해 반대하였다. 이태리에서 다양한 OSS 및 OSO 활동을 직접 해본 앵글톤(1954년에는 실제 DP 방첩국장으로 부임)은 사회주의자들 및 노동조합 CGIL 조합원들은 공산주의자들과 너무 가까워서 공산주의자들이 진영 이탈자들을 금새 알아차려 방어 수단을 강구할 수 있다고 보았다. 비밀공작에 대한 CIA 방첩관들의 이러한 관여는 드물기는 하지만 대체로 용인되어졌었다.

또한, CIA 분석관들은 비밀공작의 효용성이나 윤리적 기반에 대해 상당히 회의적이었다. 무엇보다 그들은 비밀공작이 CIA의 임무 및 우선순위에 혼선을 가져오고 분석보다 우선시되는 것을 경계했다. 게다가 그들은 비밀공작이 특정 정책에 대해 관료적 이해관계를 갖게 함으로써 정치화될 수 있다고 우려했다. 분석활동이 비밀공작과 그것이 관여한 정책을 지원하기 위해 왜곡되어질 수도 있었다. 이러한 위험성으로 인해 그들은 정책결정자의 객관적 판단을 지원하기 위해 수행되는 정보수집 및 분석이라는 CIA 고유 기능에 일탈이 일어나고 자칫 정치화될 수 있는 위험성이 있다고 우려한 것이다.

비밀공작 성공사례

미국 비밀공작의 전성기에 수행된 많은 공작의 특징은 미국이 스스로의 명성·평판·재원을 활용해 기회를 놓치지 않고 '확실하고 일관된 정책 조정' 및 '리더십'을 확보할 수 있도록 하는 것이었다. 해당 지역을 잘 아는 요원들은 창의적인 공작계획을 수립하는 과정에서 목표를 공유하는 동맹국들의 진의를 확인하고 작업했다. 공작관들은 그들의 계획을 집행할 현지의 협조자들에게 정신적·물질적 지원과 조언을 제공하면서 효율적인 프로젝트를 진행했다.

이러한 방식이 잘 나타난 예가 제2차 대전 기간 중 유럽 민주주의 부흥을 위한 미국의 지원이다. 서유럽의 많은 OPC 요원들은 미국 대학에서 유럽역사 및 문화를 전공했다. 그들은 유럽에 거주해본 적이 있었고 한 가지 이상의 유럽 언어도 구사했다. 많은 이들이 유럽에서 OSS를 위해 일했다. 그들 대부분은 자유에 대한 사명감으로 1940년대에서 1960년대 중반까지 반공주의자들로 구성된 자유주의 동맹을 지지했다. OPC는 능력 있는 유럽 동맹국을 원했고 그들이 비록 마르크스주의자라 해도 '반소(反蘇)세력'이면 문제될 것이 없었다. 사실 가장 유력한 반스탈린주의자 일부는 과거 공산주의자였다가 전향한 자들이었다. 이들은 이념적 스펙트럼이 트로츠키주의에서 사회주의, 보수주의까지 다양했다. 공작관들은 세계대전 전이나 전쟁기간, 그리고 종전 직후의 경험으로 인해 유럽인들과 특히 친숙했기 때문에 어느 때보다도 정교하게 잠재적 동맹의 정치 성향을 파악할 수 있었다.

이러한 유형의 가장 좋은 사례가 유럽 반스탈린주의 노조 지도자들에 대한 지원이었다. 유럽 민주주의 정치그룹에 대한 미국 노동자들의 지원은 전쟁 이전부터 시작되었다. 1930년대 미국『노동총연맹(AFL)』지도자들, 특히 AFL 의장「윌리엄 그린(William Green)」, 재무보좌관「조지 메니(George Menni)」, 인쇄국장「매튜 월」, '철도사무원노조' 위원장「조지 해리슨(George Harrison)」, '여성의류노조' 위원장「데이비드 듀빈스키(David Dubinsky)」등은 미국의 참전 전부터 파시즘 및 소련의 압제로부터 망명한 이들을 돕기 위해 노조 기금을 모금하였다. 미국이 참전한 이후 AFL은 나치에 대한 사보타주 및 전쟁 관련 유용한 정보수집을 위해 노조의 지하 네트워크를 활용하려 했다. 이를 위해 CIO의 노동변호사(후에 대법원 판사가 된) 출신「아서 골드버그(Arthur Goldberg)」가 지휘하는 OSS의 노동담당 부서와 협력했다. 1945년 이전 AFL 지도자들은 동유럽과 서유럽에 대한 공산주의자들의 침략에 반대하는 투쟁에도 참여했다. 미국 노조 지도자들과 망명한 유럽인들은 나치를 몰아낸 직후에는 공산주의를 반대하는 각종 캠페인을 계획했다. AFL은 1944년『자유노조위원회』를 통해 이런 계획들을 실행할 목적으로 10만 달러 모금 운동을 시작했다. 이러한 모금운동을 통해 활동자금과 타자기, 등사판, 인쇄기 및 부족한 장비들을 독일 · 오스트리아가 점령 중이던 이태리 · 프랑스 등 서유럽 민주노조 단체에 지원할 수 있었다. 그들은 또한 점령지의 미군들에게 민주주의 단체들을 보호해줄 것도 탄원했다.

비록 「제임스 포레스탈(James Forrestal)」 해군장관과 같은 일부 미국 관료들도 사적으로 모금운동에 동참하기는 했지만, 1947년 가을까지 미국 정부 전체적으로는 노조 및 공산주의 저항운동에 대한 지원이 미미했다. 그러던 1948년, 미국 정부는 지원을 대폭 확대했다. 1967년 OPC의 핵심 요원 중 한 명인 「톰 브레이든(Thomas Braden)」은 이와 관련된 일과 CIA 활동에 대해 'Saturday Evening Post'紙에 기고했다. 브레이든은 미국 노동조합이 소련에 저항하는 유럽 노동운동계의 '반스탈린주의자'들을 수년간 지원해왔다고 언급했다. 그는 이러한 활동을 지원하기 위해 1947년 이후 미국 정부가 어떤 방식으로 노조 지도자들이 수백만 달러를 확보할 수 있게끔 했는지 폭로했다. 이 기사는 많은 인사들에게 막대한 타격을 주었고 성공적으로 진행되고 있던 몇몇 작전들을 취소하게 만들었다. (오늘 날에는 1982년 제정된 '정보 보호법'으로 인해 만약 위와 같은 유사한 사례가 있다면 출판이 금지될 것이다.) 브레이든은 또한 대담하게 그가 접촉하고 조종했던 사람들이 모금한 자금의 최종적 수령인이 아니었다고 기술했다. 그 자금은 마샬플랜과 공산주의 지배하의 운수노조와 같은 노조를 대상으로 NATO의 영향력을 확대하기 위해 유럽 민주노조들에게 사용되었다. 공산당이 유럽 항구에서 선박의 하역 일을 하던 근로자들에 대한 심리적 · 물질적 위협을 통해 프랑스 · 이탈리아 · 독일 등지의 항만 · 철도 · 바지선 종사자들의 활동을 성공적으로 봉쇄했다면 마샬플랜은 거의 성공하기 어려웠을 것이다. 또한, AFL은 유럽의 반스탈린주의 노조 지도자 및 소련의 지시를 거부하는 마르크스주의자, 무정부주의 노조주의자, 트로츠키주의자들이었던 사람들과 함께 일하고자 하는 근로자들도 보호했다.

지중해에서 이러한 활동을 주도한 것은 코르시카 출신의 해운 지도자 「피에르 페리 피사니」였다. 그는 전쟁 기간 동안 나치에 의해 국외로 강제 추방되었다가 돌아와서 마르세이유 및 다른 항구들의 대부분이 공산주의자들에 의해 관리되고 있다는 것을 알게 되었다. 그는 반공성향 항만 근로자들을 보호할 목적으로 한 무장단체를 조직하기 위해 코르시카 마피아와의 커넥션을 활용했다. 1950년대에 그는 공산당 지도부에 대한 시위를 주도하면서 만약 항만 근로자들에게 어떠한 위해라도 가해진다면 공산주의 지도부가 그들의 공격 목표가 될 수 있을 것이라고 경고했다. 브레이든은 피사니가 CIA로부터 이러한 위협을 할 만한 자금지원을 받았고 마샬플랜과 NATO 확장을 지원하기 위한 다른 활동들에 대해서도 도움을 받았다고 덧붙였다.

이러한 미국정부 지원은 소련이 그들이 조종하는 유럽 공산주의 정당과 노조, 연합전선에 퍼주는 자금에 비하면 아주 작은 것이었다. 그러나 미국의 개인 및 유럽 반스탈린주의자들에 의해 개별적으로 추진된 각종 지원과 더불어 이는 소련 정치공작원들이 유럽 주요 항구를 장악하는 것을 저지하는 데 큰 도움을 주었다.

CIA가 유럽에서 진행했던 많은 작전이 성공했던 원인 중의 하나는 OPC 및 CIA의 공작관들이 유럽에서 활동하면서 지역 보안기관에 노출되지 않도록 특별히 신경쓸 필요가 없었기 때문이다. 그들은 미국이 특정 정치조직을 지원한다는 사실을 넌지시 알림으로써 종종 추가적 이익을 얻기도 했다. 대부분의 서유럽 보안기관은 비록 미국이 개입했다는 의혹은 있다 하더라도 해당국 공산주의 세력과 맞서는 미국의 지원을 환영했다. 그들은 미국이 불법적 방식으로 국내 정치에 영향력을 행사하려고 압력을 가하지 않는 한 대체로 이를 용인했던 것이다.

이러한 경향은 또한 전후 유럽에서 진행된 CIA의 원활한 공작 수행에 도움이 되었다. 외부에서 보기에도 미국 공작관들을 쉽게 구분하기는 힘들었다. 유럽대륙은 미 점령군(후에 NATO군), 마샬플랜 고용인, 미국 기자, 사업가, 학생, 그리고 노조 지도자들로 북적거렸다. 마샬플랜과 관련된 기업들, 비공식 재단들, 협력자들, 그리고 비정부기구들로부터 미국의 자금이 요소요소에 흘러 들어갔다. KGB 및 현지 공산당이 미국의 비밀지원을 폭로하려고 아무리 애를 써도 명백한 증거를 제시하는 것이 어려웠다. 공산당 및 연립전선의 기관지들은 CIA 지원에 대해 강도 높게 비난했지만 공산주의자들의 선전·선동으로 치부되어 효과를 보지 못했다. 그리고 당시 미국 내에서도 비밀지원은 크고 작은 지원을 받았다. 유럽에서 진행된 비밀공작에 대해 알고 있는 DP 외부의 일부 인사들은 여전히 협조적이었다. 행정부 내부에서는 정보를 공개하라는 압력이 거의 없었다. 그런 프로젝트와 관련한 풍문을 접한 의회와 언론도 침묵을 유지하며 협조했다. 1960년대 중반까지 미국의 비밀공작은 그렇게 공공연히 받아들여진 관계로 그다지 비밀스럽다고 하기 어려웠다.

OPC(나중에 CIA)가 반스탈린주의자들을 적극 지원했던 또 다른 지역은 라틴 아메리카였다. 미국은 소련 지원 하의 공산당에 대항해 투쟁하던 민주주의 국가 혹은 준민주 국가들에게 정치적 지원과 함께 선전·선동 및 준군사작전을 통해 지원했다. 그리고 이러한 지원 대부분은 혁신적 좌파민주주의 성향 비정부기구들, 즉 노조·협동조합·언론·지식인 그룹, 그리고 지방선거 및 총선 후보자들에게 자금지원 형태로 이루어졌다.

그 좋은 예가 칠레의 경우다. 1950년대 및 1960년대에 미국은 공산계열 정당 및 노조의 지지를 등에 업은 공산·사회주의자들의 신뢰성을 공격하기 위해 수백만 달러를 지출했다. 서적, 라디오, 영화, 팜플렛, 포스터, 낙서 및 직접적 우편물 발송 등에 많은 지출이 있었다. 특히 보수당 및 그 후신인 중도성향 '기독교민주당'을 많이 지원했다. 예를 들어, 1962－1964년 NSC는 사회주의자나 공산주의자 대통령의 선출을 저지하기 위해 3백만 달러 이상의 예산을 들여 빈민가 주민들을 조직하고 정당에 자금을 지원하는 등 다양한 지원 프로젝트를 승인했다. CIA는 1970년까지 외부의 평가와 마찬가지로 이런 지원이 공산·사회주의자들을 저지하는 데 중요한 역할을 한다고 믿었다. 그해 닉슨 대통령은 칠레 대선에서 어느 후보도 공식적으로 지원을 하지 않기로 결정하고 비밀 선전공작인 "스포일링 캠페인"에만 의존했는데 결국 노련한 사회주의자 '살바도르 아옌데'의 당선을 저지하지 못했다.

남미뿐 아니라 다른 지역에서도 독재적인 지도자 및 정부가 소련이나 동조세력들의 도전을 받고 있었다. 예를 들면 1950년대 필리핀, 1953년의 이란, 1954년의 과테말라, 1960년대와 1970년대 초반의 라오스 등이다. 이들에게 미국의 정치공작, 선전선동, 그리고 준군사작전은 일시적이나 똑같이 중요한 것으로 간주되었다. 미국은 해외에서 상세한 정보자료 작성을 기획한 다음 그들에게 우호적 감정을 조성해 지방선거에 영향력을 행사했다. 미국이 제시하는 조건에 따라 미국과 기꺼이 협력하려는 해당지역 지도자들을 공개 또는 비공개적으로 물색해 협력했다. 미 공작관들은 공작기법에 관해 특별히 뛰어날 필요도 없었다. DP 공작관들은 이미 해당지역의 정서 및 주요 인물, 정치판도의 상황 등을 잘 알고 있었기 때문이다. 영국과 같은 해외 정보기관들은 기꺼이 지원했고, 상대국 보안기관들은 너무도 미미해 별 장애가 되지도 않았다. 그래서 미국 공작관들은 그들 조직이 갈피를 못 잡고 헤매던 시기에도 임무를 완수해낼 수 있었다.

비밀공작 실패사례

그러나 종전 이후 미국의 비밀공작 활동이 모두 성공한 것은 아니었다. 많은 실수와 실패, 그리고 고위 관계자들의 추락을 불러온 사건들도 있었다. 트루먼에서 케네디에 이르기까지 미국 대통령들은 때때로 갈등을 일으키는 사안에 직면해 무엇을 해야 할지, 또는 특정 목표의 달성을 위해 어떤 수단과 방법을 동원해야 할지에 대해서 결단을 내리지 못하는 경우가 있었다. 대통령은 상반된 정책들의 여러 면을 조금씩 받아들이는 경향도 있었다. 비밀공작은 특정국가에서 공작 수혜자 측에 힘을 실어주는 역할을 했지만 상대편에는 다른 미국 정부의 다른 활동과 상충되는 측면이 있었다. 그래서 종종 정책관철을 위한 수단이 아니라 정책의 부담으로 작용하기도 했다.

가장 애매했던 경우는 미국의 발트해 및 동유럽 국가의 집권 공산당들에 대한 정책이었다. 미국 대통령들은 확실히 이 지역의 공산 지배체제를 약화시켜 전쟁이 일어났을 때 주변국 및 미국을 위협하지 못하게 하고자 했다. 그러나 그들은 종종 신중한 목표의 범위를 넘어서는 결정을 하기도 했다. 공산주의 지배체제를 제거하기 위해 그들은 공산주의 국가들과 외교적 관계를 유지하는 상황에서도 CIA로 하여금 체제 전복 추구 세력들과 협력하도록 독려하였다. 2차적인 무역 보이콧을 비롯해 공산주의 국가의 붕괴를 초래할 수 있는 다른 공개적 수단을 활용하려는 노력은 게을리 했다. 이러한 공개적 수단 없이 CIA 비밀공작만으로 공산주의 체제를 무너뜨리는 것은 현실적으로 불가능해 보이는 임무였다. 그리고 CIA가 그것을 할 수 없다면 과연 누가 할 수 있을까? 미국의 지도부는 결코 이에 대한 결론을 내리지 못했다. 단지 외교정책상 공산주의에 대한 대항 수단으로 인식하면서 "세력균형" 차원에서 고려할 뿐이었다. 이러한 일들이 1940년대 말 발트해 공화국들, 1940년대 말부터 1950년대 초까지의 폴란드·우크라이나·알바니아 등에서 일어났다.

알바니아는 이러한 딜레마를 보여주는 좋은 예이다. 앞서 살펴본 것처럼 1940년대 말부터 1953년까지 미국은 공산당 체제를 전복시키려는 아이디어도 일부 갖고 있었다. 1949년 「엔버 호자(Enver Hoxha)」 및 그의 정부를 전복시킬 수 있는 반체제 인사들이 있는지 조사하기 위해 영국과 미국이 합동 작전을 시작했다. 영국의 도움을 받아 OPC는 알바니아 출신 망명자들을 규합해 정치조직을 만들고 게릴라들을 훈련시키고 장비를 지급하여 상대측을 정탐하도록 지원했다.

나중에 밝혀진 일이었지만 당시 미국과 영국은 알바니아에 대한 호자의 장악력에 대해 한심하리만큼 무지했다. 미국과 영국 모두 티라나(알바니아의 수도)에 대사관도 없었다. 전쟁기간 동안 소수의 영국 SOE 및 OPC 공작관들이 알바니아에 체류한 적이 있었지만 공산당이 장악한 이후에는 아무도 알바니아에 들어가 본 사람이 없었다. OPC에서 공작을 계획한 관계자들도 알바니아 사정에 어둡기는 마찬가지였다. 그들은 임무 완수를 위해 노력했지만 누구도 알바니아에 발을 붙여보지 못했고 해당 지역 및 주민들에 대한 전문성도 없었다.

게다가 KGB 및 알바니아 보안기관 『국가안전국(Sigurimi)』은 1920년대에 소련이 소비에트 연합을 상대로 '트러스트 공작'을 펼쳤던 것처럼 상대방 조직에 깊숙이 침투해 있었다. 3년이 넘는 기간 동안 CIA와 영국 정보기관은 수백 명의 사람들을 조직하고 훈련시켜 알바니아로 보냈지만 모두가 붙잡혀 처형 당해 버렸다. 1953년 수많은 게릴라 대원들이 티라나에서 공개처형 당한 사건을 끝으로 미국과 영국은 이 계획을 포기해야만 했다. 알바니아에서의 총력을 다해 체제를 전복하려는 것이 아니라 정탐활동에 해당되는 것이었는데도 왜 그렇게 오래 끌었는지는 의문이다. OPC 작전 중 이와 유사한 사례들은 1940년대 후반부터 1950년대 초반까지 리투아니아와 폴란드에서도 찾아볼 수 있다.

또 다른 예로 쿠바의 경우를 들 수 있다. 1961년부터 1964년까지 미국은 쿠바에서 다양한 준군사작전 수행에 몰두하고 있었다. 사람들에게 가장 잘 알려진 작전이 바로 1961년에 쿠바 정부를 전복시키기 위해 시도한 피그만 침공사건이다. 당시 백악관은 「피델 카스트로(Fidel Castro)」를 축출해야 한다는 데 대해 주저함이 없었지만 관료조직 속에서 확고한 목표가 설정되지 못했기 때문에 작전은 엉망이 되어버렸다.

전임 대통령인 아이젠하워는 임기 말경 CIA에 쿠바 망명자들을 조직해 쿠바에 침투시키고 카스트로를 축출할 수 있는 계획을 수립하도록 지시했다. CIA는 이제 그 임무를 수행해야 했다. 케네디 행정부 출범 초기에 이 작전계획은 새로운 계획이 첨삭되면서 많은 부분에서 결함이 생겼다. 특히, 침투부대가 피그만에 상륙할 때 이들을 보호하기 위해 미 공군기가 공중엄호를 지원하는 부분에 문제가 있었다. 침공작전이 진행 중인 와중에 케네디 대통령은 미국의 개입 사실이 드러날 것에 부담을 느끼고 공중엄호 지원을 일시 중단했다. 이후 다시 마음을 바꿔 계획된 공습 중 3차 공습만을 지원했다. 피그만 침공사건은 소규모로 너무 늦게 진행된 데다 침투 거점인 피그만으로부터 신속히 벗어나 교두보를 형성하지 못했기 때문에 실패하고 말았다. 한 비평가는 케네디의 생각을 다음과 같이 간결하게 요약했다. “그는 조용히 실패하는 것보다 시끄러운 성공이 될 가능성을 경계했는데, 결국 실패 그 자체가 가장 시끄러운 것이라는 것을 인식하지 못했다.”

미국이 이 경우에 공개적 무력사용을 꺼려했다는 것은 쉽게 이해가 되지 않는다. 카스트로는 미국에게 심각한 위협으로 여겨졌고 의회와 언론은 그의 지배체제에 대해 적개심을 품고 있었다. 미국은 1950년대 초반에는 한국에서, 그리고 1958년에는 레바논에서 공식적인 무력을 사용했었다. 1961년 베를린에서는 비록 군사적 상황이 미국에 우호적이지 않더라도 도시가 봉쇄될 경우에는 무력이 사용되는 방안이 계획되었다. 그러나 상대적으로 상황이 양호했던 쿠바에서는 케네디가 멈칫거린 것이다. 비밀공작은 시종일관 하나의 정책이나 목표 달성을 위해 계획된 하나의 대안일 뿐이었다. 이러한 목표 달성을 위해 각종 자원과 기법들이 면밀하게 연구되어졌지만, 비밀공작은 미군을 파병하지 않고도 단번에 목적을 달성할 수 있는 특효약쯤으로 인식된 것이었다.

최고위층에서의 우유부단함은 CIA 자체의 내부 결함과 더해져 사태를 더욱 악화시켰다. 가장 두드러진 것은 비밀 공작을 실행할 요원들을 선발하는 과정에서 우수한 수집관 및 분석관, 방첩관들이 부족했다는 것이다. 1940년대 후반부터 1960년대 중반까지 거의 대부분의 경우 CIA를 비롯한 미 정보공동체는 거창한 계획을 실행하면서도 해당 국가에 대한 지식은 별로 없었다. CIA는 현실성 있는 준군사작전을 계획하지도 못했고 소속요원 및 동맹국들이 진행하는 작전을 보호·지원하는 데에도 미숙했다. 미국과 우방 정보기관들은 우크라이나 및 리투아니아처럼 공산주의 정당이 재집권한 나라에서 이들 정부 전복을 위해 긴밀히 협조하거나 현실성 있는 전략을 강구해 내지 못했다. 공작을 계획하는 공작관들은 각국 저항세력의 실체에 대해 거의 알지 못했고, 여러 국가를 대상으로 한 계획은 설령 그것이 아주 잘 실행된다 하더라도 성공 가능성이 희박했다.

돌이켜 보면, 이러한 일들이 그렇게 놀랄만한 것은 아니었다. 비밀공작 수행 책임자 및 대부분의 공작관들이 전쟁기간 동안 유럽에서 OSS와 일한 경험이 일부 있었지만 극소수만이 동유럽과 소련, 중국에 대한 지식을 갖고 있었으며 조직 내·외부 전문가들과의 협의도 드물었기 때문이다.

DP 고위 인사들은 정보 분석관들이 공산주의 사회 동향에 대해 얼마나 잘 알고 있는지를 신뢰하지 못했다. 또한, 그들은 분석관들이 비밀공작에 대해 미지근한 반응을 보인다고 생각했다. 그래서 DP는 소비에트 블록 내 지하조직과 망명자 모임, 그리고 동맹국 정보기관의 분석에 많이 의존했다. 분석 부서의 분석관들과 달리 이러한 출처들은 비밀공작에 대해 매우 우호적이었다. 그러나 그들은 정확성 여부를 떠나 지원에 비례해 자의적인 해석을 내렸으며, 객관적인 입장에서 작전을 성공시킬 수 없었다.

그러나 DP는 공산주의 진영이 CIA의 첩보수집과 비밀공작에 대해 침투·관여할 수 있는 역량을 과소평가하였다. 공작관들은 비록 공작보안이 취약한 여건에서도 그럭저럭 공작을 진행시키고 서유럽 및 비공산권 지역에서 현지 정보기관의 침투를 피해 나갈 수 있었다. 그러나 공산권 내에서는 그것이 거의 불가능했다. 확인된 바에 따르면 소비에트 블록 내에서 공산권을 무너뜨리기 위한 미국의 주요 준군사작전은 사전에 거의 모두 상대에게 노출되었다. 알바니아에서 진행된 한 비밀공작의 경우 영국 정보기관 출신의 소련 스파이 「킴 필비」 및 알바니아 망명자 단체 내에 소련이 심은 이중스파이들에 의해 와해 당했다. 발트해 연안 국가들에서 행해진 영국과 미국의 합동공작이나 중국을 상대로 한 미국의 공작, 그리고 카스트로를 대상으로 한 공작들도 마찬가지였다.

공산권 정보기관들은 CIA 공작을 대부분 무력화시켰을 뿐만 아니라 흉작이나 경기침체, 사회불안 등과 같은 국민 불만이 외부로 향하도록 함으로써 그들의 통치체제를 유지 · 강화했다. 모든 사회문제를 "제국주의자들" 탓으로 돌리고 서방과 연계된 공작원들이 잡히면 공작 장비와 함께 명백한 증거자료와 함께 공개해 이러한 주장을 뒷받침했다.

비밀공작이 전성기를 구가할 때 많은 공작관들은 방첩 전문가들을 비관론자들로 간주했다. 그들이 공산권 보안기관의 통제권 내에서 활동하는 지하조직과 CIA가 접촉하고 이들을 활용하는 것에 대해 지나치게 불안해했기 때문이다. 방첩관들이 반공주의자라면 공작관들은 철두철미하게 의심이 많은 사람들이기도 했다. 그들은 1920년대 영국 등지에서 정보기관들을 기만했던 소련의 공작에 대해 잘 알고 있었고 1944년에는 독일을 대상으로 스스로 기만작전을 수행하기도 했다. 그러나 방첩관들과 달리 CIA의 공작관들은 그들이 침투 전문가인 동시에 스스로 침투 대상이 된다는 사실을 생각하지 않았다. 좀 더 구체적으로 말하면, 방첩관들이 그들의 우려 사항을 공작관들에게 충분히 강조하지 않은 것으로 보인다. 방첩관들은 사실상 DP 및 지부장들에게 공작이 왜 실패하게 되었는지를 구체적으로 설명해주지 않았다. 이 문제와 관련해 조사한 DP의 한 간부는 CIA 방첩국장 「제임스 앵글톤(James Angleton)」이 회의적으로 평가한 공작에 대해 분명한 근거를 제시한 적이 없었다고 불평했다. 그래서 그들은 애매모호한 보안 위험이나 공산주의자들의 기만에 대한 경고를 받아들이려 하지 않았던 것이다. CIA의 무능으로 인해 비밀공작이 곤란함을 겪게 된 것은 이것만이 아니었다.

탄로난 비밀공작

CIA 공작의 많은 부분이 미국 정부 내 엘리트들 간의 합의에 기반하고 있다는 사실은 이 합의에 균열이 생겼을 때 더욱 분명하게 드러난다. 첫 번째의 충격적 스캔들은 1967년 2월 신좌파성향 잡지 '램파츠(Ramparts)'에 의해 폭로되었다. 전국의 많은 자유주의 학생자치회로 구성된 『전미학생협의회(NSA)』에서 일했던 한 고용인이 제보한 이 기사에 의하면, NSA가 수년 동안 CIA 자금지원을 받아 중요 외국인 학생들과 접촉하고 이들을 활용해 왔다는 것이다. '램파츠' 는 NSA에 기부금을 지원한 미국의 각종 "재단들"과 이들 재단이 지원했던 근로자 · 지식인 · 언론인 사이에 연관성이 있다고 추정했다. 이 잡지 기사는 비밀공작의 주요한 토대를 붕괴시키기 시작한 것이다. 당시 이 프로젝트를 책임지던 CIA 요원 '코드 메이어'에 따르면, 언론은 이제껏 비밀로 보호되어 온 비밀자금의 관계에 대해 앞장서서 폭로해 버렸다. 사실관계가 제대로 감춰지지 않았기 때문에 그것이 그리 어려운 일도 아니었다. 이 사건은 소련이 수년 동안 미국을 따라올 수 없다는 "결정적 증거들"을 대부분 까발려 버렸다. 더 중요한 것은 그것이 미국 사회에 깊이 내재된 비밀공작에 대한 오랜 불신을 드러낸 것이었다. 그리고 그러한 불신이 비단 '램파츠' 사건에서만 나타난 것은 아니었다.

1950년대 워싱턴 내부의 분위기를 감안하면, 비밀 공작관들이 공작기법에 왜 세심한 주의를 기울이지 않았는지가 분명해 진다. 공작관들이 그들의 자금지원 채널을 조금만 다변화했었다면 1967년 '램파츠' 폭로가 그렇게 많은 노동자 · 학생 · 지식인 그룹에 대한 비밀지원 채널을 한방에 무력화시킬 수는 없었을 것이다. 그러나 폭로 이후 어려움이 지속되자 한 때 이를 자랑스럽게 생각하던 백악관도 이러한 비밀공작을 중지하기로 결정해야 했다.

이제 CIA도 20년 넘게 지원했던 『세계문화자유회의』 같은 조직들이 자생력을 갖춰 자립하도록 지원해야 했다. 이는 그들로 하여금 정치 · 사상의 세계에서 경쟁하도록 강요하는 동시에 외부로부터의 침투 및 기밀유출에 더욱 취약하게 만들었다. 당초 미국의 비밀 자금지원은 1948년부터 시작되었다. 처음 5년 내지 10년 동안 그러한 조직들에 대한 자금지원은 비밀리에 이뤄져야 했지만 나중에는 이러한 지원이 정부의 은밀한 "복지 제도" 정도가 되었다. 수백 명의 직원들을 보유한 관료조직이 임시방편으로 조직되기도 하였다. 근로자·청소년·지식인·방송인에 대한 공작은 기업·재단·기타 "고유 사업체"를 설치·운영하는 일련의 조직원들을 지원하는 형태로 10년여 간 CIA 비밀예산에 고정적으로 편성되었다. 이들 중 일부는 필수적인 것이었다. 예를 들면, 1960년대 라오스의 경우처럼 동남아시아 지역에서 수행할 준군사작전을 위해 물자와 인원을 수송할 항공기를 보유하기 위한 것이었다. CIA에 의해 운영된 다른 사업체들은 매우 비대해져서 미국 국내외에서 10억 달러 이상을 소비하기도 했다. 이런 행태는 당초 그러한 조직들에 주어진 권한과 많이 동떨어진 것이었다.

그렇다면 미국은 왜 그렇게 자금지원을 그토록 오래 비밀로 유지했는가에 대한 의문이 생긴다. 만약, 1950년대 후반에 행정부가 비정부기구 반공주의자들을 지원하기로 한 국가적 합의를 이용해 의회에 자금지원을 요청했다면 좌파에서 우파에 걸친 다양한 반공주의자들에 대한 무분별한 지원에 반대했을 것이다. 실제로 행정부는 1971년 라디오를 이용한 선전·선동 프로그램을 그렇게 했다. 2년에 걸친 의회와의 토론 끝에 "자유유럽방송"과 "자유방송"만을 계속해나가도록 압도적 찬성으로 결정한 것이다.

이러한 단편적 승리는 반공성향의 청소년·노동자·지식인 그룹을 지원하는 데 별 도움이 되지 못했다. CIA의 자금지원이 1970년대에 거의 중단되어 버렸기 때문이다. 이렇게 진공상태가 발생하자 소련·쿠바·리비아 등 사회주의 세력들이 조금씩 파고들기 시작했다. 월남전으로 인해 악화되어 온 외교 정책에 대한 정부 내 합의가 더욱 흐트러지기 시작했다. 미국 비밀공작의 전성기가 끝나기 시작한 것이다. 국가 위협에 대한 인식이 바뀌면서 핵무장 강대국 간의 장기 투쟁이라는 개념으로 대체되기 시작했다. 군사적 억지력은 공산주의 위협에서 오는 위기를 완전히 타개하지는 못했어도 상당히 감소시켰다. 또한 국내 정치상황의 변화도 일어났다. 30여 년간 지속된 행정부 우세가 끝나자 의회와 행정부의 끊임없는 경쟁관계는 공작수단 사용에 의회가 개입하는 의회의 우세로 변화되기 시작한 것이다.

"변화의 바람"

1960년대 후반에 시작된 일련의 사건들은 워싱턴 내의 힘의 균형을 드라마틱하게 변화시켰다. 존슨 행정부에서부터 카터 행정부에 이르기까지 공산권에 대한 봉쇄정책이 미국의 국익에 덜 중요한 것처럼 점점 인식되기 시작했다. 추론해 보면, 소련은 지도자들의 성향이 근본적으로 변했다기보다 스탈린의 후계자들이 좀 더 현실적으로 되면서 더 이상 세계지배에 연연하지 않게 되었다. 미국 정부의 한 고위관료에 따르면, 데탕트에 대한 열망, 中－蘇 갈등, 유로코뮤니즘(Euro－Communism)의 등장, 서유럽의 중도좌경화, 핵 보복과 같은 상호확증파괴의 위협, 그리고 선진국－개도국 간의 갈등 등 모든 문제에서 국제정치의 성격 자체가 변화된 것이었다.

가장 중요한 점은 1960년대의 열정적 반공주의가 시들해졌다는 것이다. 많은 사람들은 반공주의 사상이 월남전에서 미국을 장기전으로 이끌었고 결국의 패배로 귀결되었다고 생각했다. 그렇다면 미국이 월남전에 개입한 최우선적인 이유는 무엇이었나? 그것은 반공주의와 공산권에 대한 봉쇄정책 때문이었다. 그리고 월남전 패배는 '반(反)반공주의' 사상과 공산권 봉쇄정책에 대한 반대 정서의 확산에 영향을 미쳤다. 비록 닉슨 및 포드 행정부 시절에도 베트남에서처럼 공개적으로 반공주의자들에 대한 지원, 그리고 칠레와 앙골라에서처럼 비공개적 공산주의 봉쇄정책들이 행해지긴 했지만 이러한 정책에 대한 활력과 신념은 두드러지게 감소하였다.

카터 행정부가 출범하면서 백악관 및 의회는 반공주의에 대한 환상에서 벗어났다. 그리고 비밀공작에 대한 지원도 대폭 삭감했다. 취임 전 행한 의회 증언에서 「사이러스 밴스(Cyrus Vance)」 국무장관은 비밀공작의 필요성은 인정하지만 극단적 상황에서 "명백하게 필요한 경우"에 한해 진행되어야 한다는 "한계점 원칙"을 천명했다. 카터 행정부 당시 중앙정보장(DCI)이었던 「스탠스필드 터너(Stansfield Turner)」는 밴스의 견해에 찬성했다. 그는 비밀공작이 논란을 불러일으키지 않는다는 전제 하에 "현재 정권에서 한 두 차례" 정도만 유용할 것이라고 언급했다. 그 결과, 세계대전 이전처럼 비밀공작은 예외적인 경우에만 행해져야 한다는 미국의 전통적 견해가 다시 등장했다.

카터 행정부는 이러한 원칙에 따라 국가안보보좌관「즈비그뉴 브레진스키(Zbigniew Brzezinski)」와 같은 몇몇을 제외하고는 공산권 봉쇄정책 담당자들을 대폭 교체했다. 그러나 얼마 지나지 않아 소련이 가진 힘에 대하여 대통령의 견해가 바뀌기 시작했다. 우선 그는 소련 무기의 현대화와 핵전쟁 능력의 확대를 우려했다. 이란의 '샤(Shah)' 왕조 몰락 및「아야톨라 호메이니(Ayatollah Khomeini)」정권의 등장을 우려했다. 또한, 1979년 12월 소련의 아프가니스탄 침공 이후 니카라과『산디니스타민족해방전선』이 점점 반민주적 경향을 띄는 것에 대해서도 우려했다. 그러한 영향으로 정보 공동체에 대한 정부의 자세 변화와 더불어 국가안보 정책도 변하기 시작했다. 백악관과 각종 정보 위원회의 상당수 관리들은 미국이 너무 많은 비밀공작과 방첩활동을 하고 있는 것이 아니라 오히려 너무 적게 실행하고 있다고 생각하기 시작했다.

1980년 대선과 상원의원 선거에서 보수적인 공화당이 승리하게 되면서 봉쇄정책이 다시 한 번 힘을 얻기 시작했다. 심지어 행정부 내 몇몇 인사들은 니카라과, 아프가니스탄, 앙골라 등에서 연이은 공산주의자들의 집권을 패퇴시켜야 하고 소련 내 저항세력을 강화시켜야 한다고 주장하기도 했다. 그러나 레이건 행정부는 확실한 목표를 설정하지 못했고 행정부 내에서도 이를 위한 확고한 지지층 결집이 이루어지지 않았다. 레이건 대통령과「제임스 베이커(James Baker)」,「마이클 데버(Michael Dever)」같은 핵심 측근들은 국내 문제를 처리하는데 몰두하고 있었다. 비록 레이건 정부의 고위 정무직들 중 일부, 예를 들면, 중앙정보장인「윌리엄 케이시(William Casey)」와 안보보좌관「리처드 앨런(Richard Allen)」,「윌리엄 클락(William Clark)」등은 그들의 활동을 반공주의라는 틀에 맞추었지만, 많은 하위직 지명자들은 그러지 못했다.

행정부와 의회 사이에는 중앙아메리카, 멕시코, 아프리카 남부, 중동 지역 등에서 정권 탈취를 기도하는 '친소(親蘇) 공산주의자'들을 어떻게 공격해야 할지를 두고 의견 차이가 있었다. 또한 공산주의자들이 이미 정권을 탈취한 지역에서는 어떻게 대응해야 할지에 대해서도 합의를 이루지 못했다. 니카라과와 아프가니스탄에서 미국의 목표는 무엇이 되어야 하는가? 미국은 유혈사태를 통해서라도 그들과 다른 공산주의 체제를 약화시키고 자신의 동맹국들이 처한 위험을 덜어주어야 하는가? 아니면 아예 공산주의 체제를 전복시키는 것을 목표로 해야 하는가? 레이건 행정부와 의회는 결정을 내리 지 못하고 미적거리기만 했다.

「윌리엄 클락(William Clark)」이나 「프레드 이클(Fred Ikle)」 국방부 차관과 같이 행정부 내 일부 강경파들은 소련군을 아프가니스탄에서 철수시켜야 하며 이러한 목표가 카불에 있는 꼭두각시 정권을 전복시키는 것보다 훨씬 더 중요하다고 주장했다. 이러한 주장은 백악관과 의회에서 수년간에 걸친 논의 및 CIA 공작부서(DO) 내 간부들의 반대를 극복하고 마침내 관철되어졌다.

의회의 적극적 개입

1960년대 및 1970년대에는 행정부와 입법부 사이 힘의 균형에도 변화가 있었다. 의회의 권력이 급격히 강화된 것이다. 외교 정책, 특히 비밀공작과 관련된 것들은 이제 더 이상 행정부의 전유물이 아니었다. 이는 1960년대 후반부터 조용히 시작되어 1970년대 중반에는 더욱 가속화되었는데 의회가 정보활동, 특히 비밀공작에 대한 감독권을 가지게 된 것이다. 1975－1976년 열린 上院 『처치 위원회』와 下院 『파이크 위원회』의 청문회에서 비밀공작과 방첩활동은 많은 공격을 받았고 의회는 정보기관을 감독할 두 개의 영구적 특별위원회도 설치했다. 1940년대 및 1950년대에는 정보활동에 대한 의회의 간섭이 사실상 존재하지 않았지만 이제 시계추가 반대 방향으로 움직인 것이다.

1974년 가을 의회는 청문회나 토론도 거치지 않고 1961년 제정된 『대외원조법』에 관한 『휴즈－라이언 수정법안』을 통과시켰다. 이 법안은 대통령으로 하여금 각각의 비밀공작마다 그것이 “국가안전보장을 위해 중요하다”는 “조사결과”를 제시하도록 요구했다. 그리고 이러한 조사결과가 의회의 8개 위원회에 “적절한 시기에” 보고되도록 했다.

수정안은 아무 것도 금지시키지 않았지만 행정부의 비밀공작에 대한 커다란 제약이 되었다. 그 후부터 정보 공동체의 모든 조직 및 대통령은 비밀공작이 유용한 수단이 될 수 있다고 생각하면서도 종종 이를 "접어야했다(중단해야했다)." 책임이 뒤따르기도 했지만 합리적으로 판단해 실패 가능성이 예견된다면 비밀공작 활용 자체를 주장하지 않았다. 심지어 비밀공작에 대한 정책적 합의가 있었다 하더라도 의회가 거의 관여하지 않았다면, 피그만 사건의 경우에서 알 수 있는 것처럼, 백악관의 명예를 실추시키지 않는 방향으로 결정되었다. 이제 비밀공작에 대한 우호적 결정 자체가 이전보다 훨씬 위험해진 관계로 비밀공작이 추진될 가능성이 대폭 감소한 것이다.

따라서 1980년 『휴즈－라이언 수정법안』이 보고지침을 감소하는 내용의 법률안을 의회가 통과시켰을 때에도 그것은 이전과 별반 차이가 없게 되었다. 대체로 1970년대 중반에 정착되어진 이 시스템은 사실 규제보다는 태도와 연관이 되어 오늘날에도 여전히 작동하고 있다.

CIA는 『휴즈－라이언 수정법안』이 통과되기 전에는 NSC의 포괄적 승인 하에 활동했다. 그러나 법률안 통과 이후에는 문서로 기록된 대통령의 개별적 승인이 없으면 비밀공작을 추진할 수 없게 되었다. 의회 조사결과는 공작본부 내 각 부서와 지부에 대한 각종 지침의 형태로 하달되었다. CIA 지부장 및 공작관들은 외국 정치인들과 기자·학생 및 다른 누구를 대상으로도 구체적 조사결과가 없으면 미국 국익을 명목으로 하여 공작을 할 수 없었다. 이것은 OPC 사무실을 미 행정부 청사에 설치하자는 제안이 대통령 주변에 정보활동을 지나치게 근접시킬 수 있다는 이유로 거절되던 1948년의 우호적 분위기와는 판이하게 다른 것이었다. 그리고 이는 이제 "그럴듯한 부인"을 더 이상 하기 어려운 상황을 조성했다.

비록 대통령은 공산주의자 세력의 확대 방지를 위한 포괄적 활동을 승인하는 조사결과에 서명할 수 있었지만 의회는 특정 활동의 본질과 범위, 목적, 그리고 얼마나 지속될 것인지 여부를 알고 싶어 했다. CIA는 대통령이 정확히 무엇을 승인하는지 여부를, 의회에서는 무엇을 동의할지 여부를 분명히 하여 보고하는 분석보고서를 준비해야 했다.

이론적으로 정보활동과 정치적 책임의 범위를 명확히 한다는 측면에서 이런 방법은 정상적인 것이었다. 강력한 대통령이 집권했을 경우 조사결과 승인이라는 메커니즘은 행정부로 하여금 목표에 대해 심사숙고하고 목표 달성을 위한 수단들을 정교하게 조정하도록 만들었다. 또한 의회에 대해서는 공작활동과 그 필요성을 받아들이든지 반대하든지 선택하도록 했다. 그러나 활동내용을 의회는 커녕 상호 간에도 설명하는 것이 익숙하지 않은 행정부 내 다양한 부서의 고위 관료 및 확신이 없는 대통령들은 이러한 메커니즘을 별로 달가워하지 않았다.

중앙아메리카 드라마

카터 집권 말기부터 레이건 집권 초기까지 중앙아메리카에서 미국의 정책은 '조사결과'라는 과정을 통한 정책수립과 집행이 무척 어렵다는 사실을 보여준다. 카터 및 레이건 대통령은 1979년 니카라과에서 '소모사 정권'을 무너뜨리고 집권한 '산디니스타 정권'에 대해 모종의 조치를 취하고 싶어 했다. 의회에서도 다수가 이 의견에 동의했다. 그러나 어떤 종류의 행동이 취해져야 하는지에 대한 합의는 도출되지 못했다. 대통령 또한 명확한 정책을 수립하고 빠른 결정을 내릴 준비가 되어 있지 않았다. 대신, 그들은 아무것도 하지 않는 것보다는 소규모 비밀공작을 승인하기로 결정했다. 하지만 정부는 비밀공작이 미국의 대외정책 수행에서 어떠한 부담을 떠맡게 될지 충분히 생각해 보지 않았다.

니카라과 반군에 대한 미국정부의 지원과 관련된 조사결과를 예를 들어 보자. 『산디니스타 민족해방전선』이 마나과(니카라과 수도)를 장악한 몇 주일 동안 카터 행정부의 중앙정보장은 중앙아메리카에서 소련과 결탁한 전체주의 체제가 발생하도록 하는 것 보다는 니카라과의 민주 정파들을 지원해야 한다는 조사결과를 의회에 보고했다. 니카라과에 새로 들어선 산디니스타 정권에 미국이 공개적인 자금지원을 하고 있었음에도 불구하고, 지미 카터 대통령은 중앙아메리카 민주 정파들을 비밀리에 지원할 것을 승인하는 조사결과에 서명했다. 이것은 산디니스타 정권이 장악한 중앙아메리카에서 민주주의 제도에 미칠 파장을 미국이 우려했기 때문이다. 미국 정부는 무기·군사력 등 "치명적" 지원은 아니지만 민주주의 정파들을 강화하는 내용의 비밀공작을 통한 지원을 승인한 것이다. 의회의 몇몇 인사들은 목표 달성을 위한 이러한 수단에 대해 의문을 제기했다. 그들은 비밀공작이 민주주의 체제를 확산시키기에 충분한지 의구심을 가지고 있었다. 그러나 아주 소수만이 이미 내려진 진단과 처방에 반대했을 뿐이었다.

몇몇은 레이건 대통령이 소련 팽창 저지를 위해 일관된 정책을 수립했다고 주장했다. 확실히 비밀공작을 포함해 다양한 수단들이 이러한 일반적 목적 달성을 위해 활용되었으나 명백한 목표가 없었기 때문에 임무 완수에 꼭 필요한 수단들은 활용되지 못했다.

1981년 가을 레이건 행정부는 니카라과에 대한 첫 번째 조사결과를 제출했다. 그것은 북미 대륙에 대한 공산주의 교두보에 대한 위험성을 기술함에 있어 카터 행정부가 제출한 것보다 훨씬 단호했다. 특히, 미국이 산디니스타 정권에 저항해 조직한 준군사조직 "콘트라"에 비밀지원을 제공하는 것을 승인하는 내용을 포함했다. 그러나 왜, 무엇을 성취하기 위해서 그래야 하는가? 미국 정부는 전임자들과 같이 애매모호한 모습을 보였다. 혁명을 확산시키는 산디니스타 정권과 어느 정도 타협하면서 지배체제에 지속적으로 압력을 가하자는 의견도 제시되었으나 어디에도 구체적 목표는 없었다.

미국 정부는 공식적으로 상호 의견의 불일치를 알고 있으면서도 행정부 내 의결을 진행했고 얼마 지나지 않아 의회의 공격이 시작되었다. 의회의 각 위원회들은 어려운 질문을 제기했다. 니카라과 산디니스타 정권이 엘살바도르 공산주의 반군 세력인 『FMLN(파라분도마르티 민족해방전선)』을 비밀리 지원하는 것을 어떻게 군사적 압박을 통해 저지할 것인가? 사실 정부의 많은 관료들도 FMLN이 공산주의자들로부터 많은 영향을 받지만 니카라과로부터 얼마나 지원을 받는지에 대해서는 의문이었다. 또 다른 몇몇 의원들은 산디니스타 정권이 비밀 압력에 대응해 더욱 비민주적으로 변화한다면 어떻게 대응할 것인가에 대해서도 물었다. 미국정부가 산디니스타 정권 전복을 목표로 구체적 프로그램을 진행할 것인가? 1982년 동안 행정부는 이와 같은 질문에 즉답을 피했다. 단지, 고위 관료들은 콘트라 반군을 통해 압력을 행사하면 산드니스타의 엘살바도르 내전 지원이 어려워질 것이라는 주장만 되풀이했다.

상원의원 「크리스토퍼 도드(Christopher Dodd)」 및 하원의원 「톰 하킨스

(Tom Harkin)」 등을 포함한 몇몇 의원들은 CIA가 "니카라과에 대한 군사작전을 수행하는 어떤 단체나 개인을 지원할 목적으로" 자금을 집행하지 못하도록 하는 내용의 1983 회계연도 국방 예산안의 개정을 제안했다. 그러나 개정안은 부결되었다. 이후 행정부는 하원의원이자 '하원정보특별위원회' 의장인 「에드워드 볼랜드(Edward Boland)」와 CIA가 "니카라과 정부를 전복시킬 목적으로" 자금을 집행하지 못하도록 하는 내용의 타협안을 마련했다. 이렇게 해서 승인된 반란군에 대한 지원과 활동은 금지된 정부 전복기도 근처에 아슬아슬한 경계선을 설정했다. 정보 조사결과, 쿠데타에 대한 부분을 예상하지 못했던 행정부 관리들은 '볼랜드 개정안'이 자신들의 프로그램에 의회의 지지를 교묘히 결합시킨 방안이라고 생각했다.

그러나 그것은 의회와 언론에는 자세히 설명되지 않았다. 많은 이들은 행정부가 산디니스타 정권 전복 의도를 지닌 니카라과인을 지원함으로써 "법률의 취지"를 위반했다고 항의했다. 1983년부터 1984년까지 행정부는 의회와 언론을 상대로 이러한 지원이 산디니스타 정권을 축출하기 위한 것이 아니고, 또한 그렇게 하기에는 지원이 불충분하다는 것을 입증하기 위해 노력했다. 행정부는 지원 프로그램을 위해 "엘살바도르에 대한 지원 금지"와 같은 다른 이유를 찾기 위해 노력했지만 「프레드 이클(Fred Ikle)」 차관이 언급했던 것처럼 단지 논란을 "점점 감소시켰을" 뿐이었다.

이와 동시에 CIA의 「윌리엄 케이시(William Casey)」는 자신만의 계획이 있었다. 케이시와 공작본부(DO)의 라틴 아메리카 공작 책임자 「듀안 클래리지(Duane Clarridge)」는 산디니스타 정권을 지속적으로 압박한다면 저항군 세력이 점점 더 강해질 것이고 결국은 산디니스타 정권을 밀어낼 수 있을 것이라고 생각했다.

1984년 레이건 대통령은 다가오는 선거에서 니카라과에 대한 비밀공작을 쟁점화하지 않기로 결정했다. 또한 콘트라에 대한 CIA의 자금지원을 가장 강하게 금지하고 있는 『볼랜드 개정법안』에 대해서도 이의를 제기하지 않았다. 이렇게 해서 그들은 스스로 만든 덫에 걸려버린 것이다. 미국은 산디니스타 정권을 종식시키거나 그 정권을 인정하고 그에 따른 결과를 받아들이거나 하는 두 대안 모두를 거부했다. 그래서 니카라과에서 미국 정부의 활동은 널리 알려진 것이었음에도 불구하고 미국은 비밀리에 활동을 전개할 수밖에 없었다. '이란-콘트라 스캔들'이 발생한 이후 미 행정부는 의회가 니카라과에 대한 대통령의 선택 범위를 너무 제한했다고 주장할 뿐이었다.

그래서 레이건 대통령은 1984년 콘트라 반군에게 자금을 지원하는데 있어 재무부를 거치지 않고 외국정부 및 개인을 통하는 방법을 활용하게 된다. 동시에 그는 많은 연방정부 공무원들을 임시로 해고해야 할 만큼 예산안 합의가 지연되는 상황에서 "어떤 국가나 단체, 조직, 연합, 또는 개인에 의해 니카라과에서 직·간접적으로 진행되는 군사작전이나 준군사작전의 지원"에 CIA 자금 지원을 금지하도록 하는 개정된 내용의 『볼랜드 수정법안』에 서명할 수 밖에 없었다.

레바논의 친(親)이란 무장 세력이 인질교환을 위해 미국과 이란 간의 무기거래 사실을 폭로했을 때, 그리고 이로 인해 많은 논란을 불러 일으킨 콘트라 지원 프로그램이 이와 같은 무기거래 대금을 통해 이미 진행되고 있었다는 사실이 밝혀졌을 때, 콘트라 지원을 반대한 사람들은 '레이건-부시 팀'을 법률위반으로 고소했다. 이렇게 '이란-콘트라 스캔들'은 레이건 행정부의 임기 말까지 그들을 괴롭혔다.

미국 행정부가 콘트라 반군을 비밀리 지원했다는 사실이 알려졌어도 공식적인 미국의 비밀지원 프로그램이 완전히 없어진 것은 아니었다. 그것은 레이건 대통령이 목표 달성을 위해 추구했던 서로 다른 "노선들"에 대한 언론의 관심 때문에 더 분명히 나타났다. 그는 이러한 노선들 간에 발생한 모순을 조정해야 했을 때 적극적으로 나서지 않고 오히려 이를 회피해 버렸다. 그는 의회에서도 결코 찬반투표를 요구하지 않았다.

콘트라에 대한 비밀지원 사례는 미국 비밀공작에서 무엇이 잘못되었는지를 잘 설명해 준다. 그것은 공공 영역의 '정보과잉(누설)'이나 행정부와 사법부 간 '절차' 때문이 아니고 갈팡질팡하는 공작관들 때문도 아니었다. 그것은 대체로 대통령이 정책을 개발하는데 있어 무능했고 자신의 정책 이점을 최대한 살려 상대방에게 적극적으로 설명하기를 꺼려했기 때문이다. 많은 대통령들은 어떤 문제가 이슈화되는 것이 부담스러울 때 비밀공작을 임시방편으로 생각해 내었다. 1940년대 후반에서 1950년대에 걸쳐 '중-소(中-蘇) 블록' 내에서 진행된 비밀공작처럼 확실한 승리를 담보하기는 커녕 많은 것을 이루는 것이 여의치 않을 때 이러한 임시방편책은 대통령이 무언가 중요한 것을 할 수 있게 해 주었다.

"1990년대의 비밀공작"

정책의 최고 결정권자인 대통령이 문제 해결 방안을 적극적으로 찾으려하지 않자 행정부 내 관료조직에서 모순이 드러나는 것은 당연했다. 게다가 의회의 반대가 정부조직 내 논쟁을 한층 가열시켰다는 것도 별로 놀라운 일이 아니다. CIA는 의회 및 대통령 집무실이 자신들과 "등거리"를 유지하고 있다고 믿기에 이르렀다. 이것이 윌리엄 케이시 부장의 견해는 아니었지만 1970년대 후반부터 많은 정보 공동체 지휘부는 이러한 견해에 동의했다. 이런 이유로 만약 대통령이 자신의 명예를 걸지 않고 특정 작전을 지원하고자 하는데 의회에서 반대하는 상황이라면, CIA는 당연히 그 공작으로 인해 의회와의 관계가 소원해질 수 있는 위험부담을 지려 하지 않았다.

1960년대 초반 소위 '기반시설'로 알려진 CIA의 비밀공작 수행 능력은 현저하게 위축되기 시작했다. 1970년대 후반까지 「스탠스필드 터너(Stansfield Turner)」가 주도한 카터 행정부 정책 철학의 결과, CIA에는 극소수 전문가와 비밀공작 옹호론자들만이 남았다. 대체로 비밀공작은 국정운영 수단으로는 부적절한 것으로 평가되었다. CIA 공작관들 중에서 비밀공작이 미국 정치적 보상을 제공하는 반면 자신들에게는 개인적 보상을 해줄 수 있다고 믿는 사람은 거의 없었다. 따라서 실행 중인 공작을 의회가 조금이라도 반대한다는 징후가 보이면 CIA는 대통령에 대한 계획수립에 열의를 보이지 않았다.

1940년대 말에서 1960년대 말까지 백악관과 CIA는 비밀공작 지원을 위해 민간 부문을 활용할 수도 있었다. CIA는 해외에서 반공 성향의 인사들과 함께 일하기 위해 사회 각계각층으로부터 인원 및 자금을 모집하고 있었다. 미국의 대학생 지도부 및 사업가들은 CIA에 직접 지원하거나 외국 인력을 지원했다. 때때로 미국 공작관들은 민간부문 일원으로 가장해 외국인들에게 접근하여 활동하기도 했다. 민간부문에서는 다소 불안해하면서도 정부가 비밀을 보장하는 한 기꺼이 지원을 제공했던 것이다.

1960년대 언론 폭로와 1970년대 의회 조사를 거치면서 정치공작에 연루된 미국인, 미국정부와 연계해 활동해 왔다고 소련 보안기관이 주장했던 외국인뿐만 아니라 CIA가 조종했던 경험 많은 정치공작 전문가들은 모두 CIA와의 유대관계가 드러나게 된다. 일부는 CIA와 함께 아무 일도 한 적이 없었음에도 CIA 공작원으로 "확인"되었다. 소련 공작기관의 적극적 공세로 CIA 정보원으로 추정되는 인물의 명단들이, 특히 일부 사실과 다른 것들 조차도, 워싱턴 DC 및 웰링턴, 뉴질랜드 등에 책과 신문에 보도되는 지경에 이르렀다. 사실 여부가 불분명한 경우가 많았지만 이러한 폭로는 반공성향의 조직 및 미국의 비밀 보장을 신뢰했던 인물들의 정치적 영향력을 심각하게 약화시켰다. 심지어 몇몇 사람들은 자살을 하기까지 했다. 이제 CIA는 노출 위험을 방지해 주지 못함으로써 미국을 위해 비밀리에 일해 줄 조직 및 공작원, 지지자들을 모두 잃게 된 것이다.

1970년대 중반 '정보남용'에 대한 의회의 조사가 이뤄지는 동안 CIA는 특정 직업에 대해서는 위장을 목적으로 하든지 공작원 모집을 목적으로 하든지간에 이를 활용하지 않겠다고 선언했다. 그러한 직업군의 전체 리스트는 한 번도 공개된 적이 없었지만 보고된 바에 의하면 그 리스트는 기자, 교육자, 종교지도자, 평화봉사단 근로자 등 정부에 고용된 특정 직종들을 포함하고 있었다. 이처럼 민간부문에서 제공할 수 있었던 잠재적 협조자와 정보원, 그리고 공작원들에 대한 신분 가장 기회를 잃게 됨으로써 해외에서 미국의 영향력은 점차 감소하게 되었다.

예를 들면 남아프리카 공화국에서는 인종차별정책을 반대할 뿐만 아니라 '마르크스－레닌주의'자들의 『아프리카 민족회의(ANC)』 지배를 반대하는 세력들은 미국의 노동자·학생·종교단체를 통해 미국 정부의 비밀지원을 받을 수 없었다. 반면에 ANC 내부 공산주의 정파는 막대한 소련의 지원을 배경으로 그들의 입지를 확실하게 다져 나갔다. 중동에서는 이슬람주의 및 마르크스 극단주의에 반대하는 아라비아인, 이란인, 팔레스타인인들이 역시 잠재적 후원자들을 잃게 되었다. 미국은 소련·리비아·이라크 등이 극단주의자들을 지원하는 만큼의 친(親)서구 정파들을 지원할 수 없었다. 그래서 미국이 1980년대에 이슬람 테러리즘 및 극단주의와의 투쟁을 지원할 정치공작이 필요했을 때, 대부분은 해당 지역 정보원들의 도움을 받을 수 없었다.

CIA 자체도 경험 부족으로 인해 비밀공작 역량이 많이 약화되었다. 비밀공작 담당자 및 공작관, 전문가, 동맹국 공작원 및 자산들은 자신들의 시간과 능력을 쏟아 부을 수 있고 생계를 유지할 수 있는 다른 수단을 찾아야만 했다. 처치 위원회는 보고서를 통해 이러한 변화를 조금 다른 시각에서 서술했다. 보고서는 수년 동안, CIA와 미국이 비밀공작 인프라를 보유하지 않았다면 모르겠지만 실제 보유했었기 때문에 무언가를 대안으로 찾아야 했을 것이라고 주장했다. 또한 정보기관이 존재한다면 필연적으로 존재이유를 찾게 되어 있다고도 언급했다. 어느 관점에 의하더라도 실제 결과는 동일했다. 비밀공작 '인프라'는 이제 거의 사라지게 된 것이다.

가장 심각한 손실은 비밀 정치공작을 수행할 능력의 감소였다. 정치공작에 정통한 신분가장 요원들이 단계적으로 퇴출되었다. 정부에서는 공작관들이 대부분 정부기관원으로 신분을 가장하기를 선호했기 때문에, 처음에는 그들 중 아주 일부만이 공작부서에 남았다. 그러나 CIA에는 풀타임 혹은 파트 타임으로, 가끔은 수년 동안 CIA 정보원으로써 일하는 '계약직 공작원'들이 있었다. 대부분의 이들 계약직 공작원들은 해고되었다. 그들과 그들의 작전을 위해 자금을 지원했던 '고유 재산'(사업체와 재단들)은 해산되었다. 불가능하지는 않았지만 자신도 모르게 정치공작을 위해 수백만 달러를 지출하고 있던 외국인들이 의심을 가지지 않도록 이러한 것들을 설명하는 것은 매우 어려웠다.

미국은 비밀 준군사작전을 수행할 능력을 가지고 있었다. 추적을 피하기 위해 여러 나라들로부터 입수한 각종 무기와 탄약을 보관할 창고들도 보유했다. 그러나 이러한 무기들은 주로 소련이 동맹국을 침공할 경우 무장 토착세력들을 상정해 작성되거나 전쟁 발발 시를 위해 보관되고 있었다. CIA는 군대 경험이 있는 사람들을 지속적으로 모집했다. 1970년대 후반 및 1980년대에 미국이 아프가니스탄, 앙골라, 니카라과에 대한 지원을 증가시켰는데 이 때 미국의 표식을 지운 채 준비되어 있는 인프라를 이용해 다양한 저항 세력들을 지원할 수 있었다.

그러나 다수의 노련한 공작관들이 은퇴하거나 해고되었다. 남아 있는 사람들도 공작부서 내의 비밀공작 조직으로 배치되길 희망하지 않았다. 또한 비밀공작 프로그램을 담당하고 있던 지부장들은 이러한 부서에 숙련되고 경험 많은 공작관 대신 신참 공작관들을 주로 배치했다. 그렇다면 과연 노련한 CIA 공작관들은 그들의 지식과 기술들을 후계자들에게 전수했을까? 1970년대와 1980년대에 입사한 세대의 신참 공작관들은 비밀공작을 수행함에 있어 능숙한 요원이 될 가능성이 있었을까? 아니 그 분야에 흥미라도 있었을까? 미국 정부는 1980년대 후반 및 1990년대에 충분한 정보활동을 위한 인적 자원을 확실히 보장하고 있었는가? 전체적으로 그 대답은 '아니오'였다.

일부 예외는 있었지만, 신규 공작관들은 공개적인 것이든 비공개적인 것이든 정치공작 업무를 별로 선호하지 않았다. 1970년대 및 1980년대에 공작부서에 채용된 공작관들의 대부분은 자신들이 다방면에 걸쳐 유능한 '제너럴리스트'가 될 수 있다는 기대감으로 지원했다. 그들은 방첩활동과 비밀공작뿐 아니라 공작부서의 주요 기능인 비밀 첩보수집 업무도 수행하길 원했다. 그러나 그들은 전문가, 특히 비밀공작 전문가는 될 수 없었다. (군 경력이 있는 일부를 제외하고는) 아주 소수만이 해외에서 미국의 목표를 관철시키기 위한 영향력 공작을 비롯해 노동자 · 사업가 · 민족주의자 · 종교운동가 · 언론인 · 청소년 · 지식인 등을 대상으로 공작을 전개했다.

지금은 중견 지휘관이지만 곧 고위급 관료가 될 이들 공작관 대부분은 미국에서 자란 중산층 백인 남성이었고 사실상 미국 외교관으로 해외에서 생활했던 사람들이었다. 그들은 전세계 각지에서 외교관으로 신분을 가장하고 미국 대사관에서 근무했었다. 1950년대 DP의 서구 지역 담당 국장을 역임했던

「J. C. 킹」은 DP 간부 및 공작관들은 목표지역 사용 언어를 능숙하게 구사할 수 있다고 주장했다. 어학 습득에는 인센티브를 주었지만 완전히 능숙해지기까지는 여러 해가 걸렸기에 때로는 공작의욕을 저하시키기도 했다. 야심만만한 일부 공작관들은 일과 후 또는 주말에 어학공부를 했지만 쉬운 일이 아니었다. 심지어 젊은 직원들은 정부 자금으로 어학을 습득하는 데에 1~2년 정도를 허비했다. 그것은 공작원을 물색·채용하는 데 쓸 수도 있는 시간을 낭비하는 것일 뿐만 아니라 어학을 습득하는 것보다 출세에 훨씬 도움되는 현장활동 경험의 기회를 잃는다는 것을 의미했다. 게다가 이들 야심찬 공작관들은 다른 여러 지역에서도 다양한 임무를 수행할 수 있다는 능력을 입증해야 했다. 그러나 그들이 체류하던 지역의 언어로 임무를 수행할 수 있는 공작관이나 지휘관은 드물었고 해당 언어가 반영하는 문화의 미묘한 차이를 느낄 수 있는 사람도 거의 없었다.

한편, 그 이후 새로 들어온 공작관들, 즉 전임자들과 달리 외국에서 자라고 일했으며 현장활동 경험을 보유한 이들 대다수는 그들 업무의 가장 왕성한 시기의 많은 시간을 CIA 조직 내에서 보냈다. 이러한 사실은 비밀공작의 효율성과 관련해 어떤 의미를 지니는가?

관료들 대부분이 그동안 해왔던 일을 계속하길 선호하고 모험을 꺼려하는 성향이 있다는 사실은 공공연한 사실이다. 설령 그들이 위험부담을 기꺼이 떠안으려 한다 해도, 혹은 어쩔 수 없이 떠안을 수밖에 없다 해도, 그들은 1970년대 이후 의회와 언론에 의해 곤경에 빠졌던 선배들의 전철을 밟게 되었을 것이다. CIA 지휘부는 공개적으로 이들을 비난하고 문책을 가했다. 이러한 분위기 속에서 비밀공작을 수행한다는 것은 CIA 및 여타 기관의 많은 변호사를 포함, 말단에서 최고위층에 걸친 지휘계통상 지휘관들이 공작 프로그램을 승인할 때까지 기다림으로써 스스로를 보호한 후에 진행되어야 했다. 승인을 얻기까지는 몇 달, 심지어 몇 년이 걸리는 경우도 있었고, 승인을 얻고 나면 작전계획상 새로이 고려해야 할 요소가 등장해 원래의 작전을 폐기해야 하는 경우도 있었다. 당시의 상황은 1940년대 및 1950년대처럼 비밀공작 수행에 대한 강한 투지와 유연성이 있던 시기와는 매우 달랐다.

이러한 새로운 걱정거리에 더해 신입 직원들은 조직 내에서 출세하기 위한 방법이 수치로 측정되고 계량화 될 수 있는 비밀공작 프로젝트를 기안하는 것이라고 배웠다. CIA는 항상 공작관들을 특정 공작의 장기적 효과보다는 그들이 계획·실행하고 완료한 프로그램의 숫자에 따라 평가하는 일종의 "프로젝트 병(病)"에 걸린 듯한 모습을 보였다. 그리고 이러한 경향은 시간이 지나면서 더 강해졌다. 사실 공작관들은 마약 거래가 횡행하는 안데스 산맥 일대, 이슬람 극단주의가 팽배한 요르단강 서안 및 가자지구 등에서 정치·경제·종교계 및 노조 지도자들을 규합해 공작활동을 전개하는 것보다 신문기자를 포섭해 지역 언론에 기고하는 것이 훨씬 더 쉬웠다. 그러나 해당 지역 온건주의자들의 지지를 얻기 위한 힘든 노력들은 모두 중단되었다. 정세가 불안정한 지역에서는 정치적 해결을 모색할 수밖에 없었다. 기회주의자 및 적국 공작원, 그리고 공작에서 한 발 뺀 사람들을 가려내고 현지인들의 정치적 지원을 확보해 나가는 데는 많은 인내와 자금, 정치적 기술이 필요했고 5년에서 10년 이상의 장기간이 소요되었다. 미국에 우호적 정치 지도자들의 입지를 강화하는 작전은 30여 년 전 미국이 유럽에서 보여줬던 것처럼 오랜 시간이 지나야 성공할 수 있었다.

새로 공작부서에 입사한 신규 직원들은 일반적 공작기법을 제외한 비밀공작 훈련을 많이 받아보지 못했다. 비밀공작은 가장 연구가 안 된 분야였다. 과거 KGB에서는 신입 요원들에게 수십 년의 비밀공작 경험을 보여주는 사례들을 교육함으로써 그들이 행동수칙을 잘 익힐 수 있도록 했다. 반면, 1980년대 및 1990년대 채용된 CIA 신입 요원들은 수집요원으로서의 '교리'와 '강령'을 주로 배웠다. 그들은 고전적 공작원 채용과 장비의 활용, 공작기법 등에 대해 배웠다. 그러나 1970년대 후반까지 신입 직원들을 교육할 공작 전문가들이 거의 남아 있지 않아 비밀공작을 위한 인적자원은 첩보수집 자원에 비해 충분히 충원되지 못했고 제대로 활용되지도 못했다. 고급 공작관의 감소로 인해 "현장훈련" 효과도 제한적이었다. 일부 공작관 및 새 지휘관들이 전문기술 개발에 착수하더라도 이내 다른 보직으로 변경되곤 했다. 소수 지휘관들만이 비밀공작 기법에 대해 배웠고 그들 중 소수 지부장들만이 이에 능숙했다. 그리고 아주 극소수만이 현장에서 전문가로 성장했다. '제너럴리스트'를 육성하고자 하는 공작부서의 의지를 고려한다면 이러한 일들은 어느 정도 의도된 것이었지만 실제로는 그들이 의도한 대로 되지 않았다. 공작부서 지휘부 및 인사 책임자들은 비밀공작 전문가를 양성하려던 그들의 계획이 실패했다는 것을 점차 깨닫게 되었다.

이렇게 유능한 비밀공작 전문가 수가 줄어듦에 따라 빈 자리에 충원될 요원도, 그들이 보고 배울만한 '롤 모델'도 없었다. 실질적 훈련 프로그램이나 비밀공작 요원에 대한 인센티브도 거의 없었다. 1970년대 후반부터 1980년대까지 고위 지휘관들이 급하게 비밀공작 요원을 찾았을 때 그들은 은퇴한 전문가들을 계약직으로 채용할 수밖에 없었다. 1980년대 콘트라 반군을 훈련시켰던 준군사작전 전문가들의 간부진을 구성할 때 사용했던 이런 방식은, 단기적 수요에는 대처할 수 있었다.

하지만, 이러한 방법은 대가가 만만치 않았다. 은퇴한 전문가들은 우선 다루기 힘들었다. 많은 이들이 오랫동안 그들이 익숙했던 장소에서 생겨난 새로운 변화를 잘 알지 못했다. 젊은 지휘관들이 새로 부임했고 정부 관료와 공작관 간의 관계도 많은 변화가 있었다. 또한 그들은 미국 정가의 미묘한 변화에 대해서도 이해하지 못했다. 그 결과 많은 이들이 프로젝트를 시행하고 활동했지만 그 내용이 언론에 누설되자 심한 논란이 발생하게 되었다. 예를 들면 '포트 브래그'에서 훈련을 받고 콘트라 반군을 교육시키기 위해 채용된 '스페셜 포스' 출신의 한 은퇴한 군사 전문가는 간접적으로 '암살작전'을 추진하는 매뉴얼을 작성했다. 1960년대에 이 매뉴얼은 큰 파문을 일으키지는 않았다. 하지만 1980년대가 되자 이로 인해 콘트라 반군을 지원해야 할 명분이 줄어들고 이를 지지하던 세력도 약화되었다. 그래서 이러한 매뉴얼 작성자를 고용한 공작관은 큰 곤경에 빠지게 되는 등 정치적으로 큰 사건이 되었다.

이러한 사건들은 비밀공작 지휘관 및 전문가 집단을 보강하거나 개선시키기보다 오히려 역량을 대폭 감소시키는 결과를 낳았다. 공작본부의 무능함이 비밀공작이 무시당하게 만들고 그로 인해 유능한 인재가 비밀공작에 투입되지 못하도록 하는 악순환 구조를 만들었다. 이러한 비밀공작 역량 감소에 대해 미국은 언젠가 대가를 지불해야만 했다.

냉전시대 초반 미국 비밀공작의 역사는 괄목할 만한 것이었다. 1970년대와 1980년대에 큰 논란을 불러 일으켰던 비밀공작 관련 몇몇 사건을 거치면서 1940년대–1950년대에 큰 성과를 거둘 수 있도록 했던 공산주의에 대한 위기의식과 행정부의 적극성은 이제 사라져 버렸다. 이제 성공적 비밀공작 프로젝트들은 해당 정책과 수단, 그리고 다른 요소들과 얼마나 잘 조화되었는지에 따라 평가되었다. 그러나 이러한 방식으로 성공한 비밀공작에서는 미국 비밀공작 역량의 부활을 기대할 수가 없었다.

최근의 경향

20여 년이 지난 지금 미국의 비밀공작은 많은 변화가 있었다. 1940년대와 1950년에는 외부위협에 대한 인식에 기초해 비밀공작이 승인되었다면 1960년대부터 1980년대까지는 다른 원칙에 입각해 승인되었다. 그 새로운 원칙이 바로 '예외주의'다. 예외주의 원칙이 점차 확고하게 자리 잡으면서 미국의 비밀공작 역량은 사정없이 파괴되었다. 오늘날 '예외주의'는 모든 개별적 사안을 판단해서 심각하고 중대한 상황이 아니면 비밀공작을 진행하지 못하도록 하고 있다.

예외주의는 두 가지 범주로 나누어 볼 수 있다. 대다수는 비밀공작이 '비밀정부', '더러운 속임수', '더러운 전쟁', 그리고 열린 민주주의 사회 외교정책과는 양립할 수 없는 많은 활동들과 밀접한 관련이 있는 것으로 인식했다. 이런 견해를 지지하는 사람들은 비밀공작을 금지시켜야 할 것, 혹은 최후의 수단으로만 사용해야 할 것으로 생각하게 했다. 그리고 이것이 1970년대 중반에 확립된 미국 외교정책에서의 지배적 견해였다. 비록 몇몇 정책 입안자들과 의원들은 대부분의 비밀공작 방식이 미국적 가치와 양립할 수 있고 때로는 외교정책에 유용한 도구가 될 수 있다고 생각했지만 '처치 위원회'의 마지막 보고서(1976년)에 수록된 결론들은 여전히 유효했다.

예외주의에 대해 또 다른 견해를 가진 사람들은 비밀공작을 정책의 '대용물'로 보았다. 즉, 외교적 노력으로는 달성이 불가능한데 군사작전은 너무 위험할 때 할 수 있는 것, 모든 노력이 실패했을 때 할 수 있는 것, 또는 아무 것도 하지 않는 것보다(혹은 다른 무언가를 함으로써 비난을 받는 것보다) 무엇이든 해볼 수 있어서 차라리 더 유용한 대안이라고 생각했다.

예외주의의 근저에는 권력과 국가에 대한 「존 아담스(John Adams)」와 「샘 아담스(Sam Adams)」라는 두 '미국 건국의 아버지들'로 대별되는 메울 수 없는 사고방식의 차이가 내포되어 있다. 「존 아담스(John Adams)」를 비롯한 많은 설립자들은 서로의 기본적인 목적과 재능에 대한 신뢰가 있었고 그로 인해 새로 구성되는 연방정부가 비밀공작을 활용하는 것에 대해 호의적이었다. 반대로, 「샘 아담스(Sam Adams)」는 위정자들이 비밀공작을 포함한 권력을 대중들에게 너무 쉽게 행사할 수 있다는 점을 우려했다. 그는 이러한 관점에서 비밀공작의 사용을 철저히 거부했다.

그러나 진정한 문제를 예외주의의 근거로 보는 견해도 있다. 이러한 견해는 미국의 정부 형태와 반대되는 것으로써 비밀공작의 활용을 반대한 '처치 위원회'의 마지막 보고서나 『20세기 태스크포스』 보고서에서 주장하는 것과는 상관이 없다. 그 진정한 문제는 역사학자 「어니스트 메이(Ernest May)」에 의해 제기되었다. 그는 비밀공작이 민주주의와 양립할 수 없는 것이라고까지 주장하지는 않았지만 미국 민주주의 시스템 상 쉽게 수용할 수 없는 것이라고 보았다. 그는 미국이 비밀공작을 통해 몇몇 중요한 요구사항을 만족시키기 위해 건국된 것은 아니라고 보았다. 예를 들어, 미국 헌법은 잘 계획된 정책이나 일관성 있는 목표가 무엇인지 명확히 명시하지 않고 있기 때문에 국익이 무엇인지 명확히 정의하기 어렵다. 메이의 견해에 따르면 '건국의 아버지들'은 대중이 가장 많이 관심을 가지는 것을 국익으로 지정할 수 있도록 폭넓은 협의와 여론형성 과정을 거치는 정치 시스템을 고안했다. 미국의 정치 시스템은 국익에 대해 어렵게 기술되어야 할 뿐만 아니라 그러한 국익들도 영구적인 것으로 간주되지 않아야 한다는 점을 전제로 하고 있었던 것이다.

이러한 견해들은 행정부와 의회가 위험스런 국제 문제에 직면했을 때 장애물로 작용했다. 그러나 이러한 견해에 따른다 하더라도 냉전 초기 미국의 이익을 보호하기 위해 활용되었던, 상대적으로 성공한 사례들을 통해 알 수 있듯이 비밀공작은 필요한 것이었다. 게다가 오늘날 신중하게 사용되기만 한다면, 효과적인 비밀공작 능력을 유지하는 것이 필요하다.

Chapter
03

제2차 대전 이후 방첩 역량의 재건

지난 수십 년 동안 미국인들이 비밀공작에 대해 병적인 의심을 갖게 되었다면, 정보 및 방첩분야의 비밀스러운 요소들에 대해서는 애증의 시선을 갖고 있었다고 할 수 있다. 그 중에서도 그들은 개인의 사생활을 침해하는 공권력에는 한계가 있을 수밖에 없다는 점을 분명히 인식하고 있다. 그러나 러시아혁명 이후 외국인들이 스파이 및 파괴행위를 통해 그들의 자유를 심각하게 침해할 수도 있다는 가능성을 그들은 받아들였다. 미국은 역사적으로 위협을 인지했을 때 방첩기술을 발전시켰으며 위협이 감소되었다고 여겨질 때 방첩역량을 축소했다. 이러한 변화는 정치 환경에 따라 시계의 추처럼 극에서 극까지 심하게 요동쳤다. 방첩에 대한 정부의 전략이나 정책이 거의 없었고 논의 또한 무척 제한적이었다.

유일하게 방첩정책에 대해 전체적 조망을 한 정부기관이 백악관이었으나 이 또한 매우 산발적이었다. 70년대 중반이 돼서야 백악관은 이 부분에 대해 관심을 가졌고, 80년대 중반까지 수많은 대통령의 보좌진들 중 유일하게 한 사람만이 이 분야에 대해 포괄적인 권한과 책임을 가졌다. 의회는 때때로 방첩 관련 법안을 통과시켜 강화하기도 했지만 종종 반대로 약화시키기도 했다.

그렇다면 20세기 방첩분야의 권한은 누가 가지고 있었을까? 크게 세 곳으로 나눌 수 있는데, 법무부 산하 FBI, 국방부 산하 군 정보기관, 해외 정보활동 주무기관인 'OSS'로 출범했다가 전후 재편된 CIA가 그들이다. 이들 기관들의 개별 프로그램이나 공작방법 등에 대해서는 어느 정부기관에서도 조율되지 않았다.

"냉전에 대한 합의"

방첩활동에 대해 뿌리 깊은 이중적 태도를 갖고 있던 워싱턴의 고위 정책입안자들은 분명한 실체적 위협이 있지 않는 한 방첩활동 자체에 거의 관심이 없었는데 이는 방첩활동의 부진으로 나타났다. 20세기 초 방첩활동의 주요 관심대상은 미국에 사는 유럽이민자 및 외국인들이었는데, 이들은 해외 다른 나라의 힘과 이데올로기를 동경하는 것으로 보였다. 1차대전 중 이들 혐의자들은 대부분 독일인과 유럽인들이었으며 몇몇 독일인들은 사보타주와 같은 준군사작전 및 정치선전에 자원하여 수행했다.

2차대전 및 전쟁 이후에는 유럽이민자들 중에서도 사회주의자나 볼셰비키 지지자들로 방첩활동의 관심이 옮겨졌다. 1930년대 反파시스트 연합전선이 형성될 때까지 많은 공산주의 지지자들은 러시아 및 동유럽에서 유입된 이민 1·2세대들이었다. 1930년대 중반 독일계 미국인들 일부가 히틀러의 나치당에 가입하면서 이 문제는 백악관과 의회의 주된 관심사가 되었다. 그래서 의회에 反미국행위위원회(Un-American Activity Commitee)가 만들어졌으며 외국인에 의한 정보수집금지 법안이 통과되었다. 루즈벨트 대통령은 법무장관을 배제하면서까지 FBI 후버 국장으로 하여금 미국에서 활동 중인 나치와 공산주의자들에 대해 보고토록 지시했다. 하지만 이러한 정보가 법집행 목적(사법행위)으로만 수집된 것은 아니었다. 또한 대통령은 방첩활동 대상에 있어 외국인과 미국인들 사이에 작은 차이를 두기도 했다.

1930년대 말, 루즈벨트는 독일과 분쟁 중인 영국과 프랑스를 지지하기 위해 미국 내 여론을 변화시키고자 했다. 또한, 그는 자신의 정책에 반대하는 미국인들에 대한 정보도 선호했는데 이들이 고립주의자인지 또는 나치주의자인지에 관해서는 관심이 없었다. 1935년 독일과 일본이 동맹을 결성하고 아시아에서 일본의 확장정책이 미국의 정책과 충돌한 이후 루즈벨트는 독일과 일본이 배후에서 조종하는 불순세력들의 준동을 경계했다. 그러나 일본과 독일이 무조건적으로 항복하고 일본계 및 독일계 미국인들의 애국심이 커지면서 이들 국가 이민자들에 대한 경계를 낮추게 되었다.

2차대전 후 FBI의 방첩활동 관심 대상은 공산주의에 동조하는 상당수 미국인들에게로 맞춰졌다. 1945-1946년 기간에 사람들은 러시아와 미국의 이해관계와 상충되지 않는다고 믿었지만, FBI 방첩관들은 미국 공산주의자들이 소련과 연계관계를 갖고 있다고 의심했다. GRU 암호관인 「이고르 쿠첸코(Igor Kutsenko)」(1945년 말 캐나다로 망명)의 미국내 소련 공작활동에 대한 폭로, 그리고 미국인으로서 KGB 연락책으로 활동한 「엘리자베스 벤틀리(Elizabeth Bentley)」의 폭로 등은 워싱턴 관리들에게 경종을 울렸다. 여타의 크고 작은 스파이사건들도 소련의 스파이행위에 대해 추가적인 경종을 울렸다. 하지만 대부분의 일반 관리들은 소련의 정보위협에 큰 관심을 두지 않았다.

2차대전 종전 초기 미국은 해외 주둔 미국인 및 군인들의 나치화(Nazification)를 방지하고 보호하는 작업에 몰두했었다. 미 육군 방첩대(CIC)는 독일, 오스트리아, 일본에서 전후의 정부설립 작업에 몰두했었다. 그러나 시간이 지날수록 군 관계자들은 독일 공산주의자들과 러시아와의 연계를 인식하기 시작했다.

미 전략사무국(OSS)이 1945년 10월 해체된 이후 유럽에 잔류한 미 해외정보 요원들은 소련 공산주의자들에 의한 위협수준에 인식을 같이하지 않았다. 어떤 사람들은 상당히 우려하기도 했지만 상당수는 더 낮게 평가하기도 했다. 1943- 1945년 OSS에 의해 조직된 방첩 역량이 완전히 사라지진 않았지만, 소수의 요원들만이 방첩 업무에 계속해서 관여하고 있었다.

소련의 위협에 대한 인식이 워싱턴 및 유럽주재 미군들 사이에 점점 커져감에 따라 방첩조직은 점차 활성화되기 시작하였다. 열전(hot war)과 냉전(cold war)에 대한 우려가 점증하고 있었다. 소련이 국제적 균형을 자신들에게 유리한 방향으로 돌리기 위해 공산주의 동조자들을 규합하여 비밀정보활동을 하고 있다는 인식이 확산되기 시작했다. 1947년에서 60년대 중반까지 정부 및 의회는 러시아의 정보활동을 막는 것이 미국의 최우선 과제가 될 것이 분명하다고 인식했다.

하지만, 미국의 동맹국이나 중립국이 소련에 의해 침투되어 놀아나는 사태가 발생하지 않는 이상 대부분의 사람들은 다른 나라에 대해 방첩활동을 전개하는 것에 대해 관심이 없었다. 이는 왜 군이 나치화 방지에 흥미를 잃게 되었는지를 설명해 준다. 또한 이는 1970년대 냉전에 대한 컨센서스가 무너지고 1980년대에 방첩활동 재건에 대한 컨센서스가 이루어진 이후에도 주된 정책적 흐름으로 남아 있었다.

소련 정보활동에 대한 미국의 인식은 워싱턴 정가를 더욱 불안하게 만들고 결국은 미국이 전후 방첩활동을 보다 조직적으로 재건하도록 영향을 미쳤다. 소련에게 있어 정보활동, 특히 방첩은 커다란 의미를 갖는다. 그래서 혹자는 러시아를 방첩의 나라라고 말한다. 또 다른 이는 KGB와 군이 공산당 권력의 가장 큰 기둥이라고 말한다. KGB야말로 공산당과 권력의 중심이라고 여겨졌다. 이는 미국의 정보시스템이 복수의 기관에 의한 견제와 균형을 추구하는 것과는 완전히 대조적이다. 미국 정보시스템은 행정부 및 입법부 등 다양한 기관들과의 상호 메커니즘 속에서 견제와 균형을 유지하고 있기 때문이다.

40년대 후반까지 소비에트의 공산주의 헤게모니는 동유럽을 휩쓸고 집어삼켰다. 미국의 많은 전문가들은 러시아가 동유럽 위성국들에게 자신들과 유사한 형태의 통합되고 중앙집권화된 정보조직을 만들고 자신들의 목적에 맞춰 자유롭게 이용하고 있다고 믿었다.

소련의 이러한 정책은 여러 가지 다양한 방식으로 추진되었다. 그 중 하나는 소련의 정치·군사·경제적 영향력을 상대국 공산당에 행사함으로써 자신들의 주장을 관철시켰다. 또 다른 하나는 고문단을 상대국 기관에 상주시키는 것이었다. 종종 현지에서 출생한 공작요원을 상대방 국가기관에 채용시키는 방식을 활용하기도 했다. 그래서 미국 정보당국자들은 모스크바에 의해 구성된 소비에트 정보망이 동유럽 공산당에 대한 영향력을 바탕으로 동유럽으로 확장되고, 이는 다시 쿠바·베트남·북한·중국 등지로 확대되었다고 확신했다. 이렇게 형성된 정보 네트워크는 확실한 소통채널을 보유한데다 물자 및 노하우를 공유한 관계로 막강했으며, 서방이 침투하는 것 자체가 무척 어려웠다. 반면에, 미국 중심의 서방 진영 정보기관들은 소련권처럼 통합적으로 움직이지 못했다. 그래서 미국이 소련권 정보기관 중 한곳을 침투하면 상대적으로 소련권이 서방권을 침투하는 것보다 훨씬 많은 것을 얻을 수 있다고 미국 정보전문가들은 판단했다.

소련권 국가들에서 공산당과 정보기관들 간의 긴밀한 관계는 공산당이 정권을 잡은 나라뿐 아니라 그들이 정권을 잡지 않는 나라에서도 작동했다. 수십년에 걸쳐 소련 공산당과 KGB는 자신들이 규정한 적들을 대상으로 세포정보망을 활용해 활발한 정보활동을 수행했다. 그들이 규정한 적은 2차대전 전에는 영국이었으며, 전쟁 후에는 미국이었다. 그들은 미국 내 공산주의자들을 정보망으로 채용해 정보원으로 활용하였으며 이러한 활동은 정치적 차원에서의 비밀공작 수행도 가능하게 했다. 간혹 미국 공산주의자들은 자발적으로 KGB 정보활동을 도와주기도 하였다.

이러한 KGB의 활동들은 1930년대까지 노출되지 않고 진행되었으나, 1940년대 후반에 와서는 서방 정보기관들이 상당한 관심을 갖고 저지에 나서기 시작했다. 그리고 1950년대 들어 KGB의 정보활동 전술이 전방위적으로 노출되자 미국의 여론은 들끓기 시작했다.

서방에 대응하는 소련권 국가들의 결속과 KGB를 비롯한 소련이 조종하는 공격적 공작기법이 점차 미국을 자극하게 된 것이다. 이에 미국은 소련권의 정보활동 위협에 대항하기 위해 서방권 정보기관들 간의 협력체제 구축을 추진하였다. 전쟁 직후부터 1950년대까지 미국에게 있어 중요한 정보협력동맹은 서유럽 및 영연방 국가들이었다. 미국은 남미 및 식민지에서 해방된 다른 지역 국가들과의 협력관계를 통해서도 네트워크를 점차 보강해 나갔다. 이런 형식으로 우방국들과의 정보 협력을 확대하는 것은 종종 상호간 긴장을 유발하기도 했지만, 전세계 많은 국가들의 방첩역량을 사용할 수 있다는 점에서 미국에게 상당한 도움을 주었다.

독일이나 한국 등 미군이 주둔하고 있는 지역을 제외한 다른 국가들에서 미국은 소련권 정보기관 및 공산당 활동에 대한 정보를 얻는데 현지 정보기관의 협력에 주로 의존했다. 그래서 미국은 소련권 정보활동으로부터 국익을 보호하는데 있어 방첩역량을 구축해야 할 필요가 없었으며 우방국들도 미국이 자신들의 영토 내에서 대소련 정보활동을 전개하는데 대해 별로 위협을 가하지도 않았다. 일부 우방국들은 자신들 정부를 보호하기 위해 미국 정보기관의 개입을 이용하거나 자신들 이익에 역행하지 않도록 미국의 공작을 확인하는 조치를 취하기도 했다.

전쟁 직후 서방 방첩기관들은 소련권 정보기관의 활동을 찾아내고 무력화시키는데 방첩기술의 이점을 활용하기 시작했다. 소련은 서방권 내 공작원들과의 통신을 위해 비밀 라디오통신 이외에도 인편 연락을 보조적으로 활용해 오고 있었다. 또한, 외교관이나 다른 합법적 가장으로 거점을 구축한 KGB 거점과의 연락을 위해 암호코드 통신을 사용하기도 했다. 서방 방첩기관들은 이를 곧 감청하고 메시지를 해독해낼 수 있었다. 그래서 1950년대 까지 방첩분야 기술은 서방국가에게 상당히 유리한 방향으로 기울었다. 서방권 국가들에 있어서 외교 거점 등을 중심으로 한 소련권 정보기관들의 활동을 감시하는 방첩기술은 이후 더욱 발전하게 되었다.

전후 20여 년간 워싱턴은 방첩을 순수 집행기구에 국한된 문제라고 생각했으며 의회도 마찬가지였다. 백악관 또한 전반적인 방첩관련 정책을 입안하고 집행하는 것에 별 관심을 두지 않았다. 그래서 방첩 업무를 국내와 해외로 분리해 대응토록 하였다. CIA는 방첩을 포함한 해외에서의 모든 비밀공작 활동에 일차적 책임을 지고 임무를 수행했다. 다른 기관 및 군도 해외에서 비밀 정보활동과 방첩활동을 수행할 수 있지만 중앙정보장(DCI)의 전반적 조정을 받아야만 했다. 물론 미국 내에서의 방첩활동은 CIA의 업무범위가 아니라 FBI의 영역이었다.

유럽에서 전쟁이 발발한 후 루즈벨트는 대통령령으로 국내 방첩업무의 근거를 마련했다. 훗날 『부처간 정보회의(IIC)』라 불리는 조직이 만들어졌으며 FBI의 후버 국장이 이를 감독했다. 이후 이러한 활동의 법적 근거들이 연속적으로 마련되었고, 궁극적으로 DCI와 FBI의 수장에게 방첩정책의 입안과 집행에 대한 권한을 부여하였다. 1947년 국가안보법은 백악관의 NSC를 국내외 정책조율 기관으로 지정했으나 방첩활동의 임무를 어느 한 기관이나 개인에게 부여한 것은 아니었다. 이러한 여러 원인들로 인해 방첩 관련 기관들은 업무에 있어 상당한 재량권을 행사할 수 있었다. 대공산권 봉쇄정책 등 미국의 전반적 정책에 준해서 CIA · FBI 및 군 정보기관 등은 자신들의 임무를 독자적으로 규정하고 필요한 부처별 협력의 수단과 방법 등을 적절히 활용하게 된 것이다.

FBI의 방첩활동

FBI는 냉전 기간 중 미국 방첩업무의 중심축이었다. 그러한 중심축에는 「애드가 후버(Edgar Hoover)」라는 리더십이 있었다. 그는 1924년 FBI의 탄생부터 1972년 사망할 때까지 조직을 이끌었다. FBI 내부에서 방첩에 집중하는 부서는 정보단(ID)이었다. 사실 이 부서는 40년대 중반부터 70년대 초기까지 세 명의 지도자가 있었다. 그 세 명은 방첩부서에서 근무했으며 후버의 마음을 흡족하게 하였다. 이들 3명은 「미키 레드(Mickey Ladd)」, 「알란 벨몬트(Alan Belmont)」, 「윌리엄 설리번(william sullivan)」이었다. 이들은 차례로 정보단 단장에서 부국장으로서 후버 국장을 보좌하는 FBI 3인자 자리까지 승진하였다.

방첩공작은 대체로 전국에 산재한 지부(field office)를 중심으로 전개되었다. 워싱턴 지부는 1950년대 이후 본부 건물을 일부 사용하면서 방첩공작을 수행했다. 본부 요원들은 대부분 지부에서 방첩업무를 익힌 베테랑 요원들로 구성되었다. 이들은 현장요원들을 감독하면서 분석업무도 일부 병행했다. 냉전초기 본부 인력들 중 일부는 방첩전문가뿐만 아니라 범죄수사 분야 전문가들도 있었다. 하지만 몇 년이 지나지 않아 방첩전문가들은 범죄수사나 법집행관과는 다른 전문성을 가진 모습으로 변모되었다. 많은 방첩 담당관들이 각자의 담당

업무에서 전문성을 갖게 된 것이다. 본부 인력들은 순환 근무처럼 지부로 다시 나가는 것을 별로 원치 않았으며 방첩업무에 더해 보조적으로 범죄수사 업무를 수행하는 것도 원치 않았다.

FBI에서 정보부서와 다른 여타 부서의 차이점은 무엇일까? FBI는 법무부 산하의 법 집행 중심축으로서 법률위반 사건을 수사하고 기소하는 업무를 담당한다. 그 속에서 방첩담당 부서는 기소 및 법 집행을 수행하는 부서와 동격이라기보다는 다소 지원업무의 성격을 갖는 것으로 스스로를 이해했다.

후버 국장은 정보 및 방첩, 그리고 범죄인 기소 및 법 집행이라는 업무 모두에 관심을 갖고 있었다. 그는 자신의 권력을 유지하고 산하 기관들의 역량을 최대한 활용하기 위해 정보와 법 집행 기능을 모두 유지한 것이다. 그는 영국식 모델을 따르지 않고 비사법기관 성격의 국내보안 기구로서 조직을 운영하였다. 하지만 그는 곧 방첩업무가 전통적 법 집행 부서의 업무와는 많이 달라서 완전히 다른 형태의 조직과 업무방식이 필요하다고 인식했다.

후버와 그의 참모들은 범죄수사는 방첩과는 많이 다른 보다 분명한 특징이 있다고 보았다. 가령 범죄에는 착한 녀석과 나쁜 녀석들이 있고 나쁜 녀석들은 법에 따라 조사받고 기소되어야 했다. 범죄수사 담당관들은 비밀 조직 및 외국 정부의 자원과 공권력의 지원을 받을 필요도 없었다. 하지만 방첩은 달랐다. 방첩에는 선악 구분이 없는 회색지역이 많았다. 방첩업무에서는 별다른 성과 없이 몇 년씩 사업이 진행될 수도 있었다. 복잡한 문제를 해결하고 개척하길 좋아하는 사람은 방첩 차원의 정보업무를 지루해 할 수도 있었다. 후버는 이에 동감했고 방첩업무만의 별도 조직과 도구 및 특화된 지식의 필요성에 동의했다.

정보단(ID)은 내부보안과 對스파이, 중앙연구 부분으로 구성되었다. 내부보안부서는 규모가 방대했고 외국과의 연계 유무와 상관없이 미국 헌법 수호를 위한 전통적 위협을 다루었다. 對스파이 업무는 전시 나치와 일본, 소련과의 정보전쟁에서 발전한 업무였다. 내부 보안부서는 훗날 잠재적 테러집단을 목표로 하는 『IS－1』과 공산주의 집단에 대응하는 『IS－2』로 분리되었다. 이들이 가장 주목한 것은 소련 공산당을 추종하는 『미합중국공산당(CPUSA)』이었으며 IS－2는 공산주의에 반대하는 『트로츠키 사회주의 노동자당(Trotskyite Socialist Workers

Party)』과 같은 조직을 담당하기도 했다. 각 부서는 5~10명의 관리자들을 두고 있었는데 이들은 FBI 지부의 업무수행 과정에서 발생하는 방첩문제도 관리·감독했다.

대스파이부서는 각 지부의 현장조사 업무와 對소련 공작을 감독하였다. 부서 내 스파이를 다루는 분야에서는 KGB와 GRU에 집중하였고 5~10명의 관리자를 두고 있었다. 또한 부서에는 연락기구가 있었는데 이들은 CIA와 軍, 그리고 해외 주재 미 대사관에 주재하는 FBI 주재관(법무 아타쉐)들과도 협조했다.

중앙 연구부서는 대략 10~15명의 FBI 요원으로 구성되었으며 대부분의 분석업무는 본부에서 수행했다. 1950년대 「윌리엄 설리번(william sullivan)」이 연구부서 책임자로 임명되었는데, 그는 1961년 정보단의 부국장으로 진급하였다. 연구의 중점은 주로 국내 보안업무에 초점이 맞춰졌으나 종종 대스파이 활동에 대해 연구하기도 했다.

본부 직원들은 지부에서의 현장업무를 위해 소규모로 조직된 FBI 요원들을 관리·감독하였다. 대도시뿐만 아니라 소도시에서도 임무를 수행하는 내부보안부서와 달리 對소련 방첩업무를 수행하는 소규모 조직들(Squads)은 법적·외교적 인프라가 갖추어진 워싱턴, 뉴욕, 시카고 같은 도시에 몰려있었다. 1950년대 초반에는 2차대전 직후 KGB에 대해 알고 있는 사람들이 별로 없었기 때문에 이들 부서는 KGB 요원으로 의심되는 인물이나 그들과 접촉하고 있는 자국민 관련 사건을 깊이 생각하지 않고 쉽게 공개해 버리기도 했다. 이 기간 동안 현장의 소규모 조직들은 25~30명으로 늘어났고 물리적·기술적 감시업무를 담당하는 지원인력들도 추가되었다.

FBI의 수집활동 냉전초기 방첩은 비록 범죄수사 업무와 달랐지만 정보수집과 조사에 있어서는 매우 유사하게 수행되어졌다. 정보부서든 범죄수사부서든 해당 부서의 최우선전략을 설정하고 고민하는 일은 거의 없었다. 다시 말해 그 누구도 미국의 비밀들이 특별히 보호될 필요가 있다는 것을 인식하지 못했으며 KGB가 목표하는 타겟이 어디에 있는지, KGB가 무엇을 도모하는지에 대해서도 구체적으로 알지 못했다. 1950년대 후반에서 1960년대가 되어서야 몇 가지 계획이 수립되었다. 본부 관리자들 및 현장 방첩요원들이 참석하는 연례회의도 열리고 스파이혐의로 체포된 개인이나 집단과 관련된 몇몇 사건들에 대한 공개도 이루어졌다. 범죄수사 분야에서 발전한 이 같은 전략은 미국 내 공산주의자, 나치 추종자, 그리고 외국 정보기관과 연계된 사람들을 대상으로 전시 미국정부가 수행했던 것이지만, 반드시 범죄행위에 대한 기소를 목적으로 한 것은 아니었다.

2차대전 기간 중 FBI는 스파이나 폭동 주동자로 의심되는 모든 미국인들을 조사했다. 당시 본부 방첩부서에서 활동하던 「마크 펠트(Mark Felt)」는 정부의 노력에 대해 언급하며 다음과 같이 말했다. "우리 팀은 네 사람밖에 없었지만 매일 매일 쏟아지는 정밀조사가 필요한 수천 건의 사안에 대해 검토해야만 했으며 결과적으로 하루 50여 건 이상의 파일들을 검토했다."

전쟁이 끝나고 낙관론이 만연된 시대가 오자 방첩부서는 더 이상 필요가 없게 되었으며 후버는 이 부서를 정보단(ID) 산하에 배속시켰다. FBI는 특정 외국인이 스파이거나 어떤 미국인이 국가전복을 꾀하고 있다고 믿을만한 증거가 있을 때만 이를 조사했다. 전쟁 시처럼 수천 건의 사안을 정신없이 처리했다. 어떤 사안들에 대한 조사가 시작되고 종결되는 일반적인 지침이 있기는 했지만, 특정인에 대한 수사가 진행될 때 어떠한 법적 요건이 충족되어야 하는지 등에 대한 기준은 없었다. 냉전의 분위기 속에서 국가전복 및 스파이 혐의, 또는 외국 정보요원 접촉자로 의심되면 잠재적 협의자가 되었다.

1940년대 중반 미합중국공산당원은 약 7만 5천에서 8만 5천에 이르렀다. 10년 후 이들의 숫자는 약 2만 5천으로 급감하였으며 1970년대에 이르러서는 수천 명으로 줄어들었다. FBI는 이들 거의 대부분과 의심스런 공산주의자에 대하여 수사를 진행했고, 다양한 행정 지침 및 법에 따라 이들의 소재지 등을 구체적으로 확인했다.

1950년대 『긴급구류법(Emergency Detention Act)』은 FBI에게 전시 또는 국가 위기 시 특정인을 구류해 조사할 수 있는 권한을 부여했다. 1950년에 의회는 트루먼 대통령의 거부권에도 불구하고 결국 『맥카렌법(McCarran Act)』을 통과시켰다. 이 법은 '파괴행위자 관리위원회의'를 신설하고, 공산주의자 그룹 및 공산주의 전위단체들은 반드시 국가에 등록하도록 강제했다. 1956년 연방 대법원은 1940년 제정된 『스미스법(Smith Act)』에 따라 국가전복 의심 혐의자에 대한 정부의 조사 및 기소권한을 제한하였다. 당시 스미스법은 폭력으로 정부를 전복하는 것을 옹호하는 제반 행위를 범죄로 규정하고 있었다.

대스파이 부서는 외국인들 중 정보요원으로 의심되는 활동을 하거나 정보요원으로 알려진 인물들의 신원확인과 추적을 위해 노력했다. 1950년대 중반까지 약 1만 건의 방첩활동 사례가 있었고 관계부서는 외국 정보요원 및 이들과 접촉한 미국인을 대상으로 조사를 해야 할지 여부를 두고 자주 고민했다. 사건조사를 결정하고 수사를 진행하는데 있어서 FBI는 다양한 기법과 출처를 활용했다. 그 중 하나는 공개자료의 이용이다. 예를 들어, 외국인이 신청한 비자심사를 치밀하게 조사하는 것이다. 또한, 외국인 학생 및 사회운동가들이 소속된 대학의 관계자와의 다양한 접촉을 유지하고 공산주의 국가의 각종 민족주의 성향의 단체를 활용하기도 했다.

또한, FBI는 2차대전 기간 동안에 발전시켜 온 비밀 인적수집 프로그램들을 발전시켰다. 이를 통해 소련권 국가들의 시설 및 대사관, 특히 이들 기관들의 우편, 시설물, 전화, 인원출입 등에 대한 감시를 수행했다. 비록 이와 관련된 시설과 인물들이 주요 도시들에만 있었지만 이를 추적하는 것은 인적수집 프로그램을 통해 이루어졌고 FBI 지부의 현장요원들이 전체적 운영 · 지원을 담당했다.

FBI는 어떤 사건을 추적할지 여부를 결정하는데 있어 좀 더 세련된 방법을 고안해 냈다. 하나는 이중스파이를 활용하는 것이었다. FBI는 2차대전 초기 독자적으로 이중 공작원을 고용하였으며, 나중에는 영국과 협조해 이들을 활용한 경험이 있었다. 대스파이 부서에서는 전체적으로 20~30명에 이르는 이중스파이를 유지하고 있었다. 소련권 및 내란혐의 조직들에 대한 동조적 입장을 취하는 방식으로 그들은 소련권 정보기관의 임무와 프로그램, 그리고 그들의 공작기법 등에 대한 정보를 수집하였다. 대부분의 이중스파이들은 미국인이었으나 FBI 요원들은 아니었다. 그들은 스스로 공산당 사무실이나 소련 연방의 기관들로 걸어 들어갔으며 표면상 이념적이거나 재정적 문제가 있는 것처럼 보이도록 하기도 했다. 반면, FBI 지부의 내부보안 부서도 수백 명에 달하는 이중스파이를 보유하고 있었다. 정확한 인사자료를 활용할 순 없었지만 처치위원회

청문회와 기존 FBI요원들의 인터뷰 등을 바탕으로 추산해볼 때 정보단(ID)의 절반에 가까운 인원들이 내부보안 업무를 담당하고 있었다. 1950년대는 FBI 요원들 중(4,800여 명) 약 1/3이 내부보안 업무를 수행했으며 이때 FBI는 약 5천 명의 유급협조자를 운영하고 있었다. 1973년은 FBI요원 숫자가 가장 많은 때로 8,500명까지 되었다.

FBI가 보유한 또 다른 기술은 외국 정보요원이나 국가전복을 위해 조직된 집단의 총책을 포섭하는 것이었다. 이 같은 포섭은 섹스, 돈, 또는 개인의 자아실현과 같은 당근과 채찍이라는 다양한 방법으로 이루어졌다. 하지만 대상이 변화를 원치 않는다면 포섭은 매우 어려웠다. 사실 1960년대까지 FBI는 외국정보기관원을 포섭하는데 전혀 성공적이지 못했는데 이는 포섭대상들이 거의 빈틈이 없었기 때문이었다. 이후에도 잠재적 변절자를 설득해 포섭하고 그들을 지속적으로 관리해 그들 조직의 비밀에 접근하도록 유지하는 것은 쉬운 일이 아니었다.

전쟁 후 초창기 FBI는 요원들을 미국정부에서 일하지 않는 것으로 위장해 목표에 접근시키는 완전 신분가장(deep－cover) 기법을 사용하지 않았다. 후버는 장기적으로 추진되는 신분가장 공작을 신뢰하지 않았는데 이는 공작관이 책임있게 임무를 수행하는 지도 미지수고 성과를 검증하는데도 너무 오랜 시간을 요구했기 때문이다. 그럼에도 불구하고 1960년대 후반 FBI는 미국 내에서 활동하고 있는 소련권 인물들을 성공적으로 포섭했다. 비록 정확한 숫자는 공개되지 않았지만 백여 명 안팎으로 추정된다. FBI는 이들이 미국 내의 목표기관에서 지속적으로 일할 수 있도록 하기 위해 여러 가지로 노력했다. 만일 포섭 인물이 미국이 아닌 다른 해외근무를 명령받으면 그들에 대한 관리권한을 CIA로 넘기거나 훗날 다시 미국으로 발령 날 때까지 접촉을 일시적으로 중단하기도 했다.

미국 내에서 행해지는 소련 연방의 흑색(illegal)공작원들의 활동을 추적하는 것은 무척 어려운 일이었다. 미국 내 흑색공작원들의 활동을 둘러싸고 미소간에 전개된 각축에 대해서는 알려진 바가 거의 없다. 이는 양쪽 모두가 자신들의 비장의 카드를 다 보여주지 않았기 때문이다. 소련권 정보기관들은 한 때 미국 내에 수백 명의 흑색공작원들을 보유하고 있었던 것으로 추정된다. 이들 상당수는 FBI가 자신들에 대한 혐의를 눈치 채면 바로 출국해 버렸다. 약간 과장된 측면은 있지만, 1950년대에는 방첩분야에서 일하는 FBI 직원들 보다 소련권 정보기관의 흑색공작원들이 많았다는 전직 방첩관의 언급은 흥미롭다. 또한 상당수 흑색공작원들은 우연히 발각되거나 FBI의 능숙한 수사를 통해 체포되기도 했다. 종합적으로 본다면 소련의 KGB는 미국에서의 공직가장을 통한 공작에서는 미국 방첩기관을 앞서기 어렵기 때문에 곤란을 겪었지만 흑색공작원의 운용에 있어서는 상대적으로 상당히 자유로운 공작을 전개하였다. 미국은 소련에 비해 상대적으로 자유로운 체제이었기 때문에 불법 이민자 등이 미국에 들어와 합법적 신분을 갖추면 그들의 활동 및 통신, 금융활동 등에 대해 전혀 통제를 할 수 없었기 때문이다.

냉전 기간 동안에 FBI가 사용한 거의 모든 인적·기술적 첩보출처 및 기법들은 2차대전 기간 중 발전된 것이었다. 하지만, 전후에는 좀 더 창조적 방식으로 개선되었다. 이러한 기법들은 도청으로 입수된 정보를 필사하고 번역하는 등의 많은 작업이 필요하고 많은 돈이 드는 관계로 2차대전 때처럼 무차별적으로 적용할 수는 없었다. 냉전이 한창일 때도 도청은 78개소에서만 이루어졌다. (그러한 도청장비가 목표의 사무실과 거주지, 그리고 모든 사유재산물에 대해 사용되었는지는 확실치 않다). 명확한 것은 1965년 후버가 자기 재량으로 이 숫자를 절반으로 줄이도록 한 것이다. 이에 대해 「알란 벨몬트(Alan Belmont)」나 「윌리엄 설리번(William Sullivan)」은 반대했지만 「마크 펠트(Mark Felt)」는 후버의 명령에 따라 이 작업을 수행했다.

FBI가 활용한 또 다른 기술은 '은밀 침입(break-in)'이나 '불법침입(black bag)'이다. 이는 비밀리에 사무실, 호텔, 주거지 등을 찾아서 그 곳에 있는 흥미로운 자료들을 몰래 복사해오는 것을 을 말한다. FBI는 외국 공관에 대한 '은밀침입'과는 별도로 1942년부터 1968년까지 14곳의 국가전복 혐의 조직을 대상으로 238회의 은밀침입 활동을 수행했다.

FBI는 1950년대와 1960년대에 비밀목표들의 우편을 열어 보았다. 이러한 작업은 미국과 소련 연방 간에 이루어지던 통신을 비밀리에 조사하던 CIA로부터 전수받은 것이었다. 더구나 FBI는 다른 정보기관이나 정보공동체로부터 도움을 받거나 도움을 주기도 했다. 정보부 내 연락부서는 10~12명의 직원을 두고 있었으며 이들은 다른 부서나 기관과 협력을 하기도 했지만 특별한 사안에 있어서는 협조관계를 차단하는 일도 수행했다. 간혹 FBI는 다른 기관으로부터 미국을 방문 중인 소련 연방의 비밀정보요원에 대한 조사나 그들이 채용한 공작원 등으로부터 입수한 암호문 해독을 요청받기도 했다.

FBI는 버지니아 알링톤에 위치한 NSA의 전신인 『육군보안국(ASA)』의 신호정보 전문가들로부터 많은 도움을 받았다. ASA가 전쟁 당시 KGB의 암호를 어떻게 해독했는지에 대해서는 「로버트 램피어(Robert Lamphere)」가 당시 방첩전문가들의 회고록을 인용해 기술하기도 했다. 램피어(Lamphere)에 따르면 1948년 이후 FBI, ASA, 영국의 MI5 · MI6, CIA는 서로 협력관계를 유지했다.

이 같은 기관 간 협력을 통해 노출된 가장 유명한 스파이로는 「주디스 코플론(Judith Coplon)」(그녀는 당시 법무부의 내부 보안부서에서 근무하고 있었다)과 그녀의 소련 담당관 「발렌틴 구베체프(Valentin Gubetchev)」, 그리고 「클라우스 푹스(Klaus Fuchs)」와 그의 미국 담당관 「해리 골드(Harry Gold)」가 있다. 이 사건들은 49개의 새로운 사건으로 조사가 확대되었다. 조사 후에는 8명이 KGB의 정보요원으로 활동하거나 통신 연락임무를 수행한 혐의로 기소되었다. 그 외 연계인물들 중 소련 연방 국적을 가진 사람들은 추방되었다. 연계된 미국 시민권자들은 범죄혐의로 기소되지는 않았지만 비밀자료에 대한 접근 권한을 박탈당했다.

그러나 때때로 정보기관들 간의 관계, 특히 최상층부 간에는 냉기류가 흐르는 경우도 많았다. 후버는 개인적으로 다른 정보기관들과의 협력관계를 별로 달가워하지 않았다. 그는 중앙정보장(DCI)을 개인적으로 거의 만나지 않았다. 여기에는 보안문제를 포함한 많은 이유가 있었고 지난 수십 년간 이어져 온 정보기관간의 알력다툼 등도 원인이 되었다. 그리고 후버는 CIA에 대해 상당한 불신을 품고 있었다. 1970년 CIA가 FBI 사건과 관련된 자신들의 특수요원 신원확인을 거부하면서 양기관 간의 협력에 심각한 위기가 왔다. 하지만 대외협력 업무는 지속되었으며 FBI 본부의 방첩부서 관리자와 현장요원들은 CIA의 방첩요원들과 실무적인 협조관계를 지속했다.

FBI의 분석활동 정보를 수집하는 것과 수집된 정보를 이해하고 그것을 외국 정보기관의 활동을 차단, 색출하는데 사용하는 것은 또 다른 것이다. 냉전 초기 십수 년 동안 분석은 현장요원들과 본부의 관리자들 몫이었다. 그들은 사건파일 속에 있는 공개 또는 비공개 출처로부터 단편적인 정보를 모아 매일 또는 매주 단위로 다음에 진행할 일들을 결정했다.

그들은 내부보안 업무를 수행하는 직원들로부터 일정한 도움을 받았는데 이들은 1950년대 「윌리엄 설리번(William Sullivan)」이 수장이 된 정보단(ID) 내 소규모 연구 조직원들이었다. 「설리번(Sullivan)」은 전형적인 G－man으로 불리는 FBI 수사관이라기보다는 작고 우락부락하게 생긴 구김살 있는 뉴잉글랜드 사람으로 책을 즐기고 사색하는 사람이었다. 그는 전략적 비전을 가지고 있었고 기관 간의 협조를 신뢰했으며 방첩이 단순히 방어적 수단으로써가 아닌 국가정책의 효과적인 수단이 될 수 있다고 생각했다. 그는 마음속으로 자유민주주의가 자신을 파괴하려는 좌우의 적들과 투쟁 중이라고 생각했다. 그와 FBI의 임무는 자유사회의 적들을 파괴하지 못한다면 방첩을 이용해 그들을 약화시켜야 한다고 생각했다. 그는 경력의 대부분 업무수행을 하면서 후버 국장에게 무척 순종적이었다. 그들이 합의점을 도출하지 못할 경우에는 항상 설리번이 양보했다. 그런 설리번을 후버는 1970년 물러나기까지 설리번을 맘에 들어해서 계속해서 진급시켰다. (하지만, 1960년대 후반 설리번은 개인적 이유에서인지, 아니면 후버의 과도한 권력욕이 미국안보에 해악을 끼친다는 믿음에서인지, 그의 상사인 후버를 공격했다.)

전체 10~15명에 이르는 분석부서의 연구 인력들은 주로 내부보안 업무에 초점을 맞추었으며 후버 및 FBI 내 간부들을 위해 요약해 보고하는 임무를 수행했다. 요약본들은 지부 직원들에게도 배포되었으며, 지부 방첩담당관의 관리하에 비밀금고 속에 보관하였다. 1950년대 후반에는 주요 현안에 대한 짧은 메모를 작성해 보고하기도 하였다. 주요 보고주제는 내부 보안에 관한 것이었으며 배포처 역시 본부의 주요 간부들이었다. 가끔 소련 연방에 관한 주제로 분석이 이루어지기도 했지만, 설리번은 FBI가 이 분야에 있어서 CIA를 지원할 역할이 많지 않다고 판단했다.

연구 인력들은 일반적인 보안의식 제고를 위한 자료도 작성했다. 이들 자료의 대부분은 공산주의 이데올로기와 공작전술을 구체적으로 해부하는 내용이었다. 예를 들면, 「기만의 대가들」(Masters of Deceit)이나 「공산주의 연구」(A Study of Communism) 등과 같은 것으로서 후버 국장이 저술하여 소개하는 것으로 되어 있었다. 그리고 어떤 내용들은 후버나 설리번, 다른 간부들의 공개 강연 등에서 소개되기도 했다.

FBI의 방첩 활용 FBI 스스로 정의한 임무를 고려해볼 때, FBI는 1950년대 및 1960년대 초반 자신들이 수집·분석한 정보를 적절히 사용하는 데 있어서 자부심을 느낄만하였다. 이 중에서도 특히 고무적인 것은 일반 대중 및 정부 부처 직원들을 대상으로 보안교육을 실시한 것이었다. 『미국변호사협회(MBA)』와 같은 다양한 교육기관, 미국공산주의협회나 이들 전위기관들을 대상으로 소련이 어떤 기술들을 사용해 공작원 포섭을 시도하는지 등에 대해 사실적이면서 극적인 요소를 가미해 교육을 한 것이다. 확실한 것은 이 같은 캠페인에 대한 대중의 폭넓은 이해가 있었으며 후버 국장과 관계자들은 이것을 적극 활용했다. 그렇다고 후버와 관계자들이 이것을 부채질하지는 않았다. 비록 그들이 의회조사관들과 우호적 관계를 유지하고 있었지만 그들의 목표는 맥카시 상원의원과 같은 사람들에게 균형적인 증거를 제공하고 정보에 대한 무분별한 접근을 제한하는 것이었다. 물론 항상 성공한 것은 아니고 실수도 많았다. 하지만 일반 대중들에 대한 교육프로그램은 미국에서 소련 연방이 정보활동을 수행하거나 '미국공산당(CPUSA)'이 미국인 협조자들을 포섭하려는 것을 무척 어렵게 하였다. 이렇게 함으로써 FBI는 국민의 지지를 통해 국내에서는 공산주의 확산을 억누르고 해외에서는 제국주의 확장을 저지하는데 도움을 받을 수 있었다.

교육을 통한 이러한 경계심에도 불구하고 후버와 그의 참모들은 조직 내부의 보안 측면에 있어서는 놀라울 만큼 느슨했다. 예를 들어, 후버는 신규직원을 채용하거나 FBI요원 활동지침 등에 대해서는 엄격한 기준을 적용해 소련 연방의 조직 침투를 막아내기는 하였지만, 통신감청 대응 등에 대해서는 다소 허술했다. 분명 KGB는 전화 및 차량통신 등을 도청했을 것이다. 조직 내 지부 요원들 간에, 그리고 본부 관리자들 간에는 보안을 위한 부분화(compartmentation)도 거의 이루어지지 않았다. 수사관들 및 지원 인력들은 공작이나 인력과 관련 알 필요가 없는 것들까지도 지득하게 되었는데 이는 기본적인 보안수칙에 대한 위반이었다. 게다가, 직원들이 일단 임용된 후에는 설명되지 않는 자금 수령이 있었는지 여부를 포함해 신용 및 재정 상태에 대한 조사를 거의 하지 않았다. 냉전시대인 관계로 보안의 대상을 이념적 파괴주의자들에 의한 위협을 무력화시키는 데 집중하였던 것이었다.

미합중국공산당(CPUSA) 및 미국 내 소련권 기관들의 암호문을 해독함으로써 FBI는 소련 연방이 미국 내에서 수행하는 수많은 전시 공작들을 적발해낼 수 있었다. 이는 결과적으로 FBI가 방어적 업무에 보다 역량을 집중하도록 만들었다. 이로 인해 스파이행위와 연계된 수많은 미국인들이 체포되고 기소되었으며 무력화되었다. FBI의 물리적·기술적 감시활동은 미국에서 협조자를 포섭하고 관리할 목적으로 양성된 수백 명의 소련권 공작관들을 무력화시켰다. 게다가 다른 정보기관들과의 협조를 통해 미국 내에서 활동하는 상당수 흑색공작원들을 적발해 내기도 했다.

FBI는 공세적인 공작도 수행했는데 그 대부분은 미합중국공산당(CPUSA)을 대상으로 하는 것이었다. 「설리번(Sullivan)」은 『트로츠키 사회주의노동당(SWP)』이 CPUSA 내에서 협조자를 포섭하고 있다는 사실을 인지하고 이들이 소련 스파이활동을 지원하는 근원이라는 사실을 정확히 파악하고 있었다. 이에 FBI는 당원들 간의 상호 불만을 증폭시키는 방법으로 당내 파벌싸움을 조장하기 위해 노력했다. 1953년 3월 후버는 대통령과 NSC에 CPUSA 및 관련 조직을 와해시키기 위한 방안을 보고하고 『반정부·급진조직 와해프로그램(COINTELPRO)』을 시작했다. 이 프로그램의 절반 이상은 미합중국공산당을 저지하는 공작이었다. 1960년대에 FBI 보안부서는 흑백 인종주의자 및 「마틴 루터 킹(Martin Luther King)」 목사와 같은 개인은 물론 KKK단 같은 조직에 대응하기 위해서도 반정부·급진조직 와해프로그램을 활용했다. 이 프로그램은 단순한 프로그램이 아니라, 좌우 양측의 급진주의에 대응하는 프로그램이었다. 좌파로부터의 공격은 사회주의노동당(SWP) 이라는 또 다른 공산주의 조직으로부터도 이루어졌지만, FBI는 SWP 내부 공작원을 통해 공격을 효과적으로 수행할 수 있었다. 우파로부터의 공격은 보수주의자들 및 자유주의 조직들로부터 수행되었지만 FBI는 우수한 방첩기법 등을 통해 이들에 대응하였다.

반정부·급진조직 와해프로그램(COINTELPRO)에는 12개 지부의 요원들이 참여했다. 지부에서 제출된 아이디어들은 본부 관리자들에 의해 채택되고 실행되어졌다. 최우선 과제는 '미합중국공산당'이 주류에 스며들어 『NAACP (미국흑인 지위향상협회)』나 초기 『미국농민협회』와 같은 조직으로 성장하는 것을 저지하는 것이었다. 예를 들어 FBI는 지방조직 수장들에게 공산주의자로 알려진 인물이 그 조직에 가입했거나 가입하려 한다는 사실을 알려주기도 했다. 법무장관 로버트 케네디는 「써굿 마샬(Thurgood Marshall)」(대법원장 역임)로 하여금 마틴 루터 킹 목사에게 그의 최측근 조언자들이 공산주의자이거나 미국에서 소련 비밀공작을 추진하고 있는 사람들 중 하나라고 알려주도록 했다. 흥분한 케네디 대통령은 킹 목사에게 직접 이 문제를 제기하기도 했다. 킹 목사는 필요한 조치를 취할 것이라고 대답하긴 했지만, 실제 혐의를 받는 자신의 조직원들을 멀리하려고 하지는 않았다. 이것이 케네디의 승인 하에 시민운동가들에 대한 조사를 강화시키는 계기가 되었다. 나중에 특정 시민운동가가 국가에 위험한 존재라고 결론이 나면, FBI는 다양한 방책을 사용하여 그의 영향력을 약화시키기 위해 노력했다.

분열을 초래하는 또 다른 기술은 '미합중국공산당' 간부들을 음해하는 것이었다. 누군가를 FBI의 정보원이라고 몰래 음해하면, CPUSA 간부들은 정확하지는 않더라도 그들 중 누군가가 FBI를 위해 일한다고 생각하며 서로 불신하고 누군가를 용의자로 지목했다. 그런 후 익명으로 신랄하게 비난하는 전화나 편지를 보내면 그들끼리 싸우게 하는 방식으로 FBI는 SWP와 CPUSA 간의 동맹관계 형성을 저해했다. 14년이 넘는 기간 동안 지부 요원들은 1850건의 이간질 공작을 제안했으며 그중에 1388건이 승인되었고 222건이 성공하였다.

1950년대 및 60년대에는 FBI 역량의 절반 이상이 국내안보 위협을 약화 및 무력화시키는데 집중되었다. 비록 FBI가 2차대전과 그 이후에도 방첩 업무를 지속하면서 방첩정보를 계속 수집하기는 했지만, FBI는 소련권 정보기관에 대한 침투 및 역용에는 큰 관심을 두지 않았다. 예를 들어 미합중국공산당 내부에 있는 이중스파이나 고급정보원이 미국 내 소련의 공작이나 소련 해외정책과 관련된 정보를 입수할 수 있었다. 이런 정보들은 출처보호를 위해 가공되었으며 의회와 백악관에 있는 소수의 정책입안자들과 CIA 내부의 선택된 분석관들에게만 배포되었다. 그러나 이 정보들은 배포 전 다른 출처의 첩보와 비교되거나 역정보인지 여부를 확인하는 조심스러운 검토과정을 거치지 않았다.

또한, 소수 FBI 요원들만이 그들이 수집하고 있는 실증적 정보의 중요성이나 민감성을 인식하고 있을 뿐이었다. 이들은 해외정보에 정통한 전문가나 수집관이 아니라 방첩조사관 또는 정보관일 뿐이었다. 다른 기관의 정책입안자 및 수집관들은 FBI요원들에게 자신들이 무엇을 FBI로부터 원하는지 자세히 전달해 주지도 않았다. 이러한 이유로 FBI 요원들은 충분히 실증적인 정보를 수집해 전달할 수 있는 위치에 있었지만 그 정보들은 생각보다 별 도움이 되지 못했다.

CIA의 방첩활동

CIA의 방첩기술은 2차 세계대전을 거치며 상당한 영향을 받았는데 특히 당시 나치와 파시스트 정보기관에 대항하던 영국으로부터 기술적인 부분을 전수 받았다. 그러나 전후 CIA 내 방첩전문가들은 전시 OSS의 'X－2'에 있던 선배들처럼 정보출처를 구축하거나 활용하지도 못했을 뿐만 아니라 공세적 개척이나 동일 수준의 방어도 수행하지 못했다. 더구나 그들은 CIA 내부의 그들 동료들로부터 미국 정보활동의 중요 부분으로 여겨지지도 않았다.

2차대전 종전 후 CIA 내부에서는 방첩을 주변적인 기능으로 인식했다. 정보 수집 또는 공작활동을 지원하는 기능으로 인식한 것이다. 방첩은 두 가지 요소를 가지고 있는데 하나는 敵 정보기관이 이중스파이를 심거나 CIA 공작관이 변절하는 것을 방지하는 것이고, 또 다른 하나는 CIA 내부 전문가가 적을 위해 활동하는 것을 방지하는 것이었다. CIA의 첩보 및 공작활동 대부분이 공작본부 내의 지역담당 부서에서 수행되는 관계로 CIA는 이들 부서에 방첩활동을 전담하는 전문가를 한명 또는 그 이상씩 할당했다. 이들은 전문가라기보다 로테이션으로 이 업무를 수행했다. 그들은 지역본부나 현장에서 공작관들과 함께 일하면서 가능성 있는 신규 공작원을 물색하거나 진성 망명자들을 구분하는 일을 수행했다. 구소련 연방 밖의 모든 지역본부들은 그 지역의 보안기관과 연계해 그 지역에서 활동하고 있는 소련 연방의 정보활동 및 관련 인물들에 대한 정보를 수집했다.

공작본부(DO)에서 가장 중요한 임무를 수행하는 부서는 소련 연방 및 동유럽 국가들을 대상으로 활동하는 조직이었다. 그러한 공작은 워싱턴과 독일에서 주로 수행되어졌다. 하지만 소련 연방 내에 주재하는 대부분의 미국대사관에도 작은 거점을 유지했다. 반면, 소련은 전세계 모든 지역에 이러한 거점을 유지하면서 현지에서 공작 대상자에 대한 접근과 공작원 선발을 실시했다.

소련 연방국가 대상 방첩업무를 담당하는 소규모 인원들은 CIA의 다른 두 부서로부터 도움을 받았다. 하나는 보안실(Office of Security)로 이는 미국 및 전세계에 존재하는 CIA의 인적·물적 자원을 물리적으로 보호하는 조직이었다. 보안실은 CIA가 고용한 모든 인원들을 심사하고 외교 업무에 고용된 CIA 연계 인물과 자원들을 조사했다.

지원을 해주는 또 다른 부서는 방첩담당 부서였다. 초창기 CIA에는 특수작전국 내 'Staff C'에 5~10명에 불과한 소수의 방첩관만이 있었다. CIA 내에 본격적 방첩부서가 설립된 것은 몇몇 스캔들이 발생한 이후인 1954년도다. 지역별 공작부서 및 보안실의 인원만으로는 소련권 공작활동으로부터 미국의 정보활동을 보호할 수 없었던 것이다. 가장 어처구니없는 스캔들은 정책조정실(OPC)이 소련 연방의 침투공작을 저지하지 못하고, 알바니아·태국·폴란드 등에서 보안사고가 발생한 것이었다. 정책조정실의 방첩기능은 매우 빈약했었다. 정책조정실의 담당관은 가능한 잠재적 공작원들의 명단을 방첩 담당에게 제출하고, 특수작전국(OSO)의 소규모 방첩 담당은 그들 명단을 중앙에 있는 파일과 대조해 그 명단 속에 있는 인물들이 공산주의자인지 또는 파시스트인지를 확인하는 형식이었다. 만일 그들이 그 명단 속에 포함되어 있으면 채용이 종종 거절되기도 했다. 그런데, 특수작전국은 정책조정실과 비교하여 업무나 문화적인 측면에서 대체로 이질적인 조직이었다. 정책조정실 직원들은 무척 활동적이었지만 엄격한 비밀활동 지침을 고집하지는 않았다. 그들은 소련권에서 활동할 준군사작전 공작원들을 포함해서 자신들이 필요한 인원을 선발해서 활용했는데, 이러한 활동들이 소련권 정보기관에 의해 자주 발각되어 무력화된 것이다.

CIA 전신인 『전략임무대(SHU)』와 『특수작전국(OSO)』에서 근무했던 베테랑 방첩요원 「제임스 앵글톤(James Angleton)」은 1954년 새로운 방첩부서 수장으로 임명된 후 20년 동안 그 직을 유지했다. 그는 담당관들을 'X－2'(전략사무국 내 방첩부서) 베테랑들이 채용한 인물들과 그와 함께 일한 공작부서 요원들이 채용한 인물들로 구분해, 몇몇 부서로 나누었다. 가장 주목할 부분은 작전부서였는데 이들은 CIA, FBI 및 군 방첩부서와 함께 의심스런 방첩사안에 대해 합동으로 임무를 수행했다. 조사·분석 부서에서는 해외공작 및 현대전에 필요한 것들에 대한 연구를 수행했다. 국제공산주의 담당 부서에서는 공산주의자들과 그들을 통제하는 소련 공작관을 포섭하기 위해 전세계에 걸쳐 존재하는 비주류 공산당원들을 찾아다니기도 했다. 냉전 초기 20여 년 동안 방첩담당관들은 이러한 일들을 비교적 잘 수행해왔다. 이들 대부분은 공작본부 출신들로 심지어 분석부서 내에서도 일했다. 공작부서 내부에서조차 방첩임무가 정보수집이나 공작과 비교해 공식적 경력으로 인정받지 못했지만 이들은 점차 전문 방첩관들로 변모해 갔다.

2차대전 시 X－2와는 달리 방첩부서는 현장과 본부 간의 고유 연락수단이 없었다. 또한 첩보수집 및 공작분야에서 일하는 공작관과 보조를 맞출만한 현장요원도 없었다. 몇몇 예외적인 경우를 제외하고 방첩담당관들은 해외지역 담당부서 내에서 정보수집 및 공작 업무에 대한 지원부서로 인식되었다. 다른 부서장들과 같은 강력한 리더였던 앵글톤은 항상 CIA 본부의 공작부서를 접촉할 수는 있었지만 방첩담당 직원들은 대체로 첩보수집 및 공작 담당 직원들과 동일하게 취급받지는 못했다.

방첩담당관들은 두 가지의 중요 정보출처를 가지고 있었다. 하나는 공작본부(DO) 요원이 방첩부서로 전달하는 보고서이고, 다른 하나는 비밀연락을 통해 우호적 기관으로부터 입수되는 방첩정보 보고서였다. 지부장 및 부서장들은 지역 정보기관과 다양한 관계를 맺고 활동하지만, 방첩관들은 그들을 미행하고 그들의 관계가 외국정보기관에 의해 CIA 내부를 염탐하려는 시도가 아닌지 항상 감시해야만 했다.

방첩부서의 첩보 출처는 매우 다양했다. 예를 들어, 국제공산주의 담당조직에서 채용한 사람들을 활용하기도 했다. 그런 유형의 채용은 라틴아메리카와 같은 지역들에서 무척 광범위하게 이루어졌는데 가끔 지부장들에 의해 거부되기도 했다. 이유는 지부장들은 그들 세력권에 방첩관들이 끼어드는 것을 원치 않았기 때문이다. 방첩관들은 가끔 공개정보를 선호하는 경우도 있었다. 많은 공작관들이 해외정보기관 활동상을 기술한 책이나 기사에 빠져들거나 최근 공작을 위해 과거 해외정보 분야에 일하던 공작원들을 접촉해 일련의 진행과정을 검토하기도 했다. 해외정보활동에서 암호문건 해독을 통해 입수된 기술정보 또한 유용하게 이용되었다. 그런 곳에는 항상 변절자가 있었다. 비록 해당부서가 이와 같은 것을 통제하고 변절자를 색출할 책임을 지고 있었지만 해당부서에서 필요한 정보를 수집한 이후에는 방첩관들이 추가적인 조사목적으로 그들을 활용하기도 했다.

방첩관들은 미국과 공산국가들 간의 서신을 통해 관련정보를 취득하기도 했다. 비록 이런 일들이 훗날 미국에서 공작활동에서 금지한 CIA의 위반사항으로 인식되긴 했지만, 1954~1973년 간 CIA는 215,820건 이상의 서신을 열람하고 200만 건 이상을 촬영했다. 2~4명 또는 그 이상의 분석관들이 관련 내용을 분석해 그 내용을 '제품'이라는 이름으로 CIA 및 FBI 내부의 관계 부서로 배포했다. FBI 요원들과는 달리 방첩 분석관들에게는 700여 명의 요주의 인물 리스트가 있었다. 하지만 어떤 서신을 개봉할 것인지에 대한 특별한 기준은 없었다. 단지 방첩에 유용한지 또는 긍정적 첩보수집에 필요한 것인지에 대한 결정은 모두 방첩분석관에 달려있었던 것이다.

이 같은 방첩첩보의 출처들은 분석관들이 다각적 분석을 실시하는데 상당한 도움을 주었다. 앵글톤은 X-2 시절 이탈리아에서는 물론이고 이후 방첩부서의 수장이 된 후, 해외공작의 기술적 부분을 분석하고 非방첩분야 정보요원을 보호하기 위한 연구 보고서를 수시로 작성하기도 하였다. 전쟁기간 중 전략임무대(SSU) 및 특수작전국(OSO)에서 근무하며 이 같은 일을 수행했던 사람이 「레이 로카(Ray Rocca)」였다. 그는 1953년 미국으로 돌아와 방첩부서에 합류해 새롭게 구성된 연구분석(R&A) 부서의 수장이 되었다. 그는 그 직위에서 방첩부서의 수장이 될 때까지 10년 이상을 일했다.

연구분석(R&A) 부서는 1920년대 소련이 수행했던 트러스트공작, 「로테 카펠(Rote Kapelle)」, 2차대전 기간 및 그 이전에 나치를 상대로 GRU가 펼쳤던 첩보활동 등에 대한 연구 책자도 제작했다. 이 책자에는 미국이 전세계적으로 수행했던 많은 해외공작 방법, 목적, 조직 등에 대한 분석 등이 담겨져 있었다. 이러한 연구보고서들은 각 부서들과 지부장, 그리고 해외파견 공작관들이 활용할 수 있었다.

특정 공작에 대한 전체적 지원을 제공하는 일은 R&A 부서의 기능이 아니었다. 예를 들어 앵글톤은 중요 공작에 있어 공작관이나 망명자의 진정성을 확인하는 일에 R&A의 도움을 구하지 않았다. R&A는 GRU 내부에서 활동하고 있는 CIA 요원들 중 가장 중요한 두 사람의 보고서를 모니터 할 수는 없었다. KGB가 1950년대에 「표트르 포포프(Pyotr Popov)」를 색출하고 1960년대엔 「올렉 펜코프스키(Oleg Penkovsky)」를 색출해 냈다. 그런데 어떻게 KGB가 미국의 이중스파이를 정확하게 색출해낼 수 있었을까? 이러한 물음에 대한 해답을 구하는데 R&A는 동원되지 않았다. 몇 년 동안 회자되던 「유리 노센코(Yuri Nosenko)」와 같은 가장 논란이 된 소련 망명자의 진정성에 대하여 신뢰할만한 연구결과를 제공하지도 못했다. 이러한 평가는 소련담당 부서에서 일하는 공작관이나 방첩관 또는 다른 사람들에 의해 이루어졌고, R&A가 수행하지는 않았던 것이다.

방첩공작 담당부서, 보안실(OS), 그리고 공작부서 방첩담당관들의 협력으로 인한 업무 결과는 다소 복합적이다. 거기에는 괄목할만한 결과물도 있었는데, 가령 CIA내 전문관료가 적에 포섭된 몇몇의 경우가 이러한 사례다. 지금까지 알려진 것에 따르면 장기간 CIA의 보안분야에 침투한 요원은 중국인 「래리 우 타이 친(Larry Wu Tai Chin)」이 유일했다. 그는 1950년대 CIA 통역관으로 입사해 수십 년 동안 중국으로부터 수집된 많은 정보에 접근할 수 있었다. 그는 1980년대 중반 체포되어 구금된 후 자살하였다. 정확히 말하자면, 다른 사람들은 대부분 '체포'되었지만 '기소'되지는 못했다. 그들은 대부분 재임용이 거부되거나 해고되었고 몇몇 사람들은 제대로 된 대우를 받지 못하고 해고되었거나 용의선상에 오르게 되자 스스로 사임해 버렸다. 사실, CIA는 80년대 실수로 몇몇 해외정보관들에게 외국 정보기관에 협력한 혐의를 잘못 씌웠다가 배상을 하기도 했다. 많은 유능한 사람들이 보안실(OS)의 높은 보안기준을 충족하지 못하여 임용되지 못했다. 2차대전 당시 전략사무국이나 기타 정부부처에 침투했던 소련 스파이 사건을 너무 잘 알고 있는 CIA가 보안 지침을 너무 높게 유지하기도 했다. 이러한 이유들 때문에 많은 가능성을 가진 사람들이 엄격한 요구조건에 미달되어 채용되지 못했다. 하지만 전체적으로 보면 이는 합리적인 수준이라고 할 수 있었다.

1950년대에 CIA는 과거 공산주의 편력을 가진 몇 명의 진보적 요원들이 있었다. 그들 중에 일부 의심스러운 사람들은 정직을 당하였으며 일부는 조사를 마친 후에 업무에 복귀하였다. 보안실의 "내부감찰관"들이 때때로 너무 지나치게 나가거나 하면 공작관간부들에 의해 기각될 수도 있었다.

또한 이런 세 부서간의 공통된 노력으로 인하여 많은 CIA 공작활동이 보호를 받을 수 있었다. 성공적인 사례가 많이 있는데 그중에 특히 주목할 만한 사례로는 6년 동안 CIA를 위해 활동한 포포프의 포섭사례이다. (펜코프스키의 경우에는 단지 15개월 정도만 활용되었다.) 소련이 보내는 전문은 비엔나에서 다양한 방식으로 탈취되었는데 그중에 많은 부분이 비밀연락관을 통해서 획득된 것이었다. 우방국의 연락관업무가 상당수 소련권 요원에 의해 침투되기도 하였지만 상대적으로 CIA 관료들이 해외 우방국 꼬드김에 당한 경우는 적다. 철저한 검증을 거쳐 이용한 소련변절자들이 많이 도움이 되었다. 그들은 비록 새로운 미국생활에 완전히 행복하게 적응한 것은 아니지만 그래도 과거의 정보기관위협으로부터 안전하게 잘 보호되었다.

냉전이 발생한 후에 첫 20여 년 동안 미국의 정보수집관들은 (비밀활동업무를 하는 공작관과는 달리) 외국정보요원에 의해 크게 체계적으로 기만당한 사례는 없는 것 같다. (물론 그렇다고 해서 미국이 이중스파이나 자유계약스파이에 의해 기만당한 적이 전혀 없다는 것은 아니다.) 1960년대 중반쯤에 미국방첩관들은 소련의 역정보를 폭로하고 공작활동을 무력화시키기 위한 교육프로그램의 추진과 관련하여 중앙정보장의 지지를 받았다.

더구나 전체 방첩관들과 함께 앵글톤은 제20차 소련 공산당 전당대회에서 스탈린을 맹비난하는 후루시쵸프의 비밀연설문을 확보하여 적극적 정보의 획득에 상당한 성공을 거두기도 하였다. 미국정부는 곧바로 그 비밀연설문을 다양한 방식으로 전파시켜 결국 세계전역에 공산주의 대의명분이 훼손되도록 하는데 큰 기여를 하였다.

하지만, CIA 방첩활동에는 실패도 있었다. 소련의 성공한 공작은 미국의 취약점 탓이라기보다는 소련의 적극적 노력이 있었기 때문에 이것이 비난받을 일이라고 말할 수 없다. 하지만 많은 공작들이 충분히 보호되지 못하고 방치된 것은 사실이었다. 앞서 논의했지만 『미정책조정실(OPC)』의 실패는 방첩활동의 부족을 일정부분 설명해주고 있으며, 공작활동 수행 요원들의 수준 탓과 방첩관들의 섣부른 충원에 기인한다. OPC와 OSO가 통합되었을 때도 OPC 관리들은 방첩에 대해 거의 사전지식이 없었고 관심도 거의 없었다.

비록 일부 OSO 관리들이 방첩에 관심을 가지고 있었지만 그들은 대부분이 과거 X－2에서 근무하던 사람들이었다. 그들은 방첩 무용론에 대해 분개했다. 특히 1960년대 중반 일명 '두더지 사냥'으로 불리는 CIA 침투 소련스파이 색출작전 시 CIA 내부의 부서장들이나 간부들은 자신들이 방첩관들 보다 적에 대해 더 잘 알고 있다고 믿었다. 결국 방첩분야 안팎으로 교차근무와 같은 것이 사라져 방첩전문가가 생겨나게 됐다.

또한, 방첩부서 간부들은 공작부서의 기준으로 보았을 때는 상당히 특이한 사람들이었다. 책임자인 「앵글톤(Angleton)」은 명석하고 창의적이며, 헌신적인 평판으로 많은 장점을 갖고 있는 간부였다. 공작부서 간부 출신임에도 불구하고 그는 무척 특이하게도 분명한 방첩의 원칙을 갖고 있었다. 그는 2차대전시 X－2 경험을 바탕으로 방첩은 체스 판에서의 퀸과 같은 것이라고 생각했었다.

방첩은 보통 다른 정보기관의 비밀을 파헤치는 것이기 때문에 이것은 적의 음모로부터 자신을 지킬 뿐만 아니라 적들의 술수에 기민하게 대처하는 것이었다. 또한 이것은 권위주의적 정권의 비밀업무를 들여다볼 수 있는 유일한 창이었기 때문에 외국정부에 대한 강점과 약점을 이해할 수 있는 위치에도 있었다.

앵글톤의 업무 기조는 'Ultra'와 '더블크로스' 시스템을 활용한 침투기법에서 유래했다. 이 시스템은 영국으로 하여금 모든 독일 정보기관의 비밀을 알 수 있게 했으며 그때부터 독일정보기관 요원들을 통제하고 의도하는 방향으로 다룰 수 있는 도움을 주었다. 앵글톤은 2차대전 시 이중스파이를 활용하거나 대규모 암호해독기 없이도 일을 잘 해온 것처럼 자신도 이러한 기법을 활용해 잘 할 수 있다고 생각했다.

앵글톤은 국내외에 방대하게 분포한 인맥을 잘 활용하기도 했다. 그는 전직 OSS 요원이나 해외 정보기관원들과 다양한 개인적 네트워크를 가지고 있었다. 그는 많은 시간을 FBI나 보안부서의 선임 동료들과도 보냈다. 그 시기 대부분의 중앙정보장이나 국방장관들은 그와 개인적으로 친분이 있거나 친구였다. 그는 공작본부 내 대부분의 선임 관리자들로부터 신임을 얻었다. 그는 아침 늦게 출근해 점심식사를 오랫동안 하고, 늦은 밤에 퇴근하는 특이한 스타일로 일을 처리했다. 중요한 일은 자신이 직접 챙기는 스타일 이어서 가끔 보좌관조차 모르는 일이 있을 정도였다. 그는 또한, 업무에 대한 정보를 부하 직원들에게 모두 알려주지 않고 담당별로 업무를 철저히 부분화하였다. 심지어 그의 직속 부하들 조차도 특정 케이스에 있어서 앵글톤이 상황을 제대로 파악하고 있는지 의심할 정도였다.

최상의 상황 하에서도, 정보수집 및 공작을 담당하는 요원들과 방첩을 수행하는 요원들 사이에는 항상 상당한 긴장이 존재했다. 때문에 공생은 좀처럼 쉽지 않았다. 방첩업무의 수장이 그의 업무영역이 정보기관의 모든 분야라고 인식하면서 긴장은 더욱 심화되었다. 실제 X－2의 수장이었던 「제임스 머피」는 2차대전 시 그러한 문제에 직면하게 되었고 방첩 업무가 너무 광범위하다는 동료들의 생각을 바꾸려다 결국 전략임무대(SSU)를 떠나게 되었다. 앵글톤은 그 스스로 특이한 사람이라고 생각하지는 않았지만 공작본부를 지배하고 있는 문화와는 맞지 않다고 생각했다. 그리고 이러한 이질성은 방첩분야가 공작본부 내에서 더욱 소외되는 방향으로 작용했다.

항상은 아니지만, 일반적으로 공작본부는 신규인력을 채용할 때 하자가 있는지 확인하기 위해 방첩관들과 의논하고 중앙 인사파일을 확인했다. 신규 채용자에게 문제가 있으면 방첩관들은 그들의 임용을 거부할 수 있는 권한이 있었다. 이때 공작부서는 공작본부(DO)에 채용을 호소하는 경우도 있는데 간혹 그러한 것이 받아들여지기도 했다. 어떤 때에는 공작본부(DO)가 산하 부서 요청을 거절하고 방첩관들의 의견을 수용할 때도 있었다. 하지만 비공개 공작에 있어서는 공작부서 스스로 방첩기능을 수행하기도 했다. 예를 들어, 「포포프(Popov)」 사건을 포함해 1960~1961년 동안 이루어진 피그만 작전 및 월남전 기간 동안에는 많은 공작이 그렇게 이루어졌다.

기관간의 긴장은 외국 정보기관이나 요원들을 목표로 하는 이중스파이 운영도 종종 어렵게 했다. 공작부서의 관심은 소련 연방에서 공작원을 포섭하고 첩보를 수집하는 것이었다. 하지만 소련 연방의 정보요원들을 포섭하는 것은 매우 어려웠다. 실제 그 국가에 들어가 그들을 포섭하기란 거의 불가능에 가까웠다. 실제 그들에 대한 포섭은 소련 연방에서 멀리 떨어져 있고 외국인들이 많이 모이는 아프리카의 소도시 등에서 이루어졌다. 해외 지부장들에게는 그들의 포섭 목표를 선택하고 실행할 수 있는 재량권이 있었다.

미국에서 일어난 수집기술 분야에서의 기술적 변혁은 방첩 차원에서 충분히 보호되거나 활용되지 못했다. 특히 1950년대에는 CIA 기술팀에 의해 이미지 분야의 새로운 기술들이 개발되었다. 1960년대에는 이러한 업무가 과학기술국(DS&T)으로 발전했다. 지역담당 부서나 공작부서는 여기에 관여하지 못했다. 보안실은 새로운 기술을 갖고 전략물자를 생산하는 『록히드마틴』이나 『TRW』와 같은 민간영역의 계약자들에게 일정수준의 보안을 제공하긴 했지만 이러한 일들이 방첩과 관련이 있었던 것은 아니었다. 아주 극소수의 사람들만이 새로운 기술 또는 그것을 이용해 뭔가를 획득한다는 것에 대해 명확히 이해하고 있었다. 방첩부서도 자신들이 방첩기술을 활용해 업무를 발전시키거나 소련이 무슨 기술을 이용해 정보활동을 수행하는지 등에 대해 별로 관심이 없었다. 대체로 방첩부서는 1960년대 및 1970년대까지 업무에 있어서의 기술적 진보를 대체로 무시했었으나 그사이 미국의 정보역량은 기술정보출처에게 점점 더 의존되어 갔다. 소위 정보활동의 황금기였지만 미국의 방첩활동은 완벽하지 못한 점이 많았던 것이다.

CIA의 방첩활동이 외국 정보기관의 공작활동을 좌절시킬 만큼 충분한 역량을 갖고 있지 못하다는 주장이 종종 나오고 있다. 하지만, 이는 너무 과장된 것이다. 이상적이지는 않지만 CIA 방첩활동은 적의 모든 공작활동은 아니지만 대부분 적의 침투로부터 조직을 방어해 냈다. 물론, 이것이 대단한 성과라는 의미는 아니다. CIA는 세계 역사에서 가장 강력하고 거대한 정보기관 집합체를 상대로 공작을 수행하고 있었다. CIA의 방첩역량은 공작부서가 미국의 힘과 영향력을 활용해 그들의 주적을 상대로 성공적 첩보수집 및 공작을 전개하는 동시에 많은 적의 공작을 무력화시키는데 적절한 역할을 수행하였던 것이다.

軍의 방첩활동

미군은 정보 분야를 전투지휘와 같은 중요한 기능으로 인식하지 않았다. 정보에 대한 전문적 식견이나 숙련된 기술을 갖는 것을 최고지휘관의 요건으로 간주하지도 않았다. 때문에 방첩을 중요하게 인식하지 않은 것이 그리 놀라운 것도 아니다. 2차대전 직후 방첩이라고 불릴 수 있는 업무는 고작해야 육군에서 부분적으로 수행될 정도였다. 해군과 공군은 방첩을 범죄수사나 법집행을 보조하는 수단 정도로 인식했다. 실제로도 소규모 방첩관들 조차 정보 분야에 배속하지 않고 법 집행 부분에 배속해 근무하도록 했다.

2차대전 후 수십 년 동안 육군 방첩부대는 미국의 해외정보 분야를 한층 성숙시키는데 큰 역할을 했다. FBI는 국내 공작으로만 제한되었고 OSS－X2는 국내공작이 금지되어 있었으며, CIA 내 SSU나 특수작전국(OSO)도 방첩에 있어서는 제한적 능력만을 갖고 있었다. 이 시기에 미국은 정부가 붕괴된 다른 나라의 폐허 위에 민주정권을 수립해야만 했는데 이 과정에서 소련 연방의 치밀하고 끈질긴 정보기관과 맞닥뜨렸다. 미국이 주둔하고 있었던 일본, 오스트리아, 서독 등지에서는 미 육군이 가장 강력한 힘을 가지고 있었다. 그들은 최전선의 상황과 그들 후방에서의 정보활동 및 군사적 위협에 대응해야만 했다. 때문에 소련 연방이나 공산당이 집권한 동유럽 및 아시아에서의 정보 부족은 육군방첩부대로 하여금 그 일을 수행하도록 했다.

육군방첩대(CIC)는 1917년 육군 정보조직의 일부가 되었다. 그들은 미군을 보호하고 국내외에서 미국 정부를 상대로 한 파괴·스파이행위를 막는 일을 수행했다. 사실상 CIC는 1차대전 후 해체되어 1920년에 6명의 요원과 군견 1마리만이 남아있었다. 1930년대 유럽과 아시아에서 적대적 행위들이 발발하면서 1941년까지 약 50여 명의 요원들이 아주 기초적인 형태만을 유지해오다 교육대를 신설하고 요원들을 충원해 규모가 10배로 늘어나게 되었다.

2차대전 기간 중 CIC는 OSS-X2는 물론 동맹국의 민간 및 군 방첩요원들과 협력하며 현장에서 공작활동을 수행했다. 하지만 전쟁이 끝나자 이러한 협조관계는 감소했다. 현재 CIC는 수천 명의 요원을 보유하고 워싱턴의 군 지휘부는 물론 유럽·아시아에 주둔하는 미군 지휘관들에게 독자적으로 보고하는 체계를 갖고 있다. CIC는 특수작전국(OSO) 및 정책조정실(OPC)은 물론 CIA 공작부서나 FBI 정보부서 같은 조직들과도 정보협력을 계속해 오고 있다. 수천 명에 달하는 CIC 요원들은 대전복·대스파이·보안·정보 등의 분야로 나누어져 있고, 대부분 해외에서 활동하고 있다.

CIC의 가장 강력한 부분은 정보수집 분야였다. 전후 황폐화된 독일과 일본에서 CIC는 현지 주민들에게 생필품과 같은 기초적 지원을 통해 거의 제한 없이 협조자 및 공작원을 채용할 수 있었다. 패전국 국민들이 미군을 환영한 것은 아니지만 미국과 협력하는 것이 유용한 대안이라고 그들은 생각했다. 이것은 매우 복잡한 문제였다. 유럽에서는 과연 어떤 국가가 주도권을 가지게 될지 명확하지 않았다. 어쩌면 동맹국이 그 자리를 차지하지 못할 수도 있었다. 미국은 프랑스를 주시했는데 프랑스 행정부에 과거 나치에 대항했던 레지스탕스 출신들 중 공산주의자들이 매우 많았기 때문이다. 또 다른 복잡한 문제로는 정치권에 공산주의자들이 진입하는 것을 막으면서 나치주의 영향력을 제압하는 일이었다.

이러한 환경에서 CIC는 좋은 기회를 잡게 되는데 전직 나치주의자를 활용해 공산주의자를 색출하고, 전직 공산주의자를 활용해 나치주의자 조직에 침투해 정보를 캐내오게 했다. CIC는 프랑스와 합동으로 공작을 하면서 동시에 프랑스 공작활동에 침투를 하기도 했고 또한 미군 주둔지역에서 이루어지는 프랑스 측의 공작을 막아내기도 했다.

전쟁 직후에는 나치주의 영향력을 제거하는 일이 최우선 과제였던 것이다. 하지만 얼마 지나지 않아 최우선 과제는 독일과 오스트리아에서 소련의 정치·군사공작을 돕는 공산주의자들을 몰아내는 것으로 바뀌게 되었다. 이는 서독 공산당과 그 전위조직에 침투하는 것을 의미했다.

방첩과 보안부서들은 그들에게 딱 들어맞는 업무를 맡게 되었다. KGB와 나중에 KGB의 파트너가 된 동구유럽 정보기관들이 소련의 군사연락과 배상업무 담당관으로 신분을 위장시켜 엄청난 숫자의 공작원과 정보요원들을 서방점령지역에 들여보냈던 것이다. 그들은 그런 위장신분으로 오스트리아와 독일의 서쪽분할 점령지역 대부분을 자유롭게 출입할 수 있었다. 어떤 요원들은 KGB가 난민신분으로 가장하여 보낸 스파이들이었으며 또 어떤 이들은 KGB에 의해 포섭된 진짜 난민들이거나 현지인들이었다. KGB의 태도는 요원들 상당수의 정체가 발각된다고 하더라도 나중에 정보수집과 비밀공작, 방첩에 유용하게 쓸 수 있을 만큼의 충분한 숫자를 서방정보기관에 잠입시킨다는 것이었다.

CIC 정보부서는 망명자 및 전향자, 또는 전쟁 시 미국으로부터 도움을 받고 동구권과 접촉채널을 유지하고 있던 반파시스트들로부터 정치, 경제, 과학, 군사정보 등을 획득하는 것이 첫째 임무였다. 후에 프랑크푸르트에 위치한 CIC 유럽본부는 새로운 정보 영역을 개척할 것과 철의장막 이면의 정보 수집을 지시받게 되는데, 1949년에서 54년까지 국경지역 소련군 전투부대를 감시한 『헌신(Devotion)』 공작과 같은 것들이 그러한 사례다. 하지만 철의장막 이면에서의 공작활동은 점점 더 어려워졌으며 베를린은 이러한 목적을 수행하는 몇 안 되는 지역 중 하나였다. 베를린으로 모아진 방첩 정보는 정보부서로 전달되어졌고 그곳에서 배포처를 결정해 배포했다.

냉전 초창기 CIC 내부의 여러 조직들은 미국정부의 다른 어느 기관보다 소련 정보기관들에 대한 많은 노하우를 갖고 있었다. 그리고 이러한 노하우의 상당 부분은 독일에 주재하는 공작처가 관장하고 있었다. 상당 수 심문관 및 공작관들은 CIA와 같은 다른 정보기관으로 파견되기도 했다. 그들은 국제정세를 이해하려고 노력하기보다 소련 연방의 비밀공작을 와해하고 교란하는데 집중했다. 몇몇 CIC 공작관들은 NSC에 거부감을 나타내기도 했는데 이는 NSC 지침

제5호(Directive No.5)가 해외에서의 방첩활동 관련 중요 권한을 중앙정보장(DCI) 및 CIA에 배정해버렸기 때문이다.

미 육군은 방대한 휴민트와 2차대전 패전국에서의 우월적 지위를 활용한 방첩활동으로 미국의 국가안보를 한층 강화했다. 공산주의자들은 미국인 및 유럽인들을 포섭하는 것처럼 유권자들의 지지를 얻어 정당이나 노조, 언론 등에 영향력을 행사하고자 했다. 하지만 이러한 시도는 종종 CIC의 공작활동에 의해 좌절되었다. 그래도 소련 연방의 정보기관은 점령지역 내 미국 군사정부 및 독일·오스트리아·일본 정부의 재건과정에 침투하곤 했다. 또한, CIC는 철의 장막 이면에 대한 정보가 거의 부재하던 시절에 상당한 정보력을 갖고 있었으며, 이를 통해 소련권의 움직임 및 작전계획 등을 평가할 수 있었다.

정보와 방첩분야에 있어서 미 해군은 어떠했는가? 『미해군 정보국(ONI)』은 1882년 창설되었는데, 당시 창설 배경에는 해군의 시설 및 인원보안에 대한 오랜 우려 때문이었다. ONI는 1차대전은 물론 전후에도 안보를 위해 중요한 역할을 했다. ONI는 2차대전 시 적에 대한 심리전을 수행하고 일종의 비밀공작에 개입하면서 정보 분야로도 활동을 확대하기 위해 노력했다. 하지만 전쟁이 끝나자 정보 분야에 대한 관심이 줄고 오로지 해양과 관련된 문제에만 관여하기 시작했다. 왜냐면 그들에게는 대(對)反전복 임무 수행이나 적극적 정보수집을 위한 방첩활동 권한이 없었기 때문이었다. 따라서 병력과 장비에 대한 보안이라는 태생적 임무에 집중할 수밖에 없었다.

이러한 배경으로 인해 해군은 방첩을 방어적 활동임과 동시에 특별한 전문성이 필요 없는 활동으로 인식했다. 해군과 미국을 위한 적극적 정보수집을 위해 장비와 인원이 적대지역으로 보내질 때조차도 해군은 그런 수동적인 인식을 갖고 있었다.

해군방첩대는 본부에 약간의 담당직원들과 해외 해군기지와 전함에 100여 명 정도의 상주인원을 갖고 있었다. 이들 해군방첩관들은 보안성 해제를 위하여 해군인력과 계약서의 배경 검토를 하거나 기소된 보안위규에 대하여 조사를 하였다. 전후 10여 년 동안 그 어느 방첩분석관도 해군의 취약점을 조사하는 어려운 임무를 수행한 적이 없었다. 해군은 방첩업무의 목적이 방어적인 것이라고 인식하였으며 외국정보기관들을 연구하고 침투하며 역용하는 것은 국내에서는 FBI가 해외에서는 CIA가 하는 것으로서 그들의 책임이라고 생각하였다.

미 공군의 방첩활동은 1947년 담당 조직이 생긴 지 얼마되지 않아 발생한 무기조달 관련 스캔들로 거슬러 올라간다. 공군 최고위층은 이 문제와 관련해 후버에게 조언을 청했고 후버는 범죄수사에 경험이 있는 요원들을 파견해 지원토록 했다. 공군은 방첩에 대해 무지한 상태에서 FBI 범죄수사 모델을 방첩활동의 모델로 채택해 나갔으며 『미공군 특별수사대(AFOSI)』를 군감찰관실 산하에 설치했다. 전후 미 공군은 해군과 마찬가지로 방첩을 방어적 보안기능으로 인식하고 공군정보대의 일부로 생각하지도 않았다. 방첩 활동을 국내 또는 해외의 공군 부대에서 발생하는 보안사고 조사 및 수사의 지원 기능으로 생각했다. AFOSI는 워싱턴 본부에 있는 소수의 전담 인력 및 국내외 공군부대 인력을 통해 보안조사 및 범죄수사 모두를 두루 담당하도록 했다.

간단히 말해 공군은 방첩활동에서의 분석기능을 갖고 있지 않았다. 해군처럼 적극적 목적 하에서 방첩 정보를 수집하고 국가적 목적 하에서 외국 정보기관 활동에 대항하는 등의 활동을 전개하지 않았다. 기만을 목적으로 한 해외정보 활동에 관심을 갖고는 있었지만, 그러한 기만공작이 AFOSI의 임무에 포함되어 있지 않았다.

"고정관념의 타파"

지금까지 살펴본 대로 戰後 방첩에 대한 미국의 합의는 1960년대에 서서히 붕괴되어 70년대에는 거의 사라지게 되었다. 역설적으로 이러한 합의를 처음에 약화시킨 것은 위협에 대한 인식의 감소 때문이 아니라 점점 더 어수선해지는 국내 정치상황과 적대적인 외국의 전복 공작활동이 같이 연루되었기 때문이다.

먼저 아이젠하워 정부를 시작으로 케네디, 존슨, 닉슨 행정부는 FBI와 군에게 국내의 시민 및 종교 운동가들은 물론 반전주의자들에 대한 감시활동을 지시했다. 베트남 전쟁에 대한 반전시위가 한창일 때 CIA와 NSA는 시위자들과 소련 공작원 간의 연계성을 확인하라는 지시를 받았다. 백악관은 그들 간에 주목할 만한 연결고리가 있다고 믿었으며 그러한 시민운동과 미국정책에 대한 공격이 소련 연방에 의해 어떻게 조직되고 자금지원을 받는지에 대해 알고 싶어 했다.

존슨 행정부 하에서는 군부 내에서 미국 시민운동에 대한 비밀정보수집 및 분석 활동이 급격히 증가하게 되었다. FBI도 반정부활동에 대한 정보 수집을 강화하고 CIA 역시 국내외 미국인들에 대한 비밀정보 수집활동을 강화했다.

방첩활동이 상당히 순조롭게 진행되고 있는 상황에서 미국의 정책변화가 이루어졌다. 닉슨 행정부가 전후 공산주의 억제정책이 국민들에게 더 이상 지지를 받지 못할 것으로 우려하면서 정책을 수정하기 시작한 것이다. 닉슨 행정부는 키신저 국무장관의 지휘 하에 마키아벨리식 전술을 고안하여 소련 연방의 확장정책을 억제하고자 했다. 데탕트라고 불리는 이러한 유화정책을 통해 모스크바 및 베이징의 공산권 통치자와 협상을 전개하고 공산권 지도자들을 서로 대립하게 만들고자 했다. 포드 행정부와 초기 카터 행정부도 이 전략에 정확히 일치하지는 않지만 이러한 데탕트 접근법을 계속 유지했다.

이러한 새로운 정책을 채택하면서 정치 리더십은 국내외의 미 정보기관 관료들에게 냉전 기간 동안 그들이 최우선 적으로 추진하던 방첩이 더 이상 우선순위가 아니라는 점을 시사했다. 더구나 과거 백악관 요구에 의해 첩보수집 및 방첩 대상이 되었던 국내 정치집단들이 현재는 국민들로부터 정치적 명성을 얻는 상황이 되어 버렸다. 이러한 와중에 워싱턴의 분위기도 상당히 변하였다. 국가안보에 있어 의회가 더 이상 맹목적 지지를 보이지 않게 된 것이다. 앞에서도 지적했다시피 1974년『휴즈－라이언법안』통과 이후 의회는 비밀공작에 대해 더욱 깊이 관여하기 시작했다. 1974년 12월 말에는 뉴욕타임즈가 사설을 통해 CIA가 미국인들의 행동을 감시해왔다고 폭로했으며 이 주장은 미국 정보기관 역사에서 가장 광범위한 조사를 수행한 처치위원회 설립을 촉발시켰다. 결과는 FBI뿐만 아니라 CIA, NSA, 군에 대한 엄청난 폭로와 비판으로 이어졌다. 이러한 일련의 사건들은 1976 및 1977년 의회에 정보기관의 활동, 특히 방첩 및 비밀공작 활동을 감독하는 상설 위원회를 설치하는 것으로 발전했다.

청문회를 통해 밝혀진 갖가지 폭로들은 국민들에게 충격을 가져다주었다. 거대 정보기관들은 정부와 국민들이 그들에게 주었던 신뢰를 져버렸다. 고발과 고소가 난무했으며, 정보기관들이 그동안 백악관의 지시를 받아왔으며 의회도 자세히는 아니지만 대략적 사실들을 알고 있었다는 사실이 폭로되었다. 이런 환경에서 정보기관의 성공과 실패에 대한 객관적 평가는 불가능했다.

이러한 혼란의 와중에 정보 및 방첩분야에 근무하는 일부 인사들, 특히 FBI 및 CIA 일부 직원들은 혼란 상황을 환영하면서 1970년대 중반의 분위기를 바꿀 수 있을 것으로 기대했다. 정보기관 및 정보 업무에 대한 국민들의 따가운 질책을 받으면서도 그들은 미국의 정보 및 방첩활동이 전후 십여 년 동안의 무기력한 타성에 젖어 있는 것에 대해 불만을 갖고 있었다.

FBI 본부 및 지부에서 일하고 있는 방첩분야의 젊은 관료들은 정보단(ID)의 對전복 활동에 대한 비판에 대체로 동의했다. 시민의 자유를 침해할 수 있다는 꺼림칙한 염려를 떠나 그간 너무 많은 노력을 그와 같은 부분에 할애함으로써 KGB 및 소련권 정보기관들의 활동을 이해하고 저지하는 데 소홀했다는 인식이 있었다. 이제 후버 국장이 죽고 설리번 및 그의 참모들이 새롭게 출발한 가운데 그들은 정부의 방첩 방향이 새롭게 정립될 필요가 있다고 기대했다. 의회와 법무부가 새로운 방첩업무 가이드라인을 공표하였지만 이러한 지침은 방첩관들이 업무를 수행하는 데 큰 장애물이 되지는 못했다. 실제 FBI 내부의 상당수 관리들은 거추장스러운 새로운 규칙을 오히려 환영했는데 이는 또 다른 시기에 발생할지 모를 혼란에 대비한 보험으로 간주했기 때문이다.

1970년대 중반의 비슷한 시기에 CIA 방첩 조직에서도 '앵글톤' 및 그의 고위 참모들이 퇴직했다. 방첩분야 간부진이 새롭게 구성되면서 조직 내부의 기대를 반영했다. 많은 베테랑 정보요원 및 공작전문요원, 분석관들은 방첩관들이 그동안 비효율적이고 가끔 지나치리 만큼 과도한 영향력을 행사했다고 생각했다. 따라서 이들은 70년대의 혼란이 무엇이든 CIA 내부 방첩업무 및 관련 요소들에 대한 개혁이 필요하다고 인식했다.

군의 방첩활동은 70년대에 일련의 사건을 겪으면서 국내정보 수집을 대폭 감소시키는 방향으로 귀결되었다. 이는 군의 정보지휘부가 군의 역량을 국내 방첩정보에 할애하는 것이 군의 자원을 올바르게 사용하는 것이 아니라는 생각을 했기 때문이다. 그들은 비군사적 부분에서의 첩보활동은 법무부가 관리해주길 바랬다. 군의 변화와 관련해 또 다른 이유는 의회의 비판이 있었기 때문인데, 이는 1970년 1월 젊은 정보장교가 군의 시민사찰 보고서를 일반에 공개하면서 촉발되었다. 이로 인해 군의 국내정보 수집이 차단되었으며 상원 소위원회 의장인 「샘 어빈 주니어(Sam Ervin, Jr)」가 의회에서 이 사안에 대해 비난을 하기도 했다. 비록 1972년 대법원에서 同 사안에 대해 국가안보를 위한 군의 국내정보 수집이 위헌은 아니라고 결정했지만, 군은 더 이상 국내정보 수집을 하지 않고 국외정보 수집 및 군 작전을 지원하는 정보수집에 매진하는 계기가 되었다.

"방첩역량의 재건"

1970년대 후반에서 1980년대를 거치면서 워싱턴에서는 방첩활동에 대한 새로운 컨센서스가 모아졌다. 민주주의적 통제가 강화되고 외국 정보기관과 같은 가시적 위협에 대해서만 방첩활동의 목표가 집중되었다. 방첩활동의 범위를 어디부터 어디까지로 정할 것인가에 대한 논쟁이 벌어지기도 했다. 과연 어느 시점에 미국인 및 미국 거주 외국인, 적대국에 동조적인 미국 방문객들을 대상으로 방첩조사가 시작될 수 있는 것인가? 2차대전 이후에 형성되었던 인식은 변화하기 시작했고, 미국인과 외국 정보기관 간의 명백한 연결 증거가 없으면 조사가 진행될 수 없었다. 이는 의회나 법집행 부서, 그리고 방첩기관의 일반적인 생각으로 자리 잡기 시작했다. 어떤 사람이 특정 민족적 배경을 가지고 있거나 구두로 외국정부 및 국내 극단주의를 지지한다고 해도 더 이상 방첩기관의 방첩대상이 되지 않았다. 모든 정보기관을 대상으로 하는 일련의 지침들이 제정되고 이러한 지침들은 미국시민과 미국 거주 외국인들을 대상으로 하는 방첩조사 시 필요한 규정들을 구체적으로 명시했다. 때문에 정보기관이 방첩조사를 위해 논쟁의 여지가 있는 기술을 사용할 때는 넘어야 할 난관이 많게 되었다.

의회 정보위와 법사위가 방첩활동과 관련한 브리핑을 받고 그들 전문가 그룹이 제안한 변화에 대한 협의를 진행해 나가면서 대부분의 규정들이 개편되었다. 비판론자들은 그러한 새로운 규정들 하에서 정보기관들이 어떻게 일을 하느냐고 목소리를 높였다. 1970년대 정부 안팎에서는 규정들이 너무 제약이 많다는 목소리가 나왔지만 80년대 또 다른 사람들은 그러한 규정이 너무 느슨하다고 느꼈다. 그러면서 방첩 분야에 대한 새로운 컨센서스가 등장하기 시작했다.

반면, 정부기관의 일부관료들, 특히 정보기관 관리자 및 의회 감독관들은 공산권 정보기관들의 위협을 새롭게 인식하기 시작했다. 그런 와중에 중국으로부터의 군사적 위협은 줄어들었지만 중국과 같은 외국정보기관 활동에 대한 적절한 대응 필요성이 증대되고 있었다. 1970년대 후반에서 80년대까지 정부 및 의회는 외교정책과 예산문제로 대립하기는 하였지만 방첩활동의 필요성에 대한 시각에서는 큰 차이가 없었다.

1980년대 초 의회는 외국 정보기관의 위협에 대한 정보기관의 평가를 수용하는 쪽으로 기울어졌고, 결국 레이건 행정부의 방첩조직 인원 보강 및 공작역량 강화 요청을 승인했다. 그러나 10여 년이 지나면서 방첩실패로 인해 20여건이 넘는 심각한 스파이 사건이 발생했고 의회는 분노했다. 소련 연방과 중국, 그리고 여타 다른 나라들이 CIA, FBI, NSA와 같은 미국 내 대부분의 보안기관에 침투하거나 그들 요원들을 이용한 것이었다. 이에 정부와 국민들은 수십 년 동안 미국의 군사, 기술, 정보 분야에서 엄청난 손실이 발생했다고 결론 내렸다. 소련 연방과 같은 국가들이 해외에서 미국의 위상을 약화시키고 국내 정치문제에 영향력을 행사하기 위해 노력하고 있다는 증거들이 계속해서 수집되었다. 소위 스파이의 해로 불리는 1985년과 같이 10년 이상 대중의 주목을 받는 사건들이 더욱 많이 발생하였다.

레이건 행정부의 국가안전보장회의(NSC) 및 『대통령외교정책자문위원회(PFIAB)』는 이전의 카터 행정부보다 방첩에 대해 훨씬 더 많은 관심을 가지기 시작했다. 하지만 레이건 정부에서 임명된 백악관 및 주요 부처 관리들은 요란한 정치문제에 매몰되어 있어서 방첩에 신경 쓸 겨를이 별로 없었다. 때문에 결국 대통령은 방첩문제를 중앙정보장(DCI)에게 일임할 수밖에 없었다.

FBI나 CIA의 고위 간부들은 정보기관들 간의 관계는 물론 그들 요원들이 수행하는 업무방식에도 변화가 필요하다고 생각했다. 그들은 소련 연방 정보기관들이 미국은 물론 전세계에 걸쳐 자신들의 위상을 한 단계 끌어올리기 위해 데탕트를 이용하고 있다고 판단했다. 1970년대 후반과 1980년대 초반 소련 연방이 對미 공작 수행을 위해 그들 영역을 광범위하게 이용하고 있다고 생각했다. 냉전초기 미국이 수행했던 방첩의 수준과 메커니즘은 지금과 비교해 매우 뒤떨어져 있었다. 예를 들어 1940년대 말 『국가안보회의(NSC) 지침 제5호』에 근거해 국내 및 국외 방첩활동의 권한을 구분한 조치는 외국 정보기관들이 미국을 상대로 적대적 정보활동을 수행하는데 거의 무방비 상태로 처하게 만들었다. 이는 외국 정보기관이 미국인 공작원을 FBI 감시가 없는 해외로 불러내 얼마든지 접촉하고 조종할 수 있다는 것을 의미했다.

일부 FBI 및 CIA 간부들은 방첩분석의 유용성에 대해 점차 인식하기 시작했다. 그들은 미국이 국내는 물론 해외에서 엄청난 인원을 동원해 수행되는 외국정보기관들의 위협 및 공작활동에 완벽하게, 그리고 일일이 대응할 수 없다는 사실을 인식했다. 미국 기관들이 대응인력을 충분히 동원할 수도 없었다. 때문에 방첩분석이 유용할 수밖에 없었다. 만일 미국이 적의 공작 패턴이나 수단을 알 수 있다면 필요한 역량을 최우선 목표에 우선적으로 집중할 수 있었기 때문이었다. 일부 방첩관료들은 적을 무력화시키기 위해 자신들이 순전히 방어적일 필요는 없으며, 종종 공세적 방첩활동을 수행함으로써 미국의 방어활동에 대한 부담을 줄일 수 있다는 사실을 깨닫기 시작했다.

하지만 여전히 대부분의 방첩관료들은 냉전 하에서 전형적인 공산주의 억제정책을 고수했다. 1980년대 대부분의 계획들은 소련 연방 및 중국의 위협에 대응하는데 초점을 맞추고 있었다. 미국의 비밀 및 주요 시설에 대한 보호가 필요하다는 것에는 별로 생각이 미치지 못했다. 간부들은 우선순위 없이 단지 소련 연방으로부터 모든 것을 지키는 데에만 급급했다. 테러지원국 이외의 비전통적 위협에 별로 주의를 기울이지 않았다. 콜롬비아 마약조직과 같은 비정부집단 및 국가들에 대해서도 별로 관심을 기울이지 않았다. 하지만 이들은 1980년대 초부터 아주 중요한 위협 요소로 부상하고 있었다.

방첩관료들은 정보수집 기술에 대해서도 관심을 가지기 시작했으며, 이는 1960년대 및 1970년대 미국 정보역량의 발전의 바탕이 되었다. 최첨단 정보수집기술이 방첩활동에 미치는 영향에 대해 눈을 뜨게 되었으며, 소련의 이러한 기술 사용에 대해서도 주목했다. 이러한 발전은 미국의 방첩활동을 서서히 새로운 영역으로 변화시켰다. 이는 작은 변화였지만 어떤 부분에서는 무척 획기적이었으며 또 어떤 영역에서는 별로 신통치 않은 수준이었다.

1978년 카터 대통령의 행정명령 12036호는 NSC 산하에 방첩활동을 관리하는 『특별조정위원회(SCC)』 설치를 명령했다. SCC의 임무는 국가 방첩정책을 만들고 방첩위협과 관련해 대통령에게 연례 보고서를 제출하며 국가방첩의 효율성을 평가하는 일이었다.

1981년 12월 레이건 대통령의 행정명령 12333호는 방첩활동을 더욱 강조하였으며, 이에 따라 방첩활동이 심지어 백악관으로부터도 분리되어 나오게 되었다. 레이건 행정부의 초기 국가안보보좌관이었던 「리차드 앨런(Richard Allen)」과 「윌리엄 클라크(William Clark)」는 이 문제에 대해 특히 관심이 많았다. 특히 Clark는 2차대전 이후 유럽에서 방첩공작관으로 활동한 경험이 있었다. 정부는 『부처 간 고위 정보위원회(SIG－Ⅰ)』라는 고위급 정보위원회를 만들었는데 의장은 중앙정보장(DCI)인 「윌리엄 케이시(William Casey)」가 맡고 위원은 대통령의 선거 참모들이었던 대통령외교정책자문위원(PFIAB)들이 맡았다. 그리고 SIG－I는 산하에 분과별로 위원회를 두고 해당 분야별 업무를 관장하도록 하였다.

방첩과 관련해 여러 가지 괄목할 만한 발전이 있었지만 이러한 조치들도 부처간의 정보협력에 필요한 법적·행정적 장애물을 완전히 제거하지는 못했다. 이러한 장애물들은 고질적인 것이었다. 국가안전보장법에서 정보활동을 국내와 국외로 구분하고, 군과 민간, 법 집행기관과 순수 정보기관 등으로 구분한 것은 방첩관들이 방첩활동을 전개하는 방식에 많은 영향을 미쳤다. 개별 기관들은 여전히 중요 활동을 독자적으로 전개할 수밖에 없었다. 그들은 위협평가에 있어 서로 도움을 줄 수 있지만 이러한 분석에 대해 개별 또는 집단적으로 구속되어 활동하지는 않았다. 결과적으로 미국 방첩활동은 개별 정보기관들이 시행하거나 시행하지 않는 일들의 총합을 의미했다.

FBI의 방첩

후버 국장의 죽음과 워터게이트 사건의 혼란, 그리고 의회의 강도 높은 조사를 거친 이후 FBI는 점차 안정을 되찾았다. 카터 대통령은 혼란스러운 과도기 수장으로 연방법원의 「윌리엄 웹스터(William Webster)」를 임명했다. 웹스터는 1988년 레이건 대통령이 FBI 새 수장으로 「윌리엄 세션스(William Sessions)」를 임명할 때까지 10년 동안 그 직을 유지했으며 이후 중앙정보장(DCI)으로 자리를 옮겼다. FBI의 고위직들은 오랫동안 FBI에서 근무해온 일반직 관료들이 임명되었는데 그들 대부분은 범죄수사 분야의 경력을 갖고 있었다. 후버가 재임하는 동안 방첩분야의 전문가나 간부들은 FBI의 고위급으로 올라갈 수 없었다. 그러나 시대가 변했음에도 불구하고 FBI 고위급은 법 집행관 및 방첩관들 간의 균형을 맞추지 못했다. 그러면서도 그들은 점차 방첩활동 조직과 조직문화를 바꾸어 가고 있는 새로운 세대의 방첩관료들을 관리·감독했다.

새로운 방첩분야 간부들도 여전히 업무 중심을 소련 정보기관에 맞추고 있었다. 그들은 자신들의 임무를 공산주의 억제라고 생각했다. 그러나 대부분의 업무는 미국 내에서 이루어지는 외국정보기관의 공작활동에 초점을 맞추고 있었다. 하지만 그들 임무가 외국정보기관들이 무엇에 우선순위를 두고 있으며 무엇을 목표로 활동하는지, 그리고 그들이 수집하고 있는 비밀이 어떤 것인지를 파악하는 것은 아니었다. 대신, 미국에서 활동하고 있는 외국정보요원들을 색출하고 그들이 미국 내에서 무엇을 하던 그 행위를 차단하는 데 초점을 맞췄다. 예전처럼 정보 수집을 위해 방첩을 활용하거나 소련 연방과 같은 외국 정보기관의 스파이 활동 위협을 국민에게 알리는 부수적 임무들은 우선순위에서 밀렸다. 새로운 우선순위에 대한 호응의 일환으로 방첩관들은 그들이 전에 개인적 적대행위나 공작에 초점을 맞췄던 것과 달리 정보기관 전체와 그 행태에 대해 초점을 맞추었다. 적이 구사하는 공작활동에 대해 더 많은 정보를 찾고 획득된 정보는 현장 요원들에게 즉시 배포하기 위해 노력했다. 이러한 임무를 수행하는 주인공들은 공작관들이었다. 하지만 시간이 지나면서 간부들은 공작관들을 지원할 수 있는 분석관들의 역할에 대해서도 관심을 가지기 시작했다. 그래서 분석관들의 역량은 물론 그 수도 지속적으로 늘어나게 되었다.

FBI의 방첩본부는 3개의 부서로 나누어져 있었다. 하나는 對소련 공작부서이고 또 다른 하나는 바르샤바조약기구 및 공산정권 국가의 공작활동에 대응하는 부서였고, 나머지 하나는 이들 두 부서를 지원하는 곳이었다. 지원부서는 분석, 교육, 그리고 NSA와의 정보협력 업무를 수행하였다.

위에서 언급한 처음 두 곳의 공작부서는 차례로 소련 연방의 개별기관 담당으로 조직이 나뉘어 있었다. 예를 들어, 소련 담당은 對KGB 및 對GRU 담당부서로 분리되어 있는 형식이었다. 이들은 대상조직의 요소를 반영하고 있었는데 가령 KGB의 『Line PR』은 정치정보와 군사공작을, 『Line X』는 과학기술정보를 담당하는 조직이었다.

방첩인력을 보유한 대규모 지부는 주로 외국 정보기관이 공식적으로 집중되어 있는 워싱턴과 뉴욕, 그리고 샌프란시스코 등에 주재하고 있었다. 급격히 늘어나는 외국인들 중 정보공작을 수행하는 수백 명을 색출하고 무력화시키기 위해 각 지부는 소규모 단위별로 임무를 수행했다. 각각의 조직은 한 사람의 관리자와 각 분야 전문가 30여 명으로 구성되었고 도감청 등을 담당하는 상당한 기술적 지원인력도 포함되어 있었다.

FBI는 그들만의 이중스파이를 운용했으며, 가용한 인력 풀을 최대한 늘리기 위해 군과 협력하기도 했다. 이중스파이 운영이 FBI의 목적에 정확히 부합하지는 않았지만 상당히 유용한 측면도 있었다. 예를 들어, 단기간 내에 적 정보요원의 신원을 확인하고 그들이 구사하는 공작기법을 알아내는 한편, 적의 공작원 채용기법을 알아내는데 무척 유용했다. 육군은 이중스파이를 장기적으로 운용하길 원했는데 이는 적국의 적대행위 뿐만 아니라 전시에 그들의 우선순위와 의도를 알아내길 원했기 때문이다. 해군은 장기든 단기든 이중스파이 운용에 대해 별로 관심이 없었다. 그들에게 있어 방첩이란 조직원들을 교육시키고 스파이행위나 파괴행위를 막는 것이었기 때문이다. 공군은 기만공작 수행을 위해 이를 활용하고 싶어 했다. 허위 또는 기만 정보나 신호를 보내 적국을 기만하는 것 등에 관심을 가졌다.

FBI는 다른 정보기관들의 활동을 반대하거나 방해하지 않았다. 실제로 유례를 찾기 힘든 대규모 합동공작이 이루어지기도 했다. 그러나 FBI는 양보할 수 없는 자신들만의 우선순위와 업무문화를 갖고 있었다. 미국 내 방첩활동 조율에 관한 최종적 책임을 져야 한다는 점 때문에 다른 기관들과 종종 긴장관계를 유발하기도 했다.

합동공작을 통해 FBI는 적 정보기관에 침투하고 적 공작관을 채용하는 역량을 발전시킬 수 있었다. 광범위하게 산재한 잠재적 목표를 원거리에서 피상적으로 검토하지 않고 근접해 부딪히는 방법을 사용했다. 예를 들어, 요원들이 스스로를 가장해 외국정보기관 공작 관계자들을 만나 포섭을 시도했다. 이러한 패턴은 후버 국장 시설보다 훨씬 과감한 것이었다. FBI는 종종 공작원 채용이나 잠재공작원 신원사항 등에 관한 내용을 CIA와 공유하기도 했다. 어떨 때는 FBI의 기술적 부분이 노출될 것을 우려해 공작원이 미국에 체류할 때 포섭하기를 선호했고, 잠재 공작원이 모스크바 근무를 마치고 미국으로 돌아올 때까지 기다리기도 했다.

FBI의 방첩 교육과 훈련도 강화되었다. 요원들은 '콴티코' 및 기타 FBI 시설에서의 각종 교육과정에 참가했다. 또한, FBI는 KGB의 Line PR의 활동 경향과 같은 전문분야를 주제로 범부처 회의를 주재하기도 했다.

FBI 본부에서 분석의 중요성은 점차 증대되었고 이에 따라 인원도 증가했다. 대부분의 지부 요원들이 방첩의 정보적 측면에 회의적 시각을 갖고 있긴 했지만, 지부에서도 일부는 분석을 담당하기도 했다. 분석관들은 동료들의 활동능력 향상을 목적으로 적 정보기관의 역사와 공작기법 등을 깊이 있게 연구했다. 물론, 그들의 창조적 분석과 혁신적 노력이 항상 환영받거나 보상받지는 못했다.

FBI는 종전처럼 그들의 보안과 대응수단을 향상시키기 위해 수집된 정보를 효율적으로 활용했다. 이러한 기술의 일부는 후버 시절 보다 발전되었다. 「윌리엄 웹스터(William Webster)」는 후버 국장처럼 자신의 이름으로 책을 발간하거나 하지는 않았지만, 일부 기자 및 작가를 선정해 망명자 및 이중스파이를 인터뷰하거나 특정 정보에 접근할 수 있도록 했다. FBI는 현행범으로 체포된 외교관이나 스파이가 추방 또는 기소될 수 있도록 하기도 했다. 이는 냉전은 종식되었고 중국이 미국에 대해 유화적으로 변하였다고 믿었던 국민들에게 외국정보기관의 활동과 그들이 처한 위험에 관해 교육시키는 좋은 계기가 되었다. 미국 민간부문의 비밀을 획득하기 위한 소련과 중국의 노력에 대한 실체를 파악한 후 FBI는 각종 비밀 프로젝트에 관여하는 정부 계약자 및 민간인 수천 명을 대상으로 수많은 브리핑을 실시했다. 후버시절 FBI가 공산주의의 위험에 대해 집중했다면 이제 적대 정보기관으로부터 국민과 중요 시설을 보호하는데 업무의 포커스를 맞춘 것이다.

FBI는 그들의 적대기관들이 매우 정교하게 공작을 수행한다는 사실을 인식하고 자신들이 가진 약점을 보완하는데도 적극 노력했다. 예를 들어, 통신을 침투가 거의 불가능한 수준으로 훨씬 안전하게 보완했다. 이러한 노력에도 불구하고 보안상 맹점은 물론 상존하고 있었다. 이러한 맹점은 「리차드 밀러(Richard Miller)」 요원이 캘리포니아에서 러시아 정부와 놀아나 FBI 방첩 매뉴얼을 누출한 사건 등에서 여전히 나타나고 있었다.

자신들의 관료적 이해관계에서 일부 출발하기는 했지만, FBI는 다른 정부 부처의 방첩활동도 적극 지원했다. 예를 들면, 국무부로 하여금 적대기관의 활동이나 공작을 모니터링하기 위해 『대외업무실(Office of Foreign Missions)』을 설치하도록 권하였다. 고위 방첩관을 NSC 및 국무성 『외교안보국(Bureau of Diplomatic Security)』에 파견하기도 했다. 그러나 방첩에 대한 우려 보다는 문화적 차이 때문에 이러한 노력이 항상 환영받지는 못했다. 하지만, 정부 및 대중을 적 정보기관으로부터 보호하려는 FBI의 적극적 노력은 의회 및 언론, 학계, 과학계의 광범위한 지지를 받았다.

FBI의 또 다른 주요 관심사는 외국정보기관의 활동을 견제하기 위해 공세적 전술을 구사하는 것이었다. 다시 말해 미국에서 활동하는 외국정보기관의 공작관 수를 줄이고 그들의 능력을 약화시키려는 시도가 그것이었다. 공격적인 방첩 수집활동을 통해 얻은 정보를 바탕으로 외국 정보기관 요원 및 관계자들의 신상정보를 비교 분석했다. 그리고 기회가 될 때는 이를 바탕으로 어떤 외교관, 학생, 기자 등에게 비자가 거부되거나, 여행허가가 거부되어야 하는지를 결정했다.

FBI는 외국 정보기관의 위험성을 인식시키는 것 이외의 분야에서도 다른 정부기관들과 밀접히 협력했다. 1980년대 중반 외국 정보기관들이 방첩 시스템의 지리적·관료주의적 허점을 이용하는 현상들이 분명히 인식되었다. 예를 들면, KGB를 돕기로 자원한 미국인이 멕시코나 비엔나 같은 해외 KGB 공작관들에게 조종을 받을 수 있었다. FBI는 이러한 국내외 영역구분을 이용한 적 정보기관의 공작활동에 대응하기 위해 다른 기관과 합동공작을 긴밀히 추진하였다. 또한, FBI는 방첩활동을 통해 수집한 내용을 바탕으로 정책 입안자들에게 실질적 도움이 될만한 정보를 수시로 보고했다. 이러한 활동은 지금까지 관련분야 연구자들로부터 별로 주목을 받지는 못했지만 냉전이 종식될 때까지 계속되었다.

CIA의 방첩

방첩활동에 대한 CIA의 기본 임무 및 활동 방식은 1970년대 중반 방첩인력의 대폭 감소 이후에도 큰 변화가 없었다. 이는 전 CIA 고위간부들 사이에서 일화로 남아있는 전 방첩책임자 「제임스 앵글톤(James Angleton)」에 대한 논쟁을 고려한다면 상당히 놀라운 일이다. 실제로 일반적 변화는 인원의 교체를 통해 나타났고 이와 동시에 기법 및 조직에도 변화가 수반되긴 했다. 하지만, 방첩활동은 여전히 CIA의 공작, 특히 인간정보활동을 보호하는 참모조직기능으로 남아 있었다. 공작부서 간부들은 방첩이 CIA의 공작활동을 보호해주길 원했지만 공작에 관여하는 것은 원하지 않았다.

1970년대와 80년대 중앙정보장(DCI)을 역임했던 윌리엄 콜비, 스태스필드 터너, 윌리엄 캐이시, 윌리엄 웹스터 등 역대 중앙정보장들 모두 이렇게 되도록 최선을 다했으며 결과적으로 이 기간 대부분 방첩은 공작본부(DO)의 전유물로 남았다. 그 누구도 대규모 변화의 필요성을 강변한 사람은 없었다.

일반적으로 알려진 것과는 반대로, CIA 방첩조직은 앵글톤이 사임한 이후 거의 100명 정도로 소폭 확대되었다. 각 공작부서는 방첩 조직을 갖고 있었고, 보안실(Office of Security)은 종전과 거의 비슷한 업무를 수행했다. 하지만 상당한 조직적인 변화도 있었다.

1978년 카터 대통령이 연례 방첩위협 분석 및 국가방첩계획에 대한 행정명령을 공표한 후 「스탠스필드 터너(Stansfield Turner)」 부장은 기술력을 바탕으로 한 외국정보기관의 위협을 공작부서 방첩관들이 감당하기 어렵다는 사실을 인식했다. 이에 방첩업무 관련 국가정보장(DCI)의 특별보좌관인 「조지 칼라리스(George Kalaris)」는 1980년대 초 소규모 참모조직을 구성했고 이는 최초의 '국가적' 방첩 조직이 되었다.

1980년대 후반, 방첩에 대한 CIA의 취약점이 누차 지적됨에 따라 「윌리엄 웹스터(William Webster)」 부장은 CIA 내 공작부서는 물론 여타 부서들에서 이질적 요소를 없애기로 결정했다. 이에 그는 공작차장 산하에 방첩센터(Counter intelligence Center)를 설치했다. 또한, 다른 정보기관들과 함께 수행하는 방첩업무를 통합하고 CIA 내부의 다양한 방첩 요소들을 결합시키고자 했다. 그러나 새로운 조직과 직책은 대부분 공작부서의 고위관리들에 의해 충원되어 공작부서 업무분위기에 주로 영향을 받을 수밖에 없었다. 게다가 높은 수준의 지적분석보다는 방첩공작의 중요성이 더욱 부각되었다. 방첩을 너무 강조하다보면 정보수집분야나 CIA에 부정적 영향을 줄 수 있다는 앵글톤 시대의 전통적 믿음이 여전히 팽배해 있었다. 게다가 CIA 내에서 방첩은 여전히 정부정책의 전략적 수단으로 밖에 인식되지도 못하고 있었다.

그러나 발전도 있었다. 비록 앵글톤이나 그의 참모들이 공작부서 출신이었지만 시간이 지나면서 일반적인 공작부서의 공작관들로 간주되지는 않았다. 방첩업무 수행 조직의 고위급들은 순환 근무를 최소한의 수준으로 국한했다. 방첩 업무도 현장을 뛰는 공작부서의 지역 담당 공작관들에 의해서는 거의 수행되지 않았다. 이러한 변화들은 「조지 칼라리스(George Kalaris)」 때 좀 더 확대되었다. 실력 있는 방첩 공작관들이 해외 공작거점에서 새롭게 유입되었다. 방첩센터가 설립된 후에는 센터 내의 정보처, 보안실, 과학기술처 직원들이 순환하면서 근무하였다. 이는 방첩 업무에 대한 상당한 진전이었다.

하지만 아쉬운 점도 상당했다. 예를 들어, 외국 정보기관들에 대한 역사적 지식을 가진 방첩분야 공작관과 분석관들의 수가 감소했다. 공작부서의 탁월한 공작관들 중에서 방첩업무를 자신들의 주된 경력으로 발전시키고자 하는 사람은 거의 없었다. 많은 공작관들은 방첩부서에 안주하는 것이 장래성도 없고 문제가 있는 처사라고 생각했다. 방첩에 헌신했던 상당수 방첩센터 직원들조차도 공작부서 문화에서 별로 환영받지 못했고 정통 CIA 업무에 대한 이해가 부족하다는 비판도 종종 받아야 했다.

공작부서의 핵심적 방첩 우선순위는 냉전 초기 이후 거의 변화가 없었다. 소련 및 그 위성국 등 적성국 정보기관 요원의 포섭, 소련 동구권 정보기관을 감시하는 외국의 국내보안정보 담당 기관과의 협력 등을 지속적으로 수행했다. 망명자 인터뷰 및 심문과 더불어 이러한 업무는 어떤 미 정보기관 및 정부 관리, 또는 어떤 공작원이 외국정보기관에 협조하고 있는가를 파악하는데 필요한 기본 정보를 제공해줄 수 있다고 믿었다. 공작부서의 일부 정보들은 방첩센터에 파견된 정보처 분석관들과 공유되었다. 분석관들은 과거 사안보다 최근의 방첩 위협에 집중해 소련 연방이 기술정보 및 인간정보를 활용해 미국의 이익을 침해하고 있다고 경고하는 한편 공작부서가 채용하는 공작원의 타당성을 심층 평가하기도 했다.

대체로, 방첩센터의 직원들은 기존의 방첩담당 관료들보다 자신들이 수행하는 일을 진지하게 받아들였다. 센터 직원들은 CIA의 여러 부서에 방첩관련 브리핑을 제공했고 CIA 해외거점에 대한 소련 연방의 방첩 위협과 취약점도 내실 있게 조사했다. 그리고 국내외 정보기관들과 합동공작을 통해 스파이를 색출하고 CIA 공작을 은폐하고자 했다. 이러한 노력으로 성공적 결과물이 창출되기도 했다. 국무부 외교관이면서 스파이 활동을 한 「펠릭스 블록(Felix Bloch)」, 민감한 군 통신망에 접근할 수 있었던 미 육군의 「제임스 헐(James Hall)」, 아테네의 국무부 연락관 「스티븐 랄라스(Steven Lalas)」 사건 등이 그러한 사례다. 그럼에도 불구하고 에임즈 스파이사건이 발생했다. 개혁이 있었지만 완벽하지는 못했던 것이다. 게다가 CIA는 방첩 정보를 보다 적극적으로 활용하려는 노력을 별로 기울이지 않았다. 공작부서의 방첩이나 정보담당 간부들은 그러한 목적에 별로 관심이 없었고 방첩처의 분석관들 조차도 그러한 것을 별로 추구하지 않았다. CIA 내부에서, 심지어 공작차장 산하에서도 해외정보 수집활동이 전반적으로 비밀공작이나 방첩 업무보다 우선적인 업무가 되어 있었던 것이다.

軍의 방첩

국방부는 물론 산하 부문별 정보기관들의 방첩활동에 있어서도 상당한 변화가 있었다. 카터정부의 행정명령은 국가방첩을 담당하는 NSC의 특별조정위원회(SCC)를 국방부가 책임지도록 했다. 국방부 내부에서는 방첩을 개별 기관들이 독자적으로 수행하도록 내버려 둬서는 안 된다고 생각했다. 왜냐하면 국방부가 수행하는 민간조사, 기술, 구매와 같은 기능들을 개별 영역의 독자적 업무로 놓아둘 경우 국방부의 전반적 기능에 위협이 될 수 있기 때문이었다. 각각의 기능들이 일반적 보안과 관련해 감독을 받을 수 있지만 전체가 중앙집중식으로 다루어진다면 좀 더 효과적일 수 있다고 여겼다. 실제로 군은 1970년대에 군인 및 수백만 군 관계자들에 대한 신원조사 업무 부담에서 해방되었다. 1973년 국방조사실(DIS)이 설립되어 이러한 업무, 즉 군과 국방장관실 근무 인원 및 민간 계약자들에 대한 조사업무를 전담하게 되었던 것이다.

1970년대 말 및 1980년대 기간 동안, 많은 보안 및 안전 관련 문제들은 정책담당 차관 및 기술연구 차관, 두 명의 국방차관 지휘 하에 처리되었다. 이들 차관들은 방첩문제와 직접적으로 관계하지는 않았지만 국방부가 전세계에서 사용하는 인원과 장비, 그리고 군사력 보호를 위해 지출하는 수백억 달러의 예산을 통제하는 임무를 담당하였다.

국방부 산하의 개별 정보기관들은 소관 분야에서의 방첩 업무만을 담당하였다. 국방정보국이 시스템적으로 방첩 분석업무를 지원하였지만 산하 어느 기관도 외국 정보기관의 활동을 색출하거나 와해시키지는 못했다.

국방부 임무가 감소했음에도 불구하고 육군은 여전히 방첩 개념에 대한 가장 광범위한 견해를 가지고 있었다. 자체 방첩조직이 적극적 방첩활동 임무를 부여받지는 못했지만 육군은 정보활동에 필요한 방첩정보를 배포하면서 적극적인 방첩활동을 수행하였다. 육군은 민간인들의 반역 혐의나 보안·신원조사와 같은 부분에 관심을 더 줄이는 반면에, 소련 연방 정보기관들의 정보활동으로부터 육군의 공작활동을 보호하는데 집중했다. 그렇다고 단순히 소련 연방의 공격을 막는 수준에 안주하지 않고, 공격기법 또한 발전시켰다. 육군의 방첩활동 주창자들은 이러한 능력을 광범위한 국가방첩 목적에 확대 적용할 수 있다고 생각했지만 대부분의 일반 관료들은 거기에 동의하지 않았다. 이 두 가지 기능을 수행하면서 육군은 방첩전문가들을 육성했는데, 이들 방첩 전문가 중 일부는 과거 군에서 방첩 임무에 할당되었던 일반 병사들이었다. 육군은 외국정보기관들의 업무수행 방식에 대해 연구하고 자체 교육 프로그램을 확대했다. 육군의 방첩전문가들과 활동요원들은 공작원 채용과 운영, 평가는 물론 방어적 보안활동 수행 등 스파이 활동에 필요한 각종 기술을 숙달하기 위해 노력했다.

육군의 정보수집 분야는 다각적인 방첩 분석을 통해 더욱 보강되어졌다. 당초 분석 기술은 해군이 앞서 있었으나 육군은 재빨리 이를 받아들였다 워싱턴 본부 분석관들뿐만 아니라 아시아와 유럽의 해외주둔군 사령부에서도 인간, 기술, 신호정보를 통해 수집한 다양한 정보를 분석했다. 이를 통해 육군은 전장 지휘관들에게 그들이 직면한 다양한 위협에 대해 경고할 수 있으며 나아가 보안방첩 분야의 가치를 높일 수 있을 것이라고 기대했다. 방첩 정보를 방어 목적으로 활용하는 것과 별개로 육군의 상당수 방첩 간부들은 정보 수집 및 분석을 확대함으로써 적대적 외국 정보기관의 활동을 저지하는데 활용할 수 있는 가능성에 주목했다. 이러한 프로그램의 가장 중요한 활동은 적극적인 이중공작원 활용이었다. 1970년대 단지 소수의 이중공작원으로 시작했지만 1980년대 중반에는 연간 백 명 이상의 이중공작원을 운용할 수 있었다. 이러한 이중공작원의 운용을 통해서 소련 연방의 공작기법을 알아내고 정보 요원들의 활동을 제한하는 한편, 미군 작전에 대한 허위정보를 유포함으로써 소련군을 기만할 수 있었다.

해군과 공군의 방첩활동은 육군보다 좀 더 방어적이고 지엽적인 부분에 머물러 있었다. 방첩 담당관들은 적의 위협에 대해 산하 부대들에 자문을 제공하고 군내 스파이 사건을 조사하였다. 이런 업무를 다루기 위해 해군 및 공군은 워싱턴 본부에 5－10명의 민간인 간부를 두고 있었고, 범죄 및 방첩 사안에 대한 조사 및 국내외에 산재한 미군 기지에서의 조사를 담당하는 임무는 몇 백 명의 일반 민간인들을 활용했다. 시간이 지나면서 조사관들은 상당한 방첩 훈련을 받기도 했지만 해군 및 공군은 독자적인 방첩 전문가를 육성하거나 육군에 버금가는 방첩 역량을 확보하지는 못했다.

해군과 공군은 또한 타부서와의 '협조적 방첩분석'에 관심을 갖게 되었다. 수동적 성향이 강한 해·공군의 방첩부대들은 FBI와 CIA로부터 입수한 정보를 美육군 중앙분석단에게 넘겨주었고 그 분석의 대부분은 방첩부대원들에 의해 수행되기보다는 정보업무 담당 부대원들에 의해 수행되어졌다. 소규모 이중첩자 프로그램이 해군과 공군에 의해 공동으로 창설되었는데 교육과 탈주예방은 해군이 맡고 기만전술은 공군이 맡는 식이었다. 해군과 공군 어느 쪽도 방첩대원들에게 적극적 정보활동을 지원하라고 고무하지 않았다. 육군방첩대원들과는 달리 해군이나 공군 방첩대원들은 현역 정보수집관이나 전략가 그리고 전투 지휘기획 부서들과 연계되지 못하고 동떨어져 있었다.

20세기 미국 방첩활동은 위협에 대한 인식의 변화에 따라 부침을 겪었다고 설명할 수 있다. 냉전 기간인 지난 몇 십 년 동안은 좀 더 효과적 방첩 필요성에 대한 인식을 바탕으로 이를 어떻게 수행할 것인지에 대한 고민의 산물로서 새로운 방첩체계가 개발되었다. 행정부와 입법부 정책입안자들은 방첩이 미국의 이익에 있어 중요한 것이라는 사실을 지속적으로 인식하고 있었다. 민주주의 국가에서는 당연한 것이기는 하지만, 방첩에 대한 모순된 정서를 갖고 있음에도 불구하고, 종종 방첩은 국가적 이슈로 부상되기도 했다. 국가안보정책 발전을 위해 각종 지시가 내려지고 관료들이 새롭게 충원되기도 했다. 의회는 이런 현상을 잘 알고 있었으며 이를 지지하기도 하고 국가 차원의 방첩전략을 특별히 주문하기도 했다.

하지만 이러한 노력에도 불구하고, 1980년대 후반까지 방첩에 대한 국가적 우선순위를 정하고 이를 위한 수단을 결정하는 전반적 방첩전략에 대한 중지는 모아지지 않았다. 방첩기관들 및 NSC의 일부 인사들이 이러한 방향으로 노력을 전개하기 원했지만, 대부분의 방첩 관료들은 국가적 전략을 수립하는 것보다는 기관들 간의 협조·조정을 통해 해결하는데 만족하고 있었다.

예를 들어, CIA는 휴민트 공작 보호에만 관심이 있었지 방첩을 활용해 수집이나 분석능력을 높이는 데는 별로 신경 쓰지 않았다. 하물며 미국의 모든 군사·외교적 활동에 대해서는 말할 필요도 없었다. FBI는 미국의 정책과 행정기관을 보호하는데 상당한 관심을 가지고 있었지만 주로 국내에 한정되어 있었다. 국방부와 군 정보기관들은 그들의 방첩자원을 국내외에 산재한 그들 시설에 대한 보안과 안전대책에 주로 할애했다. 이 같은 개별기관들의 서로 다른 우선순위 때문에 1980년대에는 국가적 방첩전략을 수립하는 것이 사실상 불가능했다. 이 같은 사실은 상원 정보위원회에서도 확인되어지고 있다. 어떤 기관이 방첩능력에 결함을 가지고 있는지를 결정하는 것은 어려운 일이었지만, 미국의 방첩기능에 있어 정보수집과 분석, 색출능력의 개선이 필요하다는 인식은 지속적으로 제기되었다. 사실 개별 기관들은 그들의 약점이 무엇인지 잘 알고 있었으며 이를 극복하기 위해 여러 계획을 수립하고 실행했다. 1960년대 후반부터 1980년대 초반까지 미국의 1급 비밀을 소련에 제공했던 역대 가장 비밀스러운 네트워크 중 하나인「워커(Walker)」스파이 사건을 상기해보면 알 수 있다. 사건 연계자들에 대한 신원확인, 체포, 기소는 단순히 운이 아니라 1970년대에 방첩정보 수집 및 분석 분야를 개선해 온 FBI의 훌륭한 활동 덕분이었던 것이다.

만일 미국 정보기관들이 1970년대 및 1980년대에 그들의 방첩역량을 보강하지 않았다면 적대 기관들이 얼마나 많은 공작을 성공시켰을 지에 대해 정확히 판단하는 것은 힘들다. 그러나 그러한 개혁조치들이 중요한 실패를 방지할 수 있었다는 것은 확실하다.「알드리히 에임즈(Aldrich Ames)」같이 소련에 포섭된 내부자들과 마찬가지로 상당수 외국 정보기관들이 미국의 안보영역에 침투할 수 있었다. 실제로 상당수 쿠바 및 동독인들은 오랫동안 미국의 휴민트 체계에 엄청난 혼란을 주기도 했었다. 비록 미국의 방첩 분야 간부들이 정보분석 분야를 존중하기 시작했지만 정보분석 분야는 여전히 다방면에서 공작관보다 뒤처지는 부류로 간주되고 있다. 미국이 1991년 걸프전에서 나타난 바와 같이 외국 정보기관의 비밀공작을 무력화하기 위해 노력해온 것은 사실이지만, 여전히 외국 정보기관의 공작을 실질적으로 무력화시키지 못하고 방첩활동을 적극적 정보활동 차원에서 충분히 그리고 주기적으로 활용하지도 못하고 있는 것이 현실이다.

Chapter

04

정책의 보조역할 : 비밀공작의 원칙

많은 미국인들에게 명백하고 현존하는 위협이 없는 상황에서의 공작활동이란 아무리 잘하더라도 논란의 여지가 있는 사안이었다. 그것은 더러운 책략과 비밀 전쟁의 분위기가 나는 것이었으며 일반적으로 민주적 대외정책과 배치된 것이었다. 위와 같은 시각을 가진 사람들이 1970년대 중반 미국의 외교정책 기득권층을 지배하였고 오늘날 일부 집단 층에서도 여전히 인기가 있는데 이들은 공작활동은 반드시 금지되어야 하며 오직 예외적인 상황에서만 사용되어져야 한다고 믿는다. 반면에 전혀 다른 시각을 가진 측에서는 외교로만은 할 수 없거나 명백한 군사 행동이 너무 위험하거나 다른 모든 것들이 실패하였을 때, 아무것도 하지 않는 것보다 나을 때 공작활동이 정책을 대체해야 한다고 생각한다.

1970년대 말과 1980년대 초 미국이 중미지역의 사안들과 관련하여 위의 두 시각이 상충되었을 때 어떤 일이 일어날 수 있는지를 충분히 보여주었다. 특히 레이건 행정부의 집권 기간 발생된 이 문제는 결국 명백하게 정의된 목표의 부재가 초래한 것이었다. 미국은 살바도르의 반란군에게 무기증여를 금지하려는 것인가 아니면 산디니스타 정권을 전복하려는 것인가? NSC와 CIA 소속이 아닌 외부사람들은(심지어 NSC와 CIA의 일부를 제외한 내부 구성원들도) 무슨 일이 일어나고 있는지 이해하지를 못했다. 행정부의 정책이 대내 또는 대외적으로도 불분명할 때 공작활동은 정책의 유용한 수단이 되기보다 그 자체가 공공연한 논란의 대상이 된다. 결국 의회는 '콘트라스'(산디니스타에 대한 대항세력)에 대한 예산지원을 중단하였으며 백악관이 콘트라스를 지원하기 위해 비합법적인 편법에 의존하면서 그 전략은 결국 1980년대 중반 소위 '이란－콘트라 사건'으로 끝이 났다. 이러한 종류의 결과가 불가피한 것만은 아니다. 2차 세계전쟁 후에 입증된 것처럼 국가이익을 위해 효과적인 공작활동을 수행하는 것이 가능하기 때문이다.

"첫 번째 원칙들"

공작활동이 효과적이려면 반드시 잘 짜여진 정책의 일부이어야 한다. 이것이 공작활동에 필수적인 원칙이다. 목표를 끊임없이 생각해야 하며 그러한 목표를 성취하기 위한 수단들을 합리적으로 계산하여야 한다. 이것은 아무리 강조해도 지나치지 않다. 공작활동은 정책의 수단이지 정책의 대체물이나 위험한 해외 활동에 대한 핑계거리가 아니다. 공작활동이 성공하기 위해서는 매우 장기적인 기획으로 준비되어져야 한다. 이와 같은 생각은 16세기에 스페인과 카톨릭을 약화시키려는 엘리자베스 1세의 치밀한 계획이나 18세기에 영국에 대항하여 미국의 독립혁명을 지원했던 프랑스의 사례에서 볼 수 있다.

공작활동은 정책의 대체재가 아니기 때문에 무엇을 할지 결정하지 못한 정부가 시도하거나, 지속적이고 조율된 방식으로 자원을 투입하지 않고 그냥 단순하게 무언가를 하려고 하는 태도로 정부가 시도할 때에는 오히려 역효과가 난다. 처음 러시아 혁명의 발생에서 1920년대, 그리고 1940년대 후반에 이르기까지 공산당에 대처했던 영국과 미국의 우물쭈물한 태도를 예로 들 수 있다. 방관하려고 의도하지 않았더라도 두 서방 강국은 커져가는 공산주의의 세력들에 대항하여 무엇을 할지 확실하게 결정하지 못했었다. 이와 같은 망설임에서 건성으로 하는 공작활동이 위험을 수반하지 않는 합리적인 방안인 것처럼 보였다. 공작활동은 다른 수단들이 대부분 실패하였을 때 사용되는 마법의 총탄과 같은 무기가 아니다. 공작활동은 외교적, 군사적, 경제적 수단들과 함께 조정되고 지원받아야 한다. 한 번의 공작활동으로 명백한 목적을 달성하는 특별한 경우도 있을 수 있다. 예를 들면, 대상목표 국가의 국내외 세력균형의 변화를 초래하는 암살(또는 암살의 방지)과 같은 방법이 있을 것이다. 히틀러의 죽음이 그런 예이다.

그러나 역사적으로 그러한 상황은 좀처럼 잘 나타나지 않으며 그러한 바람직한 결과를 얻으려 하는 의도된 행동이 기대한 것처럼 쉽게 이루어지지 않는다. 공작활동은 명확한 정책수단에 의해 효과적으로 성취되지 않거나 독점적으로 성취되지 않을 때 사용을 고려할 수 있는 많은 수단 중의 하나이다. 이러한 상황에서 조차도 공작활동은 그 위험성과 어려움을 신중하게 따져 보고 하는 것이 우선이다. 이러한 원칙들을 명확하게 하려는 것은 공작활동을 하라거나 하지 말라거나 하는 문제가 아니다. 필요하다면 명백하거나 은밀한 모든 조치들과 결합하여 공작활동을 기꺼이 변호할만한 분명한 정책을 개발할 것을 정부에게 촉구하는 것이다. 민주적인 정부라면 그 정책에 대한 지원을 받을 상당한 가능성이 없거나 그 정책의 목표달성을 위해 끝까지 공적 지지활동을 추진할 의향이 없이 해외 공작에 대한 결정을 시도해서는 안 된다. 민주주의에서는 목표와 그 목표 달성을 위해 동원된 모든 합리적으로 계산된 수단들을 반드시 대중들에게 보여주어야 한다. 이것은 물론 정부가 공작활동의 상세적인 사항을 이야기해야 한다는 뜻이 아니라 공작 프로그램이 정부의 정책과 딱 들어맞아야 한다는 것이다. 이는 1980년대 이란－콘트라 사건에서 미국이 무기와 인질을 교환하였을 때 세부사항이 폭로되면서 미 국민의 분노를 일으켰던 사례와 같은 일이 발생하지 않도록 미리 반대 상황에 대비한 보험성의 방책이기도 하다.

"정책, 기회 그리고 사람들"

공작활동을 성공적으로 수행하기 위해서는 외국의 상황에 영향을 미칠 수 있는 기회가 있어야 하며 그러한 기회를 프로그램으로 바꿀 수 있는 사람이 있어야 한다. 게다가 공작활동을 심사숙고하는 정부는 반드시 공작활동을 효율적으로 사용할 수 있는 힘과 권위를 가지고 있어야 한다. 이것은 특히 공작활동에는 합동작업을 위한 외국인의 협력이 요구되기 때문이다. 예를 들면 아이슬란드가 영국에 대항하여 북극에서의 어업권을 주장하는데 있어서 은밀하게 미국인들을 동원하는 노력은 별로 소용이 없을 것이다. 아이슬란드는 미국에서 영향력이 없으며 게다가 그러한 이슈는 미국에게도 어떤 전략적 이익도 없다. 물론 힘이 없는 조그만 나라가 특별한 목적을 성취하기 위해 이용할 수 있는 기회가 있을 수도 있다. 이스라엘이 1940년대 말 이란과 이라크에서 유태인을 구출했던 공작에서 그랬던 것처럼 비록 작고 힘이 약한 나라라고 할지라도 틈을 찾아내고 기회를 잡을 수는 있다. 목표를 달성하기 위해 이스라엘은 적대적인 나라의 고위관료로부터 비밀 협력을 이끌어냈다. 이스라엘은 이란과 이라크의 관리들이 그들의 나라에서 이스라엘의 공작활동을 눈감아주도록 하기 위해 기회를 포착하고 이를 이용하였다.

기회를 잡는데 있어 타이밍은 결정적이다. 사건의 흐름을 예상하며 아직 시간이 있을 때 행동하는 것이다. 공작 프로그램을 너무 일찍 착수하는 것은 재앙적인 결과를 초래할 수 있다. 위기가 발생한 이후에 이미 적이 방어 준비를 다한 후에 작전을 실행하는 것도 역시 무의미하다. 공작활동은 선제조치가 매우 효과적이다. 공산주의자들을 다루는데 있어 선제조치를 취했던 1950년대와 60년대에 미국은 그런 경험을 배웠지만 1970년대에는 소련의 적극적인 공세조치를 무력화시키지 못하고 그런 사실을 잊어버렸다.

최고위층에는 공개 또는 비공개 활동 프로그램을 조율할 수 있으며 선제적으로 기회를 이용할 수 있는 지휘관과 관리자를 임명하는데 관심을 갖고 있는 지도층이 지속적으로 있어야 한다. 공작활동 전문가들은 군사적 규율, 솔직함 그리고 복종보다는 창의력과 상상력을 내보이는 경향이 있다. 그들은 아이디어를 개발하고 이를 공작활동으로 전환시키며 그 활동과 다른 공개 수단들과 조화시키는데 이는 상당한 지적 역량을 필요로 한다. 16세기 엘리자베스 1세는 그러한 사람들에 둘러싸여 있었다. 사실 그녀가 지휘관들에게 「윌리엄 셰익스피어(William Shakespeare)」나 「크리스토퍼 말로우(Christopher Marlowe)」(영국의 극작가, 정보기관 연계)와 같은 당대를 주도하는 창의적인 영혼들을 뽑도록 장려한 것은 우연이 아니다. 루이 16세는 외무장관의 반대를 무릅쓰고 극작가인 「피에르 오귀스텡 드 보마세르(Pierre－Augustin Caron de Beaumarchais)」를 지지하였으며 루즈벨트는 극작가인 「로버트 셔우드(Robert Sherwood)」(육군 정보국 근무)와 「빌 도노반(Bill Donovan)(CIA전신인 OSS창설)」과 같은 괴짜 군 변호사를 신뢰했다.

정책입안자나 그들의 상위 관리자들이 때때로 그들의 업무 수행과 공작 활동 시스템의 실태를 비판할 수 있을 정도로 충분히 강한 것은 도움이 된다. 이것은 단지 실패한 관리자나 부하를 해고하는 것을 의미하는 것이 아니다. 무엇이 잘못되었는지 잘못을 배우는 시스템을 평가하고 그것을 고치는 것을 의미하는 것이다. (관료제 그 스스로는 많은 기득권과 얽혀있기 때문에 보통 자기 진단을 수행할 수 있다고 기대하기 어렵다.) 2차 세계대전 이후 잠시 미국 행정부들은 그러한 검토를 한 적이 있었으나 그 이후 정기적으로 하지는 않았다. 솔직한 자기평가는 내적으로나 외적으로 강력한 리더십의 결과이며 강력한 리더십이 드문 것과 같이 솔직한 자기평가도 드물다.

최고위층의 창조적인 리더십, 협조, 그리고 자기 평가만으로는 성공적인 공작활동을 수행하기에 아직 불충분하다. 루리타니아(유럽소설의 가상의 왕국)의 X정당을 돕고 Y정당을 약화시키는 것과 같이 일반적인 정책 지시사항을 구체적인 작전으로 바꿀 수 있는 노련한 공작관이 반드시 있어야 한다. 이러한 노련한 공작관들은 헌신적이고 동기가 충분한 인물들이어야 한다. 비밀 정치 공작은 개인적으로 큰 위험이 없을지라도 그 결과에 대해 늘 고심하고 신경을 쓰는 사람이 필요하다. 과거 오랜 동안 최고의 훌륭한 공작관들은 우파이든 좌파이든 상관없고 군주제이든 제정이든 종교이든 또는 부족이든지에 상관없이 대의명분에 전념한 사람들이었다. 말할 필요 없이 과대한 헌신과 광신은 정확한 상황분석을 방해하여 재앙적인 결과를 초래할 수 있다. 1960년대의 볼리비아의 체게바라처럼 상황이 무르익지 않았을 때 반란을 일으키려 노력했던 사람들은 분하게도 이와 같은 가혹한 현실을 깨닫게 되었다.

공작관은 공작활동의 수단 자체에 대해서도 확실하게 꿰뚫고 있어야 한다. 공작관은 자신의 수단으로 할 수 있는 것과 지금까지 실질적으로 해왔던 것을 명확하게 알아야 한다. 자신들이 사용할 무기의 힘을 믿지 못하는 사람을 어떻게 전장에 내보낼 수 있는가? 그러한 것은 결코 바람직하지 않다. 공작관은 그들의 관리자들처럼 창의적이어야 하며 기회를 포착하고 살릴 수 있도록 프로그램을 개발할 수 있어야 한다. 복잡한 상황들과 현장의 예측 못할 인물들을 다루는 상세한 지침은 상부로부터 하달되지 않는다. 공작활동은 큰 기회를 이용하거나 개척할 줄 알며 성과를 같이 낼 수 있는 사람들을 분간할 수 있고 문제를 명확하게 알아낼 수 있는 고도로 창의적인 사람을 필요로 한다. 마치 1917년 터키에 대항하여 봉기를 일으키도록 히자즈 아랍인들을 설득한 아라비아 사막의 로렌스나 러시아 차르 황제의 전복 후에 1차대전 동안 레닌과 볼셰비키들을 독일을 건너 러시아 국경지대에 피신시키도록 조치한 사업가 「구스타프 파부스(Gustav Pabus)」처럼 창의적일 필요가 있다. 파부스는 러시아가 전쟁개입에서 벗어날 수 있게 도울 수 있는 기회를 보고 볼셰비키가 차르 이후의 「알렉산더 케렌스키(Alexander Kerensky)」의 임시정부를 약화시키는데 도움이 될 것으로 예상하였던 것이다. 이러한 창의성(적시에 판단하고 즉석에서 대처하며 보이지 않지만 지식과 확신 및 본능으로 행동하는 직관적인 능력)은 근대의 권위적 또는 민주적 체제하의 관료적이고 조직적인 정책에서 기인한 재능이 아니다. 오늘날의 빠르게 발전하는 커뮤니케이션 기술도 이러한 도전적인 문제를 크게 바꾸지는 못하였다. 마치 1801년 아부키르의 넬슨 제독이 몇 주나 떨어진 거리에 있었어도 프랑스 함대를 격침시키고 나폴레옹의 이집트 정벌을 제지시켰던 것처럼 공작관은 과감하게 결정하고 행동할 수 있는 능력이 필요하다. 창의력은 공작관이 현재 작업하고 있는 지역의 이상적 가치와 문화에 대한 지식과 기술을 도외시해서는 할 수 없다. 사실 지식을 대체할 만한 것은 없다. 외국에서 살아보거나 일하지 않고 대학을 갓 졸업한 열정적인 신입직원이 우수한 공작활동을 하기는 힘들다. 준군사적인 공작과 선전이라는 특별히 전문적인 영역에서의 능력은 공작관에게 있어 거의 절대적 필수요인이다. 「루디어드 키플링(Rudyard Kipling)」의 소설 속 가공의 인물 킴이나 2차 세계대전 동안 페르시아에서 영국에 대항토록 원주민들을 결집시킨 독일판 아라비아 로렌스, 「바스무스」처럼 공작관들은 무엇이 작용하며 작용하지 않는지를 순간적으로 알아채는 육감을 개발하는 것이 필요하다.

"X를 지지하게 하고 Y를 반대하게 하도록 루리태리아의 여론을 주도하라"라는 지시를 고려해보자. 그것은 어떤 테마가 루리태리언들에게 호소력을 가지며 그 테마를 어떻게 해야 그들의 주의를 집중시키는지 아는 사람에게만 의미가 있을 것이다. 전문가는 루리태리아의 지도자들로부터 외교적으로 지원해달라는 미리 조절된 비밀요청이 충분한지 확인하고 루리태리아 사회에서 광범위한 지지를 받는 것이 첫째로 필요하다는 사실을 알아야 한다. 공작활동 전문가는 지지 발언을 시작하고 도와주는 일에 누가 믿을만한지 알아야 할 것이다. 예를 들어, 주제가 무역이나 농업이라면 전문가(물론 이 사람은 권위가 있고 그 정책이 잘 계획된 것이어야 한다)는 적시의 공개 조치와 더불어 루리태리아 무역 및 농업 영역에 대한 로비를 실시함과 함께 자국 정부의 무역 및 농업관련 부서를 찾아가서 지원을 얻어내야 한다. 1917년 미국의 1차대전 참전 당시 그 1차대전에 미국이 신속하게 참전하도록 하기 위한 정보원들의 지원을 받았을 때 미국 내 영국 정보기관 수장인 윌리엄 와이즈먼이 그렇게 했던 적이 있다. "루리태리언의 상징주의자(Symbolist) 당(黨)의 세력확장을 저지하기 위하여 공개정책을 보완할만한 비밀수단을 사용하라"는 지시는 어떤가? 이것은 더 복잡한 해석을 요한다. 노련한 공작관들은 그러한 주제들이 여론에 주목받고 회자되도록 확산시켜 나가면서 다른 것들은 대중의 눈에서 벗어나도록 할 것이다. 사회에 영향을 미치는 모든 영역에서 그들은 그 당에 대한 반대를 강화하고 안에서 내분이 일어나도록 할 것이다. 그들은 그 당에 대한 반대 정치세력의 리더십과 힘을 강화시킬 수 있도록 모든 아이디어와 기술과 자원을 제공할 것이다. 루리태리아 상징주의자들에게 그들의 반대자들이 외국으로부터 조종받고 있다는 상황을 증명할 기회를 주지 않으면서 그렇게 할 것이다. 이러한 임무에 투입해야 할 모든 정보자산을 평가하고서 공작활동 전문가는 루리태리아에는 같이 일할 사람이 너무 없다고 결론을 내리고 잘못하면 그러한 거대한 공작이 발각되어 아주 곤란한 상황에 처하게 될 것이라며 현재 취해야 할 노력은 정보자원을 축적하는 것 – 즉, 후일 상당한 신뢰감을 가지고 이끌어낼 수 있는 인간적 관계(정보제공자)의 확보 – 이라고 결론을 낼 것이다. 만약 현지 공작 전문가가 충분히 용감하다면 그러한 상황을 과감하게 보고해야 할 것이다. 이것이 바로 1970년대 미국 CIA 전문가가 했던 것이다. 1970년 미국이 칠레에서 충분한 공작 자원이 없기 때문에 CIA가 반대했음에도 불구하고 닉슨 대통령은 CIA 전문가의 말을 무시하고 칠레의 아옌데의 당선을 저지시키라고 지시했었는데 이 당시 CIA 전문가처럼 공작관은 현지 상황과 사정을 판단하여 가감없이 보고해야 한다.

물론 루리태리아에 대한 실행 가능한 정책을 결여한 지휘부는 아무것도 안 하는 것보다 어설픈 공작이라도 하는 것이 낫다고 생각할 수 있다. 그러나 그런 생각을 가지고 감행한 판단의 결과는 고위층이 겪어야 할 몫이지 공작활동 관리자나 공작전문가가 받을 것은 아니다. 일단 전문가 직원이 공작활동 지시를 특수 용어로 내리면 개인 담당관은(공식 가장이든 또는 비공식 가장이든) 현장에 나가 그들에게 부여된 역할을 수행하기 위해 지정된 직원들을 섭외해야 할 것이다. 그런데 이 직원들이 공작활동 기획자가 미리 계획했던 바에 비슷할 정도로 준비되어 있지 않으면 재빨리 신규 직원들을 충원하여 투입해야 할 것이다. 이것이 다소 이해하기가 어렵겠지만 미묘하고 복잡한 공작의 한 단면이다. 공작의 효과는 대체로 그것이 요구되기 전에 미리 적시에 그 인프라가 구비되어 있느냐에 좌우된다.

인프라(Infrastructure)

적시의 인적 물적 지원이 없이 정책입안자는 공작활동을 통해 외국의 일에 영향력을 발휘할 수가 없다. 특히 현대의 복잡한 사회에서는 하나의 공작 프로그램이 시작되고 난 후 인프라는 더 확장되거나 개선될 수 있다. 그러나 비밀리에 효과적으로 공작하기 위해서는 현재의 인프라가 있어야한다. 모든 요소가 비밀이어야 할 필요는 없다. 일부는 공개되거나 반공개적인 것도 될 수 있다. 다만 그것들은 비밀적인 요소와 조화를 이루어야 한다. 인프라는 항상 두 가지 요소, 즉 인적 자원과 물적 조치로 이루어진다.

인적 자원(Personnel) 프로 공작관과 관리자는 논외로 하더라도 성공적인 공작활동을 위해서는 두 가지 유형의 전문가가 필요하다. 흑색요원 또는 정보제공자와 그리고 기술 전문가이다. 첫 번째는 일선에서 도울 의지와 능력이 있는 비공식 요원, 즉 "불법적(illegal)"인 정보관(여기서는 흑색공작원으로서 고정 스파이를 의미)이거나 또는 그 대상지역에 있는 외국인이어야 한다. 그들은 신분위장이 잘 된 요원, 즉 정식으로 일하는 프로 흑색공작원이거나 외국인과 해외사건에 영향을 미칠 수 있는 기술과 지식, 권한과 접근성을 가진 파트타임 지원자들이다. 그들은 기자, 정치인, 학생회 리더, 퇴역 군인, 무역노조 지도자, 사업가, 학자, 홍보전문가 등이다. 그들의 동료들은 일반적으로 그들이 외국 정보기관과 협력하고 있는 것을 알지 못한다. 공작지원 인프라에서 흑색요원의 역할은 정규 공작관을 돕고 공작계획의 특별 임무를 수행하는데 있어서 협조자들과 충원된 외국 정보원들과 함께 일하는 것이다.

즉 공작관과 그들의 협력 네트워크는 다음에 공작계획을 설계하는 사람이 누구라도 지시만 하면 즉각 그 외국사회에서 누가 영향력이 있고 믿을만하며 기회주의자인지 단번에 바로 알아챌 수 있게 간략한 형태로라도 계속해서 유지될 필요가 있다. 이렇게 되어야 지시만 내리면 공작활동 수단이 성공적으로 작동할 수 있다. 영국이 2차대전 이후의 이란에서 그러한 공작 인프라를 유지하였다. 1953년 미국과 영국이 무사덱 정부를 전복하기로 결정하였을 때 영국은 적절한 협력 네트워크를 가지고 있었다. 수십 년 동안 모스크바도 세계의 여러 곳에 그런 인프라를 유지하였다. 예를 들어, 1974년 포르투갈 혁명 때 소련지도자들은 포르투갈에서 주요한 역할을 떠맡을 정도의 입장이 되었으며 결국 거의 그런 역할을 해냈다. 2차 세계대전 이후 미국은 서유럽과 라틴아메리카 그리고 다른 지역에서의 공산주의를 봉쇄하기 위한 역량을 축적해 나갔다. 그러나 그 후에 위축되게 내버려 두었다. 1980년대에 이란에서 미국이 영향력을 발휘하기 위해 인적 인프라가 필요하였으나 그러한 자원이 없었다. 백악관과 CIA는 이란에 정보원을 가지고 있는 이스라엘이 아니면 신뢰할만한 관계를 가지지 못했으며 전문가가 아닌 자국 시민에 의존해야만 했었다. 공작활동 역량은 현지 사건에 영향을 미칠 줄 아는 노하우를 가지고 있는 사람과 믿을만한 교류관계로 구축된 협조망의 여부에 달려있다. 인프라를 구축하려는 사람은 이념적 헌신부터 재정적 보상까지 다양한 이유로 도울 능력과 의지가 있는 사람들을 찾아야 한다. 이상적으로 보면 이러한 인적 자원들은 상황에 어떻게 영향을 줄 수 있는지 그 방법을 잘 알고 있으며 다른 협조자들을 구하는 것에 능숙해야 할 것이다.

정확성, 효율성을 선호하는 영미 문화에 근거한 관료제들이 그런 성향이 있긴 하지만 외국의 정보제공자들을 – 즉 그들이 정치가가 되었든 언론인이 되었든 부족의 지도자들이든 – 직접 통제하려고 할 필요는 없다. 특별한 임무에 협조하려는 많은 외국인들은 자신이 통제받는 유급 정보원으로 보여지는 것을 원하지 않는다. 훌륭한 공작활동은 그러한 도움 없이도 그들이 할 수 있는 것보다 그들 스스로 더 효율적으로 일하기를 원하도록 만드는 것이다. 이것은 조언과 지침, 도덕적, 물질적, 기술적 지원 그리고 안전한 피난처를 제공하는 것을 의미한다. 이것은 정보제공자의 모든 행동들에 대한 직접적인 통제를 필요로 하지 않는다.

전통적으로 미국(아마도 영국도)은 외국 협조자들을 일종의 채용된 정보원으로 전환시켜 통제에 두려는 성향이 있었다. 소련은 조금 더 교묘하였다. 소련은 모든 유형의 요원들, 즉 특별한 임무에 연관되어 통제받는 유급 정보관으로부터 단지 일반적인 지침만으로도 그것을 수행하는 방법을 돕는 신뢰할만한 협조자까지 지침과 물적 지원을 제공했다. 미국의 전직 공작관인 「휴 토바르」는 전후 미국의 공작활동의 약점에 대해 다음과 같이 이야기하였다.

> 나는 이미 agent와 같은 용어들에 대한 불쾌감을 표현했다. 이 말은 비현실적이며 불필요할 정도로 경멸적인 의미를 내포하고 있다. 소위 agent는 누군가의 명령을 수행하는 사람이 아니라 협력자이다. agent와의 관계가 효과적이려면 상호간에 양립할 수 있는 의제와 목표에 근거를 두어야 한다. agent와 협조자는 그의 공작 파트너에게 완전히 의존적이면 안 된다. 많은 경우에 agent가 공작에 관한 이익이나 가치를 얻기 위하여 상당한 조직적 제휴를 맺는 경우가 있다. 다만 투입되는 지원은 최소한의 이점을 얻을 정도, 즉 초기 촉진적 효과만을 얻을 정도만으로 한정되어야 할 것이다.

공작관의 역할은 적합한 외국 정보제공자들의 이해관계를 알아내어 그들의 이득과 미국의 이득이 함께 겹친다는 사실을 확신하게 만드는 것이다. 공작관은 정보제공자들에게 그들의 역할이 중요하고 공작이 큰 변화를 만들어낼 것이라고 확신시키는 것이다. 공작관은 정보제공자들에게 자신들은 오랫동안 도움이 될 것이며 실패할 경우에도 그들을 버리지 않을 것이라고 믿게끔 해야 한다. 중요한 순간에는 성공과 충성의 기록만큼 도움이 되는 것이 없다. 공작관은 그들의 정보제공자가 새로운 기술의 사용과 공작내용을 알도록 가르쳐야 한다. 종종 새로운 환경에서는 서로 친하지 않거나 싫어하는 사람들을 조직하여 팀을 구성하는 것이 요구된다. 공작관은 어떠한 것이 네트워크를 강화할 것인지 결정해야 한다. 미션 그 자체, 적에 대한 미움, 우정? 만약 한 외국인이 공작에서 자신의 역할을 할 수 없다면 그를 잘라내야 하는가? 그러한 결정은 올바른 판단력뿐만 아니라 용기도 필요로 한다. 공작관은 한 사람에 대한 그의 첫 판단이 틀렸었다는 것을 인정해야 하기 때문이다.

또한 인적 인프라에 있어서 중요한 것이 기술자들이다. 예를 들어, 서류가 없으면 가서 살 수 없는 그런 곳으로 정보제공자들이 여행을 가서 살고 일할 수 있도록 필요한 허위 문서를 제공할 수 있는 전문 기술자들이 필요하다. 1970년대 후반 미국 정부는 이란에 숨어있던 미국 외교관을 해외로 피신시키기 위해 캐나다 정부에 허위 서류를 제공하였다. 그 외에 가치가 있는 중요한 기술 전문가들로는 외국인들에게 공격과 방어 전술들을 가르칠 수 있는 준군사적인 기술을 보유한 전문가가 있겠으며, 또한 선거 후보자에 대한 지지를 모으고 현대적 여론조사 기법을 활용하여 표를 모을 수 있는 정치적 기술을 가진 사람이 있다. 이와 같은 전문가들의 목록을 만들고 유지하는 것이 인프라의 역할이다. 만약에 그런 전문가 목록이 잘 보존되지 않으면 "상황이 닥쳤을 때" 공작활동 관리자가 급히 적절한 전문가를 찾기 위해 백방으로 노력해야 한다.

물질적 지원(Material Support) 공작활동 인프라의 다른 절반은 물질적 지원으로 이루어져 있다. 물적 지원에서 가장 중요한 것은 돈을 송금하고 통신하며 비밀리에 움직이는 수단들을 확보하는 것과 접선 및 안전가옥 그리고 훈련을 위한 시설을 찾아내는 것이다. 돈을 비밀리에 송금한다는 것이 아주 어려운 일은 아니다. 은행계좌가 스위스에 개설되어 있거나 아니면 룩셈부르크, 케이만섬 또는 카리브해 지역 어느 곳에 개설되어 있을지 모르지만 돈은 같은 나라의 다른 은행계좌로 이체되게 하는 것이다. 그리고 만약에 필요하면 돈을 다른 나라의 은행계좌로 보낼 수도 있다. 자주는 아니지만 이따금 국가들의 이러한 돈거래가 탄로나기도 한다. 정부가 할 수 있는 또 다른 방법은 외국에 합법적인 은행을 설립하는 것이다. 그리고 수취인이 그 은행에 계좌를 개설한 다음에 돈이 정부의 계좌로부터 수취인의 계좌로 이체되게 하는 방법이다. 과거에 소련은 수십 년간 이러한 묘책을 사용하였다. 1970년대에 소련은 이미 소련과 거래하고 있는 합법적인 무역 회사로 하여금 수취인의 통제하에 있는 회사에 커미션을 지급하는 식으로 이태리, 그리스, 그리고 그 외 다른 여러 곳의 정보활동에 자금지원을 하였다. 소련의 붕괴로 인해 미국이나 서방의 다른 곳의 공산당에 대해 소련이 제공해왔던 다량의 현금지불 루트가 백일하에 드러났다.

통신은 공작 현장과 본부를 연결시켜 주는 성공적인 공작활동의 핵심이다. 이는 대사관이 가까이에만 있다면 어려운 일은 아니다. 지역의 정보원과 정보제공자들에게 보내는 비밀메시지는 본부의 관리자로부터 대사관까지 암호화되어 보내진다. 다른 경우에는 이스라엘이 종종 그랬던 것처럼 비밀 라디오를 통해서 하거나 본부로부터 현장 정보원에게 사람을 보내는 것도 유용하다. 만약 통신원이 고용되어 있다면 다툼이 있는 지역에서 정보원을 침투시키거나 탈출시키도록 미리 조치되어 있어야 한다. 통신원과 공작관 그리고 그들의 정보원 사이에 접선할 경우에는 안전가옥이나 안전한 장소에서 이루어지도록 한다.

정보원들은 의료 및 군사 물품들을 시장에서 구매하여 고용한 운송회사로 하여금 목표 국가나 이웃나라에 전달되도록 함으로써 필수 공급물품들 – 병참 – 을 구매하고 운반한다. 때때로 공급물품들이 특수하거나 양이 많아서 시장에서 살 수 없거나 불편한 주의를 유발하지 않고서 운반할 수 없는 경우가 있다. 1950년대 미국은 이러한 문제에 봉착해서 공급물품들을 세계의 다양한 곳에 보내기 위해 상업 항공사를 설립하거나 상업 항공 운수회사를 취득해야 할 경우가 있었다. 예를 들어, 에어 아메리카는 미국 정부에 의해 비밀리에 소유되고 통제받았다. 에어 아메리카는 항로, 조종사, 화물운송 등을 비밀 CIA 관리자에 의해 통제받으면서 자신들의 서비스 일부를 공개시장에서 팔았다. 이 회사는 1950년대와 1960년대에 아시아에서의 준군사적인 공작에 있어 중요한 역할을 수행하였다. 무기와 다른 군사적인 장비의 공급 루트는 아이러니하게도 역효과를 낳을 수 있다. 예를 들어, 소련은 1970년대 미국이 베트남에 버리고 온 방대한 미국 무기들을 사용할 수 있었다. 결국 그것들은 쿠바와 중미의 마르크스-레닌주의자 반란자들에게 보내져 미국에게 불이익을 초래하였다. 정반대로 미국과 다른 나라들은 1976년 사다트와 소련과의 결렬에 앞서서 브레즈네프가 이집트에게 팔아먹은 소련제 무기들을 아프간의 반군들에게 공급하여 소련이 아프간 침공 시에 자신들의 무기와 맞서게 하였다.

좋은 인프라의 극적인 예는 1979년 이란에서의 미 대사관 인질사태에 대한 성급한 구출준비이다. 미국은 이란으로 제3국의 여권을 통하여 공작관과 정보원들을 보냈다. 그들이 가지고 있던 급조된 회사 네트워크를 통해 대규모로 구출 부대를 위한 서비스에 착수하였다. 동시에 두 명의 다른 미국인이 구출 부대를 위한 장비들을 사전 배치하기 위해 이란 경계선에 있는 선택된 활주로로 비밀리에 날아갔다. 미국은 또한 내부공작관과 정보원들과 통신하기 위해 많은 라디오 송신기를 사용하였다. 공작계획은 모범적으로 비밀 물적 인프라를 충분히 사용하였다. 하지만 그렇다고 해서 이것이 실제 구출시도가 잘 계획되고 실행되었다고 말하려는 것은 아니다. 실제로 그 결과는 반대였기 때문이다. 이와 같은 공작들은 반대되는 교훈을 제공한다. 아무리 모범적인 인프라일지라도 그것이 공작에서의 계획과 실행과정의 결점을 만회하지 못한다는 것이다.

사회 가치관의 문제(Questions of Values)

민주 정부가 공작활동을 수행하는데 있어 또 하나 중요한 원칙은 공작이 수행되는 환경과 비밀수단이 그 사회의 가치들과 일치되어야 한다는 것이다. 언젠가 공작은 상대방 국가의 방첩기관에 의해 발각이 되거나 내부에서 누설될 가능성이 크다. 만약 공작이 발각되었을 때 파멸을 최소화하기 위해서 그 사회의 정의와 조화되는 비밀 수단을 쓰는 것이 훨씬 낫다. 물론 사회의 가치와 조화된 수단을 사용하면 누설될 위험성도 줄어든다. 물론 어떤 수단이 사회의 지배적인 가치규범과 일치하는지 판단하는 것은 쉽지 않다. 일반적으로 민주사회에서의 그런 판단은 특별한 공작기법이 알려지고 난 다음에 사람들과 입법부가 어떻게 반응하는지를 보면 알 수 있다. 예를 들어, 1990년대 대부분의 미국인들은 외국인 지도자에게 자문하거나 유망한 젊은 지도자들에게 물적 지원을 하는 것 또는 친 자유 세력들을 지원하는 것 등과 관련하여 비록 구체적인 지지 인물이나 지지 명분에 대해서는 동의하지 않더라도 이런 유형의 공작활동에 대해서는 미국의 민주주의 가치에 적합하다고 판단할 것이다. 그러나 미국인들은 전통적으로 평화 시기에 외국 지도자의 암살과 같은 공작활동은 용납하지 않았다. 또한 미국인들은 평화 시기에 외국의 여론에 영향을 미치기 위해 역정보를 흘리는 것 – 의도적으로 잘못된 정보를 유포하는 것 – 도 승인하지 않을 것이다. 그 이유는 부분적으로 미국인들이 정부의 국정수행에 있어서 정부가 진실이라는 윤리적인 기준에 책임지게 하고 싶어하기 때문이며 또 한편으로는 결국 진실이 더 효과적이라고 믿고 있으며 역정보를 사용하는 습관이 미국 국내 정치논의를 오염시킬지 모른다고 생각하기 때문이다. 아마 미국인들은 이중첩보원이나 미디어 외의 다른 채널을 통해서 역정보를 주어 적을 조종하는 것에 대해서는 반대하지 않을 것이다.

대부분의 민주적인 나라들과 같이 미국은 자국 시민들의 안전을 은밀히 보호하기 위해서나 또는 심각한 시민권 학대, 강요된 굶주림, 폭력, 인종학살 등에 직면한 외국인들의 안전을 위해서는 비밀활동을 승인할 것이다. 1990년대 초반에 크로아티아와 보스니아－헤르체고비나 내전 당시에는 미국과 영국이 도움을 좀 덜 줬을지 몰라도 2차대전 직전에 유럽에 있는 반파시스트 지하운동가들이나 타겟이 된 소수자들에 대한 도움은 이런 민주적 문화와 조화되었던 것이다.

마찬가지로 1990년대 초반 리비아, 이라크, 이란과 같은 무법적인 정권들의 침입에 취약한 외국사회들을 보호하기 위해 비밀리에 개입하는 것이 민주주의 가치기준에 부합하듯이 반민주적 세력에 의해 위협을 받는 나라들을 보호하기 위해 그 나라의 민주세력들을 비밀지원하는 것은 민주적 가치에 부합한 것이다. 좀 더 어려운 문제는 외세의 개입이 어느 정도 인지 모르거나 약한 것으로 알려진 사례이다. 1930년대 독일에서 나치가 그랬듯이 민주적 세력과 비민주적 세력의 조합을 통해 반민주적인 세력이 정권을 잡은 경우에 민주적 가치 문제를 판단하기가 어려운 것이다. 테러리스트, 마약밀매업자, 게릴라 또는 이 세 가지 조합에 의해 시민들의 삶이 위협받는 것을 구하기 위해 정부가 공작을 하는 것은 민주적 문화와 일치 하느냐는 문제를 넘어서는 것이다. 문제는 일반적으로 공작활동과 구체적인 공작기법이 정확하게 언제 민주적 가치들과 딱 들어맞는지를 아느냐는 것이다. 감지된 위협과 국제적인 사태 등에 반응하여 시시 때때로 변하는 혼란스러운 중간지점이 있기 때문이다. 그러나 그렇다고 하더라도 만약 대중이 진실을 알게 된다면 승인과 미승인을 판단하는 두 기준은 매우 명백할 것이다.

공생(Symbiosis)

공작활동이 효과적이려면 정책과 문화적 가치뿐만 아니라 다른 정보 요소인 수집, 분석, 그리고 방첩과 함께 통합되어져야 한다. 당연한 것이지만 공작관들은 대체로 조심성과 의심이 많은 다른 동료들로부터 비난받을 것을 걱정하거나 일부 보안 문제를 들어서 그들의 공작 비밀을 방첩전문가나 분석관과 함께 공유하기를 꺼린다. 그러나 모든 정보구성 요소들이 적절히 균형을 맞춘다면 방첩과 분석은 공작활동 기획자와 담당자에게 큰 기여를 할 수 있다.

수집관은 공작활동에 많이 도움을 줄 수 있으며 도움을 받을 것도 많다. 수집은 분명히 공작활동 기획자에게 유용하다. 많은 해외 정보원들은 재정적인 이유보다 신중하게 정치적인 이유로 정보를 공유하려 한다. 그들은 외국 정부가 그들과 그들의 대의명분을 도와주기를 원한다. 이를테면, 인도 정부의 내각 관료가 금전이나 흥미를 이유로 정보를 제공하지는 않을 것이다. 왜냐하면 그는 그런 것을 이미 다 갖고 있기 때문이다. 그러나 그는 외국의 정부가 그와 그의 정당 및 정치적 목적을 위해 도와줄 것이라고 생각하면 그는 내각 회의에서 논의된 사항에 대해 자세한 보고서를 만들어 제공할 것이다. 그는 잠재적으로 볼 때 자연스러운 비밀 협력자가 될 수 있다. 이전의 담당자들이 최고의 수집 활동 중의 일부가 비밀공작 활동으로부터 도움을 받았다고 술회한 적이 있다. 이와 유사하게 비밀공작 활동도 좋은 분석, 특히 기회분석(상황분석)으로부터 도움을 받는다. 외국 사회의 기회와 약점을 탐지하는 분석관, 즉 누가 누구이며 누가 무엇을 원하고 누가 어떤 정치적, 경제적, 군사적 압력에 취약한 지를 파악하는 분석관들은 공작관에게 있어 더할 나위 없이 소중하다. 특정 지역의 군사력 증가와 같은 한 사회에 대한 경험적 추세를 서술하는 보고서를 올리는 분석관은 비록 그 보고서가 정확할 지라도 공작활동에 그다지 유용하지 못하다. 기회지향적 분석의 가치를 설명하기 위해 분석관이 콜롬비아 집권당의 어떤 분파와 인물이 마약밀매상의 신세를 입고 마약유통 금지를 기피하려고 하는지를 알아내려고 한다고 가정해보자. 미국 대통령이 이러한 정보를 가지고 있으면 미국 대통령은 콜롬비아 대통령에 대한 이런 부정적인 압력을 이해하고 마약왕 세력들을 약화시키거나 마약왕에게 의존되지 않은 세력들은 공개적 또는 비밀리에 도와줌으로써 콜롬비아 대통령이 그 압력을 극복할 수 있도록 도와줄 수 있다.

예를 들어, 중앙아시아 또는 코카서스나 발칸과 같은 인종집단문제를 다루는 정책결정자나 공작활동 관리자의 입장을 살펴보자. 이 지역은 이웃하고 있는 민족, 국가주의자, 종교주의자에 의해 그들의 시민들이 학살당하는 것을 막거나 자민족의 독립을 지키기 위한 외부의 지원을 찾고 있다. 그들의 주제에 대해 잘 아는 분석관과 수집관은 누가 원조를 잘 사용할지 누구의 손에서 원조가 사라져 증발할지, 도둑과 기회주의자들을 잘 분간할 수 있을 것이다. 인종적·종교적 긴장이 있다는 사실을 인지한다는 것만으로는 충분하지 않다. 공작관이라면 외국 사회에서의 핵심 인물들이 갖는 강점과 약점을 파악하고 무엇이 그들을 움직이며 어떠한 계기로 그들에게 영향을 미칠 수 있는지 간파해낼 필요가 있다.

분석관과 공작관 간의 긴밀한 협력의 이점은 분석이 실제 공작활동에서 사용될 수 있다는 것이다. 예를 들어, 분석관이 만든 적 정치인들의 부패와 음모에 대한 세밀한 보고서는 그들의 평판을 떨어뜨리는 공작에 사용될 수 있는 것이다. 비밀자료를 제거한 분석 결과는 외국의 지도자에게 전달되어 세계에 대한 그의 인식을 형성하는데 영향을 미칠 것이다. 이 방식이 바로 영국이 루즈벨트에게 영향을 미쳐 미국이 2차 세계대전에 참가하도록 만들었던 방식이다. 물론 그렇다고 해서 분석관과 공작관 사이의 결합이 반드시 친밀해야 한다는 것은 아니다. 왜냐하면 둘이 너무 개입되거나 구속되면 객관성을 잃을 수 있는 위험성을 초래하기 때문이다. 공작활동 관리자는 그들과 적절한 거리를 유지하며 분석관들의 기술을 이용하는 것이 필요하다.

공작관은 좋은 방첩에도 많이 의존한다. 외국의 협력자가 정말로 그들이 주창하는 정치적 명분에 충실한 것인가? 아니면 그들은 단지 외국 정부와 정보기관에 의해 제어되는 앞잡이들일까? 공작활동의 성공은 이러한 질문에 대한 정확한 대답에 달려있다.

이중첩보원 또는 삼중첩보원의 사용은 역사적으로 오래되었다. 20세기에 어쩌면 전 세대를 거쳐 가장 주목할 만한 것은 세대에 걸쳐 서방 공작관들이 지원하려고 했던 소련 연방 국가들에서 일어난 거짓 저항 운동들의 생성과 조작이다. 미국과 다른 국가들은 1980년대 이란에서 등장한 얼핏 표면적으로는 "온건성향을 지향했던" 정당들에게 번번이 당했고 속았다.

공작활동에 대한 책임을 다른 정보 요소들과 함께 하는 같은 관료조직에게 묻는 것에는 긍정적인 점과 부정적인 점이 다 있다. 사실 그들을 하나로 묶을 필요는 없다. 다만 그렇게 할 경우에 아주 중요한 이점이 있을 수 있다는 것이며 실제로 20세기의 대부분의 민주국가들에서는 여러 가지 기능을 함께 뭉쳐왔다. 1940년대 한동안 미국과 영국은 공작활동을 위한 별도의 기관을 만들 것인지 아니면 보다 집중화된 정보기관을 유지할 것인지 망설였다. 결국 미국은 집중화된 시스템으로 결정하였고 영국은 다소 덜 집중화된 시스템으로 하였다. 영국은 준군사적인 공작활동이 "시끄러울 수 있기 때문에" 군사기관이나 해외정보 기관인 MI6 산하에 두는 것보다 별도로 따로 두는 것이 낫다고 생각하였던 것이다.

목표와 수단 그리고 역사적 교훈

어느 측면에서는 비밀공작이 하나의 기술로 여겨질 수도 있지만, 비밀공작은 그 자체를 위해 수행되어서는 안 된다. 비밀공작을 이용하기 위해선 3가지 광의의 목표가 있다 : ① 즉 한 국가 안에서 내부의 세력균형에 영향을 미치기 위해서 또는 민족 동맹이나 국제적 범죄 연합과 같은 초국가적 집단에서 내부의 힘의 균형에 영향을 미치기 위해; ② 그들 내 여론의 흐름에 영향을 미치기 위해; ③ 내부적인 힘의 균형 또는 여론과 상관없이 특정한 공작을 유도하기 위해 하는 것이다.

어떤 정부의 구성에 영향을 미치려 하거나 또는 어떤 국가 또는 국가를 초월한 초국가 집단의 핵심 의사결정 집단에 영향을 미치려고 하는 것은 대부분의 비밀공작의 주된 목표이다. 그 목표는 정부나 그룹의 핵심세력이 반드시 자신의 정부 또는 그것의 정책에 호의적인 경향을 가지게 하는 것이다. 그것은 단순히 핵심인물의 교체를 의미하거나 그 정부나 그룹의 구성을 완전히 바꾸어 버리는 것을 의미할지도 모른다. 가끔은 정부나 집단이 특정한 방향으로 나가도록 압박하기 위하여 여당이나 야당 내의 특정 파벌을 지원하기도 한다.

대상목표국가의 여론의 흐름이나 또는 정치적 통일체인 국가 성향에 영향을 미치려고 하는 것은 다소 은밀한 선전성 비밀공작의 형태라고 하겠다. 그 목적은 주어진 결정 또는 정부 또는 그룹 안의 단기적인 세력의 균형에 영향을 미치는데 있는 것이 아니다. 오히려 핵심 결정권자에게 영향을 가하는 조건과 압력의 형태를 조성하여 바람직한 방향으로 행동하도록 압박하는 것이다.

특정 정부나 국제단체, 비정부단체에서 특정한 행동을 유도해내는 것은 비밀공작의 일반적인 목표이다. 예를 들자면, 이스라엘은 1940년대 후반에서 1950년대 초반 이라크의 이라크계 유태인을 구출하기 위해 이라크의 핵심 지도자에게 영향력을 행사하였다. 미국은 UN에서의 특정 표결에 영향을 미치기 위하여, 예를 들면 미국의 이익을 해치는 외국 정보원들을 제3국으로부터 축출하기 위하여 다양한 수단을 통해 영향력을 행사하였다. 또한 1970년대 미국은 PLO와 같은 비정부단체를 위해 특정한 행동을 유도하기 위해 노력했다.

이러한 목표들을 성취하기 위해 다양한 기술이 단독으로 또는 조합하여 사용되거나 공공연히 또는 비밀리에 사용될 수 있다. 이러한 기술은 일반적으로 정치적 행동, 선전 프로그램, 준군사 활동 그리고 정보 지원으로 분류된다. 이 다양한 카테고리 안의 분류기준이 명확하게 구분이 안 될 수도 있다.

정치적 행동 정부는 외교적, 경제적, 군사적 능력을 보충하기 위해(물론 그들이 정책과 상상력이 풍부하며 지속적인 리더십, 능숙한 공작관, 강력한 정보 구조들을 잘 조화시켰다는 가정하에서지만), 다양한 정치적 기술을 사용할 때 이점을 가진다. 외국의 목표대상에 영향을 주기 위해서 정부는 전통적인 외교관계의 틀에서 공식적이고 공개적으로 노력할 수 있다. 이것이 정상적인 외교의 분야이다. 그러나 공식적 국가대표인 외교관들도 외국 정부 또는 비정부단체에게 비밀 조언자로서 더 큰 영향을 더 미칠 수 있는 기회를 가진다. 상황이 바뀌어 이제는 특정 공작관들이 은밀하게 파견되어 지속적으로 국가수반이나 내각 수상 또는 중요한 비정부단체의 리더에게 거의 영구적으로 영향을 미치게 되는 것이다. 대상 정부 및 단체는 외국 정부가 비밀 조력자를 이용한다는 사실을 잘 알 것이다. 때때로 외국정부나 대사들을 인지하기보다는 비밀 사절의 존재를 인지할 수 있다. 19세기 미국은 외교관계를 가지지 않는 외국 정부에 영향력을 행사하기 위하여 때때로 그러한 비밀 루트에 의존하기도 하였다. 최근 이스라엘은 이스라엘 국가를 인정하기를 거부하는 국가들에 대해서는 상업용으로 위장한 모사드(이스라엘 해외정보기관) 지역거점을 설립하는 것이 필요하다는 것을 깨달았으며 이스라엘 공작원들은 신중하고도 들키지 않은 비밀공작을 통해 큰 성과를 얻을 수 있었다.

외교관계가 서로 인정되어 있는 곳에서 대사들은 그들의 공식적인 외교적 역할에 덧붙여 때때로 영향력 있는 비밀 고문관이 될 수 있는데 특히 믿을 수 있을 만큼 탁월한 정보수집과 분석이 주어졌을 때 더욱 그러하다. 특히 이런 종류의 교묘한 전문가로는 16세기 초 영국에서 스페인 필립 2세를 대리하는 「디에고 살미엔토 드 아큐나 곤도마르」 백작이 있었다. 소위 런던의 슈퍼스파이인 곤도마르는 왕립 의원부터 부두 노동자에 걸쳐 정보를 수집했으나 주로 궁정의 소규모 모임과 공식적인 정보원에게 의존했다. 그의 주목할만한 성공은 그의 인맥과 제임스 1세에 대한 영향력에 기인한 것이었다. 이 영향력을 통해 그는 카톨릭 국가인 스페인이 프로테스탄트 국가인 네덜란드와 벌인 전쟁에서 프로테스탄트인 영국이 중립을 유지하도록 중요한 역할을 했다.

대사들이 항상 상황이 요구하는 정도만큼 그렇게 조심스럽게 행동할 수는 없다. 16세기에 이탈리아 도시국가 대사들이 도착했지만 그들이 갔던 국가에서 비밀리에 활동이 불가능했다. “그러한 환경은 다양한 외교적 신분의 요원을 채용하도록 하였는데 그 중에는 맨다타리오(Mandatario)라고 불리는 대사보다는 다소 신분이 낮으나 제한된 권한이나 전권을 가진 직위로부터 시작하여 아미코(Amico)라는 왕궁의 친구지만 실은 한낱 스파이에 지나지 않은 상인에 이르기까지 다양한 외교적 정보원의 도입을 발전시켰다. 이 모든 이들은 대사보다 더 비밀스럽게 고용될 수 있었고 예민한 동맹국에게 불쾌감을 끼칠 위험성이 훨씬 적었다.

17세기 후반 프랑스는 대사채널이 아닌 외부 방식으로 영국 왕궁의 조지 1세에게 그들의 목적을 달성할 수 있는 기회를 찾아냈다. 네덜란드 신사로 위장한 프랑스 섭정의 협조자인 듀보이스 추기경이 조지 왕의 수행단에 합류하여 영국의 비서관인 「제임스 스탠호프(James Stanhope)」를 통해 프랑스와 영국 간의 동맹을 추진했다. 국빈 만찬자리에서 듀보이스는 경솔한 대화를 도청했고 중요한 가치의 정보를 수집하여 1711년 봄 영국과 프랑스가 동맹을 맺는데 성공했다. 그는 영국에서 첩보활동 시스템을 지휘했고 스페인, 러시아, 스웨덴 간의 다양한 비밀 협정을 수행했다.

20세기에 들어서자 핵심 외국인에게 영향을 미치는 비밀공작 기술이 정보기구를 위해 은밀하게 일하는 전문가들의 특수영역으로 바뀌었다. 영국의 매우 능력 있는 정보원인 「윌리엄 와이즈먼(WilliamWiseman)」은 윌슨 대통령과 그를 보좌하는 하우스 대령의 절친한 자문관이 되었다. 와이즈먼의 영향력은 1차 세계대전 당시 미국을 전쟁에 참여하도록 유도하였고 1918년 봄 중요한 전투에서 독일을 막아낼 수 있도록 미국의 신속한 지원을 이끌었다. 1930년대 말 루즈벨트 대통령과 그의 보좌관에게 비슷한 영향을 준 영국의 활동은 뉴욕의 MI6 수장인 「윌리엄 스텝슨(William Stephenson)」을 통해 실행해졌다. 와이즈먼과 스텝슨 둘 다 공개적으로 알려지지 않고 미국인으로 알려진 영국 정보원이다. 이들은 자신들의 영향력을 사용하여 국내 정치적 균형과 미국의 여론 분위기가 바뀌도록 유도하였으며 그리하여 미국이 영국을 돕는 특별한 결정으로 나가도록 하였다. 2차 세계대전 후 아랍, 남미, 아시아의 많은 CIA 지부장들은 외국 지도자에게 믿을만한 조언자가 되었고 정부의 다른 분야의 활동을 보충할 수 있었다. '잃어버린 승리'라는 책을 쓴 「윌리엄 콜비(William Colby)」는 미국 대사가 아닌 CIA 정보원으로서 그가 직접 1950년대와 1960년대 월남의 심각한 파벌 투쟁을 중재하기 위해 파견되었다고 썼다. 또 다른 CIA 정보원인 「테드 샤클리(Ted Shaklee)」도 1960년대 라오스에서 같은 일을 했다.

오늘날 정보원은 왜 외교관보다 종종 더 그 업무에 더 적합한가? 다양한 이유가 있다. 대사는 특히 강대국에서 파견된 경우 고도로 노출된 삶을 산다. 그들의 행동, 미팅, 여행, 언동은 지속적으로 미디어, 반대파 그리고 다른 대사관들로부터 지속적으로 감시를 받는다. 실질적인 문제는 대사는 주지사나 주요 장관, 잠재적으로 성직자나 이맘과 같은 중요한 비정부기관의 리더와 갑자기 가까운 친구가 되기 어렵다. 정보원은 훨씬 더 노출이 덜 된 상태로 활동할 수 있다. 그들은 대상국에 대한 전문가이고 그전에 한두 번 그 나라에서 일했거나 현지 언어에 아주 능숙하다. 정보원은 개인 간 밀접한 접촉을 발전시킬 시간과 기회가 많다. 그는 정부의 기관장 또는 핵심 장관, 친한 종교 리더들이 젊었던 시절 그들과 친하게 지냈거나 비밀리에 함께 일한 경험이 있을지 모른다. 정보원은 또한 대사관 업무의 공적 영역과 비밀영역에서 일을 처리하는데 있어 자신의 뜻대로 사용할 수 있는 상당한 자원을 가지고 있다. 그는 비밀지원을 위해 전세계의 협조자에게 요청할 수 있고 재정지원, 특별 의료지원, 쿠데타나 혁명시 외국 리더와 그의 가족들의 신변보호 같은 개인적 유인책을 제공하는데 추가적인 이점을 가지고 있을 수 있다.

정보 거점장은 비록 이런 게임이 불리하더라도 대사의 나쁜 경찰 역할에 대비되어 좋은 경찰 역할을 할 수 있으며 그 반대의 경우도 마찬가지이다. 만약 외국 지도자가 자국 대사나 지역 거점장으로 부터 모순되는 메시지를 받게 되면 다른 정부의 우선순위에 대해 쉽게 혼란을 겪을 수 있는데 이러한 위험성은 다른 기관 간의 정책과 실행에 대한 조정의 필요성을 강조한다.

일반적으로 만약 어떤 정부가 아주 유연하고 기회를 잡을 만큼 충분히 능숙한 공작관을 보유하고 있다면, 비밀 관계는 외국 사회에 대하여 최고위층의 추가 영향력을 정부에게 제공한다. 이 일반적인 제안은 특히 미국과 비민주적인 국가들과의 관계에 특히 관련이 있는데 이런 비민주적인 국가의 경우 대체로 서열 2, 3위의 중요 인물이 거의 항상 내무부 장관이나 정보기관의 수장인 경우가 많다. 국가원수는 보통 위험하다고 여겨지는 반대인물을 감시하고 무력화하는 일을 정보기관장에게 맡긴다. 더욱이 비민주적인 정권은 장기집권을 위해 음모를 꾸미거나 은밀한 비밀 영향력 채널에 자주 의존하기 때문에 그들은 다른 정부도 똑같은 방식으로 일한다고 믿는 경향이 있으며 따라서 대사나 외무부 장관은 서방 국가의 국내정치에서 정보기관보다 영향력이 덜하다고 믿는 경향이 있다. 이런 편견은 아시아, 아프리카, 중동, 남미지역의 많은 국가들에게 영향력 있는 관계를 찾아내는데 유용하다.

지부장은 서로 다른 국가 간의 비밀접촉 채널이 된다. 수집과 방첩의 관점에서 본다면 지부장은 현지 공안 기관장들과 연락을 유지하길 원한다. 그들은 특히 그에게 유용한 정보를 제공할 수 있는데 이를테면 자국정부에 특별한 이해관계를 갖는 적대적인 정보기관의 현지 공작과 같은 정보들이다. 그리고 그들은 현지 핵심 인물에게 영향을 줄 수 있는 드문 기회를 지부장에게 제공할 수 있다.

그러나 여기에는 위험성이 있다. 지역 기관은 고유의 우선순위가 있다. 예를 들어 외세의 개입을 방해하거나 지부장과 자신들과의 관계를 더 돈독하게 하기 위해 정권의 반대인사들과의 접촉을 방해하려고 한다. 실제로 미국이 사실상 이란 국왕의 정보기관인 '사바크'의 포로가 되었을 때 이런 상황이 1960년대와 1970년대의 이란에서 발생했다. CIA와 미국대사는 이슬람 혁명세력이 이란을 접수하기 직전까지 그들과의 접촉을 유지하는 것을 제지당했다. 다른 위험은 지역 거점장의 정보업무와 그의 정부가 현지 보안기관에 의해 농락당할 수 있다는 것으로 현지 보안기관의 우선순위를 해결하는데 보완적인 변속기 역할을 하는 것이다. 1970~80년대 CIA가 「마누엘 노리에가(Manuel Noriega)」와 연관되었을 때가 바로 그런 경우였다. 1970년대 파나마의 군정보기관장인 노리에가는 미국과 긴밀하게 협력했고 미국은 중앙아메리카와 카리브해에서 다양한 수집과 비밀공작에 있어 파나마를 이용했다. 그러나 노리에가가 1980년대 초에 파나마의 국가원수가 되고 쿠바와 라틴아메리카의 마약밀매업자들과 관련이 되었을 때, 미국 관리들은 혹 자칫 파나마에서의 미국 공작기지가 위태롭게 될까봐 그를 비난하길 꺼려했으며 그에 대한 정치적 반대를 지원하길 꺼려했다.

그러나 혼자 또는 외교관과 함께하는 능숙한 비밀 공작관은 현지 지도자들에게 공동의 적에 대한 조언과 협조를 제공함으로써 영향력을 미칠 수 있는 기회를 만든다. 예를 들어, 현지 지도자를 타깃으로 한 테러단체의 계획에 대한 외국출처의 정보는 현지 공안 기관장의 환심을 사게 해주고 그 정부의 최고 지도자를 직접 만날 수 있는 천금과 같은 기회를 제공해줄 것이다.

영향력 요원(Agents of Influence) 또 다른 정치적인 수법은 비밀리에 개인이나 리더들을 지원하고 돌봐주어 지금 또는 미래에 그들이 중요한 위치가 될 때 정부에 영향력을 행사할 수 있도록 외국정부에 대한 공개채널을 보완해 나가는 방식이다. 이것은 정보기관의 영향력 요원 모집이라고 알려져 있다. 이러한 목적을 위해 공식적으로 모집된 사람은 일반적으로 외국 정보기관을 위해 자기네 나라에서 일하는, 똑똑하지만 통제를 받는 유급 정보원이다. 그러나 가끔은 금전적 지급이나 통제됨이 없이 외국 정보원과 기관에 기꺼이 열심히 협조하는 조력자를 발견하는 것이 더 쉽고 효과적일 때가 있다. 때로 자신들이 외국 정보기관과 협조하고 있다는 것을 인지하지 못하고 있는 사람들과의 연결을 맺는 것이 유용할 수 있다. 이들은 자신들이 믿는 공통된 대의명분을 위해 함께 일하는 것이 도움이 되고 심지어는 올바른 일이라고 믿기 때문에 외부인사와 기꺼이 함께 일하려고 한다. 어떤 정부와 정보기관은 초기 단계에서부터 잠재적으로 영향력 요원이 될 수 있는 정보원을 조기에 발굴하여 그들이 경력을 쌓아나가도록 계속 지원하는 소위 “씨뿌리기”라고 알려진 공작수법에 능숙하다. 씨뿌리기 작업은 확실히 기간이 오래 걸리고 섬세한 프로젝트이다. 수십 년 동안 조력자로 남을 수 있으며 믿을만하고 능력이 출중한 인물을 발굴해낸다는 것이 그리 쉬운 일이 아니기 때문이다. 심지어 그런 사람을 발굴한다고 할지라도 그가 중요하고 영향력 있는 지위에 오르기까지는 수년이 걸릴 수 있다. 더욱이 만약 그가 어떤 체제 내에서 거의 혼자 힘으로 성장하는 일을 해냈다면 그가 처음에 신분상승을 위해서 신세를 졌던 외국의 힘에 더 이상 빚을 지지 않으려고 할 수도 있다.

영향력 요원을 발굴하여 활용하는 것은 결코 최신의 기법은 아니다. 고대 그리스인들은 '프록세노이'라는 명성이 있는 외국시민들을 고용하였는데 이들은 주로 그들의 나라에서 특정 도시국가의 이익을 담당하는 외국시민들이었다. 어떤 프록세노이는 정보 수집뿐만 아니라 전복, 사보타주, 정치 분열, 암살에 개입하였으며 어떤 이들은 상업 요원과 협상가로 행동하기도 했다. 카톨릭 교회도 이 씨뿌리기 기법을 사용했다. 1534년 「로욜라 성 이그나티우스」가 설립한 예수회는 터키로부터 예루살렘을 빼앗는 임무에 전력을 다하고 있었다. 나중에 예수회는 그 임무에서 유럽의 종교개혁운동과 싸우는 방향으로 그들의 입장을 바꿨다. 종교전쟁에서 선택할 수 있는 무기 중 하나는 신부들의 훈련을 위해 설립된 특수 신학교였다. 예수회에서 로욜라와 그의 계승자는 예수회 신도들을 길고 엄격한 훈련을 마친 후에 유럽궁정에 배치하였는데 여기에서 이들은 단지 종교적인 문제뿐만 아니라 전쟁과 평화의 문제에 이르기까지 통치자들에게 영향을 미쳤다. 영국 카톨릭 교도들도 비슷한 책략을 구사했다. 교황과 필립 2세의 후원 아래 그들은 프랑스에 신학교를 설립하여 카톨릭 교육을 시킨 뒤에 이들을 다시 개신교인 영국으로 보내어 교리를 전파하게 하였다. 14세에서 25세 사이의 지원자는 엄격한 정신적 · 육체적인 규율 하에 7년간의 공부과정을 거치게 되어있었다. 신참자는 "전지전능한 하나님에게 저는 하나님이 시키시는 그 어느 때라도 하나님의 신성한 명령을 받잡을 준비가 되어있으며 앞으로도 항상 준비가 되어 있을 것입니다. 이 학교에서 윗분이 저에게 명령을 내리시면 저는 불쌍한 영혼을 구원하기 위해 언제라도 영국으로 돌아가겠습니다."라고 맹세를 했다. 영국 정부도 무슨 일이 벌어지고 있는지 인지하기 시작하고 있었는데 그 카톨릭 신학교에 들어가려는 숫자가 늘어나는 것에 깜짝 놀라서 현장모집행위에 엄중한 벌금을 부과하였다. 이후 영국 말로 "신학생"은 음모가담자라는 의미가 되었다.

폴란드는 역사적으로 1600년도 초반 러시아 왕위 탈취에 실패한 시도를 포함하여 현지 정보원을 찾아 키우는 씨뿌리기(파종)식의 공작형태를 사용해왔다. 1605년 러시아 왕위 계승자 간에 분쟁이 터졌다. 로마 카톨릭 교리를 러시아 동방 정교회에 확산시키길 열망하였던 폴란드 예수회도 이 싸움에 관여하게 되었다. 폴란드인들은 당시 오랫동안 러시아와 경합을 벌이고 있는 리보니아와 벨라루스 지역을 폴란드 영토로 편입시키길 갈망하고 있었는데 마침 「시지스문드」 폴란드 왕도 그 희망을 실현하는 적기라고 생각하고 이 왕좌쟁탈 싸움에 개입하였다. 그들은 동방정교회 수도사 「드미트리우스」를 거짓으로 이반 4세의 어린 아들이라고 주장하여 진짜 러시아 왕위 계승자라며 그를 뒤에서 지원했다. 드미트리우스는 이에 로마 카톨릭에 충성을 맹세했다. 마침내 폴란드는 그들의 목적을 달성하기 위해 러시아를 침공했지만 고도의 이 위험한 작전은 결국 드미트리우스가 살해되면서 실패하게 되었다.

더 최근에는 폴란드가 소련 연방에 잠입하는 씨뿌리기(파종) 공작을 더욱 발전시켰던 적이 있다. 소련 정부는 결코 공식적으로 알아채지 못했으나 분명히 폴란드 정보기관은 1차 세계대전 후의 혼란을 틈타 1920년대 소련정부 내에 한 명의 정보원을 침투시키는데 성공하였다. 실명이 '폴슈크'라는 자는 러시아와 폴란드 간의 전쟁에서 죽은 '코나르'라고 불리는 우크라이나 공산당의 신분을 사용하였다. 그는 우크라이나 공산당의 높은 서열까지 올라가 모스크바로 전근하였다. 농업 정치국 부위원의 자격으로 그는 최고 정치위원회 회의에도 참석했으며 스탈린과 다른 볼셰비키 원로들에게 각서를 제출하기도 하였다. 코나르는 폴란드를 위해 일하는 것을 그만 중단하기를 원했으나 폴란드가 그를 놓아주지 않아 결국 소련 정보기관에 붙잡혔다.

거짓 신분의 정보원을 이용한 씨뿌리기 방식(파종방식)은 정보원을 심는데 아주 특별한 기회가 있어야 되며 계속적인 기만을 위해 엄격히 훈련받은 정보 인프라를 요구하므로 지극히 어렵다. 차라리 그들의 경력 초기에 현지 태생의 영향력 요원을 발굴하여 지원하는 것이 조금 더 쉬운 비밀공작이다. 그러나 그것 역시 그러한 공작원을 찾아내어 운영할 줄 아는 노련한 공작관이 요구된다. 2차 세계대전 이후 이스라엘과 소련은 장기적인 기간을 가지고 영향력 있는 정보원을 육성하여 정보를 수집하였고 때때로 성공적이었다. 이스라엘로 이민 온 이집트계 유태인인 「엘리 코헨(Eli Cohen)」이 그러한 경우이다. 1959년 이스라엘은 가짜 신분 또는 아르헨티나-시리아무슬림으로 제명을 주었다. 코헨은 시리아로 가서 3년 동안 바트 당 내에 높은 서열의 자리에 올라갔고 이스라엘에게 민감한 정보를 주었다. 그러나 1965년 그가 시리아 정부내 요직에 임명되려고 할 때 그는 잡히게 되어 처형되었다.

그러나 20세기에 이런 종류의 비밀공작에서 가장 탁월한 성과를 낸 정보기관은 다름 아닌 소련 정보기관이다. 그러면 과연 소련은 이것을 어떻게 했는가? 가장 확실하고 가장 쉽게 기록으로 남겨진 사례는 공산당 지도자들과 관련된 것이다. 국제부라고 나중에 알려지게 된 소비에트 공산당의 한 부서(CPSU)는 KGB와 전임자들과 함께 협력하여 예비 지원자들을 찾아내고 평가하는 일을 열심히 하였다. 이들 개개인은 소련으로 훈련받기 위해 보내져서 훈련소에서 비밀 정보원들로부터 평가받았다. 그들이 고국으로 돌아와도 소련정부는 비밀리에 개개인에 대한 매수를 지속했다. 그들 중 일부는 현지 공산당이나 당 노동부, 미디어 분야로 채용되어 일을 하다가 나중에 핵심적인 직위까지 성장했다. 다른 이들은 직접 KGB가 돈을 지급하는 KGB 정보원이 되었다. 그리하여 "본부"인 모스크바는 현지 공산당들과 당 차원의 정상적인 채널이 아닌 믿을 수 있고 영향력 있는 외부채널을 구축하여 그들을 완전히 지배할 수 있었다. 모스크바는 소련에서 학위를 받거나 훈련받은 촉망받는 군사 및 정치 리더를 키웠고 그들은 공개적 또는 비공개적인 이름을 가졌다. 이들 중 일부는 소련 관료들을 찾아가 자발적으로 KGB에 지원하였다. 다른 이들은 모두 똑같이 스파이 요원으로 발굴되고 평가되었으며 채용되었다.

정보원이 선발되었건 자발적이건 씨뿌리기(파종) 방식의 핵심은 똑같은 것이다. 즉 그로 하여금 그 사회에서 영향력을 가진 중요한 직책을 차지하도록 도와주고 각 단계에서 그와의 관계를 굳건하게 만드는 것이다. 일반적으로 이것은 재정적인 지원을 포함하는데 훈련을 위해, 그의 가족을 위해, 그리고 권력의 사닥다리를 오르는데 필요한 개인적 비용을 지불하여 도와준다. 또한 상황이 잘못되었을 때 신변보호를 약속한다. 어떤 사람들은 금전은 원하지 않고 그들의 경력을 쌓는데 도와주는 정보를 선호한다.

금전을 받지 않는 조력자를 발굴하여 활용하기 위해서는 특별한 기술과 융통성이 요구된다. 이들 개인들은 유급 정보원이나 꼭두각시가 되는 것을 원하지 않지만 정보기관은 가능한 그를 고분고분하게 통제하는 것이 이익이 된다. 공작관은 이런 잠재적인 갈등을 극복하기 위해 그의 대상 정보원에 대해 충분히 알아야 한다. 공작관의 자원은 직접적인 통제하에 있지 않은 개인의 협력을 얻기 위해 유연해야 한다. 예를 들어, 언론인으로부터 매우 중요한 정보를 얻기 위하여 공작관은 모든 이들의 이익이 확실히 보호되도록 하기 위해 언론인 협조자 당사자는 물론 그의 상급자도 설득하거나 교섭해야 한다. 서로 다른 목적들이 균형을 맞추어지고 서로 잘 조화가 되어야 한다. 단기적으로 공작관은 언론에 어떤 이야기가 보도되기를 원할 수 있다(또는 원하지 않거나). 하지만 동시에 장기적으로 공작관은 그 조직 내의 고위직 언론인이나 편집자를 인프라로 확보하는 것을 원할 수도 있다. 자신은 아무것도 바라지 않으면서 대신에 그들의 가족, 문중, 부족의 재산과 영향력을 향상시키기를 원하는 잠재적인 포섭자가 있을 지도 모른다. 개발도상국에서 가족이나 문중은 국가나 이데올로기보다 우선권을 가지기 때문에 자신의 더 작고 밀접한 문중의 이익을 위하여 라이벌 문중의 음모에 대한 정보나 재정지원, 군사적 보호가 요구되기도 한다. 가장 효과적인 공작관과 비밀공작 관리자는 돈으로 복종을 요구하기 보다는 부탁이나 청탁을 교환하고 협상할 준비가 되어 있다.

외국 정보기관이 지원하기로 선택한 개인 또는 그룹에 대한 통제문제는 껄끄러운 문제이다. 명백히 정보기관은 가능한 통제를 유지하고 싶어 한다. 반면에 선택된 개인은 그가 성취하기를 원하는 것을 어떻게 최선을 다해 할 것인지에 대한 자신만의 아이디어가 있는 것이다. 2차 세계대전 후 미국의 정책과 공작은 이런 딜레마의 예를 보여준다. 1940년도 후반 미국 지도자들은 민주적인 방식에 따라 유럽을 재건하는 것이 국가에 이익이 된다고 결정했다. 결국 이런 목적을 위해 미국 지도자들은 정계와 기관에서 민주주의 신념을 가지고 있으며 리더십을 가진 인물을 찾아 지원했다. 1950년대 미국의 원조로 그들 중 일부는 권력에 올랐다. 1950년대와 1960년대에 이와 같은 지원이 아프리카와 라틴 아메리카의 유능한 젊은 지도자들에게 제공되었다. 그들 중 일부는 미국에 우호적으로 남았으나 다른 이들은 미국의 대외정책에 비판적이 되었다. 많은 이들은 미국과 미국인, 미국제도를 좋아하고 감사하게 되었고 심지어 조국으로부터 멀리 떠나 자신들과 거리를 두기를 원했던 때조차도 그러했다. 요컨대 미국은 다른 나라들과 별 차별성이 없는 정책으로 승부를 걸었으며 그로 인해 그저 그런 결과를 낳았다. 그러한 프로그램은 좀 더 확실히 의존할만한 친미주의자들에 대해 제한적으로 지원을 하는 엄격한 가이드라인을 가진 정책이었더라면 성공을 거두었겠지만 그러지 못했다.

이러한 장기지원 프로그램은 1970년대에 대부분 끝이 났다. 미국은 더 이상 잠재적으로 친근하거나 적어도 중도적이고 합리적인 친서방 미래지도자를 찾고 평가하고 지원할 기회를 잃어버렸다. 1980년대와 1990년대에 관심을 받게 된 이란, 서안(West Bank), 아랍 인접국, 남아프리카, 멕시코와 같은 국가들이 이제 방치되었다. 반면에 리비아, 이란, 북한과 구소련 지역은 세계의 다양한 지역에서 훈련과 지원을 위해 새로운 지도자들의 모집을 지속하였다. 아시아에서 남아메리카까지 무슬림 단체를 지원하고 훈련하는 이란은 그런 장기적인 인프라를 구축해 나갔다. 씨뿌리기(파종)와 같은 은밀한 기법은 오랜 기간에 걸쳐 장기적으로 해야 성공적이지만 단순 비밀공작은 단기적으로도 역시 효과적일 수 있다.

명 왕조 동안 「수 하이」라는 이름의 중국인 변절자는 저장성 지역에서 노략질하는 일본과 중국 노상강도단을 이끌었고 정부를 패퇴시키고 많은 전리품과 포로를 축적했다. 1556년 「후 충시엔」이라는 이름의 고전 글쓰기와 민속 교육을 따라하던 한 현명한 시민이 군사적인 수단이 아니라 뇌물과 약속을 미끼로 그들을 서로 반목하게 하여 패퇴시켰다. 그의 가장 흥미로운 계책으로 '후'는 '수하이'의 연인에게 영향을 주기 위해 정보원을 통해 예쁜 장신구를 주어 '수하이'의 핵심 동맹인 『쳉퉁』에게서 돌아서도록 설득하여 싸움을 유발했다. 동시에 '후'는 '후'에 의해 투옥된 '수 하이'의 前 동맹으로 하여금 수가 배신하려고 한다고 쳉에게 편지를 쓰도록 했다. 이와 같은 3중 배신으로 후는 그의 정보원을 통해 그 편지를 수에게 보여줬다. 이것은 일석이조의 작전으로 '후'가 '수'에게 적대적으로 보이지 않게 하면서 '수'와 '쳉'이 서로 적대감을 가지게 만들었다. 그 결과 동맹 간에 전쟁이 났고 그들은 약화되었고 후는 무력을 사용함이 없이 이득을 얻었다.

몇십 년 전만 하더라도 중국 군벌시대에 유사한 장치와 정보원들이 적의 연합을 붕괴시키는 역할을 했다. 1921년 중국 북부를 차지하려는 일본은 북경을 지배하고 있는 반일본적인 군벌을 북경에서 내쫓길 원했다. 일본이 판단하기에 이 방법은 군벌 동맹의 하나인 펭유시앙을 설득하여 그의 동맹을 배반하게 하는 것이었다.

일본은 그 중재인으로 그들이 느끼기에 믿을 수 있는 「황푸」라는 이름의 중국 사람을 선택했다. '황'은 일본에서 공부했고 친일본적인 중국인들과 일했고 「펭유시앙」과 그의 참모진에 대한 접근루트를 가지고 있었다. 그는 돈과 조작된 서류 등을 통해 '펭'에게 그의 이전 동맹들 일부가 미국의 정보원이라는 것을 알렸다. 후에 '펭'이 일본의 명령을 따라 모든 반일 주의자들을 제거한 후에 일본 조력자들이 직접 그의 참모진으로 일했다.

서양의 역사도 역시 중요한 단기 목표를 성취한 정보원들의 사례를 많이 제공한다. 여자를 이용하여 남자를 유혹하는 것은 오래되고 선호하는 계략이다. 독창성은 없으나 효과적인 활동으로 루이 14세는 도버 조약을 맺는 비밀협정의 협상을 위해 「루이스 드 케루알」을 찰스 2세의 정부가 되도록 보냈다. 몇십 년 뒤 그의 뒤를 이은 루이 15세는 더욱 창의적인 수법을 보여주었다. 그는 프랑스에 대항한 영국을 러시아가 지원하는 것을 막기 위해 특이하고 재능 있는 정보원을 여장남자로 활용하는 계획을 세웠다. 러시아 제정에 영향을 미치려는 프랑스의 이전의 시도들은 친영국 성향의 러시아 수상 「베스투체브」, 러시아 내부 보안기관(지금처럼 당시로서는 스파이를 노리는), 그리고 차르 추종자들에게 영국이 보낸 황금에 의해 무력화되었던 적이 있다. 프랑스는 그의 질녀 「리아 드 보몽」(실제는 남자인 슈발리에 데옹)으로도 통하는 한 귀족에 의해 러시아의 엘리자베스 여왕에게 접근하게 되었다.

그 계획은 여제와의 접견 후 그녀의 신뢰를 얻고 그녀에 대해 영향력을 행사하려는 것이었다. 1728년의 리아는 작고 가냘프며 분홍의 창백한 안색을 가졌으며 상냥하고 예의바르고 명랑한 목소리를 가지고 있는 것으로 묘사되었다. 그녀의 초상화는 프랑스 남성 클럽에서 칭송될 정도였다. 리아는 여제의 신뢰를 얻는데 어려움이 없었다. 그녀는 엘리자베스에게 책을 읽어주는 사람이 되었으며 여제의 목욕 의례를 돌보기까지 했다. 리아가 엘리자베스와 함께 있으면서 러시아 수상이 영국 왕 조지가 진심으로 바라는 조약에 사인하지 못하도록 영향을 미쳤다. 결국 리아는 발각됐다. 그러나 그럼에도 불구하고 여전히 「슈발리에 데옹」은 계속 영향력을 가지고 여제는 그녀가 싫어하는 「베스투체프」의 의견에 반대하는 것을 은폐하며 러시아 군대에서 '데옹'에게 높은 지위를 제공했다. '데옹'은 후에 루이 15세에 의해 그 자신으로 때로는 매력적인 여자로서 다른 정보 임무에 투입되었다.

20세기에 소련은 미국 재무부와 주정부의 「해리 덱스터 화이트(Harry Dexter White)」와 「알거 히스(Alger Hiss)」, 영국 외무부의 「가이 버거스(Guy Burgess)」와 「도날드 맥클린(Donald Mclean)」 같은 고위 간부에 대해 은밀한 지원을 통하여 서방정책에 영향을 주기 위한 공개적인 책략을 보완하곤 했다. 소련 정부는 영국 의회 내 노동당과 보수당에서 모두 조력자를 모집할 수 있었다. 1961년 소련 망명자 「아나톨리 고리친(Anatoli Golitsin)」은 프랑스 드골 대통령의 참모진에서 소련의 주요 영향력 정보원을 찾아냈다. 이 이야기는 「필립 드 보조리(Philippe de bozori)」라는 미국 워싱턴 담당 프랑스 정보기관장의 회고록에 서술되어 있는데 나중에 「레옹 유리스(Leon Uris)」가 '토파즈'라는 제목으로 소설화되었다. 1970년대에 모스크바를 위해 비밀리에 일하다 유죄판결을 받은 것은 언론인 「피에르 파세(Pierre Passe)」, 고위 노르웨이 외무부 관리 「아네 트레홀트(Arne Treholt)」와 말레이시아 수상의 정치 비서 「시덱 아우스」였다. KGB 망명자 「스타니슬라브 레브첸코(Stanislav Levchenko)」는 1970년 후반 일본 전 자민당 수상 「히로히데 이시다」가 소련의 정보원이라는 사실을 폭로했고 일본 사회당의 리더는 직접적으로 KGB를 위해 일했던 사실을 폭로하기도 하였다.

잠재적으로 영향력 요원이 되는 사람들은 모두 각자 다 다른 동기들을 가지고 있을 것이다. 정보원으로부터 얻은 이점이 확실한지 알아내기 위해서 정보기관은 대상 국가에서 정치적 성향이 강한 사람들의 이해관계를 능숙하게 규명해야 한다. 일부 어떤 사람들은 이런 저런 이유로 정보기관의 나라에 대해 호의를 가지고 있는 사람들이다. 나머지는 대상국가에서 정보기관의 국가에 대해 전적으로 호의를 가지고 있지는 않더라도 정보기관이 추진하려는 정책에 대해 호의적일 수 있다. 또 다른 이들은 정보기관 국가나 그들의 정책에 동의하지 않더라도 정보기관의 적에 대해 반대하는 입장이기 때문에 협조할 수도 있을 것이다. 이와 같은 경우는 치열하고 첨예한 경쟁의식이 팽배한 테러리스트 집단의 경우 자주 발생한다. 일반적으로 그들은 서방의 정보원에게 고용되는 것을 원하지는 않지만 테러리스트들은 돈과 정보를 받고 정보를 제공하거나 아니면 그들의 적을 해치기 위해 정보를 제공하기도 한다.

조직에 대한 도움(Helping Organizations) 또 다른 정치적 공작 수단은 대상 지역의 힘의 균형과 현지 인물들의 중요한 정치적 결정에 영향을 미치는 것이다. 이러한 생각은 새로운 것은 아니지만 독재자, 군주 등을 다원적인 사회가 대체하게 된 20세기에 들어 이러한 착안들이 더욱 효과적으로 되었다. 지금은 정당이나 비정부기관들, 예를 들면 언론, 노조, 기업, 윤리, 범죄 및 전문가 집단들이 특정한 정책 결정뿐만 아니라 권력다툼의 결과에도 영향을 미친다. 다원화 된 사회에서는 위와 같은 기관들이 항의, 스트라이크, 부정적 선전, 의사방해 등과 같은 방법을 통해 정부 정책의 집행을 도와주거나 막는다. 외국이 그들을 설득한다면 그들은 대상 국가의 상황과 사건들에 영향을 미칠 것이다. 게다가 그 나라 자체의 기관들뿐만 아니라 종교적 인종적 그룹 또는 범죄 카르텔과 같은 초국가적 단체들이 국경을 넘어서 영향을 미칠 수도 있다.

멀리 떨어져서도 영향력을 행사했던 많은 역사적 선례들이 있다. 수천 년간 통치자들은 국경 밖의 종교나 부족 단체들을 지원함으로써 배후조정 할 수 있는 힘을 강구해왔다. 고대의 히타이트족은 그들의 라이벌인 이집트를 타도하기 위해 아시아의 부하 나라를 전복했다. 이집트의 속국인 비블로스(레바논지역)의 리브-아디의 충성심을 약화시키기 위해 아무르(시리아지역)의 '아지르'를 채용하였다. 역사적인 기록에서 리브-아디는 이집트의 파라오인 아멘호테프 3세에게 아지르의 배신을 지속적으로 경고하였으나 무시되었다는 사실을 보여준다.

애국심을 잠재적이고 강력한 전략 무기로 인지한 나폴레옹은 그의 주된 경쟁자들인 다국적 제정국가들을 약화시키기 위해 민족주의 운동을 지원했다. 스페인과 영국에 대항한 라틴아메리카를 고취시키기 위해 그는 미국과 중미 안에 있는 모든 공작팀을 전시 동원했다. 그의 계획은 대담했다. 그들은 스페인에 대한 그 지역의 불만감에 불을 질렀고 스페인에 대항하려는 지역 엘리트를 도와주고 고무하였다. 1809년에 도착한 프랑스 팀은 라틴아메리카에서의 스페인 착취에 대한 인디언의 증오를 이용하여 부정적 선전 주제와 프랑스와 미국 혁명을 이끄는 것과 같은 민주주의적 열망을 자극하는 긍정적 선전 주제를 구성했다. 더 나은 공작을 위해 프랑스 정보원의 일부는 실제로 미국 시민권을 가졌다. 그들은 상인, 선원, 요리사로서 여행하는 150여 명의 비밀 네트워크를 만들어 캘리포니아, 멕시코, 뉴올리언스에서 스페인 통치에 대항하기 위해 유언비어를 살포하고 지역의 인물에게 자금을 공급하는 인적 인프라를 구축했다. 스페인은 경계를 해서 많은 프랑스 정보원을 찾아내긴 했지만 스페인의 노력은 멕시코에서 시작하여 스페인령 아메리카에 퍼진 민족주의 혁명을 차단하는데 충분하지 않았다. 멕시코 신부 히달고는 독자적으로 행동했는데 그의 혁명세력들은 일부 프랑스로부터 자금을 지원받았던 것으로 확인되었다.

19세기 러시아는 불가리아, 마케도니아, 세르비아 내의 범슬라브 그룹을 비밀 지원하여 터키와 오스트리아-헝가리 제국을 약화시키려고 노력했다. 20세기에는 독일 민족주의를 선동한 나치가 동유럽에서 독일 민족주의단체를 지원하여 체코슬로바키아의 수덴텐 지역에서 주목할만한 성공을 이루었다. 이처럼 종교적 민족주의 단체를 지원하는 것에 덧붙여 국가들은 해외의 이데올로기적 동맹뿐만 아니라 그들의 주적의 반대되는 이데올로기적 경쟁자들을 잘 활용하기도 했다. 그 좋은 예는 1917년 볼셰비키에 대한 독일의 주요 비밀 지원이며 당시 독일은 러시아제정 정부를 쓰러뜨리기를 희망하여 공산주의자인 볼셰비키들을 지원했던 것이다.

자금과 지원의 흐름(Movement of Money and Support) 비밀 활동을 위한 재정지원을 전달하는데는 다양한 수단이 있다. 지원은 외교 행낭을 통해 합법적으로 그 나라에 현금으로 보낼 수도 있고 몰래 그 나라에 보내질 수도 있다. 돈을 가방에 넣어 그 나라의 믿을 수 있는 개인이 접촉할 수 있게 그의 후원기관으로 전달할 수 있다. 믿을 수 있는 개인은 그 금융기관의 은행 계좌에 입금하여 필요할 때마다 사용하게 한다. 현대에 이 기법은 더 정교해진다. 돈은 송금하는 국가의 국립은행에서 수취 국가 기관의 분산된 계좌 또는 제3국가의 분산된 계좌로 전산을 통해 익명으로 보낼 수 있다.

외국 정부는 마치 소련정부가 수년 동안 이탈리아 공산당 농업 조합으로부터 생산된 제품을 구매하였듯이 후원단체가 소유한 기업의 제품을 사기도 한다. 협동조합은 소련 정부에 오렌지 가격을 시장 가격보다 더 비싸게 매겨 이탈리아 공산당에게 이익을 남기도록 했다. 유사하게 소련에서 사업을 하고자 하는 사람은 거래를 조정하여 특정한 수출입 기업에 커미션을 주는 것이 도움이 된다는 것을 알아냈다. 이 회사는 공산당의 소유로 그들의 커미션을 넘겨줌으로써 유지되었다. 이와 같은 조직은 20세기 대부분 동안 세계의 공산주의자와 다른 동료들에게 자금을 지원하였다. 물질적 지원은 자금에만 한정되지 않는다. 효과적인 기술을 숙달하도록 도와줌으로써 후원기관에 영향력을 미칠 수 있다. 예를 들어 후원단체의 구성원은 외국에서 파견된 트레이너로부터 제3국이나 자국에서 컴퓨터, 최신 미디어, 득표 기술 등을 배우는 것이다. 후원기관들은 해외 홍보회사를 고용하여 미디어 혁신에 뒤처지지 않도록 도와준다. 이런 종류의 지원은 상대적으로 수행하기 쉽다.

단체에 정치적 지원을 제공하는 것은 더 복잡하다. 외부에서 그 출처를 드러내지 않고 내부 그룹에 비밀공작 지원을 하여야 할 때가 있다. 가끔 내부 그룹은 특정한 노력을 인지하고 공동으로 수행하기도 한다. 다른 경우에는 외국 정부에 의한 "오염(비밀지원)"으로부터 지역 단체를 보호하기 위해 단체들에 대한 외국의 지원을 비밀리에 하는 것이다. 최소한 그 단체는 모른척할 것이다. 후자 상황의 예로 1948년 이탈리아 선거를 드는데 미국 정부는 기민당과 사민당에 대하여 공산당이 승리한다면 미국의 경제 지원을 중단할 것이라 밝혔다. 공산당에 반대하는 당들이었지만 이들은 공식적으로 이것을 알리지 못했다. 만약 이 정당들이 자국의 경쟁자들에게 대항하여 외국 정부와 협조하고 있는 것으로 비친다면 이것은 정치적으로 역효과를 냈을 것이기 때문이다.

정보기관이 나름 필요하다고 생각해서 국외의 친구를 팔아 배반하는 비밀공작을 했던 사례가 있다. 1970년대의 모스크바가 대표적인 사례이다. 강경성향의 프랑스 공산당과 사회당을 외면하고 소련은 1974년 선거전에 모스크바에서 「지스카르 데스탱(Giscard d'Estaing)」(중도우파 대통령)을 받아들이며 그가 합당한 협상 파트너라고 인정하고 그에게 비밀 선전을 제공함으로써 프랑스 대선에서 '지스카르 데스탱'이 대통령이 되는 것을 도왔다. 분명 모스크바는 이데올로기적으로 가까운 공산주의나 사회주의자들의 승리가 NATO를 방해하고 미국과 유럽의 관계를 약화시키는데 있어 유용하지 않을 것이라 생각하여 그들의 승리를 꺼렸었던 것이다. 민주적인 지도자들은 우호적인 외국의 민주 정당을 도우고 싶어하는 욕심과 타국의 민주선거에 간섭해야하는지에 대한 걱정사이에서 종종 갈피를 못 잡게 된다. 물질적 · 기술적 비밀지원은 분명 효과적일 수 있다. 그러나 종종 비밀 지원 자체로는 달성할 수 없는 부분이 있으며 만약 노출되면 도움을 요구했던 정당 또는 당파에 손상을 입힐 수 있는 위험성도 있다. 비록 그 조직이 비밀 지원을 숨길 수 있는 노하우가 있다고 하더라도 비밀공작이 장기적인 시각에서 전체 계획과 잘 조율되지 않는다면 성공가능성은 적다.

약간의 영향력 행사는 개방된 사회에서는 어느 정도 허용된다. 심지어 전체주의 정권하에서도 종교단체 또는 노동단체와 같은 강력한 비정부적 주체들이 합법적 또는 비합법적으로 운영되고 있고 또한 동시에 가혹한 억압에도 불구하고 재정적 지원을 받으면서 계속 생존해 가는 것이다. 이들 단체들이 정부가 될 가능성은 없으며 사회 전체에 영향을 미치는 결정을 내릴 수는 없다. 그러나 그들은 정권을 흔들리게 하거나 위기나 전쟁 시의 결정에 영향을 미칠 수 있다.

모든 정부는 전쟁의 경우 전체 국민의 충성심을 고려해야 한다. 철도와 통신시설이 사보타주 되지는 않을까? 정부를 전복시키려는 시도를 통해 위기에서 돈을 벌려고 하는 사람이 없을까? 반정부성향의 비정부단체들에 대한 지원은 단기적으로 정부에 결정적인 영향을 줄 수 없는 상황에서 조차도 장기적으로 보면 유용한 수단이 되거나 위기 시에 영향을 미칠 수 있다.

긴장은 외부의 후원자와 대상 단체 사이에 자주 존재한다. 후원자는 이미 자금 또는 다른 자원 중에 어떤 것이 가장 효과적일지에 대한 생각을 가지고 있으며 그러한 자원들을 어떻게 분배할지 생각해 놓은 상태로 내부 고객들을 설득하려 할 것이다. 반면에 고객단체들은 그들 자신의 지지자로부터 압력에 직면하여 일을 다른 식으로 처리하기를 바랄 수 있다. 일반적으로 무역노조나, 교회, 직능단체든 어떤 단체라고 하더라도 그 구성원들 거의 누구도 외국 후원자에 의한 비밀지원을 알지는 못할 것이다. 외부 후원자와 내부 지지자 간의 상충된 요구가 결국 외국 후원자를 인지한 지도층을 매우 어려운 상황에 처하게 만들어 관계를 끊게끔 할지도 모른다. 비밀공작 실행자는 거친 점을 부드럽게 하고 원하는 결과를 성취하기 위해 반드시 대상 국가의 정치와 문화에 해박해야 한다.

무엇이 정보기관과 고객단체 리더 사이에서 마찰을 야기하는가? 하나의 원인은 정부관료 사회에서 일하는 공작관과 훨씬 더 자유로운 성향인 개인 간의 서로 다른 업무 스타일에 있다. 성공하기 위해서 공작관은 경직된 스타일의 관료가 되어서는 안 된다. 그들은 기꺼이 그들 고객의 특성을 수용할 줄 알아야 한다. 이상적으로 말한다면 고객도 정부관료로서 공작관의 특성을 받아들여야 하지만 대부분 이들은 천성적으로 자신들의 정부의 압력에 저항하는 독립적이고 자유분방한 리더들이다. 그들은 외국정부로부터의 지시를 쉽게 받아들이지 못하여 이것이 상당히 험난한 관계를 만들기도 한다. 예를 들어, 후원자는 그들이 은밀히 제공한 자금과 지원에 대한 정당한 대가를 원하면서도 그들은 또한 언제 어떤 목적으로 누구에게 구체적으로 지원을 하는지를 알려고 한다.

마찰의 다른 원인은 비정부기관의 특성에 기인하는 것으로 이들은 자주 다른 나라에 있는 유사한 단체와 관련을 가지고 있다. 오늘날 많은 평화, 노동, 환경, 비즈니스, 전문 직능단체들이 국경을 넘어 활동한다. 이것은 비밀 공작관에게 많은 이점을 제공한다. 비정부 기구에 심어놓은 믿을만한 협조자들이 외국의 정치에 관여하게 되었으며 자유롭게 여행할 수 있게 되었고 특정국가의 조직 리더들을 제3국에서 의심의 눈초리를 받지 않고 비밀리에 접촉하는 것이 가능해졌다. 이러한 국제적 지향성과 이것이 만들어낸 유동성이라는 조건이 비정부기구를 정치적으로 이용하려는 정부에게 이상적인 환경을 제공하게 된 것이다.

그러나 한 나라의 비정부 기관을 통해 다른 나라에 영향력을 행사하는 것이 때론 문제를 더 복잡하게 할 수 있다. 정보기관을 위해 일하는 국제적인 비정부기관의 리더는(앞으로 그를 피에르로 부르겠다) 그가 선호하는 정책을 따르게 하기 위해 조직 지부의 대부분을 설득해야 한다. 공작의 보안을 유지하기 위해 같은 정보기관에 의해 비밀리에 모집된 사람뿐만 아니라 기관의 리더들 그 누구도 정보기관과 피에르의 관계를 알아서는 안 된다. 그리하여 피에르는 외부 후원자에 대한 언급 없이 혼자 설득에 의존해야 한다. 그렇게 하는 데 있어서 그는 실제로 그가 기만하는 것이 아닐지라도 그의 모든 계산에 대해 설명하지 않은 채 행동해야 한다. 그는 정보기관과 일하는 것이 드러나지 않도록 조심하면서 마치 자신의 입장인 것처럼 확고하게 행동해야 한다. 만약 피에르가 위와 같은 관점에 의해 검증되었다면 정보기관은 뒤이어 다른 곳의 정보원들에게 같은 입장을 지원하도록 지시한다. 그러나 다른 누군가가 그러한 입장을 공표하기 전에 정보기관이 입장을 정하여 다른 정보원과 연락원에게 그러한 입장을 지지하라고 요구한다면 누가 누구를 위해 일하는 것인지 금방 드러나고 말 것이다.

공작 담당관과 관리자는 비정부 기관 내 그들의 협조자를 사용할 기회를 대담하게 알아채고 확인해야 한다. 왜냐하면 이러한 조직들은 국경을 넘고 심지어는 세계적으로 활동하기 때문에 공작관과 관리자는 목적을 달성하기 위해 지역의 상황, 노동 운동, 교회, 특정한 민족들의 이주 등에 대해서 알고 있어야 한다. 그들은 자국의 정책과 비정부 기관의 활동을 조정할 정도로 자세하게 비정부 기관의 정치를 충분히 이해하고 있어야 한다. 이것은 대상목표 지역의 사람들을 채용하거나 그러한 일을 다룰 수 있는 공작관을 육성하는 것을 필요로 한다. 어떠한 방법을 택하든 공작관과 관리자는 자신들이 타려고 선택한 말의 특성에 적응하듯이 자신의 관료제가 속한 지리적 문화적 경계를 뛰어넘어서야 한다.

이러한 분야에서 분명 소련은 공산주의가 갖는 약점과 스탈리니즘의 남용, 기형적으로 거대한 관료제에 의해 제약을 많이 받았다. 그럼에도 불구하고 수십 년 동안 소련 공산당 지도자들은 전세계에 걸쳐 있는 공산주의자들에게 외국단체에 의한 비밀협력이나 훈련과 같은 최상의 메커니즘을 구축해 놓았다. 미래에도 유라시아와 다른 지전략적인 지역에 걸쳐 있는 다양한 정치적 계층의 정치 단체와 비정부세력들이 미국을 포함, 그들을 지원하고자 하는 많은 정부에게 기회를 제공할 것이다. 어떤 서방 관리는 그들이 통제할 수 없는 단체나 자체적으로 채용되지 않은 정보원들에게 지원하는 것을 반대한다. 어떤 서방의 보수주의자는 노조와 사회주의 단체를 지원하는데 반대할 것이며 반면에 보다 진보적인 정치인들은 보수적인 지식인층이나 미디어, 비즈니스 그룹을 지원하는 것을 반대할 것이다. 잠재적 후원자는 만약 그들이 지전략적(Geostrategic) 이점을 찾으려고 한다면 극복해야 할 정치적 장애물이 있다. 편견을 깨뜨리는데 가장 좋은 해결책은 대상단체의 정치를 잘 알고 그들과의 관계를 능숙하게 다루는데 있으며 이것이 바로 정책목적의 달성을 위해 비밀영향력을 사용하는데 중요한 필요사항이다.

비밀선전(Covert Propaganda) 많은 국가들이 정부의 공식 발언, 책, 잡지, 라디오와 텔레비전 방송, 문화와 스포츠의 교류, 해외 기반의 정보 센터 등과 같이 상당한 노력과 자원을 요하는 공개 선전을 통하여 국외의 여론 분위기에 영향을 미치려고 한다. 미국에서는 『미국정보국(USIA)』의 영역인 공개선전 분야가 "정보와 교육"이라고 알려져 있다. 공개 선전은 후원자를 밝히고 진실을 말한다. 만약 그것이 진실이 아니면 그 사실이 백일하에 드러나서 후원자가 불신을 받게 된다.

비밀 선전은 후원자가 알려지지 않은 정보나 생각, 상징적 활동을 지칭한다. 후원자는 익명의 선전이 더 효과적이라고 판단하거나 최악의 경우에는 관계를 부인할 수 있어야 한다. 비밀 선전은 흑색(잘 감추어진 것)이거나 회색(엷게 위장해서 전달되는 것)일 수 있다. 선전 그 자체는 믿을 수 있는 것이거나 의도적으로 거짓인 것일 수도 있다. 최근에는 이처럼 의도적으로 거짓된 정보를 "역정보"라고 부른다.

회색선전은 미숙한 대중에게는 그 출처를 숨기지만 세련된 관찰자는 속일 수 없다. 회색선전을 위한 하나의 일반적 채널로 비밀 라디오 방송이 있다. 이것은 라디오 수신기가 처음으로 광범위하게 이용된 1930년도에 시작되었다. 히틀러가 독일 그리고 이어서 차례로 오스트리아와 체코슬로바키아에서 그의 반대자를 침묵시키자 반대자들 중의 일부는 방송을 이용하여 실제보다 그들이 더 강하다고 주장하였다. 2차 세계대전 후 비밀 라디오 방송은 일반화되었다. 일부 방송은 명백히 적에게서 나온 것이었지만 뒤의 숨어있는 후원자가 너무 잘 숨겨져서 비밀 프로젝트를 인식하지 못하고 있던 우호세력 간에 혼란을 심었을 정도였다.

'전략사무국(OSS)'의 공식 보고서에 의하면 1944년 『폴크젠더 드라이』로 알려진 비밀 동맹 라디오 방송이 사실은 히틀러에 대항하는 내부운동이었던 것으로 알려진다. 해방된 프랑스에서 독일 시민에게 직접 방송되어 프랑스 내 독일 포로와 프랑스 언론인들뿐만 아니라 미국 사령부도 진짜로 믿게 되었다. 첫 방송 동안 진짜 후원자를 모르는 미군장교가 「오마르 브래들리(Omar Bradley)」 장군에게 독일에서 내부혁명이 발생했다고 보고했을 정도였다. 물론 나치는 그 방송이 주장하는 것이 사실이 아니라는 것을 알았다. 방향 탐지장비를 통해 그들은 프랑스의 송신시설을 탐지해내었지만 그것들이 쉽게 이동시키고 금방 다시 시작할 수 있었기 때문에 그것을 폭격하는 것은 자원을 낭비하는 것이었다. 대신에 나치는 방송을 방해하는데 집중했다.

영국, 미국, 소련, 독일과 이탈리아 모두 라디오를 운영하였지만 그들 자체가 동시에 회색방송의 대상목표이기도 하였다. 이러한 종류의 통신을 효과적으로 하기위해 정교한 방법들이 개발되었다. 그중 하나가 "유령"이라고 불리는 것으로 이것은 정당한 방송 신호에 자신의 방송을 중첩시킴으로써 다른 방송을 방해하는 것이다. 다양한 변화를 주는 정도로 하여 영국은 히틀러의 라디오 연설을 조롱하는 논평과 웃음으로 방해했다. 1989년 합법화되기 전에 폴란드의 노조조직은 유령 기법을 완벽하게 발전시켜서 고유의 메시지와 화면으로 공식 텔레비전 방송을 방해했다. 또 다른 관련 기법은 "들이 대기"이다. 이것은 청취자가 무심코 잘못된 방송을 틀도록 유도하기 위해 정규방송의 인접 주파수에 만든 회색방송이다. 2차 세계대전 동안 나치는 미국방송 주파수에 가깝게 방송을 운영했는데 간단하게 연합국 음악 방송을 그들의 뉴스 방송으로 대체시켜 버렸다. 그때부터 이 기법은 정기적으로 사용되었다. 베트남전 동안 미국 공작관은 북베트남과 민족해방전선이 사용하는 주파수과 인접한 주파수로 방송하여 원래 프로그램의 핵심 부분을 미국판 방송으로 대체시켰다.

비밀 라디오는 군대를 지원하는 구체적인 전술목적을 위해 이용할 수 있다. 2차 세계대전 말 미국은 바바리아와 오스트리아 산맥 있는 연합국에게 최후의 저항을 하지 못하게 나치 지도자를 설득하는 소위 "장난"이라는 작전명의 이름으로 방송국을 운영했다. 그러나 대부분의 비밀 라디오 공작은 보다 넓은 범위의 목적을 위해 기획된다.

문맹률이 높고 통신과 교통이 어려운 개발도상국에서 라디오 방송은 대중통신의 주요 수단이다. 정부가 언론의 자유를 제한하는 나라에서는 비밀 라디오 프로그램은 외국의 적뿐만 아니라 자국정부와 내부 반대편에 의해서도 방송된다. 중국이 주된 예이다. 1949년에 정권을 장악하기 전에 중국 공산당정권은 라디오 자유 일본, 말레이시아 혁명의 목소리, 버마 민중의 목소리, 더 최근에는 캄푸치아 민주주의 목소리를 지원했다. 반면에 중국 자체가 소련, 베트남, 대만 등이 기획한 회색 라디오 방송의 대상이었다. 가장 정교한 것 중 하나인 라디오 바 이(Radio Ba Yi)는 1979년에 중국 인민해방군의 좌익 반체제인사 파벌을 대변하는 목적으로 방송되었다. 그것은 미국과 중국의 수정주의자를 맹비난했고 중소 화해를 지지했다. 사실 그 방송은 소련의 블라디보스토크에서 시작된 것으로 1988년 고르바초프가 중소갈등을 해소하려고 노력하면서 그만 중단되었다. 중국 지도자들은 이미 그 방송이 소련이 후원하고 있다는 것을 인지하고 있었지만 많은 중국 반체제인사는 그것을 알 방법이 없었다. 소련은 유고슬라비아, 헝가리, 체코슬로바키아 등의 지배 공산당들과 초기 분쟁에서도 비슷한 수법을 썼던 적이 있다.

다른 회색선전의 주된 예는 소비에트공산당(CPSU)의 국제 전선으로 2차 세계대전 후에 소련의 지원으로 인해 우후죽순처럼 많이 생겨난 많은 표면상의 비정부 기관이다. 서방국가와 외부전문가는 모스크바가 피에르 단체의 선전물에 뒤에서 자금을 대고 또 그 선전물들을 관리한다는 사실을 알고 있었다. 그러나 회색 라디오 방송국과 관련하여 보통 노동자와 평화활동가들은 그 국제 전선의 위장이 상대적으로 엷었음에도 불구하고 깜깜하게 무지한 상태였다. 국제전선은 때때로 잘 작동하기도 하였다. 소련과 유럽 공산당 단체는 비공산주의자가 반전 여론과 반식민지주의라고 생각하는 정서와 논점들을 잘 찾아내었다. 1930년대부터 국제 전선은 미국, 유럽, 신생 독립국들의 많은 사람들을 소련이 은밀하게 조장하는 대의명분에 끌어들였다. 1950년대에 가서야 서방 정보기관이 이들 국제전선 조직을 발각해서 이후 많은 이들이 그만 두었다. 그런데

1970년대 반전과 반핵 정서가 팽창되는 분위기에 편승하여 이들은 다시 영향력을 되찾았다. 다시 한 번 시대적 상황은 바뀌어 1980년대 들어서면서 서방 국가들이 소련의 개입을 밝혀내고 국제전선의 영향력은 감소하였다. 이것은 소련의 고르바초프가 추진한 『글라스노스트(개방정책)』와 『페레스트로이카(개혁정책)』가 시작되기 전에 일어났던 일이다.

앞에서 언급하였듯이 회색선전은 사실이거나 거짓이거나 또는 양쪽의 결합일 수 있다. 2차 세계대전 동안 영국과 미국의 회색선전은 나치에 대한 내부의 저항을 과장하거나 거짓으로 말하였다. 그러한 방송은 BBC 같은 "백색" 연합국 라디오방송의 진실성을 약화시켰다. 거짓을 더 믿게 하고 더 효과적으로 만들기 위해 이와 같은 방송은 고국전선에서 발생한 인명피해와 폭탄 공습에 대한 정보를 내보냈는데 만약에 나치정부라면 결코 그들의 미디어에서 다루도록 허락하지 않았을 진짜 정보를 다량으로 퍼트렸던 것이다. 이러한 방법으로 비밀 라디오 네트워크는 1945년 봄에 연합군 병사들을 도울 거짓정보를 위한 방법을 준비했다.

흑색선전은 출처가 거짓이거나 감춰져 있을 때 또는 정보 자체가 거짓일 때이다. 역정보(허위기만정보)는 이 분류에 속한다. 적에 대한 신뢰를 떨어트리기 위해 정보교란자는 자신의 개입사실을 숨기기 위하여 엄청나게 노력하면서 의도적으로 소문이나 날조와 같은 방법을 사용하여 거짓을 퍼트린다. 물론 진짜 정보를 퍼트릴 수도 있다. 예를 들어, 정보를 퍼트리는데 자신의 개입을 숨기면서 특정 인물이나 단체를 연루시키도록 하기 위해 절취한 진짜 정부문서의 내용을 퍼트리는 것이다. 이것은 외국 신문에 익명으로 정보를 보내거나 은밀하게 통제하고 있는 언론 기자를 이용하여 기고하게 함으로써 가능하다. 흑색선전가는 회색 선전가와 다르게 그의 행적을 보호하기 위해 극도로 조심해야 하며 외국 정보기관이 특별 프로젝트를 이용한다하더라도 결코 그를 알아챌 수 없도록 해야 한다.

흑색선전은 인류의 문명만큼이나 오래되고 널리 사용되어 왔다. 고대 메소포타미아 왕국은 적의 군대에 영향을 주기 위해 거짓 소문을 퍼트렸다. 슈벳 엔릴의 통치자 「삼시-아닷」은 그가 '잘마쿰' 지역에 입성할 때 잘마쿰 시민들을 그들의 통치자에 대항하도록 격려하기 위해서 제5열(스파이)들을 사용했다. 그는 소문꾼들을 자주 사용하여 아시리아 군대의 진군 이야기를 미리 퍼트려 적이 전투를 하지 않고 포기하도록 유도했다. 몇백 년 후 중국 명 왕조를 세운 명나라 창시자는 그에게 반대하는 군대를 해산하도록 이끄는 거짓 루머를 퍼트리기 위해 심층비밀 공작원을 사용하였다. 13세기 몽고의 정복자였던 징기스칸도 같은 수법을 사용했다. 정보의 자유가 거의 없던 사회 내에서 소문에 대한 확인은 거의 불가능했고 정권의 반대자와 지지자 모두 흑색선전을 이용했다는 사실은 놀랍지 않다.

날조는 흑색선전의 전형적인 형태이다. 날조자는 어떠한 진술을 실제하지 않은 사람의 탓으로 돌리거나 또는 그 자신 스스로 거짓 정보를 가공하는 것이다. 예를 들어, 16세기 후반 인도에서는 무굴 황제 아크바르의 반대자들이 황제의 최측근 보좌관을 처형시키기 위하여 황제로 하여금 그의 반역과 부패를 믿게 만드는 거짓 서류를 이용하여 죄를 뒤집어 씌웠다. 영국 엘리자베스 시대에 청교도 종교 개혁의 반대자들의 힘을 약화시키기 위해 여왕 고문관 중 한 명은 영국 카톨릭 교도 한 명이 스페인 왕국으로 보내는 편지를 통해 영국 군대의 강력함과 교황에 대한 영국 카톨릭의 반감을 과장하는 보고서를 쓰게 하였다. 나중에 이 영국 카톨릭 교도가 편지를 쓴 것으로 죄를 뒤집어쓰고 처형되었지만 그 스스로 그것이 거짓임을 밝힐 만한 처지에 있지 못했다. 그 편지는 유럽의 수많은 영향 있는 사람의 손에 들어가 엘리자베스 여왕을 반대하려는 관심을 감소시키는데 나름대로 기여했다.

아마도 역사상 가장 유명한 날조는 세계를 지배하려는 유대인의 음모를 시사하는 시온 의정서로서 이것은 20세기 초 니콜라스 2세의 비밀경찰에 의해 조작되었다. 그 문서가 1921년에 날조로 밝혀졌음에도 불구하고 그것은 다양한 반유대주의 정부와 그룹에 의해 사용되었다. 문서 날조는 보통 나중에 진실이 밝혀지지만 만약 그 날조와 아무 상관이 없는 미디어나 정치인에 의해 재사용되고 인용되게 되면 나중에 다 밝혀진다고 해도 이미 발생한 피해를 결코 상쇄하지 못한다.

허위정보의 효과는 허위사실의 질이나 그것을 퍼트리는 수단보다는 그것을 받아들이는 수용자의 성향에 달려있다. 사람은 그들이 믿고자 하는 것을 믿는 성향이 있다. 허위사실은 그러한 사실에 믿음이 없는 이들에게는 큰 영향을 미치지 못한다. 그러므로 날조를 할 때 주된 고려사항은 그런 성향의 여부를 확인하고 실행하는 것이다. 허위정보의 질이나 신빙성에 관한 걱정은 차후의 문제이다.

정부는 우호국과 적국에게 영향을 주기 위해 흑색선전을 실행한다. 1778년 프랑스는 미국 독립혁명에 동맹관계를 맺은 후 비밀리에 협정을 유지하고 프랑스에 우호적인 방향으로 미국정책을 이끌기 위해 미국인들을 고용하여 활용했다. 당시 미 일간지는 미국의 혁명 동맹국인 프랑스에 대해 거의 보도하지 않았었다. 모든 기사들이 프랑스에 편향된 내용을 쓰도록 하기 위해 프랑스는 비밀리에 재능 있는 미국인 작가들, 이를 테면 「사무엘 쿠퍼(Samuel Cooper)」, 「휴 브랙켄리지(Hugh Brackenridge)」, 가장 많은 독자를 가진 미국혁명의 작가 「토마스 페인(Thomas Paine)」 같은 사람들을 매수하여 실명 또는 가명으로 기사를 쓰도록 했다.

20세기에는 연합국 동맹국들이 동맹을 강화하고 유지하기 위해 흑색선전을 사용했다. 1차 세계대전 동안 미국을 전쟁으로 끌어들이기 위한 그들의 주된 노력으로 영국은 영향력이 있는 미국인에게 선전 팜플렛과 편지를 보냈고 벨기에에서 독일의 잔혹행위를 주장하는 '브라이스 리포트'를 만들었다. 비록 전쟁 후 그 주장은 대부분 반박되었지만 브라이스 리포트는 미국신문에 발행되었다. 대부분 비밀선전은 매스미디어를 목표로 하고 있으며 일반적으로 활자매체이지만 전자 매체도 증가하고 있다. 다소 비싸고 투명한 방식이긴 하지만 때때로 정부들은 신문사를 직접 차리거나 신문을 통제할 수 있는 이익을 획득하려고 한다. 보다 일반적인 전략은 언론인에게 정보와 돈을 제공함으로써 언론인들이 회색 또는 흑색선전을 하도록 유도하는 것이다. 공작관이 언론인에게 직접 메시지를 전달하는 수도 있다. 그러나 대부분의 언론인들은 정보기관의 공작관보다 글을 잘 쓰기 때문에 공작관의 조잡한 조작을 지양하고 공작관이 제공하는 특정한 사실 또는 줄거리를 이용하여 그들 자신이 이야기를 쓰는 것을 선호한다.

다른 종류의 비밀 선전은 여론에 영향을 미치기 위한 서명운동이나 대중시위와 같은 방법이 있으며 언론인과 정치인들에게 영향을 미치는 지식인 계층의 여론 분위기를 주도하도록 학계에 대한 지원을 하는 방식 등이 있다. 정부는 개인이나 단체에 대한 신임을 떨어트리기 위해 입으로 소문을 퍼트리는 정보원을 사용하기도 한다. 소련권의 정보기관은 자국 및 해외의 반대자들에 대해 이러한 것을 자주 실행하였다. 만약 공식적인 소련 정보출처가 반대자에 대하여 좋지 않은 정보를 퍼트린다면 만약 그것이 사실일지라도 액면대로 받아들여지지 않을 것이다. 그러나 만약에 전혀 출처를 알 수 없는 소문이 난다면 그것은 대상 목표가 된 청중에게 더 신빙성이 있게 들릴 것이며 따라서 어떤 정권의 반대자들 간에 불화를 조장할 수 있을 것이다.

한때 소련의 영향력 요원으로 활약했던 「아르네 트레홀트(Arne Treholt)」의 사례를 보자. 노르웨이의 고위 외교관인 트레홀트는 소련과 이라크에 대한 스파이 행위로 유죄를 받았고 1985년 6월 20년형을 선고받았다. '트레홀트'는 駐UN 노르웨이 참사관, 노르웨이 외무부 해양법 담당 차관(노르웨이에게 중요한) 등을 역임했으며 체포될 당시에는 노르웨이 외무부 공보국장이자 상임차관보 등을 역임했다. 따라서 그는 소련의 이익에 동조적인 노르웨이 정치인이나 정부관료, 언론인들의 지위를 향상시킬 수 있는 위치이자 영향력 있는 노르웨이 인사들에게 소련의 견해를 촉진시킬 수 있는 전략적으로 중요한 직책에 있었다.

비밀 선전이 효과적이기 위해서는 반드시 전체 정책과 조율이 되어야 한다. 이것은 중요한 전략적 달성목표나 실행에 옮길 수 있는 구체적인 전술적 계획이 없다면 비밀선전은 그냥 해보기 위한 목적으로 해서는 안 된다는 것이다. 전략사무국의 비밀방송은 독일의 무조건 항복을 촉구하는 다른 선전뿐 아니라 미국과 영국의 정책에 반하여 독일인들이 히틀러에 대항하여 반란을 고무하는 내용을 방송하였다. 더구나 그 방송들은 전쟁의 폐허에서 부흥하게 할 수 있는 독일의 비전이 무엇인지도 제시하지 못했고 독일인들이 왜 목숨이 위태롭게 하면서 게슈타포에 대항하여 싸워야하는지에 대한 충분한 동기도 제공하지 못했다. 반면에 이와 대조적으로 세계대전 직전에 수행된 미국과 영국의 공개선전과 비밀 선전은 미국의 도움을 요청하는 정책과 잘 조율되어 실행되었으며 결국 성공하였다.

효과적인 비밀 선전은 그 대상이 동맹이든 또는 적이든, 아니면 양측이 다 합쳐져 있든 대상목표의 청중을 조심스럽게 고려한다. 금세기의 선전 활동 중 최고의 것으로 꼽히는 것 중의 하나는 1차 세계대전 당시 적국영토에 대한 영국의 시도였다. 영국에는 다민족인 오스트리아-헝가리 제국이 민족주의 정서의 호소에 취약하다는 사실을 알고 있는 「R. W. 세턴 왓슨(Robert William Seton-Watson)」과 같은 학자가 있었다. 오스트리아의 전쟁능력을 약화시키기 위해 영국은 오스트리아 지배하의 다양한 민족단체들을 자극시키는 선전방법을 사용했다. 그리고 2차대전 동안에는 미국의 흑색 라디오 1212와 같은 사례도 있다. 1945년 봄 이 방송은 미국군대와 대치한 독일군대의 힘을 현저하게 약화시켰다.

그러나 효과적인 비밀선전에 있어서 훌륭한 연구조사만으로는 충분하지 않다. 훌륭한 첩보기술이 필수적이다. 흑색 라디오 방송, 전단과 기만은 그들의 후원자를 숨기거나 그들이 전달하는 정보가 거짓이라는 사실을 숨기기 위해서 필요하다. 1980년대 첩보기술을 소홀히 한 소련은 기만에 있어 어리석은 실수를 해서 미국이 대상국가에게 소련이 기만전술을 펼치고 있다는 사실을 입증할 수 있었다. 대조적으로 2차 세계대전 기간 서방 연합국의 흑색 방송은 정확한 지역말씨를 쓰도록 노력했으며 그들이 사용하는 독일어가 나치에 반대하는 내부지도자 계층과 성향을 반영하도록 노력하였다. 이런 작업으로 연합국은 좋은 정보 수집을 할 수 있었다.

라디오 방송프로그램은 폭탄공습, 전투, 심지어 지역의 축구 결과와 같은 가장 최신의 정보보고들을 수집하여 그들의 방송이 흥미롭고 믿을만하게 만들었으며 들을만하게 하였다.

비밀 선전을 더 효과적으로 만드는 다른 조건은 두 단계 의사소통으로 믿을만한 사람에 의한 해석과 과장이 있다. 단순히 정보를 전달하는 것은 비록 목표대상인 청중이 미리 그 주제와 메시지를 수용하는 태도를 보인다고 하더라도 누군가에게 토론하도록 유발하는 정도만큼의 효과는 없다. 즉 선전에서는 토론의 유도가 단순 전달보다 훨씬 효과가 큰 것이다. 몇몇 혁명 단체들이 이것을 실제로 실현했던 사례가 있다. 예를 들어, 1980년대 엘살바도르의 『파라분도마르티민족해방전선(FMLN)』은 니카라과로부터 온 라디오 방송내용을 공식 단체 청취 및 토론방식을 통하여 더욱 강화하였다. 파라분도마르티민족해방전선 간부단을 교육시키려는 목적이 있었던 지도층들은 선전 그 자체만으로는 많은 것을 달성할 수 없으며 특히 해석을 형성하기 위해서는 사람들의 반응이 필요하다는 것을 이해했다.

마찬가지로 신념이 무엇이든 그리고 그 신념을 어떻게 지켜나가든 미국이 콜롬비아의 마약 카르텔이 콜롬비아에게 해롭다고 단지 선전하는 것만으로는 큰 효용이 없는 것이다. 만약 그 진술이 그 지역 각계 각층의 존경받는 시민에 의해 선정되고 재인용되며 강조된다면 더욱 효과적일 것이다. 그리고 만약 그 주제에 관한 국제회의가 지역에서 개최되거나 또는 현지 스포츠 스타나 학교 선생님들의 학생들에 대 강론이 있다면 더욱 효과적일 것이다.

그러나 이런 종류의 이 단계 의사소통의 발전은 단기에 이루어질 사항은 아니다. 이것은 다양한 문화에서 비밀공작을 할 수 있는 창의적이고 총명한 사람들로 구성된 인적 인프라가 필요한 작업이다.

준군사작전(Paramilitary Operations) 준군사작전은 공식적으로 인정되지 않은 무력의 사용이거나 무력사용을 실행 또는 저지하는 사람들에 대한 지원이다. 비록 행동과 수단은 다양하지만 효과적인 비밀공작을 위한 전체적인 원칙은 똑같이 적용된다. 정부는 전략과 장기 목표, 목적을 달성하기 위해 필요한 공개·비공개 자원, 그리고 실행하는데 있어 사용가능한 수단들을 결정해야 한다. 영국의 엘리자베스 1세는 네덜란드에서 카톨릭 국가인 스페인과 싸우는 청교도 군대들을 지원할 때는 그다지 영민하지 않았다. 그녀의 정권은 거의 전략을 갖고 있지 못했다. 비밀 준군사 지원은 꾸준하지 않아서 필립 왕을 크게 약화시키지 못하였다. 대조적으로 미국 혁명기간 루이 16세는 치밀하게 계산하여 영국과의 전쟁을 무릅쓰고 식민지를 돕기로 결정하였으며 그 결정을 끝까지 지켰다.

이용할 수 있는 기회가 항상 있는 것이 아니다. 영국이 1915년 메소포타미아에서 아랍인들로 하여금 터키에 대항하여 반란을 일으키게 할 수 있을 것이란 믿음은 잘못된 것이었지만 1917년 전쟁이 일어났을 때 그들은 히자즈에서 반란의 여지가 있을 것으로 정확히 판단했다. 2차 세계대전 동안 중앙 및 동유럽의 힘의 공백을 소련이 너무 효과적으로 잘 이용하여 결국 전 지역이 소련의 통제나 소련 산하의 공산당 통제 하에 들어갔다. 준군사적 행동이 이러한 결과를 성취하도록 도와주었다. 서방 연합국들에게 있어서 같은 지역에서의 기회는 부분적으로 지리적인 요인에 의해 제한을 받은 측면이 있지만 또한 소련정부가 나치공격이 있기 몇 년 전에 이미 이 지역에 진출하기 위한 준비에 먼저 착수했었기 때문에 기회를 잡기 어려웠다. 수십 년 후 미국 정부의 많은 이들은 준군사 수단에 의해 소련 군대를 아프가니스탄 밖으로 몰아내는 기회를 거의 찾지 못했다. 미국이 분쟁을 해결하고 행동하는 데는 몇 년이 걸렸다.

그러나 기회는 그 자체로 존재하지 않는다. 기회는 지속적이고 집중적이며 창의적인 리더십이 없이는 잡을 수 없는 것이다. 스탈린의 숙청에도 불구하고 소련은 나치의 패배 후 동유럽 전역에 노련한 공작요원을 보내 소련에 순응적인 정부의 미래 지도자들에게 준군사적 지원을 하였다. 「오토 쿠시넨(Otto Kuusinen)」과 같은 코민테른 리더가 기획한 소련의 장기적인 물색 및 평가, 모집 그리고 지원 시스템은 1920년대에 이미 구축된 것이었다. 그것은 20년 후 소련과 서방이 히틀러에게 주기를 거절했던 것을 얻을 기회와 노련한 공작관, 리더, 정보소스 등을 안정적으로 얻게 하였다. 대조적으로 2차 세계대전 이전이나 전쟁 중에 연합국들은 준군사력의 사용을 위한 정책을 개발하는데 실패했다. 종전 후의 정치적 목표에 대한 생각이 거의 없었으며 전시와 전후에 어떻게 준군사력을 발전시킬지에 대한 생각이 거의 없었다.

암살(Assasination) 중동과 같은 지역에서 거의 일반적인 행위인 암살은 가장 기본적인 준군사적 행동이다. 효과적인 암살은 첫째 행동을 완수하기 위한 전문기술, 둘째 정치적 목적으로 암살을 이용하기 위한 치밀하게 계획된 정책이 요구된다. 첫 번째 관건은 의도된 희생자에게 접근하는 것으로 희생자의 경호원을 뚫는 것이 최선이다. 중세 '시아파 암살단'은 그들의 목표를 겨냥하여 접근하는 것에 능숙했다. 1090년도부터 1275년까지 그들은 레반트지역 서방인들과 페르시아, 이라크, 시리아의 셀주크 투르크족들의 보안시스템을 침투하여 그들의 희생상대인 시리아의 수니파 무슬림 또는 기독교 십자군 지도자들에게 접근하였다. 시아파 암살단은 도시 중심에 대규모 네트워크를 조직하여 뇌물,

협박, 전향자 등을 이용, 그들의 희생자에게 접근했다. 시아파 젊은이를 고위관리의 하인으로 잠입시켜 수년 동안 일하게 하다가 기회를 보아 단검으로 그의 주인을 암살하는 일이 다반사였다.

20세기 스탈린의 정보기관은 정치적 암살 기법을 개발했다. 「레온 트로츠키(Leon Trotsky)」는 악명 높은 소련식 "숙청"의 희생자 중 하나였다. 1940년 수차에 걸친 시도의 실패 후 소련은 트로츠키의 조력자를 이용하여 멕시코에 망명 중인 트로츠키의 머리를 도끼로 찍어 살해했다. 반면에 1960년대 초반 미국 정보원들도 카스트로를 암살하려고 반복적으로 시도했지만 접근의 어려움으로 인하여 성공하지 못했다.

측근으로 잠입하는 것 이외에도 리더를 암살하는 또 다른 방법이 있다. 예를 들어 암살을 위해 고용되고 훈련된 용병이나 특공대를 이용하는 것이다. 영국은 1943년 보헤미아의 나치 통치자인 「라인하르트 하이드리히(Reinhard Heydrich)」를 암살하려는 저항군 팀을 뒤에서 지원하였다. 측근으로 침투하거나 직접적 접근 없이 채용하는 것은 모두 정보기관이나 조직 인프라에 의해 지원받는 한두 개의 특수 공작팀이 요구된다. 이스라엘의 경우에 비록 그런 능력을 보유하고 있었으나 그럼에도 불구하고 1975년 노르웨이에서 팔레스타인 해방기구지도자(PLO)로 착각하여 무고한 사람을 죽인 창피한 실수를 범했던 적도 있다. 나중에 다 드러나게 되었지만 체포되었을 때 최소한의 심문도 견딜 수 없는, 훈련을 거의 받지 않은 젊은 지원자가 포함되어 있었다. 그들의 공작 인프라는 취약했고 단계별로 부분화되어 있지 못했다. 게다가 민감한 작전수행에는 아주 어려운 장소 즉, 외국인을 손쉽게 알아볼 수 있는 고립된 매우 불리한 장소를 선택했던 것이 패착이었다.

준군사작전과 같은 수법은 말할 것도 없고 암살의 가장 중요한 요소는 기술적인 것이 아니라 정치적인 것이다. 암살이 어떻게 정책을 촉진할 수 있는가? 이러한 수단을 사용하는데 있어서 위험한 점과 이점은 무엇인가? 암살은 실행자에게 이득이 안 될 수도 있다. 「레온 트로츠키(Leon Trotsky)」와 「앤워르 사다트(Anwar Sadat)」에 대한 암살은 그 명령을 지시한 사람들에게 별 도움이 되질 않았다. 확실히 그 결과는 있으나 그 살해가 과연 희생자가 대표하는 기관에 중요하고 장기적인 차이를 만들었다고 보기 어렵기 때문이다. 어떠한 암살은 광범위한 역사적 파장을 끼친 것도 있다. 살라딘에 맞선 콘라드 1세의 시아파 암살은 기독교세력이 결코 회복할 수 없는 치명적인 타격이었으며 그의 암살의 결과로 예루살렘을 탈환하기 위한 완벽한 기회를 상실하였다. 1930년대와 1940년대 여러 번 제안되었으나 영국과 미국이 실행하기를 거부했던 히틀러의 암살계획이 만약에 실행되어 히틀러가 암살되었다면 세계적인 충격을 미쳤을 것임에는 의심의 여지가 없다.

외국 지도자들을 암살자로부터 보호하는 것은 복잡하고 어려운 일이 될 수 있다. 미국은 때때로 이것을 한다. 만약 외국 지도자가 강력하고 그의 정책이 전략적으로 중요하며 그의 정권과 정부정책이 암살로 인해 심각하게 망쳐진다면 그 지도자를 보호하지 않는 것은 어리석은 것일 것이다. 훌륭한 보호는 물리적 보안전문가 즉, 방첩자문가이면서 동시에 폭발물 검사, 군중 통제, 신체적 보호에 대한 전문가일뿐만 아니라 자신의 힘으로 지도자의 경호원 속에 침투하는 것도 필요하다. 잘 조율된 보호 프로그램은 실질적인 기술적 문제부터 시작하여 리더에 대한 위협의 평가와 리더의 약점, 경호원의 충성도 테스트까지 범위에 둔다. 경호원을 테스트하는 한 방법은 그들이 외부인들에 의한 채용에 쉽게 나오는지 여부를 알아보는 것이다. 예를 들어, 외국 지도자를 보호하기를 원하는 외국정보기관은 그의 경호원을 주시하기 위하여 지도자의 경호업무에 직접 침투할 수도 있다.

종전 후의 기간에 미국이나 동독과 같은 다양한 정부들이 외국 지도자의 암살 시도를 했다가 실패한 적이 있다. 어떤 때는 그들은 통합된 프로그램을 제공하는데 실패했고 어떤 때는 그들이 지원하는 인물이 타도되기도 했는데 종종 심각한 결과를 초래하였다.

테러리즘(Terrorism) 테러리즘은 오랜 역사 동안 정치적 목적 달성을 위한 가장 기본적인 수단이었다. 그것은 심사숙고한 정책의 일부가 아니거나 이용할 좋은 기회가 없다면 테러리즘은 정치적으로 이룰 수 있는 것이 거의 없다. 인도의 'Thugs'(인도의 광신적 암살단)가 좋은 예이다. 'Thugs'는 7세기에 인도에서 비밀리에 뿌리를 내리고 13세기경에는 강력한 조직으로 성장하였으며 19세기에 가서 영국에 의해 파괴되었다. 파괴와 테러의 힌두신인 칼리를 기쁘게 하기 위해 백만 명(주로 여행자) 정도를 살해하였다. 그들의 테러행위가 그 지역 상업적 거래에 대해 상당한 영향력을 미치고 그들의 행동에 의해 종교적 복리 증진도 이루어졌겠지만 무굴제국과 인도 왕의 정치적 발전에는 약간의 영향만 끼쳤을 뿐이다.

국가의 지원이 없이도 종교적 근본주의 단체가 정책을 세우고 기회를 찾아내서 그 기회를 이용한 장·단기적 결과를 달성하기 위한 능력을 개발한 사례가 꽤 있다. 가장 성공적인 단체 중 하나는 유대인의 '시카리'(단검이란 뜻으로 극단적 정치암살자)라는 조직으로서 예수 탄생 전의 팔레스타인 지역에서 로마의 영향력을 없애려고 노력하였다. 시카리는 주로 3가지 전술을 사용하였다. 상징적인 암살, 임의적인 살인, 납치. 그들의 주된 대상은 로마와 협력한다고 알려지거나 의심되는 유대인들이다. 그들은 감옥에 잡혀 있는 동료들을 풀어주기 위하여 인질을 잡기도 하였다. '시카리'의 전략은 유대인과 로마인을 화해시키려는 모든 노력들을 좌절시키고 로마의 탄압을 견딜 수 없을 정도로 만들어 반란을 일으키도록 고무하는 것이었다. 25년간 그들은 유대인이 반란을 획책하도록 충분히 저항의식을 고취시키기는 하였으나 결국 서기 70년 '마사다'에서 로마에 의한 대량학살로 끝이 났다. 비록 로마가 질서를 다시 회복할 수는 있었으나 이 반란으로 로마제국 전역에 걸친 로마정권의 힘은 상당히 약화되었다. 같은 지역인 중동에서 최근에도 근본주의자 테러리스트의 비슷한 사례가 있다. 이란의 지원을 받은 단체들이 중동과 그 밖의 지역에서 무슬림 패권장악을 위한 정치적 목적을 지원하기 위해 폭력을 행사하고 있다.

국가는 암살과 테러에 맞서 대항하기 위해 비밀공작을 사용할 수 있다. 이러한 유형의 공작활동은 테러리즘을 후원하는 국가 또는 테러리스트와 테러리스트를 돕는 지원 단체에 대해 초점을 맞춘다. 민주적인 국가에서는 테러에 직접 개입하지 않으면서 테러리스트를 지원하는 합법적인 정치 단체가 존재할 가능성이 있다. 즉 그 단체의 구성원이 직접 총을 쏘거나 폭탄을 설치하지 않는 한 정치 단체가 테러리스트를 지원할 개연성이 존재하기 때문이다. 일단 테러후원자와 테러리스트 그리고 테러지원단체가 확인되면 그들을 무력화시키는데 다양한 공개적·비공개적 기법이 있다. 그 첫 번째는 억지(Deterrence)이다. 테러리즘에 개입하려는 그들의 의지를 약화시키는 분위기를 조성하는 것이다. 런던 주재 시리아 대사관이 비행기에 폭탄을 설치한 테러리스트와 관련되었다는 사실이 법정에서 증명된 이후 영국은 1980년대 중반 수년 동안 시리아를 고립시키고 벌칙을 가했다. 테러에 대한 또 다른 억지 활동은 은밀하게 이루어지는 것이다. 범인들에게 미리 경고하는 방법, 동맹국가에서 활발한 정치적 활동과 비밀선전을 통하여 국제적 지원을 증대시키는 것, 이스라엘의 방식처럼 공중공격이든 선택적 암살이든 외국정보기관들과 협력하여 테러리스트를 추적하거나 죽이는 것이다. 또 다른 방법은 테러리스트의 가족을 찾아가는 것이다. 이것은 반드시 폭력적일 필요는 없다. 단지 테러리스트의 자녀, 형제, 자매에게 경고를 주는 것으로 만으로도 테러리스트에게 심리적, 감정적 압박을 증대시킬 것이다. 말할 필요도 없이 이보다 더 교묘한 압박은 제재조치와 처벌이다.

억지방법이 실패하였을 때 공작활동가는 테러리스트와 그들의 지원자들간의 불화를 조장할 수 있다. 예를 들어, A분파가 경찰과 접촉하고 있다는 증거를 만들어 가지고 B분파에게 A분파가 자신들을 파멸시키려고 한다고 확신시킬 수 있다. 한 단체를 다른 단체에 대항하도록 하는 것은 앞서 언급한 바와 같이 명왕조의 후 충시엔 또는 무굴 제국의 아크바르를 속였던 자들과 비슷하다. 그리고 프랑스는 1950년대에 이런 수법을 사용하여 알제리의 FLN(민족해방전선)의 내분을 야기할 수 있었다.

프랑스 공작 사례 중에 가장 성공적이었던 사례는 알제리에서 특수부대를 이끌고 있었던 레제 대위가 수행한 사례이다. 그는 영민하고 아랍어에 능통하였는데 FLN 심문 포로 중 하나이면서 친구들에게 로자라고 알려진 18세의 타제르 조라가 이미 '전향'시킨 일단의 테러리스트들과 함께 추가적으로 유용할 것으로 생각하였다. 그러나 그녀를 심문하고 난 후에 로제 대위는 조라가 그리 쉽게 넘어오지 않을 것이라는 사실을 깨닫고 계획을 바꾸었다. 즉 조라로 하여금 그녀가 아는 많은 테러리스트들이 실은 프랑스 측 요원이라고 믿게끔 한 것이다. 그리고는 FLN으로 하여금 조라가 FLN의 변절자들에 대한 정보를 갖고 있는 프랑스 협력자인 것처럼 믿게 하기 위해서 그녀를 알제리 전역을 데리고 다녔다. 그리고 석방하자마자 조라가 곧바로 자신의 FLN 친구들에게 도망치도록 하였다. 조라는 풀려나자 FLN의 지역 사령관이자 자신의 친구인 마쥬르에게 찾아갔으며 마쥬르는 타제르 조라를 잡아 고문하였다. 그녀가 언급하는 테러리스트가 프랑스의 첩보원이라고 생각하고 차례로 그들을 불러 고문하였다. 이때 레제는 이중스파이인 카두르를 FLN에게 보냈다. 고문 끝에 카두르는 마쥬르에게 그동안 그가 믿어왔던 아랍인들에 대한 의심을 확실하게 만드는 거짓 증언을 하였다. 그 결과는 FLN 내의 숙청으로 이어졌다. FLN은 프랑스의 총에 의한 위협뿐만 아니라 그들 동료들이 서로에게 겨누는 칼에 의해서 지속적인 위험에 처하게 되었다.

테러리즘과 싸우는 또 다른 공작 기술은 질투, 돈, 경쟁의식 등에 의해 야기된 단체 내의 분열을 이용하는 것이다. 대테러담당관은 자신이 대처하는 단체의 리더와 각 분파의 특성, 정치적 환경 등을 알아야 한다. 숙련된 담당관과 인프라가 갖춰져야 그 단체를 방해할 만한 장기 계획을 세울 수 있다. 19세기에 이러한 기술은 영국이 인도의 'Thugs'(인도의 광신적 암살단)를 격파하도록 도와주었다. 영국의 수집관과 공작관은 'Thugs'를 와해시킬 기회를 잡았다. 젊은 지도자들이 그들의 신인 칼리신을 섬기는 것보다 돈에 더 관심이 있기 때문에 칼리는 그들의 조직을 벌할 것이라고 조직의 원로들을 설득하였다. 그리하여 원로들을 젊은 지도자들에 대항한 정보제공자로 만들 수 있었다.

보다 최근에 1989년 서방의 정보기관들은 팔레스타인 단체에서 가장 위험한 파벌인 '아부니달'이 이끄는 파타혁명평의회 안의 내분을 이용하기 위해 PLO에 가담하였다. 돈 문제에 대한 논쟁이 일어났으며 아부니달 파벌의 핵심 지도자들이 아부니달이 개인적인 용도로 조직의 자금을 유용한다고 의심하기 시작하였다. 이에 대해 아부니달은 그들이 아라파트와 요르단 정보기관과 짜고 그에 대한 음모를 꾸민다고 비난하면서 결국 그들을 총으로 쏘아 죽였다. 파타를 지원하고 있던 리비아와 그 밖의 나라들은 아부니달에 대해 우려를 하게 되어 집중 단속하였다. 이후 PLO와 여러 나라의 정보기관은 아부니달의 반대자를 오히려 보호하게 되었고 파타혁명평의회의 내 위화감을 증폭시켰다.

테러리스트를 파괴하는 또 다른 방법은 그들의 장비와 공작계획을 파탄나게 하는 것이다. 예를 들어, 테러리스트들이 공격할 때 폭탄이 작동하지 않도록 하는 것이다. 1980년대 초 미국은 아프가니스탄에서 소련에 대항해서 싸우는 무자헤딘에게 보내기 위해 대공 미사일을 샀으나 결함이 있는 것으로 밝혀졌다. 소련이 그 구매사실을 미리 알고 누군가를 통해 미사일이 작동하지 않게 손을 본 것이었다. 테러리스트 집단을 무력화시키는 또 다른 방법은 계획이 무르익고 난 후 작전을 중단시키기 위해 인적 수단이나 기술적 수단을 통해 침투하는 것이다. 이것이 바로 1988년 10월 요르단에 대한 『PFLP－GC』(팔레스타인해방인민전선 총사령부)의 4개의 비행기 폭탄투하 시도를 실패하도록 만든 것이었다. 서독과 이스라엘은 PFLP－GC에 미리 침투해 있었는데 구체적인 실행계획에 대한 핵심정보는 요르단의 정보기관이 몇 년 전 침투시켜 폭탄 제조자로 일해 왔던 「마르완 크리셋」에 의해 나왔던 것이다.

게릴라와 반정부 활동(Guerrillas and Resistance Movements) 또 다른 준군사적 방안은 게릴라와 반정부 활동에 대한 지원이다. 게릴라란 영어(스페인어로 게라)는 19세기 초 스페인에서 나폴레옹에 대항하여 비전통적인 방식으로 무장을 하고 싸웠던 사람들을 지칭한다. 점령군에 대항하여 많은 게릴라 활동이 일어났으며 많은 외국들이 그들을 지원했다. 그중에 외국의 지원을 받은 게릴라 활동으로 가장 주목할만한 사례는 아프가니스탄에서 무자헤딘으로 알려져 있는 느슨한 이슬람 네트워크를 들 수 있을 것이다. 이들은 미국, 이집트, 파키스탄 그리고 다른 나라들의 지원 하에 1980년대 십여 년 동안 소련의 침공에 저항하였다. 잘 기획되고 조율된 정책의 일부로서 느슨하게 결합된 게릴라들은 적을 약화시키고 외국 영토를 쉽게 장악하지 못하게 하는데 극도로 도움이 된다. 그러나 이것이 단기적으로는 유용할지 모르지만 장기적인 목표를 고려해서 하는 것이 필요하다. 미국과 영국은 2차 대전 당시 프랑스 레지스탕스를 도왔던 것처럼 전쟁 후에 무자헤딘의 지원이 어떠한 결과로 나타날지 생각 없이 그냥 무자헤딘을 도왔다.

1981년 또 하나의 예가 니카라과 사례이다. 미국은 아르헨티나 군의 비밀 도움으로 사모스 일가의 잔존자로 구성된 콘트라를 지원하기 시작하였다. 하지만 콘트라가 실질적으로 반 사모스일가 성향의 사람들과 반 산디니스타스의 사람들을 정치적으로 어떻게 통합하고 어떻게 승리를 성취할 것인가에 대한 사려 깊은 계획이 없었다. 1980년도 전반기 동안에 목표를 성취하기 위한 수단과 관련하여 거의 주의를 기울이지 않았다.

폭동에 대한 지원 또는 폭동을 저지하려는 폭동 진압활동의 지원에도 똑같은 한계가 있다. 폭동은 비밀 무장단체에 의한 사회적, 경제적, 정치적 변화를 이끌어 내기 위해 시도하는 일종의 내부 혁명이다. 폭동의 성공여부는 군사적 역량뿐 아니라 게릴라 전법을 효과적으로 만드는 비밀 정치조직 네트워크의 구축에 달려있다. 따라서 폭동을 막는데 있어 효과적인 방법은 폭동 주모자들이 사용하는 테러리스트, 게릴라, 군사적 전술을 패퇴시키는데 있다기보다는 비밀 연락망을 밝혀내어 쇠퇴시키고 폭력적 수단을 무력화시키는 방법이 중요하다.

폭동을 막는 가장 중심적인 요소는 정보와 방첩이다. 폭동을 통해 권력을 잡은 베트남, 중국, 쿠바의 공산주의 정권은 이러한 교훈을 잘 깨닫고 있었다. 그들은 전복을 계획하는 게릴라를 모집하고 폭동의 기반을 다지려는 모든 시도들에 침투하여 파괴하였다. 2차대전 이후 미국과 프랑스 그리고 영국도 이러한 교훈을 잘 알게 되었다. 점차적으로 이들의 정보기관들도 제3세계의 반역 분자들을 밝혀내는데 도움이 되는 정책과 정보수집 그리고 분석기법을 개발하였으며 정보를 사용하여 그들을 체포하거나 침투 또는 무력화시켰다. 가장 효과적인 기법 중 하나는 전직 폭동자들로 하여금 그들의 옛 동료들을 찾아내도록 포섭하는 일이다. 영국은 말레이시아, 케냐와 같은 자신들의 옛 식민지에서의 실패를 겪은 후에 폭동을 막는 정보 역량을 잘 활용하게 되었다. 프랑스는 1950년대 초기 인도차이나의 베트남독립연맹에 대한 정보력을 개발하기 시작하였는데 알제리의 FLN 조직을 파괴시킬 때 이를 잘 써먹었다. 마찬가지로 미국도 베트남에서 적의 비밀 조직지부에 대해 좋은 정보력을 개발하여 그들을 무력화하려고 시도하였다. 궁극적으로 마침내 전쟁을 이긴 것은 반란군의 비밀조직들이 아니라 북베트남 정규군이었다.

준군사적 공작은 재래식 병력에 대한 지원도 포함된다. 일반적으로는 그와 같은 지원은 공개적으로 한다. 왜냐하면 출처를 밝히지 않고 필요한 양을 지원하기가 어렵기 때문이다. 그러나 지원이 공식적으로 인정되지 않을 수는 있다.

미국은 1960년대 북베트남이 라오스를 차지하지 못하도록 막는데 라오스 군부 지도자인 「방 파오」를 지원하였던 적이 있다. 당시 미국은 공식적으로는 중립적인 상태였기 때문에 이와 같은 지원은 미국에서 인정하지 않은 것이었는데 소련 역시 라오스에 주둔한 북베트남군을 지원하면서도 공시적으로 중립을 지켰다.

이따금 재래식 군사력의 지도자들은 그들이 쿠데타를 감행하는데 있어서 지원을 받거나 쿠데타를 기도하려는 동료 군인이나 외국인들에게 저항하는데 있어서 지원을 받기도 한다.

준군사적 병력이나 재래식 병력에 대한 비밀 지원의 제공에는 여러 가지 형태가 있다. 정치적, 도덕적 지원이나 격려는 물론 더 나아가 물질적 지원과 제재조치에 이르기까지 다양할 수 있다. 준군사적 공작에 개입된 외국인들에 대한 가장 효과적인 비밀 지원은 사람들의 인식과 정치적 결정에 영향을 미칠 목적으로 그들에게 제3국과 국제회의에서 정치적 지원을 하는 것이다. 수십 년간 아랍의 국가들은 PLO나 PLO 분파와 같은 우호적인 팔레스타인 단체들에게 이러한 지원을 하였다. 소련, 쿠바, 루마니아는 수년간 『서남아프리카인민기구』나 베트콩과 같은 특정 게릴라 테러리스트와 반역자들에게 정치적·도덕적 지원을 하였다. 소련의 정치적 지도자와 정보기관 수장들은 자신들이 후원하는 국가들의 지도자들과 비밀리에 만나서 그들의 정치적 대의명분이 확산되도록 외국과 UN에서의 비밀공작과 정치공작을 결정하였다. 앞에서 우리가 살려본 바와 같이 1980년대 미국도 니카라과의 콘트라스 반군을 지원하기 위해 똑같은 일을 하였다.

이러한 지원은 비밀선전과 정치적 활동에 상당히 달려있다. 도와주려는 국가는 우방국가에 힘을 실어주고 적들을 약화시키기 위해 비밀선전과 정치적 인프라를 제공한다. 이러한 주요한 예가 1980년대 아프가니스탄의 무자헤딘에 대한 미국과 영국의 지원이었다. 우방국가를 위해서는 승리의 모습들이 투사되는 반면에 적대국에 대해서는 그들의 만행이 전세계에 보도되어 적에 대한 외국의 지원과 금전적 도움이 서서히 줄게 만드는 것이었다. 결과적으로 이것이 우방국에 대한 외부 지원을 증가시켰고 사기를 드높였으며 적들을 낙담시켰다. 우방국은 많은 국가들의 수도에 사무실을 설치할 수 있도록 지원을 받았다. 우호국이 회의나 세미나를 열 때 해외 언론은 보도를 아끼지 않고 해주었으며 언론인과 교수들, 성직자들을 위한 여행이 제공되었다. TV방송이 증가하였으며 다큐멘터리, 영화, 책들이 물밀듯이 쏟아져 나왔다.

효과적인 비밀지원은 폭력을 행사하는 이에게 직접적인 도움을 제공하는 것도 포함된다. 중요한 것은 혹시 나중에 발각되면 그럴듯한 부인(Plausible Denial)을 할 수 있게 제3자를 통하여 훈련을 제공하는 것이다. 프랑스는 미국 혁명의 초기 단계에서 자국인들이 미국 혁명주의자들을 훈련시키고 도와주다가 이것이 밝혀지게 되는 것을 원하지 않았다. 미국 측의 지원에 노련한 유럽 장교를 파견하는 것이 훨씬 유리하다고 판단하였다. 「베르젠」과 「보마르셰」는 파리 주재 미국 외교사절인 「사일러스 딘(Silas Deane)」과 비밀리에 협력하여 프러시아인 「프리드리히 폰 스토이벤」과 「요한 데 칼프」를 미국 측으로 이끌었고 이들로 하여금 워싱턴의 군대를 훈련시키는데 결정적인 역할을 하게 하였다. (사실 프랑스 지도자들은 젊은 프랑스 귀족 마르퀴스 라파엣이 프랑스인이었기 때문에 미국편에 가담하는 것을 극구 말렸으나 그가 몰래 빠져나가 미국편에서 싸웠다.)

러시아 공산당원인 볼셰비키들은 그들이 권력을 잡은 이후 70년 이상 동안 외국인들로 하여금 부르조아 정부를 전복하도록 훈련시켰다. 1991년 이전의 몇십 년간 모스크바는 쓸모있다고 판단한 수천 명의 공산주의자와 비공산주의자들을 훈련을 받도록 소련과 동유럽, 쿠바에 있는 캠프로 보냈다. 모스크바는 훈련자들을 여기저기로 보낼 수 있는 복잡하고 정교한 시스템을 개발하였다. 일부는 그들 자신의 이름으로 소련에 들어갔다. 다른 이들은 자신의 국가에서 제3국으로 가서 소련의 정보원과 만나 위조여권을 만들어 소련에 들어갔다. 이러한 장치들은 그들이 집으로 돌아왔을 때 국내의 반대자와 나중에 훈련자들의 정체를 파악할지도 모를 동료 학생과 교수들로부터 보호할 수 있게 하려는 것이었다. 일부 훈련자들은 십여 년 간 여러 번 훈련을 다녀왔으며 더 고급단계의 심화된 훈련을 받기도 하였다. 이러한 방법으로 모스크바는 우호적인 준군사 요원을 확보할 수 있었다.

소련은 준군사 공작 교관을 해외에 보내기도 했다. 1980년대 쿠바, 소련, 동독의 장교들은 앙골라에서는 앙골라인민해방운동을 위한 훈련과정을 열었으며 니카라과에서는 니카라과와 살바도르를 위한 훈련 과정을 열었다. 그 기간 동안 소련은 앞으로 수십 년간 활동할 수천 명의 젊은이들을 훈련시켰다.

2차대전 당시 나치에 저항하는 세력들을 훈련시키는데 많은 경험을 축적했던 영국도 한동안 비밀 준군사 훈련을 제공하였다. 그들이 세계적인 제국의 위상에서 물러나면서 이전의 식민지 국가정부들에게 폭력적인 탈취에 저항하는 기술을 전수하였다. 그리하여 1960년대 남예멘과 소련의 도움을 받고 있는 '도파르' 반란군에 저항하는 오만에게 다양한 훈련과 조언을 제공하였다. 이러한 특별한 훈련은 이와 같이 작지만 전략적으로 중요한 나라를 수십 년간 서방진영에 남도록 도와주었다.

준군사적 비밀 지원은 정치적·기술적 자문과 공작 계획, 그리고 군사 작전 조정의 형태로 이루어질 수 있다. 고문관은 군사적으로 유능할 뿐만 아니라 기회를 포착하고 정치적 목적을 지원하기 위해 외국 문화에서 일할 수 있어야 한다. 그들은 진정한 의미에서 비전통적인 전사이다. 그들은 명령을 수행하기 위해 훈련된 전형적인 군인이 아니다. 또한 그들은 정부를 대신하여 외교관처럼 조약이나 협정을 공식적으로 협상하거나 할 수도 없다. 대신에 이질적인 문화에서 군사적으로 원했던 결과를 가져올 수 있는 군사적 자질과 외교적 자질을 다 결합한 자질을 보유하고 있어야 한다. 비밀 군사 행동에 있어서 정치적인 요소는 아무리 강조해도 지나치지 않다. 행동은 단지 정치적 목적을 달성하기 위한 수단이다. 따라서 그것은 현지 지역동맹, 부족, 탐욕자, 기회주의자, 이념가 등 잡다한 세력들이 하나로 뭉쳐 잘 싸우도록 화합시키고 적의 취약점을 잘 이용하게 하는데 달려있다.

아라비아의 로렌스로 알려져 있는 「T. E. 로렌스(Thomas Edward Lawrence)」는 비밀 군사 고문이 결정적인 역할을 한다는 사실을 잘 보여주는 사례이다. 로렌스의 실제 이야기는 이제까지 알려진 가공된 영화나 기사들보다 더욱 흥미롭다. 로렌스는 중동역사를 공부한 영국의 젊은 학자였으며 1차 세계대전 이전에 그곳에서 고고학 발굴에 참여했었다. 그는 전쟁이 발발함에 따라 영국의 군 정보기관에 참여하였으며 카이로에 배치되어 터키 치하의 팔레스타인에 자신의 정보요원을 운영하였다. 1915년 그는 지금의 이라크 지역인 쿠트에 영국군을 둘러싸고 있는 터키의 군사지도자를 매수하기 위해 찾아갔으나 실패하였다. 상당한 노력 끝에 로렌스는 자신의 상관에게 베두인 부족이 반란을 일으키도록 설득할 수 있고 그 결과 터키 치하의 지역을 자유롭게 하려는 영국을 지원할 수 있을 것이라고 확신시키는데 성공하였다. 로렌스는 곧 베두인들을 훈련시키려고 아랍 반도로 갔으며 그곳에서 그는 얼마 안 되어 터키에 의해 내부분열을 일으킨 족장들의 군사고문이자 주요 조정자가 되었다.

1917년 8월 20일 "아랍 보고"(중동에서 일하는 이들을 위해 배포된 영국의 비밀 출판물)라는 장문의 공문서에서 로렌스는 27개의 지침을 게시하였다. 그것은 베두인과 시리아인에게 적용되는 것으로서 로렌스는 "그들은 완전히 다른 대우를 해야 한다고" 썼다. 전하는 바에 의하면 로렌스의 지침은 그 지역에서 일하는 영국의 특수부대 장교들에 의해 수차례 연구되었다고 한다. 이것들은 비밀 군사 지원에 필수적인 요소인 일종의 비교문화적 이해를 보여주는 사례로서 다음과 같은 것들이 있다.

1. 처음 몇 주는 편하게 있어라. 잘못된 시작은 보상하기 힘들다. 아랍인들은 외부인들을 평가할 때 우리가 간과하는 방식으로...
2. 네가 친한 아쉬로프와 베두인에 대해 그들로부터 가능한 모든 것을 배워라. 그들의 가족, 부족, 친구와 적, 우물, 언덕, 길. 이러한 것들을 듣고 간접적으로 물어보아라. 직접적으로 묻지 마라.
3. 업무를 처리할 때 당신이 돕는 군 지휘자나 당의 지휘자하고만 상대하라. 절대 누군가에게 지시를 내리지마라. 그러나 상대 부하들과 일을 직접 처리하고 싶은 엄청난 유혹을 갖게 될 것이다. 당신의 역할은 자문하는 것이다.
5. 지도자와 가능하면 지속적이고 겸손하게 관계를 유지하라. 그와 함께 생활하라. 식사할 때나 청중들과 함께 그의 텐트에 자연스럽게 있어야 한다. 공식적인 방문으로 조언을 하는 것보다 편안한 대화속에서 지속적으로 생각을 공유하는 것이 낫다. 낯선 족장이 처음으로 충성을 맹세하기 위해 왔다면 텐트를 나와라. 만약에 그들에게 첫인상이 외국인으로 비춰지면 족장의 신뢰를 얻는데 아랍의 명분에 해를 끼칠 것이다.
11. 아라비아에서 외국인이나 기독교인은 인기가 있는 사람이 아니다. 너를 친절하고 허물없이 대하더라도 너의 기반은 위태롭다는 것을 명심하라.
13. 절대 아랍인에게 손을 얹지 마라.
17. 부족과 함께 있을 때는 아랍식 두건을 써라. 베두인은 서양 모자에 대해 악의에 찬 편견이 있다. 그들은 우리가 모자를 쓰는 것은 부도덕하고 비종교적인 신념에 근거한 것이라고 믿는다.

18. 당신이 알고 있는 싸움에 대한 생각을 이용하지마라. 베두인식의 전쟁방식을 배워라. 약탈할 것이 보이고 이길 확률이 반반이라면 네가 이길 가능성이 크다. 고지를 사수하려는 베두인들을 공격하는데 낭비하지 마라. (왜냐하면 그들은 얼마든지 사상자가 발생해도 그것을 무릅쓸 테니까) 그리고 진지를 방어하는 베두인을 공격하지 마라 왜냐하면 그들은 태만하게 앉아 있는 법이 없으니까.
25. 보통의 아랍 사례가 있긴 하지만 그럼에도 불구하고 여자들에 대해서 자유로운 대화를 하지마라. 이는 종교만큼이나 어려운 주제이다.

이러한 지침을 따르거나 예리한 직관력을 가진 비밀 공작관이라고 하더라도 항상 그들이 로렌스처럼 성공하는 것은 아니다. 기회가 부족할 수도 있고. 많은 헤아릴 수 없는 요소가 비밀 군사행동의 성공과 실패를 만든다. 그러나 정치적 기술과 군사 기술을 겸비한 공작관이라면 성공할 확률이 훨씬 더 높다. 결국 목적은 정치적 결과를 얻는 것이다.

도피처(Safe Haven) 정부들은 또한 도피처를 제공하여 게릴라, 반란군 또는 테러리스트를 돕는다. 도피처는 성공을 위한 필요조건도 충분조건도 아니지만 중요한 요소이다. 1980년대 파키스탄과 이란은 아프가니스탄의 무자헤딘에게 도피처를 제공하였다. 그렇지 않았다면 아마도 그들은 승리할 수 없었을 것이다. 중앙아메리카에서 콘트라스 반군에게 도피처가 제공되어 온두라스와 코스타리카 밖에서 활동할 수 없었더라면 1980년대 중반에 만 명이나 만 오천 명 정도나 되는 대규모의 조직으로 성장할 수 없었을 것이다. 팔레스타인과 시아파 테러리스트들도 레바논, 시리아, 이라크, 이란, 리비아, 알제리와 같은 중동지역의 많은 곳과 여러 동유럽국가에 도피처가 없었다면 1980년대 이스라엘과 미국에 대해 그렇게 위협을 가하지 못했을 것이다.

강대국들은 그 자체로 도피처를 제공하지는 않는다. 그러나 반란자들과 게릴라들을 위한 도피처를 협상하는데 도움을 줄 수 있다. 그들은 미국이 아프간과 콘트라스에게 했던 것처럼 비밀 준군사 세력을 피난처에 들여 놓는 부담을 경감하기 위해 경제적 지원을 제공하기도 한다. 때때로 강대국은 대상 국가를 보복으로부터 지켜주기 위해 반역자들을 숨겨주는 나라들에 대한 군사원조를 확대하기도 한다. 1980년대 미국은 온두라스와 파키스탄에 그러한 지원을 한 적이 있다.

준군사 공작을 위한 물적 지원(Material Support for Paramilitary Operations)

준군사적 지원의 또 다른 중요한 요소인 물적 지원은 운반용 나귀부터 음식과 의학 용품, 최신형 통신 기기, 무기와 탄약까지 다양하다. 앞에서 살펴본 것처럼 미국 독립 혁명군은 신병을 가르치는 유럽 장교들의 도움뿐만 아니라 프랑스, 스페인 등에서 보낸 많은 외부 물자지원으로 엄청난 도움을 받았다.

물적 지원 특히 비정부단체에 대한 물적 지원은 값비쌀 수 있다. 아래의 표는 한명의 게릴라 전사를 야전에서 무장시키는 비용(1990년대 기준)이다.

품목	예상비용($)
자동소총	175
탄창 7개	105
수류탄 2개	40
작업셔츠 2개	40
작업바지 2개	40
탄약통 2개	21
탄약 210개	21
정글부츠	30
가방	30
경량판초	10
경량해먹	20
경량모포	10
물통, 식기	20
다목적 칼, 칼집	10
정글모자	5
응급물품	5
작은 냄비	5
수프스푼	1
나침반	5
칫솔	1
기름통	1
합계	595

이것은 급여나 야전에서의 배치 및 통신에 대한 베이스캠프의 비용은 제외한 것이다. 전쟁에서의 다른 병참 역시 비싸다. 게릴라나 레지스탕스는 그 지역

에 기식하여 무기와 탄약을 훔칠 수 있으나 이러한 것들이 항상 가능한 것은 아니다. 효과적이려면 게릴라나 레지스탕스가 농부나 강도 또는 제조업자의 역할을 할 필요가 없도록 자유롭게 해줄 후원자가 필요하다. 심지어 돈이 있다고 해도 곧바로 쉽게 구할 수 없는 장비도 있기 때문이다.

이런 종류의 병참문제가 나타난 것으로 물적 지원의 중요성을 나타내는 생생한 예는 '스팅거' 대공미사일과 소련의 지배에 대항한 무자헤딘 레지스탕스의 사례이다. 아프간인들은 1980년대 중반 그들이 이 미사일을 갖고 사용법을 배울 때까지 소련 공군에 의해 계속 대량으로 학살당해야 했다. 무자헤딘은 그들 스스로 무기를 살만한 여유가 없었고 무기를 손에 넣고 사용법을 배울 수 있는 곳은 아프간 내에는 없었다. 몇 달간 스팅거 미사일의 지원여부를 두고 워싱턴에서 격렬한 논쟁이 벌어졌다. 결국 의회와 행정부 내 그 무기의 지원을 옹호하는 지지자들이 이겼다. 아프간은 이 미사일 무기 사용법을 훈련 받았고 이것이 소련군으로 하여금 더 이상 승리를 기대할 수 없자 철수를 결정하도록 만든 중요한 요인이 되었다.

물적 지원은 콘트라스 반군의 성장에도 막중한 역할을 하였다. 물적 지원이 들어오면서 콘트라스는 그들의 숫자를 몇 백 명에서 만 오천여 명 정도로 늘릴 수 있었다. 이는 당시 그 나라의 인구가 몇 백만 밖에 되지 않는 것을 고려하면 엄청난 숫자라고 할 수 있다. 미국의 의회가 1987년과 1988년 지원을 줄였을 때 콘트라스 반군 숫자는 7,000명 정도로 줄어들었다. 이러한 사례는 정부에 대항하는 군사들을 공세적으로 만드는데 있어 물적 지원이 매우 유용하다는 것을 말해준다. 하지만 이것은 공격하는 입장이든 수비하는 입장이든 다른 지원과 마찬가지로 물적 지원도 그 자체로서 승리를 위한 충분조건이 된다는 말은 아니다.

대부분의 장기적인 비밀 준군사 지원은 민주주의 국가에게 어려움을 초래하기도 한다. 항상 그런 것은 아니지만 대체적으로 우방국에 대한 지원을 그럴듯하게 부정하는데 있어서는 미국보다 영국이나 프랑스가 한 수 위였다. 1940년대 말과 1950년대 초 미국은 모스크바에 대항하는 우크라이나와 폴란드 그리고 알바니아의 저항세력에게 물적 지원을 하였는데 이러한 사실은 오랜 동안 노출되지도 않았고 알려지지도 않았다. 그런데 1960년대 말 미국정부의 대외정책 합의는 깨지고 의회의 감독이 본격화되는 시대가 시작되었다. 1970년대 중반과 1980년대에 공적으로 발표되지 않고서는 더 이상 그러한 지원이 점점 더 어렵게 되었다.

정보지원이나 훈련 그리고 최고 지도자에 대한 자문과는 다르게 물적 지원은 많은 국제적 인물들의 섭외가 관련되며 물품의 구매에서 먼 곳으로의 운반과 분배에 이르기까지 여러 문제들이 관련되어 있다. 너무나 많은 사람들이 참여하고 있기 때문에 물적 지원의 경우 그런 대규모 지원과 첨단장비의 출처를 감추는 것은 거의 불가능에 가깝다. 그럼에도 불구하고 아프가니스탄의 사례에서 보듯이 대중의 이목을 끈 비밀공작라고 해서 반드시 인정할 필요는 없는 것이다. 때론 진실을 은폐한 비밀접근 방식이 더욱 효과적일 수 있다.

이러한 상황에서 물적 지원이 모험의 성공에 필요하다면 이런 형태의 비밀공작을 지속하는 것을 고려해야 한다. 예를 들어, 한 나라에서 다른 나라의 우호적인 준군사적 세력을 도우려는 인원과 물자의 공개적 수송이 이웃한 제3국에 의해 거절당한다면 그때는 비밀 경로의 사용이 효과적일 것이다. 한편으로 한 국가가 다른 나라에서 전쟁을 일으키지 않고 비밀리에 반역을 돕는 것이 허용되는 상황이라면 위장해서 몰래하는 접근방식이 사리에 맞다. 이것이 바로 프랑스가 미국의 혁명을 공개적으로 지원하는 것을 인정하기 전인 1770년대에 수행한 행동방식이었다. 그러나 1980년대 미국이 여러 번 그러했던 것처럼 이것이 단지 빈틈없는 계산과 연루를 피하고 정책에 대한 대중지지를 동원하려는 단순한 방법이라고 한다면 그러한 접근은 잠재적으로 높은 위험비용을 감수할 만한 것은 못된다.

특수부대(Special Forces) 때로는 정부가 정보 또는 물적 지원을 넘어 비밀리에 자신의 병력사용을 결정해야만 할 때도 있다. 이것은 자국 국민이 외국에서 죽어서 발견되거나 자국 국민이 포로로 잡혀 그 나라의 내정에 개입했다고 자백해서 그럴듯한 부인을 해야만 하는 상황에 처해 이미 군사공작에 명백하게 개입한 것이 드러났을 때를 제외하고는 실행하기가 힘든 작전이다. 또한 자국에서의 정치적 위험도 있다. 이러한 문제는 1778년 미국과 프랑스가 미불동맹을 맺을 당시에 루이 16세와 그의 각료들의 마음속에도 있었다. 프랑스는 영국을 불필요하게 자극하지 않기 위해 자국의 장교들을 미국에 참여하지 않도록 하였으며 프러시아와 다른 유럽 국가들이 미국의 독립 노력을 돕도록 하였다.

2차 세계대전 이래 각국 정부들은 그들의 군대를 비밀리에 싸우도록 명령을 내리지는 않았지만 그러한 가능성에는 대비를 하였다. 최근 비밀 부대를 이용한 가장 알려진 사례는 테러리즘과 납치에 대한 것이다. 엔테베에서의 이스라엘(1978), 모가디슈에서의 서독(1977), 메카에서의 프랑스군(1987), 이란에서의 미국 델타포스(1979). 보통 정부는 그들의 병력을 비밀 전투에 투입하려 하지 않겠지만 다른 선택의 여지가 없거나 성공적인 공작을 위해 투입하는 것이 필요한 상황에는 때때로 위험을 감수한다. 예를 들어, 소련은 1979년 침공 전에 비밀 특수부대를 아프가니스탄에 보냈다.

특수부대의 성공은 공작을 수행하기 전에 구축해 놓은 좋은 비밀 인프라와 뛰어난 정보력이 좌우한다. 특수부대는 그들이 무엇을 언제 어디서 어떻게 해야 하는지 명확히 알고 있어야 한다. 인원, 물자, 통신 장비 등이 준비되어 있어야 한다. 미국은 때때로 병참 지원에서는 탁월하였지만 임무를 완수하기 위한 공작이 약했다. 최근에 이러한 사례가 2개 있다. 1970년 초 북베트남의 미국인 포로를 구하려고 시도했던 '선 떠이' 급습사건이 그것으로 포로들이 이미 공격하기 전에 이동하여 실패한 사례이다. 그리고 또 하나 사례는 1980년 이란 주재 미국대사관 인질납치 사건으로 인질 구출작전에 나섰으나 관련 지역의 사막지형과 같은 기본적인 정보를 특수부대가 파악하지 못하고 실패했다. 이스라엘은 엔테베 구출로 비밀 특수부대가 훌륭한 용도가 있다는 것을 증명하였다.

몇몇 국가들은 적의 전선 뒤에서 비밀리에 공작이 가능한 군대를 가지고 있다. 이들은 전쟁의 발발에 대비하거나 침공을 위한 침입로를 미리 닦거나 하며 만약 전쟁 시에는 정보를 수집하거나 반란을 조직하며 적의 정보수집과 통신을 방해하는 일종의 후방지원세력으로서 활동한다. 2차 세계대전 동안 미국과 영국은 이러한 것을 수행하였으나 그 후 대부분 해체되었다. 1940년대 말 유럽 대륙에서 연합국들이 이와 유사한 문제에 직면하였을 때 미국은 소련의 서유럽 침공에 대비하여 이런 후방지원 네트워크를 만들도록 도와주었으며 전쟁의 경우를 대비하여 동유럽의 소련 전선 후방에 투하시키기 위한 특수부대를 조직하기도 하였다.

1970년대와 1980년대 모스크바는 소련의 서방 기습 공격을 지원하기 위한 목적으로 특별히 서방에서 활동하는 KGB와 GRU 특수 부대를 조직하였다. 그들 중 일부는 공작 활동을 할 곳의 지형과 문화에 익숙해지기 위하여 유럽, 심지어 미국으로 건너갔다. 스웨덴 정부는 『스페즈나쯔』(소련 특수부대)가 훈련하는 기술을 담은 영화를 배포하였다. 그들의 목적은 스웨덴을 무력화시키고 스웨덴을 지나 노르웨이에 근거를 두고 있는 나토를 무력화시키러 가는 것이었다. 만약 전쟁이 터졌다면 스페즈나쯔는 서방의 방어를 뚫는 중요한 수단이 되었을 것이다.

테러리스트에 대한 방어능력과 전시에 침입자를 저지하는 능력은 별개로 하더라도 일부 국가들은 비밀리에 외국의 주요 군사시설을 파괴하거나 보호하는데 사용되는 특수부대의 창설을 통해 이득을 얻을 수도 있다. 예를 들어, 멕시코와 같이 전략적으로 중요한 이웃국가에 쿠데타가 발생하여 적대적인 세력이 권력을 장악하게 된다면 그럴 경우에는 미국은 정규군을 파견하여 적대적인 정권에 대처하려고 노력하는 것보다는 소수의 미국인을 비밀리에 보내 멕시코인들로 하여금 직접 쿠데타 음모자들을 제거하도록 도와주는 것이 바람직할 것이다. 모든 가능성을 타진해 보아도 쿠데타 위기가 터지기 전에 미군이 현지에서 미리 작업하고 있지 않으면 그 효과는 별로 크지 않을 것이다.

쿠데타(Coups d'Etat) 잠재적인 측면에서 본다면 가장 중요한 공작활동 중의 하나는 쿠데타를 조성하거나 막아내는 것이다. 프랑스어인 쿠데타는 "국가에 대한 일격(blow to the state)"이란 뜻으로 최상층에서 정부가 폭력적으로 교체되는 것을 뜻하는 말로 많은 언어에서 사용되고 있다. 쿠데타를 시도하는 것은 대부분 비밀 활동이고 쿠데타로부터 정권을 보호하는 것 역시 마찬가지로 비밀활동의 유형이다. 효과적으로 쿠데타를 시도하기 위해서는 여러 가지 방법이 있으며 잘 짜여진 정책, 기회의 포착, 노련한 실행가, 그리고 무엇보다 좋은 정보 및 방첩정보가 필요하다. 즉 한마디로 효과적인 공작활동의 특징들이다.

수백 년 전 마키아벨리가 지적했듯이 쿠데타는 신하와 주요 장수가 배제되고 충분히 보상받지 못하거나 그들이 다른 이에게 매수당한 상황에서 군주가 그의 신하들의 충성심을 잘못 판단하는 데에 기인한다. 만약 군주의 힘이 쇠약하거나 강력한 사람들이 궁궐이나 정부관사에 쉽게 접근하는 것이 가능할 경우에는 쿠데타는 군주의 측근 밖에서 발생할 수도 있다. 이러한 쿠데타의 유형으로 주목할만한 사례는 1917년 그전 해 봄에 차르 체제를 알렉산더 케렌스키가 전복시키는데 기여하여 임시 혁명 정부를 구성했는데 이들로부터 볼셰비키가 권력을 다시 탈취한 것이다. 상대적으로 작지만 강력했던 볼셰비키 당은 러시아 국회인 듀마와 케렌스키 총리를 전복하였으며 뒤이어 수개월간 이들은 체카(비밀정보 조직)를 이용하여 영국과 러시아의 반대자들이 그들에게 똑같이 전복시도를 하려는 것을 막았다. 양의 궁궐에 늑대가 접근하도록 놔두었으며 마치 20세기 초 중앙아라비아에서 「이븐 사우드(Ibn Saud)」(사우디 아라비아 초대 국왕)의 군대가 그의 가족의 권좌를 되찾았던 것처럼 때때로 늑대들은 궁궐을 공격하거나 반대자를 죽이고 왕좌를 차지하였다.

쿠데타를 지원하거나 무력화하기 위해서 공작기획관은 새로운 리더십체제가 단지 또 다른 지도자들로 교체되거나 또는 더 나쁜 지도자들로 바꾸어지는 것은 아닌지 치밀한 계산을 한 뒤에 실행해야 한다. 「윌리엄 콜비」가 지적하였듯 1963년 남베트남에서 '디엠' 정권을 전복하도록 도와주었을 때 이러한 계산을 하지 않았다. 뒤이어 일어난 유사한 사례로서 1980년대 중반 하이티의 '뒤발리에'를 전복하도록 미국이 도와주었는데 당시 미국이 어떤 판단을 해서 그런 결정을 하게 되었는지 자못 궁금하다.

일단 먼저 정책적 판단이 이루어진 다음에 현지에 불만스러운 측근 경호원과 믿을만한 보좌관을 이용할 기회가 있는지 그리고 취약한 리더십을 이용할 수 있는 강력한 권력자를 찾아낼 수 있는 기회가 있는지를 포착하여야 한다. 쿠데타를 개시하기 위해 수행하는 수집, 분석, 방첩은 기회에 근거하여야 한다. 기회는 있을 수도 없을 수도 있다. 피델 카스트로와 사담 후세인은 충성스러운 측근들로 자신들의 주위를 에워싸게 했는데 만약에 그들의 충성에 의심이 있을 경우, 곧바로 제거하였는데 이는 그들이 저항할 수 있는 기회나 상황을 미리 꾸준하게 제거했다는 것이다.

공작관이 쿠데타를 지원하기 위해서는 적소에 인프라 구축이 필요하다. 쿠데타의 성패는 군과 보안기관과 같이 지도자들의 가까운 곳에 있는 정보자산의 확보에 달려있다. 군은 공작관, 채용된 영향력 있는 정보원, 채용된 가족, 협력자, 심지어 적극적 지지를 표명한 권력층 밖의 조직들에 의해 쿠데타를 일으키도록 유도될 수도 있다. 시민 지원단체, 미디어, 노동조합, 종교단체, 심지어 거리의 군중들도 공모자를 지원하거나 정부의 전복에 반대하지 않는다고 밝힐 수 있다. 이러한 집단에 처음 접근하고 고무하기 위해서는 정치적인 선전 인프라의 구축이 유용하다. 1953년 미국은 이란에서 그러한 계기를 만들어 추방당한 이란 국왕 샤의 권력을 되찾도록 하기 위해 영국이 구축해 놓았던 인프라를 효과적으로 활용하였다.

쿠데타를 저지하기 위해서는 궁정 내에 불만이 퍼지고 있는지 또는 리더십이 너무 약해져서 반대자들에 대항할 수 없게 되었는지를 판단할 수 있는 정보가 필요하다. 집회, 미디어 등을 통해 궁정 경호원과 거리의 인프라들이 특정 분파나 지도자에 의한 쿠데타가 결코 허용되지 않을 것이라는 사실을 알게 해야 한다. 공작관과 그들의 관리자들은 인프라를 동원하기 위한 권한과 자원, 상상력을 가지고 있어야 한다. 예를 들어, 1953년 이란에서 미국이 그랬던 것처럼 군중을 동원할 수 있는 돈과 접근 요원이 있어야 하며 1954년 과테말라에서 했던 것과 같이 흑색 라디오 방송국을 사야 한다.

취약하거나 주요 지지자들에게 소외된 리더십은 보호하기가 어렵다. 통치자에 대해 보호를 제공하는 것은 비밀 고문을 통해 직접 하거나 또는 영향력 요원에 의해 간접적으로 하여야 한다. 더욱 확실하게 담보하기 위해서는 비밀공작관리자는 지도자의 개인적 경호팀은 물론 잠재적인 쿠데타 공모자 중에서도 비밀리에 채용할 수 있어야 한다.

정보지원(Intelligence Support) 국가의 역량을 강화하기 위한 한 가지 효과적인 방법은 다른 나라에 비밀 정보를 제공하고 그들의 향상된 역량들로부터 이득을 취하는 것이다. 다른 지원의 형태와 마찬가지로 그 성공은 장단기 정책 판단, 기회를 알아내고 이용하는 것, 리더십, 숙련된 실행자, 좋은 정보력 특히 방첩정보에 달려있다.

전체 정책의 한 일부분으로서 국가들은 서로의 정보와 군사적·경제적 역량을 강화하고 활용할 수 있는 상호 의존적인 동맹을 발전시킬 수 있다. 그러나 국가 사이의 어떤 동맹도 다 그렇지만 국가 간 동맹은 정책이 동일화될 수 있는 위험과 불리함도 같이 존재한다. 정보기관이 다른 정보기관에 너무 의존하여 독립된 역량의 손실로 이어질 수 있을까? 그러한 예는 1970년대 이란에서 미국에게 일어났다. 이란 국왕이 물러나기 전에 미국은 현지 정보와 지역 동향을 국왕의 잔혹한 정보기관인 사바크에 너무 의존하였다. 게다가 타국과 너무 가깝게 연결되어 보안이 강력하게 유지되지 않는다면 정치적으로 역효과를 초래할 수 있다. 역사적으로 증명되었듯 미국이 사바크의 파트너라는 사실이 알려졌을 때 그 사실은 이란과 해외에서의 미국의 평판을 크게 손상시켰다.

하지만 영국의 경우에는 동맹을 잘 활용하여 많은 성과를 이루어냈다. 1930년대 영국은 미국의 정보력을 향상시키려 노력하였다. 영국은 서반구지역에 영국의 공급선을 차단하기 위한 나치의 노력에 대해 미국이 방첩을 강화하도록 하였으며 나중에는 미국이 영국의 노력을 보완할 수 있을 정도로 완벽한 정보시스템을 만들 수 있게 지원하였다. 나중에 그들도 정확히 판단하였지만 이것은 당시의 당면 이익에는 물론 장기적인 이익을 위한 것이었다. 관계를 정립하기 위해 영국의 정보기관장들은 루즈벨트 대통령의 고문인 윌리엄 도노반이 1940년 영국지역으로 두 번의 비밀 여행을 하도록 주선하여 그에게 영국의 정보기관과 정치적 경제적 투쟁 관련 기술에 대한 좋은 인상을 심어 주었다. 이러한 결과 도노반은 미국의 첫 중앙 정보기관인 『정보조정처(1941)』의 창설을 제안하였으며 이는 나중에 『전략사무국(1942)』이 되었다. 영국 보안정보국을 지휘했던 영국 비밀정보국 미국 거점장이었던 윌리엄 스티픈슨은 나중에 이와 같이 썼다. “공작의 목적은 빠른 기한 내에 미국으로 하여금 영국의 보안정보국을 모델로 하여 전시에 성공적인 비밀정보활동을 할 수 있는 정보기관을 만들도록 하는 것”이었다. 도노반 스스로 루즈벨트 대통령에게 영국의 광범위한 경험을 미국에 제공한 것을 자랑하였다. 영국의 도움이 없었다면 미국에서 “그러한 목적의 수단을 확립하는 것이 가능하지 않았을 것”이라고 하였다. 도노반은 스티픈슨이 그에게 장교들을 빌려주고 영국의 정보기관과 준군사 학교에서 숙소를 얻게 해주었으며 방첩정보와 시설들을 획득하게 해준 것을 고마워하였다.

2차 세계대전 전후에 영국은 그들의 식민지 또는 이전 식민지에도 정보역량을 수립하도록 도와주었다. 스티픈슨의 보좌인 중 한 명이었던 「찰스 엘리스」는 1950년 캐나다와 호주를 방문하여 정보기관 창설을 논의하였다. 캐나다에서는 실패하였지만 호주에서는 성공하였다. 1952년 설립 후 『호주정보기관(ASIS)』의 멤버들은 2년 동안 그들의 독립된 기관을 설립하기 전에 영국 비밀정보부에서 지원을 받았다. 미국과 마찬가지로 호주에서도 영국의 정보기관은 자신들과 똑같은 정보기관을 복제하여 만들어 놓았다.

영국은 또한 단기적인 기회를 잘 찾아 활용하였다. 대표적인 사례가 뮌헨 협정이 체결된 후 독일이 체코슬로바키아가 철수한 지역을 점령하였던 때인 1939년 3월 13일 영국 비밀정보부가 과감하게 실행했던 대담한 공작사례이다. 영국 비밀정보부는 체코 정보기관의 주요 요인들과 서류들을 프라하에서 런던으로 옮겨 다시 설립토록 하였다. 영국은 체코에 도움을 주고 긴밀하게 협업하였으나 그들을 통제하려고 하지는 않았다. 왜냐하면 그들을 자유롭게 하는 것이 더 많은 성과를 낼 것이라고 판단했기 때문이다.

1939년 전쟁이 시작되었을 때 영국은 체코가 그들의 정보원과 연락을 유지하도록 무선설비를 제공하였으며 금전 지원과 신입 직원을 위한 훈련도 제공하였다. 체코는 2차 세계대전 동안 그들 자체의 암호와 코드를 가지고 그들의 정보원을 활용하였다. 이러한 상호 협조관계의 구성을 통해 영국과 체코 모두 이득을 얻었다. 영국은 체코의 중요 정보원에 대한 접근을 가지고 전쟁기간에는 사보타주와 정치적 투쟁에 활용하였으며 전쟁 후에는 유럽의 민주주의 시스템을 재건하도록 돕게 하였다. 2차 세계대전 후 소련은 동유럽에 대한 통제를 실시하였으며 다수 공산주의 정권의 정보시스템을 그들 자신의 정보시스템에 종속시키려고 하였다.

미국 역시 정보 동맹을 구축하였다. 어떤 국가들과는 영국처럼 동등한 조건으로 또 어떤 국가들과는 전후의 서독에 설립된 신생기관처럼 다소 덜 동등한 조건으로 정보동맹을 구축하였다. 결국은 미국이 승자였다. 전후 초기 독일 정부에 비해 훨씬 많은 부와 영향력을 창출하였으며 미국은 독일에 대해 우선권을 주장할 수 있었다. 각자의 잠재력을 키우기 위해 정보 동맹을 유지하는 것은 대단한 기술을 필요로 한다. 단순히 어느 한 쪽이 상대에게 훈련과 자금을 지원하고 물리적 접근을 제공하는 그런 문제가 아니다. 장점을 극대화하고 불화를 줄이기 위해 상대방의 문화와 정보기관에 대해 잘 아는 숙련된 지휘관과 공작관이 필요하다. 단기적·장기적 정치적 목적에 전념하지 않거나 그러한 정치적 목적의 실현에 중요한 개인적 관계가 없는 그런 거점장이나 공작관에게 이런 임무를 부과하는 것은 의미가 없는 일이다. 공작관은 적어도 외국의 상대만큼 유능하고 숙련되어 있어야 한다. 그리고 정보동맹의 관리자는 방첩이 효과적으로 되고 있는지 유념해야 한다. 단지 피드백을 통해서만이 합동 공작의 관계와 보안이 보호될 수 있다. 동맹국이 외부로부터 침투당했을 시 적으로부터 정보, 장비, 훈련 등을 보호하도록 조치를 취하여야 한다. 이런 것은 외국 정보기관에 인물을 심어 놓거나 도청과 같은 기술적 수단에 의해 행해질 수 있다. 이러한 장치들은 지원과 지침을 제공받는 나라가 도움을 준 나라에 대항하여 사용하지 않도록 보증한다. 예를 들어, 소련은 동유럽의 정보기관 안에 정보원을 침투시켜 그들의 이데올로기적, 경제적, 군사적 종속을 확보하였다. 이것을 일방적 침투라고 한다. KGB는 일방적 침투를 통해 그들이 지원하고 있는 정보기관들의 충성과 종속을 이끌어냈다. 심지어 이보다 더 동등한 관계라고 할지라도 그런 동맹관계의 관리자를 위한 피드백이나 보호장치로서 분석은 물론 채용과 일방적 방첩침투가 필요하다. 즉 이러한 과업의 서투른 처리로 인해 동맹국이 사실을 알게 되어 불화가 발생할 수 있음에도 불구하고 동맹관계의 관리자를 보호하기 위한 메커니즘으로서 일방적인 침투가 필요하다.

“대(對)테러 : 시너지효과의 발휘(Counterterrorism : Synergy in Action)”

테러리즘은 아마 앞으로도 한동안 큰 위협으로 남아있을 것이다. 현대 정부들은 테러리스트들을 막고 무력화하기 위해 모든 동원 가능한 외교적, 경제적, 군사적 수단들을 조율하는 강화된 능력과 명확한 정책을 필요로 할 것이다.

테러리즘에 대응하는 정책은 기본적으로는 정보적인 문제는 아니다. 정부는 문제가 되는 국가와 단체에 대한 전체적인 정책의 일부 또는 한 부분으로서 테러리즘을 다뤄야 한다. 예를 들어, 1980년대 미국이 시리아에서 그랬던 것처럼 테러리즘을 외교적 관계의 전체 조합에서 따로 분리된 작은 일부 요소로 다룰 수는 없다. 일단 다른 외교적 관심사안과 함께 테러리즘을 동일하게 놓기로 결정이 내려지면 그때는 비밀공작이 분명히 할 역할이 있게 된다. 즉 억지와 방어(deterrence and defense)라는 전체적인 정책의 일부가 되는 것이다.

효과적인 대테러활동은 준군사적 공작을 위한 정치적 행동부터 정보 지원까지 공작 기술의 모든 영역에 작용한다. 비밀 채널은 테러를 행하지 않는다고 주장하는 나라와 단체들을 폭로하는데 사용될 수 있다. 예를 들어, 팔레스타인 단체들이나 시리아와 같은 국가들은 1980년대 이스라엘에 대한 테러리스트의 공격을 인정했으나 그들은 미국에게 향한 테러리즘의 개입사실은 부정하였다. 그러나 그것은 사실이 아니다. 팔레스타인인민해방전선은 시리아의 다마스쿠스 밖의 본부에서 1988년 가을 여러 서방 항공기 편에 폭탄을 설치하려고 시도하였다. 시리아는 시리아 정보기관과 『팔레스타인인민해방전선』의 「아마드 지브릴(ahmed jibril)」이 연루된 증거가 없다고 주장하였다.

미국, 영국, 독일은 그들이 아는 것을 폭로하기를 원했다면 서방측 방송매체에 요르단의 이중스파이이자 팔레스타인인민해방전선의 폭탄 제조자인 「마르완 크리셋」이 시리아를 드나들면서 이런 작업을 했던 사실을 폭로할 수 있었을 것이다. 다른 출처를 밝히지 않고도 그로 하여금 시리아와 팔레스타인인민해방전선이 많은 비행기에 폭탄을 설치하려고 했던 사실을 기록하도록 했을 것이다. 마치 1980년대 영국이 비행기 폭탄테러에 개입된 시리아 대사관을 고립시켰던 것처럼 만약에 서방국가들이 후원국가의 테러개입을 막으려고 한다면 그들은 그 사례들을 기록하고 국제적 지원을 동원하며 후원자들을 고립시키고 제재조치를 가해야 하며 테러조직들을 폭로해야 할 것이다. 국가들은 미국이 1986년 리비아에게 가했던 것처럼 직접적인 군사공격을 통해 위협을 가하거나 팔레스타인인민해방전선의 본부와 훈련소 그리고 도피처에 공습을 가하여 직접적으로 위협을 가할 수 있다. 서방정부가 직면한 딜레마는 테러리스트와 그들의 후원자에 대한 보복을 감행해야 할지 아니면 그들 시민들의 더 큰 희생을 감수해야 할지에 대한 것이다. 국가와 비국가적 행위자들이 점점 더 생화학 물질에 접근하기가 쉬워지고 있는데 이런 것들은 아무도 모르게 익명으로 참혹한 결과를 빚을 수 있어서 이 문제가 점점 더 심각해지고 있는 것이다.

정부들은 개인 테러리스트들을 체포하고 기소하고 벌을 주려고 노력하고 있다. 그들의 피난처는 줄었고 공작은 방해 받는다. 하지만 1980년대와 90년대의 경험은 법적인 접근만으로는 충분하지 않다는 것을 증명했다. 너무나 많은 인적·물적 자원이 이 방법에 쓰여졌으나 그다지 효과는 없었다.

앞에서 제안했던 것처럼 잘 조정된 대테러 프로그램의 하나로서 유용한 방법은 테러리스트 가족들에 대한 압박이다. 서구 국가들은 이러한 방법을 잘 사용하지 않았다. 테러리즘에 대한 하나의 안전장치는 가족들에게 그들의 아이들이 무고한 여성과 아이들을 죽이고 다치게 하고 있으며 그러한 행동이 그들의 종교와 배치되고 심지어는 가족들에 대한 보복을 촉진할 수 있다고 알리는 것이다. 이러한 제한된 형태의 심리적인 압력은 그 테러가 초래한 고통에 비하면 자비로운 것일 것이다. 압력을 증가시키기 위해 술을 마시고 여색에 빠지는 것이 터부시되는 사회에서 존경 받는 테러리스트 지도자가 여자와 흥청대는 낯뜨거운 사진을 보낼 수도 있다. 수치심을 주는 불명예도 잠재적인 무기이며 이러한 전략이 효과적일 수도 있다. 비밀 계좌번호와 그 잔고를 공개하는 것은 집단 간에 질투와 경쟁을 일으킬 수 있다.

비밀 선전과 정치적 행동을 통해 사람들이 테러리스트 지원 단체에 참여하는 것을 단념시킬 수도 있다. 억지(deterrence)는 그것이 잘 다루어진다고 하더라도 그 자체로 테러리즘 위협을 근절시키지는 못한다. 특히 중동에서 테러는 그들의 신성한 의무이자 무슬림의 성전의 하나라고 설득되고 있다. 서구 기관들은 그들 스스로 또는 목표 국가의 정보기관과 동맹을 맺어 이들을 무력화 시키는 것이 필요하며 그러한 일을 하는 전문가들도 필요하다.

공작관들은 무엇을 할 수 있을까? 그들의 중요한 임무는 통신수단을 변경하고 테러리스트의 공작을 분쇄하며 구성원간의 불화를 일으켜서 테러리스트 세포조직을 괴롭히고 방해하는 것이다. 미국의 비밀공작 입안자는 다른 서구의 대테러 기관보다 선택의 폭이 더 적다. 암살이 금지되어 있기 때문이다. 그러나 일부 다른 정보기관들은 테러리스트끼리 서로 죽이거나 다른 단체에서 테러리스트를 죽이도록 자극을 주는 조작 프로그램을 사용한다. 이와 같은 예로 프랑스가 알제리에서 사용하였던 공작이 있으며 PLO가 '사브리 알바나'의 파타 혁명 의회에 작업하여 성공하였던 사례가 있다.

테러리스트는 동료들이 경쟁관계의 테러리스트나 중동 정보기관, 이스라엘, 미국 등을 위해 일하고 있다고 믿는 함정에 빠질 수 있다. 정치적인 적을 공격하도록 조장하는 것도 비슷한 책략이다. 예를 들어, 중동이나 서방의 공작관은 영향력이 있는 정보원을 통해 뇌물과 같은 다양한 전술을 사용하여 무슬림 형제단에 접근하도록 하여 특정한 테러리스트를 공격하라고 조장할 것이다. 만약 무슬림 형제단이 그 제안을 받아들인다면 그것은 그들 자신의 개인적이고 정치적인 목적을 위한 것이지 현대 민주주의를 지지하고 싶은 마음 때문에 하는 것은 아니다.

테러리스트의 공작에 대한 와해행위는 어떤가? 서구의 비밀 공작관과 그들의 정보요원들은 인적 정보자원과 기술 장비를 통해 조직의 공급선과 통신수단에 침투해야만 할 것이다. 프랑스는 레바논 테러리스트의 통신을 급습하는 것과 같은 형태의 정보전쟁을 사용하였다. 1970년대 이탈리아가 붉은 여단의 공작을 무력화시키고 1988년 가을 요르단과 서독이 여러 항공기에 폭탄을 설치하려했던 팔레스타인인민해방전선 총사령부의 거대한 계획을 좌절시켰던 것처럼 테러리스트 공작을 와해시키는 행위는 상대적으로 싸게 보이지만 결코 쉽지도 않으며 위험하지 않은 것도 아니다. 때때로 와해행위가 더 비용이 비싸게 들기도 하며 정보원과 대테러 전문가의 목숨이 위험하기도 하다.

테러리즘을 지원하는 정보기관의 기술적 요소는 공격을 위한 특별한 목표이다. 많은 테러리스트들은 그들 자체로 필요한 모든 복잡한 기술을 다 터득할 수는 없다. 그들은 컴퓨터, 비행기, 그리고 취약하나 복잡한 구조물들을 파괴하는데 고안된 특수 기술을 이용하기 위해 정보, 훈련, 실험의 형태로 도움이 필요하다. 그러한 도움을 테러리스트에게 공급하는 기관에 침투하고 무력화시키는 것은 테러 세포조직의 역량을 감소시키는 한 방법이 될 것이다.

테러리스트의 무기가 점점 복잡해지면서 테러리스트들은 그들이 일하는데 복잡한 투입물들에 점점 더 의존하게 되었다. 그러한 의존성이 대테러 담당관들로 하여금 테러리스트들의 공급 네트워크와 공작에 침투할 수 있는 기회를 확대시켰다. 이 사실은 좋은 소식이면서 나쁜 소식이기도 하다. 왜냐하면 테러리스트가 이용하는 무기가 점차 치명적이 될수록 그들의 공작을 봉쇄하는 일이 더욱 급박해지기 때문이다. 반면에 무기들이 점점 복잡해질수록 테러리스트의 공작을 찾아내어 무력화시킬 기회가 더 많아지게 된다.

이러한 기술들은 다음 세기에 테러리즘과 싸우는데 유리하게 사용될 수 있다. 하지만 효과적이기 위해서는 먼저 앞서 언급했던 첫 번째 원칙에 기초를 두어야 한다. 테러리즘에 대항하여 전쟁을 수행하는 가치와 의무에 대해 정책은 명확해야 하며 그러한 정책적 노력의 일부로써 비밀공작의 기술을 포함한 다양한 수단이 요구되는 것이다. 상상력이 풍부하고 지속적인 리더십을 갖춰야만 기회는 포착되고 프로그램은 선택되며 테러리스트와 테러리스트 지지자에게 대항할 수 있는 자질을 갖춘 사람들이 배치된다. 이러한 오랜 싸움의 전문가로 공작관을 훈련시키고 발전시키는 데에는 시간이 많이 걸린다. 이스라엘과 프랑스가 어떻게 성공했는지에 대한 과거사례들의 교훈을 배우고 현장 실무훈련(OJT)를 실시하는 한편 테러리스트의 문화와 언어에 대한 학습을 통하여 새로운 세대의 관리자와 공작관들은 현대 대테러 수행역량의 중견요원으로 부상하게 될 것이다. 그들은 테러리스트를 단념시키도록 만들거나 테러리스트에게 대항하는 비밀 전쟁을 수행하는데 있어서 정교한 인적 인프라와 기술적 역량을 유지하는 것이 필요하게 될 것이다. 하지만 그렇다 해도 성공이 보장되는 것은 아니다. 비밀공작 전문가는 기회분석 및 수집과 방첩의 지원을 받아야 한다. 효과적이기 위해서는 – 즉 무언가 변화를 만들기 위해서는 – 모든 정보 공작에 기본적인 공생관계의 확립이 우선되어야 한다.

Chapter
05

공세적 방어 : 방첩의 원칙들

효과적 비밀공작을 위한 선결조건은 바로 방첩활동이다. 그렇다면 효과적 방첩활동이란 무엇인가? 이상적 의미에서 방첩은 수동적으로 보안을 지키는 행위 이상을 의미한다. 방첩은 전체적으로 전략과 정책을 지원하는데 있어서 큰 역할을 담당하지만, 전략이 수립되고 집행되는 과정에서는 담당자로서 참여해야만 충분한 효과를 거둘 수 있다. 그럼 방첩활동이 정책수립에 있어 어떠한 도움을 줄 수 있을까?

이에 대한 해답은 공세적 방어라는 것이다. 적대적 외국 정보기관의 활동에 대항하는 수동적 방어책으로서의 방첩활동은 열쇠나 금고와 같은 역할을 한다. 수동적 방첩활동은 마치 1982년 미국인 「바바라 워커(Barbara Walker)」가 그랬던 것처럼 남편이 소련 스파이라고 아내가 고백할 때까지 기다리는 것이다. 또한 수동적 방첩은 1980년대에 미국 비밀문건을 탈취해 이스라엘에 제공한 혐의로 「조나단 폴라드(Jonathan Pollard)」가 수감되었던 사례처럼 직원들이 동료의 수상한 행동을 보고할 때까지 기다리는 것이다. 보안담당 부처에 제공된 방첩 단서는 매우 유용해서 국가기밀을 보호하는데 많은 도움을 준다. 하지만 잠재역량을 최대로 발휘하기 위해서는 방첩활동이 수동적으로 반응하는 것 이상을 보여줄 필요가 있다. 즉, 공격을 통해 선제적 방어정책을 펼쳐야 한다는 것이다.

그렇다면, 여기서 중요한 질문은 "국가전략 수립 시 방첩활동을 어디에 끼워 맞출 것인가?"이다. 다시 말해 "국가의 전반적 정책을 지원하고 정보활동의 다른 구성요소들(수집, 분석 등)을 보호하는 데 있어서 방첩이 어떤 차이를 만들어낼 수 있는가"의 문제다. 이 질문에 답하기 위해 우리는 최고수준의 방첩활동이 어떻게 수행되는지 핵심 구성요소를 조목조목 따져볼 필요가 있다. 방첩의 구성요소는 방첩분석과 방첩수집, 그리고 방첩의 활용이다. 방첩활용이란 적대국가의 정보활동이 침투하지 못하도록 방어하고 동시에 이를 무력화시키기 위해 방첩수집과 방첩분석을 통해 얻은 정보를 활용하는 것을 말한다. 그리고 적대 세력을 역용해 자국의 정책적 이익에 부합되도록 적대세력을 변화시키는 활동도 포함된다.

지금까지 살펴본 바와 같이 대부분 국가들은 국가전략을 수립할 때 그저 수동적 방첩활동 이상을 국가전략 추진에 좀처럼 포함시키지 않았다. 이들 국가들은 방첩활동이 국가전략을 발전시키는데 어떻게 활용될 수 있는지, 국가전략의 구성요소 중 방첩활동이 가장 필요한 부분이 어떤 분야인지, 혹은 국익과 정보활동에 가장 큰 위협요소는 무엇인지 등의 핵심적 질문을 충분히 고려하지 않았는지 모른다.

"통합적 조정과 전략(Central Coordination and Strategy)"

방첩 임무를 맡게 되면 관리자들은 성공적 방첩임무 수행을 위해 방첩 구성요소들을 계획하고 관련자원을 동원하며 이들 요소들을 세부적으로 조정해야 한다. 하지만 권력이 분산된 민주주의 국가에서는 전체주의 국가보다 이런 활동이 어렵다. 특히 전시가 아닌 평시에는 더욱 그렇다. 최고 수준의 공세적 방어가 이루어지도록 하기 위해 정부는 하나로 통합된 방첩 분석·수집 및 활용 프로그램들을 개발해야 한다. 하지만 소련과의 냉전 기간 동안 미국의 방첩활동은 통합되지 않고 파편화되어 있었으며 분권화된 시스템을 갖고 있었다. 1980년대 말이 되어서야 미 정책입안자들은 이 문제를 인식하고 각 기관 및 정부의 관리부실을 해결하기 위한 개혁에 착수했다. 그러나 서로 다른 기관들의 프로그램과 자원을 통합하는 것은 어느 국가에서나 무척 어려운 일이다. 특히, 이것이 민감한 정보를 다루는 업무일 때는 더욱 그렇다.

전략적으로 어떤 정보가 국가에 위협이 되며, 어떤 정보가 기회를 가져다 주는지를 결정하고 어디에 우선순위를 부여할 것인가를 결정하기 위해서는 개인이든 조직이든 "한마음"으로 통일하는 과정이 필요하다. 미 독립전쟁 기간 동안 「조지 워싱턴(George Washington)」은 효과적으로 방첩활동을 기획했었다. 영국에서는 엘리자베스 여왕 치하의 「프란시스 월싱햄(Francis Walsingham)」이 그러했고, 프랑스에서는 나폴레옹의 「조제프 푸셰(Joseph Fouche)」가 그러했다. 구소련의 「펠릭스 제르진스키(Felix Dzerzhinsky)」 또한 조지 워싱턴처럼 뛰어난 방첩활동 기획력을 보여주었다. 방첩활동이 전략적으로 수행되기 위해서는 방첩 관련 분석보고서를 읽고 활용하는 사람들로 구성된 핵심그룹이 지도적 역할을 수행해야 한다. 또한 방첩공작 경험이 있는 간부들 지도를 받아 방첩활동이 현장감 있게 유지되어야 하며 국가 경영이라는 폭넓은 관점을 가진 소수에 의해 통찰력 있게 추진되어야 한다.

방첩기관에서 간부로 승진한 관리들 중에는 고정관념을 탈피한 간부가 거의 없고, 국가 전체적 관점에서 군사, 외교, 경제 정책에 대한 폭넓은 지식을 갖고 있는 사람도 거의 없다. 예를 들면, 방첩 간부들은 복잡다단한 핵전략에 대해 학습할 수 있는 기회도 없었고 부상하는 21세기 신기술에 대해 전문적으로 배울 수 있는 기회도 거의 갖지 못했다. 반면, 창의적 사고를 가진 전략가나 지방 정책결정자들은 방첩에 관해 거의 무지하다시피하다. 방첩기관에 종사하지 않는 전문가들은 방첩관련 정보를 접할 기회가 거의 없다. 그렇기 때문에 방첩에 관한 공작 지식과 분석적 배경지식을 가지고 있는 방첩 간부들은 부족한 부분을 배우기 위해 유연한 사고를 가진 전략가들이나 정책 입안자들과 일할 수 있는 기회를 가져야 한다. 만약 그게 불가능하다면, 방첩활동 조정 임무를 맡기 전에 방첩 전략의 수립과 정책결정에 관해 폭넓은 트레이닝을 집중적으로 거치는 과정이 선행되어야 한다.

경험에 따르면, 방첩 기획이나 조정을 담당하는 간부들은 민간영역에서 근무하는 창의적 전문가들과 일하면 많은 도움을 받을 수 있다. 예를 들어, 2차대전 시 영국 정보기관에서 방첩과 기만공작을 담당했던 간부들은 옥스퍼드대 교수, 증권 주식거래자, 유명 소설가, 과학자, 茶 산업계 거물, 船主, 금융업 종사자 등 다양한 분야의 민간인을 고용하기도 했다. 베테랑 방첩 간부 및 외부전문가로 구성된 싱크탱크 성격의 핵심그룹에서 지시사항을 내리고 분석 담당 전문가들이 이들의 아이디어를 다듬는 형식으로 운영되어졌다.

하지만 중앙집권적 조정 방식에는 단점도 있다. 예를 들면, 한 곳으로 너무 많은 비밀이 모이다 보면 외국 정보기관의 타켓이 되기 쉽다는 것이다. 그러나 정부는 이미 다른 목적들 때문이기도 하지만 한 기관으로 거의 모든 방첩비밀을 집중시키고 있다. 미국에서는 (다른 국가도 마찬가지 이지만), 1970년대 및 1980년대에 비밀공작 및 방첩관련 프로그램의 목적, 위치, 예산관련 정보를 상하원 국방위원회의 비밀자료실에 박스로 보관했었다. 1980년대에는 이렇게 보관한 비밀을 정보공동체 참모실과 국방장관실로 보내 보관하였다.

외국정보기관들은 수집된 정보를 탈취하는데 노력을 집중하기 때문에 정보를 중앙에 모아 함께 보관하는 것은 효과적인 보호 방법이 될 수 있다. 이러한 비밀 보호를 위해 다양한 기술이 활용될 수도 있다. 예를 들면, 중앙의 방첩 조정 담당 간부들은 핵무기에 대한 접근권을 가지고 있는 사람들처럼 신뢰성을 주기적으로 검증 받고 사생활도 필요하다면 모니터링 받는데 동의해야 한다. 또한, 중앙의 조정 기능에 대해 철저한 보안성 검토도 이루어져야 한다. 민감한 비밀자료를 한 곳에 집중해 보관하는 것은 불안전한 여러 곳에 분산 보관하는 것보다 훨씬 뛰어난 보호효과를 거둘 수 있다.

"방첩 분석(Counterintelligence Analysis)"

정보보고서를 읽는 대부분의 수요자들이나 방첩업무 담당자들은 방첩활동의 본질이 정부와 사회에 침투한 스파이를 색출하는데 필요한 정보를 수집하는 조사활동이라고 믿고 있다. 이런 관점은 방첩을 방어활동 차원의 조사활동으로 보는 제한적 관점이다. 아무래도 방첩활동의 꽃은 방첩분석이라고 할 수 있는데, 이는 방어적 측면과 공격적 측면 모두를 포함하고 있다.

하지만 이러한 개념은 처음부터 문제를 제기한다. 어디에다 에너지 및 자원을 집중해야 할 것인가? 때때로 방첩활동은 환경의 영향을 받아 특정 방향으로 전개된다. 1960년대 KGB의 「아나톨리 골리친(Anatoli Golitsin)」이나 1980년대 「올레그 고리디엡스키(Oleg Gordijewski)」가 그랬던 것처럼 적성국 정보기관 요원이 망명해 오는 경우 이는 자국 정보기관에 유리한 입지를 제공한다. 하지만 「존 워커(John Walker)」의 사례처럼 美해군 정보를 구소련에 팔아넘긴 스파이를 색출한 경우도 있다. 방첩 분석은 이런 사례들을 비판적으로 검토하고 자국의 피해정도를 평가하는 활동이다.

그러나 임무 수행 시 어떤 자원을 어디에 배치해야 하는지에 관한 방첩활동 우선순위를 결정하는 것은 명확한 원칙이 없다. 러시아나 중국은 해외에 수천 명의 공무원을 파견해 정보활동을 전개하고 있는데, 방첩 분석관은 어디의 어떤 것에 집중해야 한다는 말인가? 여기에 더해 미국에는 구소련 출신의 망명자 수천 명이 있다. 비록 국가는 달라졌지만 이들 중 일부는 러시아나 독립국가연합(CIS) 정보기관원이고 이들은 미국 시민을 포섭해 비밀스런 정보활동을 전개하고 있다. 하지만 누가 러시아 정보기관 요원인지 어떻게 알 수 있겠는가?

이 문제는 전적으로 적성국 정보기관 요원만을 말하고 있다. 하지만, 미국에는 비밀정보 접근권을 가진 사람이 어림잡아도 수백만 명이 존재한다. 이들 중에는 장성급 군인도 있고 정보기관 고위간부도 있다. 또한 많은 사람들이 기밀정보센터, 행정부, 통신업체 등에서 일하고 있다. 이들 중 단 몇 명일지라도 적성국 정보기관에 포섭되어 민감한 정보를 적성국에 넘겨줄 수 있다. 「존 워커」 사건이나 「알드리히 에임즈」 사건은 한 번만으로도 미국에 돌이킬 수 없는 엄청난 피해를 끼쳤다. 자유민주주의 국가에서는 말할 것도 없고 독재국가에서조차 수백만의 사람들을 감시하는 것은 비현실적이고 불가능하다. 적 정보기관의 모니터링으로부터 이들 수백만의 모든 통신수단을 보호하는 것은 더더욱 비현실적이다. 게다가 국가의 주요산업, 군수산업, 통신시스템 및 해외 공관은 적성국 정보기관이 상시적으로 감시 및 도청을 시도하고 있는 잠재적 타겟이다. 하지만 어떤 기관이 적국의 타겟이고 어떤 기술을 통해 감시받고 있는지를 어떻게 판별해낼 것인가? 여기에는 미국의 위성시스템이 중요한 역할을 하고 있다. 적 정보기관에서는 미국의 위성에 대해 어느 정도 파악할 수 있을까? 위성이 어떤 모양이고, 어떤 궤도로 회전하고 있으며, 어디서 어떻게 제조했는지 등에 대한 정보 말이다. 적 정보기관에서 이러한 미국의 위성 정보를 사용해 어떤 기만작전을 펼치고 위성에 포착되지 않도록 어떻게 자신들의 활동을 은닉할 수 있을까?

정보기관에는 날마다 특정 국가가 다른 나라 내정에 개입해 영향력을 행사하려 한다는 첩보가 쏟아져 들어온다. 이 첩보들 중에는 적 정보기관의 개입을 풍기는 냄새나는 첩보가 포함되어 있다. 하지만 어떤 첩보가 그런 첩보인가? 이 질문에 해답을 제시하는 것은 무척 어렵다. 만약 한 국가에서 보안 및 방첩 요원들을 해외에 파견할 때 공작요원들의 우선순위를 먼저 결정해 놓지 않으면 이 국가는 추적해 타겟으로 삼아야 할 위협과 기회를 놓칠 가능성이 높다. 운이 좋아 추적에 성공하는 케이스가 있다 하더라도 그리 많지는 않을 것이다. 하지만 이 국가가 첩보를 잘 분석해서 적 정보기관의 정체를 잘 밝혀낸다면 유리한 고지에서 방첩 자원을 보다 효과적으로 활용할 수 있을 것이다.

방첩목표 선별(Triage of Targets)

어떤 대상을 보호할 것인지 결정하는 것이 방첩에서 가장 먼저 시행되어야 할 일이다. 방첩부서는 활용 자원이 한정적이고 그 마저도 축소되고 있는 추세이기 때문에 이 과정이 꼭 선행되어야 한다. 前 백악관 정보공작 프로그램 담당관이었던 「케네스 드 그라핀라이드(Kenneth de Graffenreid)」가 지적한 바와 같이 민주주의 국가에서는 전체주의 국가(대부분의 公務나 공작이 비밀로 분류됨)보다 보호해야 할 비밀이 적지만 적은 비밀이라도 그 중요성은 전체주의 국가보다 훨씬 크다. 그렇기 때문에 민주주의 국가에서는 하나하나의 비밀이 적 정보기관의 타겟이 되는 것이다.

부강하고 첨단기술을 자랑하는 국가에서 어떤 비밀을 우선적으로 보호해야만 하는가? 보호 대상에는 전략무기 지휘통제 시스템과 위치 · 특성 등이 먼저 포함될 것이다. 전략무기의 특성이란 전략무기를 구성하는 정보처리 회로에 대한 정보 및 그 전략무기 사용에 관한 구체적 계획을 포함한다.

그 다음 우선순위에는 해당 국가가 맺고 있는 수많은 외국과의 외교관계 정보이다. 공통의 적으로 간주되는 즉각적 위협이 없는 상태라면 국가들 간 외교관계는 자주 경직되어 질 수 있다. 적성국들은 공개적 외교수단 및 선전 · 선동, 혹은 비밀공작을 통해 대상국이 동맹국가와 외교관계가 틀어지도록 유도하고 그 국가를 외교적으로 고립시키는 공작을 전개할 것이다.

미국이 안데스 지역에서 생산된 마약이 멕시코를 경유해 유입되지 못하도록 얼마나 애를 쓰고 있는지 한번 생각해보자. 수많은 멕시코 지도자들은 미국으로의 마약유입과 관련해 콜롬비아처럼 마약 수출국이라는 오명을 쓰지 않으려고 노력하고 있다. 반면, 마약을 제조해 미국에 수출함으로써 이득을 보는 멕시코인들도 상당 수 존재한다. 심지어 멕시코 공무원 중에는 마약거래를 통해 금전적 · 비금전적 이득을 챙기는 사람들도 있다. 멕시코에서 마약 재배업자와 중개상, 그리고 그들이 보유하고 있는 사병조직과 대항하는 것은 멕시코 정부와 군대로서도 매우 버거운 일이다. 때로는 단속 과정에서 사망자가 발생하기도 한다. 이런 환경에서 미국이 "멕시코 정부는 마약 수출 단속에 무관심하다" 혹은 "멕시코 정부는 마약 불법거래업자들과 한통속이다"며 멕시코 정부를 매도하는 것은 역효과를 가져올 뿐이다. 멕시코 마약 중개상들이 멕시코 신문에 마약 거래에 연루되어 있거나 연루 정황이 있는 고위공무원의 명단을 흘린다면 멕시코와 미국 간의 외교적 긴장상황은 더욱 악화될 것이다. 따라서 비밀공작을 통해 국가 간 긴장을 더욱 악화시키려는 세력을 찾아내 무력화 시키는 임무가 방첩활동에서 우선적으로 추구되어야 한다.

또 한 가지 보호해야 할 비밀은 한 국가가 다른 국가와의 외교적 협상에서 사용하려는 계획과 전략이다. '해당 국가가 얼마만큼 양보할 준비를 하고 있는가?', '어느 선까지 양보하고 어느 부분에서 절대 양보하지 않을 것인가?' 등의 사항이 여기에 해당한다. 비밀공작을 통해 상대국 협상전략을 알아내는 것은 정보활동의 오랜 형태였다. 前 프랑스 정보기관 소속 공작요원 「르로이 필빌레(LeRoy－Finville)」는 1960년대에 프랑스 해외정보국이 당시 美 국무부 차관 「조지 볼(George Ball)」의 호텔방에 잠입해 그의 문서를 어떻게 사진촬영 했는지를 설명한 적이 있다. 이 공작은 당시 미국과 무역관세 협상을 진두지휘한 프랑스 재무장관 「지스카르 데스탱(Giscard d'Estaing)」을 지원하기 위해 프랑스 해외정보국에서 계획한 것이었다. 「드골(de Gaulle)」 대통령은 해외정보국으로부터 이 공작을 보고 받고 처음에는 믿지 못했지만 이내 해외정보국 관계자에게 고마워했다고 한다. 프랑스는 1980년대 후반까지 이런 유형의 비밀공작을 펼쳤던 것으로 보인다. 이렇게 탈취한 내부정보는 종종 어려운 협상에서 큰 이점으로 작용해 유리한 고지를 갖게 한다.

한 국가의 군사적·경제적 능력은 그 국가의 기술수준과 밀접한 관계가 있다. 민주주의 국가에서 이러한 능력은 민간 부문의 기술력에 크게 의존한다. 그렇기 때문에 정부는 민간부문의 지적재산권을 보호해야 할 필요가 있다. 특히, 특정 기술이 타국 정보기관의 표적이 되고 있을 경우에는 더욱 그렇다. 정부는 타국에서의 정보수집과 정보활동(해당국 내정에 영향력을 행사하기 위한 비밀공작 포함) 등 일련의 비밀공작이 노출되지 않도록 보호해야 한다. 미국에서는 이러한 보호를 ＜공작보안＞이라고 부른다. 예를 들어, 도청 및 여타 방법으로 특정 스파이의 접선 일정과 접선 이유를 알아낸다면 접선장소를 모르더라도 그 스파이를 체포하는 것은 비교적 쉽다. 서방 정보기관들이 1940년대 및 1950년대에 세계 각국에 암약한 구소련의 스파이 네트워크를 파악할 수 있었던 것은 ＜베노나(Venona)＞로 알려진 암호해독 기술이었다.

민주주의 국가는 보통 어떤 비밀 혹은 시설들을 가장 우선적으로 보호할 것인지를 중앙정부가 직접 결정하지 않는다. 방첩기관에서는 무엇을 우선적으로 보호할지를 철저히 검증한 다음에 방첩자원을 배치하는 것이 아니라 방첩기관 조직 내의 알력관계나 다른 요소들의 영향에 따라 방첩자원을 배치하는 경향이 있다. 방첩담당 요원들이 자의적으로 자국 비밀에 우선순위를 매기는 것은 거의 불가능하다. 그들은 다른 전문가들과 함께 프로젝트를 진행해 어떤 비밀을 우선적으로 보호할지, 이를 위해 어떤 방첩자원을 동원해야 할지를 논의해 결정해야 한다. 또한 이런 비밀보호를 위해 부처 간에 어떤 업무협조가 이루어지고 있으며, 방첩 프로젝트가 정상적으로 효과를 거두고 있는지 여부 등도 지속적으로 모니터링 되어야 한다.

취약점 평가(Assesing Vulnerability)

보호할 비밀이 선정되고 정책결정자들이 이에 동의했다면 방첩 분석관의 역할은 보호대상 비밀 하나하나에 대한 고유 취약요소를 평가하고 분석하는 것이다. 중요 프로젝트를 시작할 때는 먼저 취약요소를 평가하는 과정이 선행되어야 한다. 1970년대와 1980년대에 美·蘇가 상대국에 신규로 대사관을 설치했던 방식은 이 원칙을 잘 보여주는 사례라고 볼 수 있다.

이 기간 동안 美·蘇는 모스크바와 워싱턴에 각각 신규로 대사관을 설치했다. 보통 국가들은 대사관에 자국의 비밀 외교정보나 군사기밀을 보관해 두기 때문에 상대국 공관건물에 접근할 수 있다는 것은 확실하게 외교적·정보적·군사적으로 유리한 고지를 점령하는 것이나 마찬가지다. 당시 구소련의 체계적 방첩분석 능력에 비교해 미국의 방첩 분석은 한심한 수준이었다. 방첩활동 결과를 보면 이 한심한 수준이 그대로 반영되어있다. 구소련은 미국 내에서 정보활동을 용이하게 할 수 있도록 워싱턴의 한 언덕배기 지역에 공관 부지를 선정했다. 하지만 미국은 모스크바에서 공관 부지를 선정하는데 별로 신경 쓰지 않았다. 게다가 소련은 미국의 모스크바 공관 건축공사에 대한 정보를 알아내 자국의 도청 능력을 극대화할 수 있도록 이용했다.

방첩 취약요소에 대한 분석·평가는 정부가 상대국과 조약 및 여타 협약을 체결하려고 할 때도 시행되어야 한다. 1989년 FBI 국장이 뒤늦게 지적한 것처럼 INF조약(중거리 핵전력조약) 및 START협정을 계기로 구소련 정보기관은 미국의 많은 민감 지역에 대한 접근이 가능해졌다. 미국의 비밀을 알고 있는 주요 인사들도 구소련 정보기관에 그대로 노출되었다. 미국과 이러한 조약·협정을 체결하기 전에는 매우 제한적으로만 가능했던 일들이 일상적으로 가능한 일이 되어버린 것이다. 1988년까지 소련은 미국 내에서 전신을 보내고 휴민트(인간정보) 공작을 전개할 수 있는 합법적 시설 및 기지가 워싱턴, 뉴욕, 샌프란시스코 등 세 곳에 지나지 않았다. INF조약 및 부속서 인준 결과, 소련은 유타州 Magna에 "관문"으로 알려진 시설에 13년 동안 20명의 직원을 상주시킬 수 있는 권한을 인정받게 되었다. FBI 국장에 따르면, 이곳은 신호정보와 인간정보 활동을 전개하기에 최적의 위치였다. 이 조약 외에도 다른 핵·생물학·화학무기 관련 조약을 체결함으로써 러시아에 많은 정보활동 기회를 부여했던 것이다.

주민 이주(移住) 패턴의 변화도 방첩 차원에서 문제를 일으킬 소지가 있다. 1980년대 중반 미국으로 이주한 러시아인들은 한 해에 500명 미만이었다. 그러나 1989년 이 숫자는 대략 24,000명으로 급증했다. 현재도 수많은 동유럽, 중국, 중동인들이 서유럽 및 이스라엘로 이주하고 있고 미래엔 이 숫자가 더욱 증가할 것이란 전망이다. 미국에서는 이주자가 5년을 거주하면 시민권과 보안검사를 신청할 수 있는 자격이 주어진다. 만약 신원조사 결격사유가 없다면 이주자는 민감한 정보를 취급하는 기관의 채용에도 지원이 가능해진다. 이는 이주민들이 미국에 충성하지 않는다는 말이 아니다. 물론, 미국이 부여하는 자유와 기회를 획득한 이주민들은 더욱 이 자유와 기회를 소중하게 생각하고 지키려고 할 것이다. 그러나 그 중 몇몇은 가족의 회유와 강압을 받을 수 있고 또 그 중 몇몇은 적 정보기관의 공작원 훈련을 받은 후 신분을 감추고 미 정보기관 취업을 위해 이주해온 것일 수도 있다. 이런 추세로 인해 미국 및 서방권 기밀사항들이 외국 정보기관 공작원들의 활동에 노출될 수 있는 리스크가 더욱 커졌다. 이민 문제를 포함한 위협요소를 분석하는 것이 방첩분석의 가장 기본적 업무가 되어야 하는 이유가 여기에 있다.

적(敵)의 목표와 역량 분석(Adversaries : Targets and Competence)

보호할 영역이 정해진 후 해야 할 다음 순서는 타국 정보기관에서 자국의 어떤 대상을 타겟으로 삼고 있으며 그 타겟에 접근할 수 있는 능력을 얼마나 갖추고 있는지를 분석하는 일이다. 때때로 이 문제에 있어 예기치 않는 큰 소득을 얻기도 한다. KGB 출신으로 미국에 망명한 코드명 「Farewell」이란 공작원은 구소련이 막대한 분량의 서방 과학기술을 절취했다고 폭로했는데 이를 기반으로 KGB 활동을 분석하는 보고서가 작성될 수 있었다. 적 정보기관의 주요 관심사를 알 수 있는 방법은 그 정보기관에서 무엇을 타겟으로 삼고 있는지를 알아내는 것이다. 즉, '인적 · 기술적 자원을 동원해 어떤 정보를 수집하려고 하는지'를 알아내는 것이다. 예를 들면, KGB와 GRU는 1980년대에 유타州 마그너(Magna) 지역을 전략적 타겟으로 삼기 시작했는데, 마그너(Magna) 지역이 미국 통신시스템을 도청할 수 있는 최적의 입지조건을 갖추고 있었기 때문이었다.

적의 기만작전 분석(Counterdeception Analysis)

방첩분석의 또 한 가지 업무는 타국 정보기관이 기만작전을 위해 사용하는 비밀수단을 구체적으로 밝혀내는 것이다. 각국 정부는 정보기관을 활용해 적에 대한 기만작전을 전개한다. 해외정보기관은 적을 속이거나 기존 인식을 바꾸기 위해 공작을 전개한다. 자유민주주의와 첨단 기술의 비약적 발전으로 시대가 변하고 있지만, 해외 정보기관들의 기만작전 원칙이나 수법은 시간이 흘러도 거의 변하지 않고 있다.

기만작전 수행을 위해서는 세 가지 조건이 갖추어져야 한다. 첫째, 기만작전은 전략이나 정책에 기반을 두고 있어야 한다. 즉, 기만을 위한 기만작전으로는 목적을 달성하기 어렵다. 둘째, 기만작전을 통해 적에게 어떤 것을 설득시켰을 경우, 적이 그에 대해 특정행동으로 반응을 할 것인지에 대해 답할 수 있어야 한다. 독일군이 1944년 노르망디 상륙작전 시 그랬던 것처럼 적이 병력을 움직이지 않을 것인지 그 구체성이 있어야 한다. 셋째, 잘 짜여진 계획을 통해 기만작전이 뒷받침 되어야 한다.

기만작전을 효과적으로 수행하기 위해서는 신호정보, 인간정보, 외교, 언론, 루머, 각종 선전과 같은 다양한 기법들이 동원되어 적이 자국의 계획을 부분적으로는 알더라도 전체적으로는 파악하지 못하도록 해야 한다. 다른 말로하면, 적이 퍼즐 몇 조각을 맞췄더라도 더 이상 퍼즐을 맞추지 못하도록 퍼즐을 섞어버리는 것이다. 적이 특정 결론을 내리도록 구두 혹은 문서로 적 스파이에게 역정보를 흘리거나 자국 통신을 도청하도록 함으로써 역정보를 믿게 만들 수도 있다. 이때는 적이 자국의 역정보에 어떻게 반응하고 있는지를 피드백 받을 수 있는 신뢰할만한 채널을 확보하고 있어야 한다. 그래야만 적의 반응에 따라 추가적인 역정보를 흘림으로써 역정보를 믿게 만드는 공작이 가능하기 때문이다. 2차 세계대전 시 연합군이 1944년 봄 노르망디 침공작전을 계획했을 때 그랬던 것처럼 기만작전 자체를 비밀로 유지하고 실제 전략을 구체적으로 드러내지 않는 것이 매우 중요하다.

만약 적이 자국의 해외정보 수집 및 분석을 교란하고자 기만작전을 전개한다면 방첩분석관은 對기만 분석을 실시해야 한다. 방첩분석관은 자국 해외정보 수집절차를 검토해봄으로써 적 기만작전으로부터 자국을 보호할 수 있다. 방첩분석관들은 적이 목적 달성을 위해 기만작전을 펼칠 가능성이 높은 자국의 약점을 찾아내야 한다. 군사작전(종종 경제공작 및 정치공작도 포함)에서는 보통 기습의 성공 가능성을 높이기 위해 기만작전을 사용한다. 방첩분석관들은 자국의 해외정보 수집기법을 면밀히 검토해 적의 기만작전에 넘어가기 쉬운 취약요소를 찾아 내야한다. 예를 들면, 1980년대 이라크는 핵개발 프로그램 진행을 위해 미국을 철저히 기만했다. 이라크가 미국의 기술정보 수집시스템을 훤히 꿰뚫고 있었기 때문에 미국을 속일 수 있었던 것이다. 美 국방부 및 CIA의 對기만 분석관들은 소련이 이라크에 미국 기술정보 수집시스템 기만을 위한 방법을 전수할 수도 있다는 것을 인지했어야 했다. 실제 걸프전이 종료된 후 UN 조사에서 위의 우려는 사실로 확인된 바 있다.

對기만 분석관들은 적이 특정 목표를 어떻게 인식하고 정보에 반응하는지를 우선적으로 알아내야 한다. 기만작전을 시도할 때 적이 반응을 보이는가 아니면 그냥 무시해 버리는가? 對기만 분석관들은 또한 적국의 누가 기만작전을 담당하고 있는지도 알아내야 한다. 적 정보기관에 기만작전 담당부서가 있는가? 적 기만작전 담당부서의 소재지는 어디인가? 그들의 목적은 무엇인가? 적 기만작전 담당 공작관들의 구체적 업무는 무엇인가? 적은 그들의 비밀군사작전과 관련해 자국에 어떤 정보를 '의도적으로 흘리려' 하는가? 만약 對기만 분석관들이 위와 같은 적 정보기관의 실태와 기법을 파악할 수 있다면 적 기만작전 대부분을 와해시킬 수 있을 것이다. 또한 對기만 분석관의 역량이 뛰어나다면 적이 기만작전을 통해 어떤 정보를 보호하려고 하는지도 파악할 수 있을 것이다. 실제 1980년대 이라크에서도 그러한 정보 수집은 가능할 수 있었을 것이다.

2차 세계대전 시, 만약 나치가 영국의 전쟁부 청사 출입 차량을 미행해 옥스퍼드셔의 『블랫츨리 공원』 소재 對독일 통신감청 및 해독시설까지 따라 붙었다면 어떻게 되었을까? 차량을 미행했다면 나치는 『블랫츨리 공원』이 모종의 비밀활동 시설이라는 것을 눈치챌 수 있었을 것이다. 독일 방첩 분석관들이 보다 많은 단서를 찾아 분석했다면 연합군이 『울트라』에서 나치 암호통신을 해독하고 『더블크로스』(Double Cross) 작전에 따라 독일 공작원들을 포섭해 역용하고 있다는 사실을 알아낼 수 있었을 것이다. 독일이 『더블크로스』와 『울트라』의 존재를 알아냈다면, 이는 독일군에게 정말 귀중한 전략적 자산이 되었을 것이다.

또 다른 방첩분석 사례로서, 1970년 후반 및 1980년대 초 구소련의 핵무기 역량을 파악한 후 미국 국방정책이 수정되도록 하는데 방첩분석이 어떤 역할을 했는지 알아보자. 소련은 핵전쟁이 발발하면 지구상 모든 생명체가 공멸할 것이라는 점을 강조하면서 서방국가들을 대상으로 비밀공작을 전개했다. 美정부 내외의 많은 인사들이 구소련의 이런 관점에 동의했다. 하지만 미국의 몇몇 전문가들은 구소련이 핵 공격을 견딜 수 있는 대피시설을 구축하고 있다고 정부관계자에 10년 이상 꾸준하게 경고해 왔다. 전문가들의 이런 경고는 핵전쟁이 모든 생명체를 몰살시킬 것이라는 관점과 배치되는 주장이었다. 하지만 미국은 1980년대 초까지 소련이 핵전쟁을 견딜 수 있는 막대한 시설을 준비하고 있다는 사실을 정확하게 파악하지 못했다. 미국이 늦게나마 구소련의 핵 대피시설을 파악할 수 있었던 것은 정보공동체가 對기만 분석을 끊임없이 수행해 왔던 것이 부분적으로 유효했었다.

실제 어떤 사건이 발생했는가? 책으로 발간된 한 국회직원의 증언에 따르면 1983년 위성사진 판독업무 담당관들에게 의심스러운 활동을 집중 감시하라는 지시가 떨어졌다. 한 분석관이 모스크바 교외인근에서 항공기 테스트에 사용되는 "풍동(風洞)" 현상을 발견했다. 이 사진을 발견한 분석관은 해당 풍동실험을 위해 수년 전 지어진 건물의 사진부터 현재까지의 사진을 비교 분석하기 시작했다. 사진 판독 결과 흙을 적재해 이동하는 열차들을 발견할 수 있었다. 이 열차들은 지금까지 위성사진에 계속 관측되고 있었지만 이 분석관이 의심스런 움직임을 포착하기 전까지는 아무도 이를 발견해 내지 못했다. 풍동의 실체를 밝혀낸 이 분석관은 소련에서 지하터널을 수년 동안 연구개발 시설로 위장해 위성사진 판독관들을 기만해 왔음을 밝혀냈다. 이후 분석관들은 열차로 이동하는 흙의 양으로 미루어 지하시설 규모를 추산하고 추가적 연구를 통해 소련이 추진해온 지하프로젝트의 규모를 파악할 수 있었다. 분석관들은 이 시설이 핵 공격에도 파괴되지 않는 지하 지휘통제소로써 유사시 소련의 정치·군사 지휘부를 수용할 수 있다는 것도 확인했다. 이 시설은 비상통신 시스템을 갖추고 있었고 생화학전을 대비한 보호설비도 갖추고 있었다. 또한 소련 지휘부가 수개월 동안 외부지원 없이 생활이 가능하도록 거의 모든 시설 및 PX도 갖추고 있었다. 당시 미국이 보유한 어떠한 무기로도 파괴할 수 없는 수준이었다. 모스크바 중심부에서 17마일 떨어진 대통령 전용 『Vnukova』 비행장까지 비밀 지하철도가 건설되어 있었고, 『Vnukova』에서 다른 원거리 시설로도 이동할 수 있었다. 이 지하벙커 시설에는 전용 공군편대, 기차, 다른 운송시설 등이 완비되어 있어서 유사시 타 지역으로 이동하는 것이 가능했다. 미국은 전략적 기만에 속아 소련의 이러한 엄청난 프로젝트를 10년 이상 감지하지 못했던 것이다. 이 시설을 찾아낼 수 있었던 것은 전부터 수행해오던 틀에 박힌 정보분석의 타성에서 벗어나 對기만분석을 통해 새로운 관점에서 분석업무에 접근했었기 때문에 가능했다.

공작지원(Support for Operations)

방첩분석은 방첩공작을 지원하는데도 활용된다. 방첩 분석관들은 하루하루의 업무 수행에 매몰된 중간 간부들이나 정보관들이 막다른 골목과 같은 난관에 부딪혔을 때 단서가 되는 정보를 제공함으로써 이들을 지원하기도 한다. 이런 한 가지 지원방법은 패턴분석을 통한 방법이다. 방첩분석관들은 정보관들이 적 정보요원 한 명 한 명의 개별 활동을 감시하는 소모적인 방법에 빠져들지 않도록 하고, 프로그램 담당간부들과 정보관들이 국내외 적 정보기관의 전반적 행태를 볼 수 있도록 하는 가이드라인을 제공한다.

적 정보기관의 공작 행태를 숙지함으로써 특정 의구점에 대한 답을 찾아낼 수도 있다. 적 정보요원들은 하루 중 언제 현장요원들을 접촉하는가? 적 정보관은 수수소(Dead Drops)로 어떤 종류의 장소를 선택하는가? 적 정보관들은 현장요원이 수수소에 심어놓은 정보를 언제·어떻게 확인하거나 회수하는가? 정보관들의 행동특성은 외교관들의 행동특성과 어떻게 다른가? 적 정보관들과 외교관들은 각각 어떤 종류의 차량을 사용하는가? 그들은 어디에 거주하는가? 미소 냉전기간 동안 공산권 정보기관 요원들은 여행이나 여가생활이 자유롭고 활동경비도 충분했지만 외교관들은 그렇지 못했다. 모든 사람과 조직은 특정한 행동패턴을 가지고 있다. 해외 근무 공작관들의 경험을 수록한 내용을 수집·분석함으로써 방첩분석관들은 감시대상에 언제 어떻게 집중해야 하는지를 판단하는데 도움되는 적의 행동패턴을 알 수 있다. 1970년대 미국은 한 변절한 정보관이 미국의 정보력 약화를 목적으로 쓴 "미국 스파이 색출법" 등과 같은 서적이 발간되어 이것으로 인해 1982년 『공작관 신분법(Agent Identities Act)』 등의 법률을 제정하게 되었다. 이 법은 미 정보기관 근무 직원들의 신분 노출을 야기할 수 있는 일체의 행위를 법으로 금지하고 있다.

정보기관들은 보통 적 정보기관 요원의 신분을 밝혀내기 위해 많은 요원과 막대한 기술력을 동원한다. 2차대전 후 영국 방첩기관 MI5 소속의 수석과학자 「피터 라이트」는 소련 정보기관이 영국에서 활동하는 자국 요원들(영국 당국에 의해 이미 검거된)에게 보내는 암호통신을 분석한 결과, 영국에서 활동하고 있는 소련 요원들에 관한 많은 정보를 알아낼 수 있었다. 그는 소련 요원들을 개별적으로 활동하는 "단독요원"과 단체로 활동하는 "네트워크"로 분류하였다. 그는 이들을 분석해 "단독요원"이 받는 무선신호와 "네트워크"가 받는 무선신호 패턴이 다르다는 것을 알아냈다. 그는 "단독요원"들에게는 메시지를 잘 보내지 않는다는 것도 알아냈다. GRU에서는 단독요원들에게 메시지를 잘 보내지 않지만 KGB에서는 많은 양의 메시지를 보낸다는 것도 알아냈다. 그리고 중요 KGB소속 공작원들이 항상 많은 양의 메시지를 받고 있음도 알아냈다.

행동패턴을 분석해보면 적 정보기관원을 식별해낼 수 있을 뿐만 아니라 적 정보기관원 중에서 누가 어떤 공작을 성공적으로 추진하고 있는지도 알 수 있어서 방첩공작에 큰 도움이 된다. 방첩분석을 통해 유럽 핵 기술 수집을 담당하는 이라크 정보요원이 최근 쾌속 승진한 것을 확인했다고 가정해보자. 정황상으로 볼 때 이 요원은 유럽 핵 기술을 빼내온 후 그에 대한 보상을 받고 있는 것이다. 그렇다면 방첩분석관은 이 이라크 공작원이 어떻게, 그리고 왜 공작에 성공할 수 있었는지를 규명해야 하고, 또 핵 기술 분야 스파이를 색출하는데도 다각적인 노력을 전개해야 할 것이다.

이런 분석기법은 정보수집 혹은 비밀공작 담당 요원을 선발하거나 변절자를 색출하는 데도 유용하게 활용될 수 있다. 신입직원이나 변절자를 조사하는 정보관은 타국 외교관이나 정보기관원이 어떻게 활동하는가에 관한 정보를 바탕으로 해당 신입직원이나 변절자가 하는 말들을 관찰해 보고자 할 것이다. 분석관은 이렇게 정확한 정보를 바탕으로 타부서 근무 직원들이 타국 정보기관의 공갈·기만에 속지 않도록 도와줄 수도 있다.

방첩공작활동을 지원하는 또 다른 한 가지 방법은 '이상행태분석(Anomalous Behavior Analysis)'이라고 불리는 공세적 분석기법이다. 이 기법은 방첩활동에 장애가 되는 방해물과 연관된 이상 행동이나 황당한 행동들을 찾아낼 수 있다. '이상행태분석' 기법을 통해 방첩분석관은 타국 정보기관이 다양한 유형의 이상행동을 보였음을 파악하고, 이 분석 결과 타국 정보기관에서 어떤 공작을 성공적으로 추진하고 있는지도 유추해낼 수 있다. 이상행동의 한 가지 유형은 '전략적 행동'이다. 어떤 국가에서 다른 국가와 같은 수법의 비밀기술을 사용했다면 분석관은 해당국가가 타국에서 이 비밀기술을 빼냈을 가능성이 높은 것으로 유추해볼 수 있다. 역사적으로 보면 소련은 2차대전 발발 전 프랑스 항공기술을 탈취하는데 상당히 능수능란했다, 2차대전 이후에는 큰 어려움 없이 미국 항공기술을 탈취해냈으며 탈취 정보를 바탕으로 구소련의 항공기 제조기술을 발전시킬 수 있었다. 1970년대 말 『바르샤바조약기구』가 NATO의 전쟁계획을 무력화시켰던 것처럼 어떤 나라가 전쟁계획을 변경해 다른 동맹의 전쟁계획까지 무력화시킬 경우 분석관은 일련의 사건에 우발적인 것 이상의 무언가가 있음을 추론해내야 한다.

유의해야 할 또 하나의 이상 증후는 '우연처럼 보이는 사건'이다. 구소련 선박들이 미국 잠수함을 추적했기 때문에 수 년 동안 소련 정보기관은 미국 잠수함의 이동경로를 이미 알고 있는 것처럼 보였다. 미 해군의 한 제독은 병사들이 항구에서 보안을 지키지 않고 말을 흘리고 다녀서 그런 것은 아니라고 주장했다. 하지만 방첩 교육을 받지 않은 대부분의 美 해군장교들은 구소련 선박이 어떻게 이동하는지 잘 몰랐고 구소련이 자신들을 추적하거나 감청할 수 있는 가능성에 대해 대비하지도 않았다. 이런 허술함 때문에 소련의 『Walker－Whitworth』라는 조직은 1960년대 말부터 1980년대 초까지 10년 이상 동안 발각되지 않고 활동하면서 미 해군 함정의 이동경로뿐만 아니라 미 정보기관의 행동패턴까지 파악할 수 있는 1급 비밀코드를 해독해낼 수 있었다. 만약 그 때에 전쟁이 발발했다면 미국에게는 재앙과도 같은 결과가 야기됐을 것이다.

우연의 일치처럼 보이는 사건으로 인해 비밀이 탄로 날 수 있음을 명심해야 한다. 1 · 2차대전 시 영국과 2차대전 시의 미국은 비밀 통신 해독능력 보유 사실을 적에게 드러내지 않기 위해 모든 수단을 다 동원했다. 정보의 보유 사실을 드러내지 않기 위한 차원에서 영국과 미국은 활용 가능한 기회를 일부러 놓치기도 했다.

또 한 가지 다른 유형의 이상행동 분석은 개인적 행동과 관련이 있다. 정부에서 비밀문서 취급인가를 받은 어느 직원이 갑자기 월급보다 씀씀이가 커지고 사치품을 자주 구입한다고 할 때 분석관들은 이를 어떻게 받아 들여야 하는가? 실제 미군 및 국무부에서 이런 경우가 종종 발생했고 심지어 1980년대 「알드리히 에임즈」처럼 정보기관 요원 중에도 이런 사례가 발견되었다. 물론 이런 정황을 보고 아무렇지 않다고 생각할 수도 있다. 부유한 친척이 남긴 유산을 물려받아 갑자기 큰 돈이 생겼을 수도 있다. 하지만 해당 직원이 타국 정보기관에 매수되었을 가능성도 유추해볼 수 있다. 여기서 중요한 것은 이런 이상행동을 모두 놓치지 말고 관찰해야 한다는 것이다. 정보관의 인권을 침해하지 않는 범위 내에서 이런 이상행동에 대한 정보를 어떻게 이용할 것인가의 문제는 어렵긴 하지만 법률적으로는 충분히 가능한 문제다. 미국에서는 FBI와 법무부가 관여해 이러한 이상행동에 관한 사례를 검토하고 해결할 수 있다.

이상한 행동이나 사건을 분석해보면 스파이가 누구인지에 대한 직접적 단서를 찾을 수 있다. 시리아 방첩기관에서는 이런 방식으로 1965년 「엘리 코헨」을 검거했다. 「카말 아민 타벳」이라는 가장신분을 이용해 「엘리 코헨」은 비밀 무선통신으로 이스라엘에 핵심적 정치·군사 정보를 전송했다. 이 정보 중에는 골란고원을 따라 늘어서 있는 요새의 위치와 상세한 설명이 포함되어 있었다. 시리아 측은 1964년, 비공개 내각회의에서 결정돼 국가혁명위원회(카말 아민 타벳이 위원이었음) 위원들에게만 전달된 내용을 이스라엘 라디오방송국 「Kol Israel」이 방송하고 있는 것을 발견했다. 이스라엘 라디오방송을 통해 시리아는 정부 고위 관료 중에 스파이가 있을 수도 있다는 경각심을 갖게 되었다. 시리아 내에서 불법 전송되던 무선신호를 잡아낸 시리아 정보기관은 스파이에 대한 의혹을 더욱 굳히게 되었다. 그런데 1964년 마침 이스라엘이 시리아 국경 요새를 장거리포로 정밀 타격해 파괴하였는데 사전 비밀정보가 없다면 절대 불가능한 것으로 판단되었다. 시리아 정보기관은 구소련 지원을 받아 시리아군 합동참모본부를 내려다보는 지역에 위치한 코헨의 아파트에서 마침내 비밀 무선신호가 송출되고 있음을 알아낼 수 있었다.

한정된 자원으로 이상 행동을 감시하고 분석하기 위해서는 비범한 감각을 가진 방첩담당 간부가 필요하다. 스파이임을 입증하는 결정적 단서라고 생각했던 정보가 나중에는 우연의 일치였다고 판명될 수도 있다. 방첩담당 간부들 중에는 이렇게 이상행동을 감시하고 분석하는 업무가 비용이 너무 많이 들어 실질적으로는 깊이 있는 분석을 어렵게 한다고 믿는 경향이 있다. 게다가 방첩담당 간부들 중에는 미 해군의 정보 사례처럼 수시 업데이트되는 전략정보를 주시하고 있는 경우가 거의 없다. 자신의 소관 업무 이외의 이상행동에 대해서는 좀처럼 주의를 기울이지 않는 것이다. 예를 들어, 누군가 특별히 주의를 환기시켜 주지 않는다면 자발적으로 타국 항공기술의 비약적 발전이나 타국 전시계획의 변경 등을 인지하지 못하는 경우가 대부분이다. 하지만 방첩활동에 필요한 수단은 얼마든지 있기 때문에 필요한 것은 바로 방첩 간부들의 의지라고 할 수 있다.

정보수집과 분석 이외에 방첩분석을 적용할 수 있는 또 하나의 분야는 타국 정보기관 활동을 무력화시키고 역용하는 공작이다. 방첩분석관이 방첩공작을 담당하는 동료직원, 더 크게는 정보공동체, 그리고 궁극적으로는 국가안보를 담당하는 기관들을 지원할 수 있는 방법은 무척 다양하다.

예를 들어, 방첩분석은 국가보안 및 효율적 대응책을 수립하는데 크게 도움을 줄 수 있다. 방첩분석을 통해 전반적으로 보안이 강화되고 타국 정보기관의 타겟이 된 민감한 직책을 수행하는 직원들에게 데이터 제공과 더불어 위협요소에 대한 경각심을 심어줌으로써 타국 스파이 활동을 무력화시킬 수 있다. CIA나 NSA 직원들로 하여금 타국의 매수작전을 식별하고 피할 수 있도록 해주는 이런 유형의 방첩분석은 방첩에 대한 경각심을 제고하는 훈련코스에서도 자주 사용된다. 이런 방첩분석이 항상 효과가 있는 것은 아니지만 적어도 시도해 볼만한 가치는 충분히 있다.

방첩분석은 또한 평소 직원들이 시간이 없거나 의지가 없어 시도하지 못했던 큰 그림을 그리는데도 도움을 준다. 다른 직종처럼 방첩기관 종사자들도 훈련에서 습득한 제한된 지식과 개인적 경험을 통해 업무를 수행한다. 방첩기관 직원들은 업무 수행 시 객관적 시각으로 사건을 바라보지 못하고 자신이 맡은 사건에 집착해 업무에 대한 개인적 호불호를 지나치게 개입시켜 경력을 위태롭게 하는 경우가 많다. 객관적이고 냉정한 시각으로 방첩공작을 바라볼 수 있는 유능한 분석관은 현장의 담당 공작관에게 무엇을 알고 있고 무엇을 추가로 알아내야 하는지를 분명하게 알려줄 수 있다. 이런 과정에서 분석관은 다른 공작의 경험에서 얻은 정보를 진행 중인 공작에 적용하는 것이 가능하다. 방첩공작에 관해 자세한 정보를 가진 분석관은 저만치 떨어진 공작을 객관적으로 분석해 현장 활동 공작관의 부족한 능력을 보충해줄 수 있다. 분석관은 넓은 시야를 가지고 있기 때문에 간부와 정보관들이 스파이로 판단되는 대상에게 어떻게 접근할 것인가를 결정할 때도 도움을 줄 수 있다. 혐의 직원을 그저 검거하는 것으로 끝낼 것인가 아니면 역용해 이중스파이로 활용할 것인가에 대한 의견을 제시할 수 있는 것이다.

방첩분석과 적극적 정보활동 (Counterintelligence Analysis and Positive Intelligence)

적극적 정보활동을 위해 방첩정보를 활용하는 것은, 적어도 미국에서는, 지금까지 가장 잘 이해되지 않고 가장 낮은 가치의 방첩요소로 평가되어 왔다. 아직까지도 그 활용가치에 대해 제대로 된 이해가 이루어지지 않고 있다. 그러나 방첩분야 간부들은 단순히 적 정보기관의 행동패턴에 대한 설명을 제공하는 것 이상으로 그들의 출처를 명확히 함으로써 적극적 정보활동을 전개하는데 기여할 수 있다. 사실 종종 방첩의 출처는 방첩 첩보들이 층층이 파묻혀 있는 황금 덩어리와 같다. 그것들을 적극적 목적을 위해 추출해내기 위해서는 뛰어난 감각과 결단력이 필요하다.

2차 세계대전 중 영국의 이중스파이 시스템을 운영한 영국 귀족 「J.C. 매스터맨(Masterman)」은 1941년 나치가 미 진주만 방어 전략을 입수하기 위해 'Tricycle'이라는 이중스파이를 활용하고 있음을 파악하였다. 당시 나치는 진주만에 별 관심이 없었으나 동맹국 일본이 관심을 갖고 있었기 때문이었다. 매스터맨(Masterman)은 미국정부에 잠재 가치가 있는 출처에 대한 정보를 제공하였다. 그리고 이것은 FBI 후버 국장에게 보고되었다. 후버는 이 정보를 군에 제공하였으나 그들은 그것을 자세히 읽지 않았으며 가치가 없는 것으로 폄하해 버렸다. 비슷한 사례로, 진주만 폭격 몇 주 전 FBI도 駐호놀룰루 일본 영사관 정보관이 해군기지 및 선박 계류지에 대한 정보를 수집하고 있음을 파악하였다. FBI 호놀룰루 지부는 이 정보를 워싱턴 본부로 보냈다. 그러나 이 정보는 유용하게 활용되지 못했다. 해군 정보국이나 진주만 방어를 책임진 군 지휘통제소로 통보되지 않았기 때문이었다.

1960~1970년대 사례로서는, 한 서유럽 정보기관이 소련 공산당 고위간부 「보리스 포노마레브(Boris Ponomarev)」뿐 아니라 중국 등 공산당 최고위 간부와 절친한 공산당원들을 스파이로 채용한 적이 있었다. 이 스파이를 채용한 정보관은 이런 커넥션(공산당 최고위 간부와의 관계)에 큰 주의를 기울이지 않았다. 그는 단지 해당국가 공산당들이 무엇을 하고 있는지 파악해서 그 활동을 무력화시키기만을 원했다. 그래서 그 스파이가 공산당 고위간부와 나눈 이야기들은 정책입안자들의 관심을 끌지 못했고 첩보 분석관들에게도 제대로 전달되지 못했다. 그 스파이는 단지 한두 번 그의 커넥션에 대한 질문을 받았을 뿐이다. 그 스파이의 보고서를 주의 깊게 읽었었다면 그는 1968년 소련의 체코슬로바키아 침략 관련 경고를 해줄 수도 있었을 것이다.

이런 종류의 실패에는 좋거나 나쁜 이유들이 있다. 민감한 첩보출처의 보호를 위해 방첩 간부들은 정보에 대한 접근을 제한하고 첩보의 공작 네트워크를 보호하며 출처 노출의 위험성이 높은 추가적 수집 임무를 제한하려고 한다. 그래서 전체 국가시스템에서는 그들 방첩 출처들로부터 충분한 이점을 얻지 못하는 경향이 있다. 방첩출처에서 얻어지는 정보는 해외정보 수집과 분석에 통합적으로 활용되지 못하는 경향이 있다. 만약 그런 출처가 충분히 활용될 수 있는 시스템이 구축된다면 방첩분석관은 노다지를 캐내듯이 방첩출처들로부터 양질의 정보를 캐낼 수 있을 것이며 정보는 최대한 이용하되 방첩 자원과 역량이 보호될 수 있는 프로세스도 구축할 수 있을 것이다. 이는 적극적 정보활동을 위한 의미 있는 자료를 제공할 것이며 방첩 분석관들로부터 피드백을 받을 수도 있을 것이다. 아무리 달콤한 유혹이 있어도 방첩 간부들은 고위 정책결정자에게 방첩활동의 결과를 곧이곧대로 모두 보고하지는 않아야 하는 것이 원칙이다.

따라서 방첩분석은 잠재적으로 다방면의 역할을 기대할 수 있다. 이는 방첩 간부들이 방첩활동 우선순위와 방첩프로그램을 체계화하는데 큰 도움을 준다. 그것은 조사관들이 앞뒤가 막힌 막다른 곳에서 사건 해결의 실마리가 되는 정보를 이해할 수 있도록 도울 수도 있다. 이를 통해 조사관이나 수집관이 성과를 거둘 수 있을 때 방첩분석은 국가의 보안·방첩업무를 수행하는 간부나 담당관들에게 추가적인 도움을 줄 수 있을 것이다.

"방첩수집(Coounterintelligence Collection)"

분석 다음으로 방첩활동에서 두 번째 핵심적인 요소는 종종 조사의 형태를 띠는 수집이다. 실제로 많은 방첩활동 수행자들은 그들의 업무를 조사활동이라고 생각한다. 게다가 조사는 어렵고 민감한 활동이기 때문에 방첩조사관들은 때때로 탐정처럼 행동하거나 자신의 "특종(scoop) 기사"를 지키듯이 행동한다. 그들은 보안이라는 그럴듯한 좋은 명분을 내세워 정보를 여럿이 함께 모으려고 하지 않거나 또는 나쁜 이유로는 편협한 자기 이익을 내세워 정보를 공유하려고 하지 않는다. 우리가 보아 왔듯이 이러한 경향과 태도로 인해 일급수준의 최고 국가방첩이 이루어지지 않는다.

방첩조사는 방첩분석 결과로 용의점이 확인된 대상목표에 초점을 맞출 때 더 많은 성공을 거두는 경향이 있다. 집중적인 조사가 실시될 경우 더 좋고 더 뛰어난 고품질의 정보를 분석관에게 제공할 수 있다. 전후 미국의 고위 방첩 간부들도 어쩌다가 이것을 인식하고 있긴 하였다. 그러나 80년대 후반까지 대부분의 고위간부들 사이에서는 이것이 널리 통용되지 않았다. 그럼에도 불구하고 일부 간부들은 다른 사람들보다 더 집중적이고 분석지향적인 수집활동에 열성이었다. 그러나 최고 관리층이 이러한 형태의 수집활동에 대한 필요성을 잘 인식하고 있더라도 뼛속 깊이 사람들을 심문하고 다루는 조사관들의 본성을 바꾼다는 것은 그리 쉽지 않다. 조사관들은 그들이 생각하기에 이처럼 "비현실적인 지성인들"과 상담하거나 그들의 생각을 읽는데 시간과 에너지를 쏟는 경우가 좀처럼 없다. 근본적으로 이질적인 두 개의 다른 전문적 성향의 문화를 혼합하는 것은 쉽지 않으나 방첩 영역에서 둘의 상호작용은 큰 도움이 된다.

정보출처의 통합(Integration of Sources)

초점을 맞춘 분석에 이어서 조사관들은 다양한 수집 기법과 자원을 효과적으로 통합하고 공유하는 방식을 통해서 혜택을 볼 수 있다. 민주주의 국가에서 방첩 공동체는 전통적으로 부분별로 분산되어 있거나 또는 하나의 그룹 또는 조직이 정부의 통제권을 독점하지 못하도록 하기 위해 분산되어 있다. 이러한 것들은 상당부분 통합 정보 수집 프로그램을 실행하거나 수집 우선순위를 조정함으로써 해결될 수 있으며 또는 실무자들을 다양한 수집분야에 대해 훈련시킴으로써 극복될 수 있다.

인간정보와 기술정보 수집의 통합이 그 확실한 예(例)이다. 영상·신호정보는 적극적 정보활동의 형태로서 방첩에 중요한 의미를 갖는다. 최고의 본보기 중 하나는 영국 방첩기관의 진화이다. 영국 MI5의 과학자인 「피터 라이트」는 전후시기 그가 어떻게 휴민트 방첩관들에게 기술·과학적 사고를 활용토록 설득하여 현장 담당관들이 효율적으로 활동하게 하였는지 상세하게 기술한 적이 있다. 라이트가 기술한 많은 例 중 하나는 영국이 KGB의 활동을 파악하기 위해 동일한 주파수를 활용하는 동안 소련은 영국의 조사를 무력화하기 위해 MI5가 사용하는 주파수를 역용할 수 있었던 것이다. 「톰 클랜시」와 같은 소설작가들이 현재 미국의 기술적 역량 및 기술적 역량과 인간 정보의 통합에 대해 과장하는 경향이 있을지 모르지만 그의 소설 중 몇 건은 외국의 스파이, 테러분자, 마약업자를 추적하기 위해 어떤 활동이 이루어지는지 잘 묘사하고 있다. 소설 'Patriot Games'에서 클랜시(Clancy)는 퍼즐의 한 조각을 제공하는 첩보원과 또 다른 퍼즐조각을 제공하는 영상 정보를 세 번째 조각인 공개정보와 함께 통합하여 분석하는 주인공 모습을 묘사한다.

방첩 수집이 국내외 활동으로부터 얻은 정보를 통합할 때 놀라운 효과를 볼 수가 있다. 때로 MI5, MI6 또는 CIA, FBI는 정보를 공유하거나 공동 수집작전에 협조한다. 그러나 경제적인 상호의존성, 열린 국경, 사람·돈·지식·기술의 자유로운 이동 등 20세기 후반의 글로벌 환경에서 광범위한 조사방식은 더욱 중요해지고 있다. 90년대는 한 나라에서 특정 첩보원을 탐색하여 평가하고 이어서 제3의 장소에서 만나 채용하는 것이 일반적인 관행이었다. 정보요원들은 허점을 찾아 손쉽게 영구히 사라질 수 있기 때문에 그들을 한 나라에서만 관찰하는 것은 큰 수확을 거두기가 어려울지 모른다.

분명히 모든 국가가 국내에서처럼 해외에서도 동일한 방첩 역량과 이점을 가질 수는 없으나 이러한 한계는 기술·인간 정보수집 기법과 공개·비밀 정보자산을 통합하여 유망한 조사방향으로 분석을 집중함으로써 극복될 수 있다. 미국의 공작관과 그 공작원을 추적하는 외국의 정보기관을 상상해보자. 미국 내·외에 알려진 모든 CIA 거점을 감시할 수 있을까? 해외여행을 하는 모든 미국인을 감시할 수 있을까? 이것은 도저히 감당할 수 없을 정도로 큰 일이자 생각할 수 없을 정도로 비용이 드는 일이다. 대신에 외국 정보기관은 수집 및 분석을 통해 미국 정보활동 우선순위를 알아내려 할 것이며 또한 미국이 원하는 기밀을 확보하기 위해 어떤 기회를 가지고 있는지를 평가할 것이고 밖에 나타난 CIA의 활동기법과 노출된 패턴을 확인하려 할 것이다. 그리고 마지막으로 그들은 미국이 자신의 정보활동 목표를 추구하기 위해 투입할 것 같은 인물과 기법에 대하여 모든 수집 역량을 통합·집중할 것이다.

공개·비밀 정보자원을 통합하는 작업의 가치는 명백하며 이따금 그러한 일이 이루어지기도 한다. 그러나 이러한 작업은 외국의 정치, 경제, 군사 지도자들이 저술한 난해한 저술들을 해독하는 일과 관련된다. 매일 매일의 당면한 업무고민 때문에 대부분의 방첩간부나 현장 담당관이 이러한 방식으로 그들의 전문지식을 증대할 시간이나 기회를 갖는다는 것은 어렵다. 게다가 방첩관들은 거의 자신들의 동료들과만 의견을 나누거나 친하게 지내려는 성향이 확고하다. 그들이 같은 주제에 대해 일하는 非정보전문가들, 예를 들면 이란의 정치 또는 핵확산방지 등의 분야에 대한 일반 전문가들과 함께 시간을 보내는 경우는 거의 없다. 이것은 보안유지를 위한 측면도 있지만 또한 어려운 분야에서 일하는 프로 전문가들의 자연적인 성향으로서 이것이 방첩분야에만 국한된 것은 아니다. 게다가 다른 분야의 전문가들처럼 방첩 간부와 현장 담당관들은 바빠서(바빠도 너무 바빠서) 가치있는 정보들이 새어나가는 것을 막지 못하는데 바로 이런 이유 때문에 공개정보를 더 사용할 필요가 있다.

공개정보수집(Collection from Open Soiiurces)

방첩 간부들은 미래에 그들의 업무가 공개정보와 비밀정보 자원을 혼합하는 것임을 확실히 해야 할 것이다. 어떤 이들은 방첩수집이 신문이나 언론, 시위자들의 구호와 표현과 같이 공개된 문자정보들을 분석하여 얻을 것이 별로 없다고 생각한다. 어떤 정보관들은 외국 정보기관 또는 테러집단의 현재와 미래 행동에 대한 단서를 얻기 위해 정치 그룹 또는 역사적인 사건의 사소한 부분에 대해 집중적으로 학습하는 동료들을 비웃기까지 한다. 대다수는 아니지만 다수의 공작관들은 도청이나 전화 감청, 상대 정보기관에 대한 침투와 같은 비밀정보 출처를 더 선호한다. 그러나 공개정보를 배제하고 이러한 비밀정보 수집방식에만 초점을 맞추는 것은 정보활동 우선순위와 생각을 재정립하고 외국 정보요원들의 수법을 이해할 수 있는 중요한 기회를 놓치는 것이다.

한 가지 예를 들어보자. 미국은 외국 정보기관이 미국의 어떠한 구체적인 기술을 노리는지 파악할 수 있을까? 아마도 외국 정보기관들이 첨단기술과 관련하여 가장 많이 보는 공개자료 중 하나는 「Aviation Week and Space Technology」일 것이다. 냉전기간 중 駐워싱턴 소련 대사관은 「Aviation Week」을 대량 구독했다. 번역팀이 매주 발행을 기다렸다가 번역하여 모스크바로 전송하면 KGB와 GRU 그리고 다른 정보기관들이 이를 숙독했다. 만약 「Aviation Week」이 새로운 발견을 한 특정 산업연구소에 대해 기사를 게재하면 소련의 과학연구소나 과학참사관이 당연히 그와 관련해서 일하는 미국인들과의 섭외를 부탁하곤 했는데 소련의 도시간 자매결연을 담당하는 조직이 그 연구소가 소재한 미국도시와 소련도시 간에 자매결연을 추진하는 것이 이상한 일은 아니었기 때문이다. 냉전기간 중 이러한 정보수집의 양상이 방첩분야에서 수많은 내사단서가 되었을 것이다.

공개정보자료는 또한 외국의 비밀공작, 소련 용어로는 '적극적 조치' 프로그램이라고도 하는데 이런 정보활동의 방향을 예측하는데 유용했다. 수년간 미국과 영국, 프랑스, 서독의 정보기관들은 '소련공산당(CPSU)'과 KGB가 어떤 방식으로 미국의 평판을 깎아내리고 2차대전 이후 소련의 최우선 순위인 유라시아 대륙에서의 미국의 영향력을 감소시키려고 노력해왔는지를 파악하기 위해 노력했다. 소련의 주요 수법 중 한 가지는 서방의 공산당이나 또는 「세계평화협의회(World Peace Council)」, 「세계연방노조(World Federation of Trade Union)」와 같은 국제 기구에 영향력을 미치는 유럽과 미국의 영향력 요원들을 운영하는 것이었다. 영향력 있는 이러한 조직들을 지도하고 운영하기 위해 소련은 자국 및 전세계에 걸쳐 대규모 조직과 잡지를 운영하였다. 여기에 관련된 많은 사람들의 증언에 따르면 그 해에 활용한 특정주제와 전략이 결정되면 CPSU(소련공산당)은 KGB와 공산당의 국제부서를 통해 문서 및 구두로 지침을 전달했다. 그 다음 그들은 지침과 자원을 서유럽 공산당과 단체에 보냈다. 보통 소련의 지침이 주요조직에 전달되려면 수개월이 소요된다. 비밀지침을 전송하는 가장 주요한 방법은 국제부서, 정당, 단체의 간행물을 통해서 보내는 것이었다. 이러한 간행물들을 주의 깊게 읽어보면 요원들은 그들에게 은밀히 전달하기 위해 숨겨져 있는 모스크바의 비밀공작 우선순위 및 기법을 찾을 수 있었다. 오늘날에도 리비아와 이란의 프로그램을 이해하고 예측하기 위한 비슷한 노력이 있을 수 있다.

비밀 기술정보와 인간정보는 이처럼 공개정보 자원에서 추출한 것을 확인하는데 쓰여질 수 있으며 마찬가지로 또한 공개정보의 내용을 가지고 비밀정보로부터 나온 첩보를 확인하는데 사용될 수도 있다. 공개정보는 과거 이러한 방법으로 많이 사용되었는데 때때로 큰 효과가 있었다. 1945년 「벤 만델」은 국제공산당(EUXR)을 다루는 미국 국무부의 작은 부서에 소속된 컨설턴트였다. 만델은 외국의 핵심 공산당 지도자의 발표내용을 읽으면서 1945년 4월 프랑스 공산당이 매월 발표하는 「Cashiers du Communisme」가 미국 공산주의 운동의 지도층에 대해 날카로운 공격을 하고 있다는 것을 알아차렸다. 저자는 프랑스 공산당의 영수이며 소련이 운영하는 국제 공산당 조직인 '코민테른'의 상임위원회 위원인 「쟈케 듀클로스(Jacques Duclos)」였다. (스탈린은 공산주의국가와 비공산주의국가간 협력 이미지를 강화하기 위해 1943년 코민테른을 해산하였다) 듀클로스(Duclos)가 소련과 가깝게 연결되어 있음을 알게 된 만델은 그 기사가 서방과 관련한 모스크바의 입장에 변경이 있음을 반영한다고 추론했다. 듀클로스(Duclos)는 미국 공산주의자들이 자본주의와 루스벨트 대통령의 대외정책에 대해 너무 미온적이라고 불평을 하면서 공산권과 서방유럽과의 관계가 더 악화될 것이라고 주장하였다. 그리고 실제로 1947년 그들은 그렇게 행동하여 냉전이 악화되었다. 그러나 1945년 그의 기사가 게재되었을 때 서방과 소련의 戰時 협력관계로 인한 안도감은 여전히 팽배했다. UN이 샌프란시스코에서 헌장을 만들고 있었으며 나치는 마지막 패배를 눈앞에 두고 있었다. 스탈린이 점점 다루기가 어려워진다고 관찰한 소수의 미국 고위관료들의 견해는 차치하더라도 냉전이 진짜 개시될 것이라는 공개·비공개 정보는 거의 없었다.

만델은 그 기사를 그의 상관이며 책임자인 「레이 머피(Ray Murphy)」에게 가져가 이에 주목하도록 하였고 그는 이것을 다른 이들에게 알리려고 노력했다. 낙관적인 분위기에 있던 워싱턴에서 소수의 몇몇 기관 중에 「전미노동연맹(AFL)」라는 기관만이 이 기사에 관심을 가졌다. 1944년 AFL은 「자유노조위원회(Free Trade Union Committee)」를 설립하여 모든 형태의 독재에 저항하는 민주노조 지도자들을 돕도록 한 「사무엘 곰퍼(Samuel Gompers)」의 설립 전통을 이어 나가고 있었다. 그 위원회의 의장은 「제이 러브스톤(Jay Lovestone)」인데 그는 듀클로스(Duclos)와 안면이 있는 'CPUSA'의 前 당수였다. 러브스톤은 듀클로스(Duclos)의 기사가 갖는 심각성을 즉각 알아차렸다. 그는 그 것을 AFL 대표인 「윌리엄 그린(William Green)」과 재정담당 「조지 메니(George Menni)」에게 전달했다. 당면 현안이 모두 AFL의 지도자에게 통보되고는 있었지만 워싱턴의 그 누구도 치열한 냉전이 시작되리라는 것을 알아차리지 못했다. 외국의 학술잡지를 구독하고 번역하고 숙독하는 공개정보 수집은 관료들에게 변화 또는 연속성에 대해 경고할 수 있으며 다른 정보자원으로부터 수집된 첩보를 검증할 수 있다. 그러나 관료들 스스로 그런 기회를 받아들일 만큼 유연해야 한다.

공개정보는 대(對)테러활동에도 유용하다. 그러한 공개자료들은 테러가 어떤 형태로 일어날 것인지에 대한 것뿐만 아니라 어떠한 환경에서 촉발될지를 예측하는데 활용될 수 있다. 그것들은 심지어 잠재적인 테러 행위자를 알아내는데도 도움을 줄 수 있다. 한 프랑스인 전문가와 벨기에 경찰간부는 프랑스 단체인 「Action Directe」와 벨기에 단체인 「Fighting Communist Cells」로부터 입수한 '전략적 해결수단'이라는 자료(짧은 성명서라기 보다는 10~40페이지에 달하는 장문의 마르크스-레닌주의 분석 글)를 신중하게 숙독하고 분석함으로써 80년대 그들이 어떻게 움직일지를 예측하였는지 설명한 적이 있다. 외국어를 번역하듯이 쓰여진 내용들을 깊이 숙독함으로써 그들은 테러리스트의 행동을 예측할 수 있었다. 저자들은 IRA와 이슬람 단체와 같은 집단의 간행물을 잘 분석하면 그들의 사고와 전략을 통찰할 수 있을 것이라고 주장한다.

공개정보자료의 활용에 대한 다른 지지자는 수년간 의회 조사관으로 일하고 이후 「미국정보국(U.S. Information Agency)」의 간부로 활약하였으며 학자이기도 한 「허버트 로머스타인(Herbert Romerstein)」이다. 그는 FBI가 테러분자의 지인들이 테러리스트들의 구체적인 동기와 테러목표대상에 관해 언급한 글들을 자세하게 읽었더라면 그 사건의 발생을 막을 수 있었을 특정 살인사건과 은행강도에 대해 언급을 하고 있다. 그럼에도 불구하고 FBI는 사건발생이 한 달이 넘었는데도 여전히 그 살인사건의 동기를 알지 못했다는 것이다.

공개정보자료는 잠재적인 첩보원의 정신세계를 이해함으로써 그의 채용에도 활용될 수 있다. 어떤 조직의 이념과 내부의 이념적 균열에 대해 잘 알고 있는 현장 담당관은 잠재적인 채용 대상자의 고민을 잘 이해하고 있으므로 설득하여 채용할 수 있다. 실제로 이전에 언급된 1950년대의 CPSU 간부 「보리스 포노마레브(Boris Ponomarev)」의 친구 사례에서 공작관은 당시 공산당 내부의 경향에 대한 정보(일부는 비밀정보를 통해서 일부는 공개정보를 통해서 얻은 정보)를 갖고 있어 그를 설득하여 공작원으로 만들 수 있었다. 그는 금전이나 흥미 때문에 전향한 것이 아니라 국제공산당 운동의 방향에 대한 불만이 있어 전향한 것이었다. 서방의 방첩 공작관들은 그의 불만을 알아차리고 그가 정당을 떠나지 않도록 작업하면서 그가 높은 서열까지 올라가도록 뒤에서 지원했다.

이와 유사한 사례로 일선 단체들과 다른 형태의 조직들의 활동을 출판물을 통해 추적함으로써 방첩 전문가들은 외교 사절(보통 정보요원들이 포함되어 있는)들의 관심 인사와 시설에 대한 갑작스런 방문을 알아낼 수 있었으며 이런 분석을 통해 그들이 관심 있어 하는 사람들이 누구이며 핵심시설은 무엇인지 알아낼 수 있었다. 이것은 특정시간에 특정장소에 나타난 외국 정보요원의 존재에 관심을 가지고 있는 방첩기관들이 그를 어디에서 관찰하고 어디에서 평가하며 어디에서 채용을 할 것인지를 검토하는데 중요한 정보를 제공한다.

비밀 인간정보 수집(Clandestine Collection from Human Sources)

가장 중요한 방첩정보는 비밀 인간정보 및 기술정보자원에서 얻어진 첩보와 공개정보자료를 통합함으로써 도출된다.

적 정보기관, 특히 방첩조직에 침투하는 것은 가장 가치 있는 방첩수집 기법 중 하나이다. 그 일은 악명이 높을 만큼 어렵다. 예를 들면, 미국이 KGB의 방첩기관에 성공적으로 침투하였다면 「알드리히 에임즈(Aldrich Ames)」를 단 몇 개월 내에 체포할 수 있었을 것이다. 정보기관들은 일반적으로 자신들의 약점을 주시하면서 적의 침투에 대응하기 위해 보안절차를 가지고 있다. 그리고 정보기관들은 때로 자신의 보안장벽의 정도를 측정하고 다른 기관 내부에 요원을 운영하기도 한다. 에임즈 보다 앞선 시기에 있었던 높은 수준의 침투사례는 1950년대 독일 헌법보호청의 중견 간부로서 동독에서 소련의 활동에 대응하는 방첩업무 책임자였던 「하인즈 펠프(Heinze Felfe)」의 사례이다. 그는 소련에 서독 및 미국의 관심사항과 공작을 전달하고 독일 헌법보호청과 미국 CIA에 거짓 정보를 흘리는 소련의 스파이이었다.

한 가지 침투 기술은 상대기관에 신입직원을 침투시키고 그가 승진하기를 기다리는 것이다. 이것은 세계 2차대전 당시 영국정보기관에서 있었던 '소비에트 캠브리지 코민테른' 사건(킴 필비, 앤소니 블런트, 가이 버거스, 존 카인크로스, 도널드 맥클리언)과 같이 신원조사가 허술할 때 가장 성공적이다. 「래리 우타 친(Larry Wu Tai Chin)」 사례는 앞서 언급되었다. 친은 1943년 미 육군의 번역가로 시작한 중국 공산당 스파이로서 이후 CIA에서 번역가로 일하면서 정보요원들의 보고서에 접근할 수 있었다. 1986년 결국 발각되었으며 30년이 넘게 중국에 비밀문서를 팔아넘긴 죄로 유죄를 받았다. 그리고 「칼 코에처(Karl Koecher)」 사례가 있는데 그는 훈련받은 체코의 흑색요원으로서 1973년 거짓말 탐지기와 신원조사를 통과하고 CIA에 번역가로 채용되었다.

외국 정보요원을 채용하는 것은 非정보요원을 채용하는 것과 약간 차이는 있지만 더욱 어려운 일이다. 대상목표가 상대 기관의 관료라면 그는 자신에 대한 포섭기도가 있을 것을 알고 그 기법 또한 알고 있을 것이기 때문에 보호를 받고 있을 것이다. 그는 非정보요원보다 상대 공작관이 쳐놓은 그물을 피하는 법을 잘 알고 있다. 그는 "선물"을 받지 않아야 된다거나 외국인에게 "보고서"에 서명을 하지 않아야 한다는 것을 잘 알고 있으며 모든 회의 또는 외국인과의 접촉(특히, 백색요원에 의해 이루어지는 공작과 관련하여)을 보고해야 함을 잘 알고 있다. 물론 그가 금전의 유혹에 의해 혼란에 빠지거나 굴복할 수도 있으며 그가 속한 정보기관이나 공작관에게 복수할 기회를 찾을 수도 있다. (알드리히 에임즈가 그랬던 것처럼) 인간은 매우 약하다. 게다가 숙련된 공작관들은 그러한 약점을 찾는데 전문가이다. 첩보원 채용은 대상자의 활동과 전화통화 내역을 파악하는 등 비교적 접근이 용이한 자국에서는 유리하지만 외국에서는 상대적으로 훨씬 더 어렵다.

한 서방 방첩 관료가 외국의 정보관료들이 어떻게 서방 정보기관에 포섭되었는지 인터뷰에서 설명해준 적이 있다. 정보기관은 대상자가 일하고 있지 않을 때에도 그의 주변에 포진되어 있다. 그의 전화와 차량에는 도청장치가 되어 있었다. 그의 이웃들은 협조 요청을 받았다. 대상자의 사회생활은 그에게 접근하려는 요원이나 하루종일 감시하는 방첩관에 의해 낱낱이 파악되었다. 정보기관은 대상자가 항해를 좋아하는 점을 알고 요트까지 구매했다. 또한 공작관은 대상자와 친해진 후 주말에 그와 요트항해를 즐겼다. 요트의 주인은 선상 파티를 열었는데 파티 참석자들도 대상자를 제외한 전원이 정보요원 또는 그들의 협조자였다. 결국 대상자는 정보기관의 파격적인 대접에 넘어가 스파이가 되었다.

외국 정보기관은 보통 가장 취약할 것처럼 보이는 대상을 점찍어 물색한다. 즉 이들은 보통 점원, 배달원, 비서와 같이 상관보다 급여나 명예가 상대적으로 낮아 금전적 유혹이나 심리적 접근에 취약할 것으로 예상되는 사람들로서 이들을 주로 새로운 포섭 대상자로 물색한다. 21세기 가장 효율적인 정보기관 중 하나인 동독의 HVA(보안부 산하 해외정보부서)는 서독 정보기관 요원(그들의 다수는 낮은 직급에 있었다)을 포섭하는데 특화되어 있었다. 소련(Moscow) 또한 이러한 방식의 포섭에 능통했다. 대표적인 예로, 1958년 주요 간부의 운전수로,

NSA에 배속된 미 육군 상사 「잭 던랩(Jack Dunlap)」의 사례를 들 수 있다. 낮은 직위 덕분에 오히려 그는 큰 감시 없이 NSA의 모든 영역의 비밀에 접근하여 비밀을 팔아넘길 수 있었다. 소련이 1960년에 채용한 던랩은 그가 미국 육군에서 제대한 후 민간인 신분으로 NSA에 입사 지원했을 때 거짓말 탐지기(폴리그래프) 검사를 받으면서 발각되었다.

외국 정보기관들은 잠재적인 포섭대상자가 자국보다는 해외에 있을 때 보호가 허술한 것을 알고 있다. 따라서 이를 이용해 최초의 포섭 시 제3국을 이용하면 훨씬 수월하다. 한 예로, 1980년대 CIA의 가나(아프리카 국가) 지부 공작지원 담당관이었던 젊은 미국인 「샤론 스크래내지(Sharon Scranage)」는 가나 지도자의 친척이었던 「마이클 수수이디스(Michael A. Soussoidis)」와 사랑에 빠져 가나에서 포섭되었다. 그녀를 포섭함으로써 가나 정보기관뿐만 아니라 가나 정보기관을 훈련시켰던 쿠바와 동독까지 같이 이익을 챙겼다. 스크래내지(Scranage)가 워싱턴에 있는 CIA로 복귀하여 다른 업무를 맡았을 때 공산진영에 도움을 줄 수 있는 정보를 얻기 위해 그녀의 연인 또한 즉시 워싱턴으로 파견되었다. 그러나 스크래내지(Scranage)는 결국 체포되어 감옥에 갔다.

외국 정보기관 요원들은 연락업무관계(Liaison)를 통해 포섭될 수도 있다. 이러한 유형의 관계에서는 두 개의 정보기관에 소속된 두 정보요원 간에 많은 접촉이 있기 마련이다. 연락관 관계인 요원들이 서로 잘 알게 되고 일상적인 업무를 함께 진행하다 보면 포섭이 용이한 환경이 조성된다. 따라서 연락관들은 적대적인 정보기관과 일할 경우 조심해야 한다는 경고를 많이 받게 되는데 이에 반해 우호적인 정보기관과 일할 때는 그러한 경고를 덜 받게 된다. 예를 들면 1954년 NSA의 암호전문가 「조셉 피터슨(Joseph Peterson)」은 네덜란드 정보기관에 민감한 통신정보 자료를 제공한 혐의로 체포되었다. 제2차 세계대전 중 피터슨은 일본의 외교 암호와 관련하여 2명의 네덜란드 암호 전문가와 가깝게 일하였다. 전후 미국과 네덜란드는 암호와 관련된 공조를 끝냈으나 피터슨은 네덜란드의 암호를 해독한 미국의 기술 자료를 그들에게 계속해서 알려주었다. 미국은 연락관을 활용하려다가 화를 자초하고 외국 정부기관의 침투를 허용하였던 것이다. 또 다른 예로, 1960년대 초 워싱턴 주재 프랑스 거점장이었던

「필립 드 보졸리(Philippe de Vosjoli)」를 들 수 있는데, 그는 자국 정보기관에 대한 CIA의 입장을 알기 위해 부임하였던 인물이었다. 그러나 얼마 후 그는 프랑스 정보기관에서 사직하고 미국에서 사는 것을 결정하였다. 또한, 소문에 의하면 1970년대 미국과의 연락관 업무를 맡았던 멕시코 정보부 부장을 역임한 「나자로 하로(Nazar Haro)」 사례도 유사한 사례이다.

이러한 수법들은 비교적 간단한 것처럼 보이지만 실제 시도하던 중에 망쳐버리는 일이 많다. 이는 공작관들이 방첩 기술에 대해 잘 모르기 때문이다. 그들의 목표분석은 허술하고 대상 정보기관에 대한 지식은 제한적이며 때로는 상대 정보기관이 쳐놓은 함정에 빠져버리기도 한다. 한 가지 유용한 연구사례로, 소련의 GRU가 레바논 파일럿을 매수하여 '미라쥬' 제트기를 입수하려 했던 것을 들 수 있다. 또 다른 사례로, CIA가 싱가폴 정보기관 요원을 매수하려다 실패한 사례가 있다. CIA는 싱가폴 보안부가 유도한 함정에 걸려 곤욕을 치렀다.

외국 정보기관 인사를 포섭하는 또 다른 성공적인 방법은 정보기관의 정책에 동조하는 정치단체에 잠입하는 것이다. 포섭을 시도하는 많은 외국 정보기관들(특히 1920년대의 소련과 같은 경우는)은 선별된 동조자들을 고용하는 방법을 썼다. 동조자들이 잘 활동하면 그 자신도 외국정보기관의 공작관과 동등한 직책으로 진급되었다. 공작관 활동도 하면서 그/그녀는 동조자들의 하급요원을 교육하거나 그들을 조종하였다. 이런 동조자들의 포섭은 외국 정보기관 요원을 포섭하는 것만큼이나 가치가 있다.

이러한 전략은 테러조직에 대한 침투, 즉 테러를 지원하는 집단 내에 스파이를 침투시키거나 포섭하는 데 유용하다. 그러나 말할 필요 없이 이는 매우 위험한 작업이기도 하다. 살인과 폭탄테러를 계획하는 테러리스트들은 지원자 중 누구를 테러계획에 참여시킬지 판단하기 위해 지지자들을 주의 깊게 관찰한다. 1959년 프랑스가 알제리에서 파악했던 사례, 그리고 미국이 1960년 학생들의 시민사회 운동과 1970년대 다양한 공산주의 및 아프리카계 미국인들에 대해 파악했던 것과 같이 초기단계의 조직적 운동에 침투하는 것은 비교적 쉽다. 그러나 조직이 성숙해지면 침투는 더 어려워진다. 테러조직은 잘 모르는 사람을 쉽게 조직에 가입시키지 않기 때문이다. 테러조직들은 스파이가 쉽게 할 수 없는 살인과 같은 충성도 시험을 거친다. 따라서 테러조직 침투는 인내가 절대적으로 필요하지만 대부분의 기관은 신속한 결과를 원한다. 이러한 이유로, 이미 테러조직 내부에 있는 자들을 채용하는 방법이 선호된다.

외국 정보기관에 대한 성공적인 포섭의 사례는 1950년대 소련공산당(CPSU) 고위 지도자의 친구와 관련된 것이다. 서방 정보기관은 CPSU에 환멸을 느낀 공산주의자가 서유럽에 살고 있는 것을 파악하고 그를 활용하였다. CPSU에 충성했던 다른 많은 이들처럼 그 역시 정치적인 이유로 전향하였다. 사실 그는 KGB 요원이었던 적은 없으나 KGB는 가장 민감한 통신 장비를 그에게 맡겼다. 그는 종종 KGB 요원을 만나 수년간 수백만 달러를 받았고 그 돈은 소련의 특수 목적을 위해 공산주의자임을 숨기고 사는 개인들과 각국의 공산당에 전달되었다. 또한 그는 수십년 간 서방 정보기관의 공작관과도 매일 접촉하면서, 서방에 KGB의 첩보수법과 방법에 대한 상세한 지식을 제공하였는데 이 지식이야말로 KGB 정보원과 그 요원들 그리고 그들의 적극적 조치 프로그램(역자 주 : 소련 정보기관의 공작을 의미함)을 추적하고 파악하는데 더없이 중요한 가치가 있는 것들이었다.

변절자(Defectors) 가장 중요한 휴민트 방첩 자원 중 일부는 다른 정보기관으로부터 자발적으로 전향한 변절한 자들, 즉 흔히 자발적 협조자(walk-in)이다. 그들은 엄청난 기회를 제공하지만 동시에 큰 도전이기도 하다. 잠재적인 변절자들을 충분히 활용하기 위해서는 그들에게 최고의 노력을 기울여 다루어야 한다.

훌륭한 공작 사례로 잘 기술된 것은 독일의 나치 정보기관 「Abwehr」의 장교로서 드레스덴에 근무했던 「폴 텀멜(Paul Thummel)」이다. 1937년 3월 어느 아침, 체코 軍 정보기관 수장인 「프란티섹 모락벡(Frantisek Moravec)」는 파란색 봉투의 편지를 받게 된다. 체코에서 발신된 그 편지에는 색슨 국경 지역 독일군의 구성, 수데텐 지역의 독일 비밀 공작원, 체코內 독일 스파이 등이 기재되어 있었다. 텀멜(Thummel)은 체코인들에게 자신이 나치에 반대하며 돈이 필요하다고 말하면서, 정확히 10만 제국마르크(환산시 약 7만 달러)를 요구하였다. 그는 암호명 A-54로서 1937년부터 그가 게슈타포에 체포되는 1941년까지 체코에

1급 정보를 제공했다. 그는 풀려났다가 몇 달 뒤 다시 체포되었고 2차대전 말경 처형된 것으로 추정된다. 비록 텀벨(Thummel)이 가끔 부정확한 분석과 팁을 제공하긴 했지만 일부 학자들은 그가 아주 훌륭한 자원이었다고 생각한다. 실제로 독일이 체코를 점령한 후 체코 망명 정부가 런던에 수립된 때부터 전쟁 초기까지 A-54는 영국이 가진 최고의 정보자원으로 분류되었다.

자발적 협조자를 잘 운영한 성공적인 사례는 「윌리엄 후드 William Hood」가 '두더지'로 명명한 「표토르 포포프(Pytor Popov)」가 있다. 후드(Hood)는 GRU 요원인 포포프(Popov)가 1952년 11월 미국정보기관에 협조하겠다고 편지를 보낸 이후 Popov를 조종한 여러 공작관 중 한명이었다. 처음에 포포프(Popov)는 KGB와 GRU의 전쟁수칙 세부사항, GRU의 활동기법 그리고 몇 명의 스파이 관련 정보를 제공했다. 미국정부는 그가 소련의 외교정책과 정치상황 정보도 제공하기를 원했으나 이는 그의 강점이 있는 분야가 아니었다. 다음은 후드의 평가이다.

> 그의 최고의 정보보고는... 그가 정기적으로 참관했던 예비역 장교 교육과정에서 입수한 자료와 동독에 주둔한 소련 중앙군 고급 장교로부터 얻어낸 군사 분야 자료였다. 군사정보보다 중요성은 적지만 Popov의 보고 중 불법적인 지원 부분에 대한 부분은 매우 가치가 있었다. 서방정보기관이 소련의 비밀공작의 핵심영역에 그토록 깊이 침투한 적은 없었다.
> GRU의 흑색요원에 관한 [첩보 보고]는 매우 가치 있었다; 이 보고와 비교할 만한 것은 아무것도 없을 정도이다. 당시 Popov의 방첩 보고서들은 "값을 매길 수 없을 정도인" 것으로 평가되었다.

Hood의 평가에 따르면 Popov는 매우 잘 조종되었으나 몇 가지 명백한 실수로 체포되어 사형에 처해지고 말았다.

한편, MI5의 직원으로서 소련에 협조하려던 「마이클 존 베타니(Michael John Bettaney)」의 경우는 실패한 사례이다. 1983년 4월 3일 자정 베타니(Bettaney)는 자신이 KGB 요원이라고 믿고 있던 「알카디 그룩(Arkady Grouk)」의 집으로 편지를 보냈다. 편지에서 베타니(Bettaney)는 협조 의사를 표명하면서 MI5가 KGB를 대상으로 진행 중이던 공작에 대한 비밀을 제공하고, 소련의 응답을 기다렸다. 그는 3번이나 시도했으나 실패했다. 1984년 4월 체포되기 전까지 그는

"누군가의 생명을 위험에 처하게 할 수 있는" MI5의 비밀을 계속 수집했으며, 결국 영국 비밀 보호법 위반 혐의로 유죄를 선고받았다. KGB가 왜 베타니의 협조의사를 거절하고 체포되도록 두었는지는 확실하지 않다. 그러나 KGB 중견 간부로서 영국 스파이였으며 후에 駐런던 KGB 부거점장 직위까지 승진한 「올렉 고디에프스키(Oleg Gordievsky)」가 그의 동료들에게 베타니(Bettaney)의 협조의사 표명은 MI5의 공작의 일환이라고 설득하고 MI5에게 그의 배신을 경고했다는 주장이 있다.

정보기관은 자발적 협조자를 어떻게 다루어야 할까? 단연 첫 번째로 고려되는 요소는 보안이다. 즉, 정보기관은 內外의 적으로부터 변절자의 신원을 보호해야 한다. 그는 노출의 위험이 있는 임무를 받지 않아야 한다. 그가 원래 소속 기관으로 복귀해서 기만전술에 활용되지 않도록 심리적, 물질적으로 만족시켜야 한다. 마지막으로 그가 노출되었을 때 구출 계획이 적절해야 한다.

베타니(Bettaney)의 실패 사례에도 불구하고 KGB는 2차 세계대전 기간 중 그리고 대전 이후에도 영국 정보기관에 침투하여 성과를 얻었다. 최근의 사례는 영국의 「제프리 프라임(Geoffrey Prime)」, 미국의 「존 워커」와 「알드리히 에임즈」이다. 소련은 적어도 1970년에서 1980년대 말까지 자발적 협조자를 잘 운용하였다: 미국의 對소련 도청 기법에 대한 정보를 제공한 NSA 소속 「로널드 펠튼(Ronald Pelton)」이나 CIA 현장 담당관으로서 모스크바에 파견되었으나 CIA 요원들의 신원과 CIA의 활동기법을 제공한 「에드워드 리 하워드(Edward Lee Howard)」 등이 그 예이다.

자발적 협조자를 조종하는 것은 정보수집 요원을 다루는 것과 크게 다르지 않다. 자발적 협조자의 原 소속 정보기관이 소속 정보요원들을 감시하기 위한 노력(주: 내부 보안·감찰)을 기울이지 않고 보안이 허술하다면 조종은 더욱 쉽다. 이전에 살펴봤듯이 2차대전 당시 영국은 별다른 사전 노력 없이 정보요원을 채용하였다. 최근의 예로는 「제프리 프라임(Geoffrey Prime)」, 「존 워커(John Walker)」, 「크리스토퍼 보이스(Christopher Boyce)」, 「앤드류 달톤 리(Andrew Daulton Lee)」, 「로날드 펠튼(Ronald Felton)」과 같이 소련이 오스트리아나 멕시코에서 영국과 미국의 자발적 협조자를 마음껏 접촉했던 사례를 들 수 있다. 실제로 펠튼은 해외 여행 중 비엔나에 있는 소련 대사관에 머물렀다. 노르웨이 해외 정보국 직원인 「아네 트레홀트(Arne Treholt)」도 비엔나의 소련 공작관과 함께 휴식을 취하는 모습이 포착되었다.

방첩활동의 목적을 수행하기 위해 아무래도 최고의 변절자는 현직에 있는 상태로의 변절자(defector－in－place)이다. 그는 새로운 정보기관과의 폭넓은 접촉에 모험을 걸지 않는다. 그가 제공하는 정보는 규칙적이고 최신임에도 불구하고, 그가 처한 상황 때문에 연속적인 보고와 평가는 힘들다. 따라서 그가 신뢰받는 위치에서 더 오래 활동할수록, 그의 가치는 더 올라간다. 전 루마니아 정보국의 수장이었던 「이온 미하이 파세파(Ion Mihai Pacepa)」는 1978년 초에 본 주재 미국 대사관에 처음 방문하면서 미국으로 탈주를 원한다고 말했는데, 그해 7월까지는 실제적으로 그렇게 하지 않고 현직에 머물러 있으면서 그가 얻을 수 있는 최대한의 유용한 정보를 수집할 수 있었다.

변절은 개인적인 상황에 의해서만 촉발되는 수동적 사건은 아니다. 정보기관은 변절을 유도하기 위해 공세적인 태도를 취할 수도 있는데, 예를 들면 어떤 정보관이 자신의 입장을 바꾸려는 정치적 성향이나 개인적인 성향을 가지고 있는지 분석하고 "움직임"을 행동에 옮기도록 부추기거나 고무하는 것이다. 역사적으로 가장 잘 기록되어 있는 사건으로는 1954년 KGB 호주 주재관으로서 같은 KGB 직원인 부인과 함께 전향한 「블라드미르 미하일로비치 페트로프(Vladimir Mikhailovich Petrov)」의 사례이다. 호주 보안부는 페트로프(Petrov) 부부를 대상으로 그들과 절친한 전담 요원을 배치하여 그의 전향을 계속 부추기고 지원했다. 그 부부는 1950년대 중반 서방의 가장 중요한 방첩 자원 중 하나로서 황금과 같은 정보들을 제공했다.

변절자는 "추운지방에서 온 시점" 즉, 그가 전세계에 있는 자신의 동료들의 신원과 공작사항 그리고 그들의 요원들을 잘 알고 있는 시점에 변절하였을 때 특히 가치가 있다. 이러한 정보는 타이밍이 중요하기 때문이다. 보안기관은 자국 정보기관에서 요원이 변절하였음을 알게 되면 즉시 도망간 스파이를 잡기 위해 행동에 들어갈 필요가 있다. 일단 변절자가 이름, 장소, 날짜 그 밖에 요원들을 확인할 수 있는 정보를 내놓기 시작하면 변절자의 원래 소속 정보기관은 자신과 동맹국에 대한 역용공작을 막기 위해 준비해야 한다. 그러므로 정보기관은 늘 그렇듯이 변절에 대한 정보를 내놓지 않는 것이다.

정보의 즉각적인 가치만으로 장기적인 변절자의 잠재적인 가치를 가려서는 안 된다. 분석관들은 외국 정보기관의 강점과 약점을 이해하고 어떻게 하면 역용할 수 있는지에 대한 정보가 필요하기 때문에 변절자들의 지식은 보물창고가 될 수 있다. 변절자들은 외국 정보기관의 훈련 프로그램에 대한 정보를 제공하기도 하는데, 예를 들면 위장 도구는 무엇이며 성공적인 공작은 어떤 것이 있으며 전통적으로 훈련에 앞서 어떤 교육을 받는가 하는 것들이다. 이는 예전의 정보요원들이 특정 형태의 공작이 성공적이었다는 교육을 받았다면 신참 정보요원들도 대개 같은 교육을 받기 때문이다. 전직 KGB 요원이었다가 전향한 「일리아 찌히르크벨로프(Ilya Dzhirkvelov)」에 따르면 KGB 직원들은 악명 높지만 성공적이었던 1920년대의 'Trust' 공작과 같은 정치적이고 기만적이었던 사례에 대해 교육받았다. 따라서 냉전기간 중 20년 동안 KGB와 KGB가 교육시킨 폴란드·알바니아인들의 위장(僞裝) 반정부 운동을 촉발시키는 것과 같은 트릭을 사용한 것은 놀라운 일이 아니다.

유사한 사례로, 소련 언론 담당 부처인 'TASS'에서 일하던 KGB 변절자는 수십 개의 TASS 직책이 KGB 요원들의 자리를 위해 남겨져 있다는 것을 잘 알고 있었다. 그는 또한 보통의 TASS 기자와 KGB 요원을 구별하는 법을 알고 있었고 그 정보는 후에 서방 정보기관이 TASS 기자로 위장하였을 가능성이 있는 KGB 요원을 파악하는데 많은 도움을 주었다.

그러나 서방으로 전향한 많은 변절자들은 막 나온 따끈따끈한 정보를 제공한 이후에는 방첩 요원들이 자신들이 가진 이전 소속 정보기관에 대한 해박한 지식에 대해서는 무관심하다고 지적한다. 변절자가 전향 의사를 밝힌 그 시점부터 그는 지속적으로 주의대상이어야 하지만 많은 정보기관들이 그다지 주의를 기울이려고 하지 않는다. 처음부터 변절자의 진정한 의사가 면밀히 검증되어야 한다. 그가 밝힌 신원이 맞는가? 사실 또는 단순히 거짓 정보를 흘리거나 혼란을 주기 위한 이중스파이는 아닌가? 전향은 새로운 삶의 조건을 위한 협상거래이거나 새로운 나라로 이민가기 위한 안전한 도피로일 수도 있다. 변절자는 협조의 대가로 무엇을 원하는가? 이것은 중요하고도 미묘한 문제이다. 이에 대한 해답 없이 서투르게 변절자를 다룬다면 정보기관은 변절자를 활용할 수 없게 되거나 중요한 방첩 자원인 그 변절자가 불만을 품게 되어 역효과를 볼 수도 있는 것이다. 만약에 그가 「올렉 비토프(Oleg Bitov)」나 「비탈리 유리첸코(Vitali Yurchenko)」 같은 러시아인들이 1980년대에 그랬던 것처럼 그가 전향한 정보기관 요원의 신원과 그 정보기관의 공작 기법에 대해 기자회견을 열어 납치나 "테러"라고 발표한다면 어떻게 될까? 이 주제에 대해 글을 쓴 CIA 간부 중 한사람인 「톰 폴가(Tom Polgar)」는 많은 변절자들이 마음을 다시 바꿔 고국으로 돌아가길 희망하는 경향이 있다고 말한다. 그는 변절자들이 "서방 정보기관들로부터 환영을 받지만 서방 정보기관들도 그들을 정착시키고 조종하는 데 많은 비용이 든다는 것을 알고 있다. 금전이나 인력, 행정적인 불편함, 잠재적인 창피함과 같은 것으로 인하여 이전의 변절자가 다시 마음을 바꾸거나 이전과는 아주 전혀 다른 행태를 나타내 보일 수도 있다."라고 기술하고 있다.

현직에 있는 변절자(defector－in－place)를 빼내오는 작전은 스파이 소설의 단골 메뉴이다. 변절자가 그의 母國 밖으로 여행하는 것이 허용된다면 가끔 머리카락이 쭈뼛서는 긴장감이 있기는 하지만 상대적으로 쉬운 작업이다. 더 대담하고 위험한 것은 변절자의 모국에서 그를 빼내오는 일이다. KGB 서열 8위의 통신담당 국장이었던 「빅토르 세이모프(Victor Sheymov)」는 1980년 그의 아내·자녀와 함께 모스크바에서 은밀하게 빠져 나왔다. 그는 그의 일가족이 모두 사망한 것처럼 보이는 단서들을 집에 남겨두고 나왔다. 그는 "이 눈속임이 단지 떠난 것처럼 보이는 것이 아니라 KGB가 나에게 무슨 일이 생겼으며 그것은 아마도 나의 죽음이라고 생각하도록 만드는데 있다"고 설명한다. 그는 그 계획의 열쇠가 "마음속에서 미리 KGB의 수사를 미리 생각해보고, 수사가 어떻게 이루어지는지 예측이 적중할 때 그 기회를 얻게 되는 것"이라고 말한다. 1990년에 그의 공개된 이야기를 추적하던 모스크바는 셰이모프(Sheymov) 가족의 탈출은 "미국 정보기관의 파괴적인 활동으로써 국제법을 중대하게 위반하였으며 사실상 국가테러의 행위"라고 불렀다.

때로 변절은 훨씬 더 복잡한 일이 될 수도 있는데 1980년대 초 프랑스 정부가 잠재적인 루마니아인 변절자를 받아들이면서 그가 다른 루마니아인에게 마치 암살당한 것처럼 위장하도록 허용한 것이 그 사례이다. 이 작전의 목적은 루마니아 공산당 지도자들이 그의 충성심을 믿도록 하여 그의 가족을 무사히 프랑스로 데려오기 위한 것이었다. 그 가족은 나중에 다 데려올 수 있었다. 프랑스 방첩기관의 협조를 얻어 그 계획은 실행되었다.

아마도 변절자를 다루는데 있어서 가장 어려운 점은(특히, 정치적 이유로 전향한 정보요원을 들 수 있다) 영구적으로 정착시키는 것이다. 대부분의 변절자들은 새로운 삶을 시작하려는 마음을 갖고 있다. 그들은 새로운 신분과 많은 현금을 얻어 새 삶을 꾸린다. 대부분은 잘 적응하지만 일부는 어려움을 겪는다. 그들은 옛날에는 중요한 인물이었고 비교적 유복했을지 모른다. 그러나 새로운 삶에서 그들은 이름도 없으며 가난하지는 않지만 그렇다고 해서 퍽 풍족한 삶도 아니다. 게다가 많은 사람들이 퇴직을 생각해야 하는 시기에 새로운 인생경력을 시작해야 한다. 그들은 옛 친구들이나 가족들과 단절되어야 하며 문화적으로도 고립된다(특히 그들이 자신들의 안전에 걱정이 되면). 때로 그들은 향수병을 앓기도 한다. 일부는 전부터 잠재되어 있었으나 새 환경에 적응하면서 더 악화된 개인적인 문제로 고통을 겪기도 한다. 때로 그들은 전향한 새 정보기관으로부터 신뢰를 얻지 못하고 그들이 도움을 줄 수 있는 사항에 대해서조차 조언하지 못한다.

변절자가 모국으로 돌아가거나 다시 변절하지 못하도록 하는 한 가지 방법은 그들이 정착한 새로운 조국의 안보에 기여하고 있다고 믿도록 만드는 것이다. 좋은 방법은 그들을 정부에 취업시키거나 그들이 쓰고 말하고 가르치는 민간영역 또는 그들을 만나기를 좋아하는 학자, 기자, 관료들과 교류할 수 있도록 해주는 것이다. 그러나 그들의 관리자나 통제관은 그러한 접촉이 보안에 문제가 생기지 않을까 걱정하여 그것을 허용하기를 꺼려한다.

적의 정보기관에 스파이를 심고 변절자를 포섭하여 변절을 유도하고 조종하는 일을 포함하는 방첩 수집은 민주국가의 정보활동에서 특별히 매력적인 영역이다. 정부는 자국민을 추적하기보다 민주주의의 법칙을 파괴하는 외국 정보기관과 그 요원을 대상목표로 삼는다.

물리적 감시(Physical Surveillance) 방첩수집의 또 다른 중요한 형태는 외국 정보공작관과 그들이 세계적으로 접촉하는 사람들을 내·수사(內·搜査)하는 것이다. 이미 언급하였듯이 자국 내에서 내·수사하는 것은 매우 쉬우며 해당 국가의 경찰과 보안기관이 외국 정보요원의 활동을 허용하지 않는 제3국에서는 훨씬 어렵고, 외국에서 그 국가의 정보기관을 상대하는 것이 가장 어렵다.

최우선 순위는 적대적인 정보요원을 찾아내는 것이다. 변절자들이 예전 동료의 신원을 확인해준다. 분석관들은 정보요원과 외교관의 차이점을 패턴화시키거나 프로필을 만들어 둔다. 따라서 그 후 모든 방첩 수집관들이 해야 할 일은 대상자가 그 프로필과 일치하는지에 대한 몇 개의 단서를 수집하는 것이다. 이쪽 업계에서는 이러한 절차는 소위 "대상목표 만들기"로 불린다. 새로운 외교관을 목표대상으로 만들거나 반대로 그 대상목표에서 해제하는 것은 간단한 일이다. 그러나 보기 좋은 위장구실을 가진 인물을 만드는 것은 그 자체로 하나의 예술이다.

그 다음 우선순위는 정보요원으로 알려져 있거나 정보요원으로 추정된 자의 활동을 감시하는 것이다. 방첩 인력과 자원이 충분히 있다면 이것은 어려운 일이 아니다. 모든 혐의점들을 사방으로 에워싸고 조사하면 사실관계를 확인할 수 있다. 엄청난 인적 자원을 보유한 KGB, 쿠바, 중국 정보기관 같은 정보기관들이 이러한 작업에 능숙한 것은 그리 놀랄 일이 아니다. 반면 민주주의 국가들은 수천 명의 정보요원과 스파이를 감시하기 위해 수천 명의 요원들을 배치하려고 하지 않기 때문에 이런 일에 당연히 덜 능숙하다. 이것이 민주 국가의 정보기관들이 분석을 통해 안내를 받고 공개·비공개 수집 기법의 통합을 통해 방향을 찾아가야 하는 중요한 이유이기도 하다. 그러나 민주 국가의 정보기관들도 어느 정도의 감시역량을 갖추어야만 할 것이다.

한 사람을 24시간 동안(은밀하게 아니라 공공연히 하더라도) 감시하기 위해서는 최소 6명의 인원과 3대의 차량이 있어야 한다. 24시간 동안 은밀히 감시하기 위해서는 최소 24명의 인원과 12대의 차량이 있어야 한다. 대상자의 집을 은밀히 조사하려면 주변 도로와 지형을 잘 알아야 하고 지역 주민의 협조를 받고 지역 주민 사이에 섞여 있어야 하기 때문에 상당히 어려운 작업이 된다. 외국에서 진행될 때는 훨씬 더 어렵다. 게다가 노련한 프로들은 상대가 아무리 뛰어난 조사관이라고 하더라도 충분히 따돌릴 수 있다. 노련한 프로들은 그들이 원하면 얼마든지 꼬리를 자르고 숨어버릴 수 있다.

비록 사람과 시설물을 조사하는 것이 외국 정보요원의 접촉 흔적을 찾을 수 있는 단서가 되더라도 그것만으로는 충분하지 않다. 미국 기밀을 수집하는 것이 임무인 외국 정보기관이 워싱턴 DC에 거점으로 삼고 있는 수십 개의 시설물에, 수백 명의 미국인과 외국인들이 드나드는 장면을 떠올려보자. 비자를 받으려는 여행객, 기자, 학자, 사업가, 외교관 등으로 북적일 것이다. 그들 중 소수, 아주 단 몇 사람만이 외국으로 전향하려는 목적에서 또는 협조 의사를 표시하려는 자발적 협조자 즉, Edward Lee Howard, Ronald Pelton, John Walker와 같은 자들이거나 공작활동을 돕겠다고 의사를 표명하는 사람들이라고 생각해보자. 그러나 정작 대부분의 정보기관들은 대사관에서 변절자를 만나는 것을 매우 꺼려한다. 대개 정보기관이 잠재적으로 중요한 가치가 있다고 생각하는 자발적 협조자(walk-in)는 마치 펠튼과 워커가 워싱턴의 소련 대사관에서 탈출했던 것처럼 외교 차량의 트렁크에 실려 주재국 정보기관의 감시를 피해 탈출한다. 따라서 대사관에 출입하는 차량을 촬영하는 것은 그 자체로서는 큰 의미가 없다. 오히려 도청장치, 전화도청, 녹화장치, 차량에 부착하는 화학적 추적 도구, 아파트, 외국 정보기관이 사용하는 외교 공관 등 기술적 수단들이 결합되어 사용하는 것이 더 효과적이다.

적대적인 외국 정보요원을 추적하는 것과 더불어 방첩 수집관들은 적대적인 정보기관이 침투하려는 시설과 포섭하려는 인물에 대해서도 감시한다. 또한 그들은 외국 정보기관이 어떤 사람과 어떤 기술을 목표로 삼고 있는지에 대해서도 알고자 한다. 예를 들면, 방첩 공작관들은 때때로 특정 기술, 특정 기자, 노조 지도자와 외국인과의 특이한 접촉에 대한 조사 임무를 받는다. 이러한 조사 과정에서 외교관이든 일반인이든 개인들은 외국인에 의한 공작대상목표로서 포섭 대상이 되었다는 사실을 알게 된다.

민주주의 국가에서 어떤 민간인들은 방첩관이 질문을 하거나 만나자고 하는 것에 대해 정부가 사생활을 침해한다고 생각하고, 방첩관의 질문이나 미팅 요청을 거절하기도 한다. 확실히 영리하게 외국인과 비밀스러운 관계를 맺은 사람들은 사실대로 말하지 않는 것이 자신에게 이익이 된다고 생각할 것이다. 또, 어떤 이들은 범죄를 저지르지 않은 이상 사실대로 진술하는 것이 좋다고 생각할지도 모른다. 또 어떤 사람들은 자신들의 죄를 상쇄해주는 대가로 사실대로 진술하고 정부에 협조 의사를 표하는 사람들도 있다. 간혹 어떤 경우에는 아직 외국 "외교관"과 접촉하지 않은 상태에서 방첩 요원에게 제안 받은 만남에 대해 상담하게 되면서, 미리 위험을 경고하여 포섭되는 것을 막게 되는 경우도 있다.

접근요원(Access Agents) 의심이 되는 정보요원을 추적하고 확인하는 또 다른 방법으로서 용의자와 가까운 인물을 포섭하는 것을 의미하는 "접근요원(access agent)"이라는 방법이 있다. 방첩 공작관들은 비서, 청소부, 운전수, 통역사, 이웃 또는 친구들을 통해 대상인물의 특성과 행동 등에 대한 정보를 얻을 수 있다. 비록 민주국가의 시민들이 방첩기관에 협조할 의무가 없다하더라도 많은 이들은 기꺼이 협조한다. 정보기관이 노력한다면 자유로운 사회에서 접근요원을 구하는 것은 그리 어려운 일은 아니다.

만약에 훈련된 방첩 공작관이 그 스스로 은밀하게 숨어들어가 접근요원이 될 수 있다면 그는 접근요원 그 이상의 일들을 할 수도 있다. 위장 공작관은 그의 포섭 대상자를 단순히 잘 분석하는 것이 아니라 그가 가장 취약한 정확한 시점까지 집어낼 수 있다. 그런 전문적인 방첩 공작관은 혹시 포섭 대상자가 자신의 제안에 흥미를 보이지 않아 포섭에 실패하더라도 거짓 질문을 해대는 등의 기법으로 은근슬쩍 자신의 포섭기도가 노출되지 않도록 숨길 수 있다. 게다가 대상자가 공식적인 만남을 좋아하는 경향이 있다면 방첩관은 자신의 위장신분을 노출하지 않고 경계심 없이 자연스럽게 접근하는 기회를 마련할 수도 있다.

이중스파이(Double Agents) 이중스파이는 수사와 역용에 있어 가장 중요한 도구이다. 이전에 언급하였듯이 냉전기간 중 미국은 소련 정보요원의 신원, 업무, 활동패턴 등을 밝히기 위해 미국인을 위장 스파이로 활용하였다. 그러나 전반적으로 미국과 일부 정보기관들은 이중스파이를 적 정보기관의 첩보기법 및 현재 정보 우선순위를 알기 위한 단기 목적으로 사용하는 것을 선호한다. 정보기관은 이중스파이를 활용하여 상대 정보기관을 혼란에 빠지게 만드는 공작을 할 수 있어, 이 같은 이중스파이 수법은 매우 유용하다. 게다가 단기 공작은 단기 성과를 원하는 경향이 있는 미국 정보공동체와 같은 특정 관료 문화에 잘 맞는다. 여하간 스파이로부터 수집되는 정보와 정보출처가 계속 감시되고 확인될 수 있는 개방 사회에서는 장기간 이중스파이를 운영하는 것이 극도로 어렵다. 이런 장기공작을 지속한다는 것이 통상적으로 일부 좋은 정보를 그냥 버린다는 것을 의미하며 따라서 그것이 너무 많은 비용이 들 수도 있다.

그러나 장기적으로 이중스파이 공작에서의 수집과 역용은 매우 중요한 가치를 갖기도 한다. 예를 들면, 이중스파이는 외국 정보기관의 수집관에게 자신이 믿을 만한 스파이들로 이루어진 전체적인 정보망을 갖고 있다고 믿게 만들어 그들이 더 이상 스파이를 채용하지 않도록 할 수 있다. 장기 이중스파이들은 전략적 기만책의 일환으로 거짓 정보를 제공하거나 외국정보기관의 위상을 약화시키는데 활용될 수도 있다. 이중스파이에 속아 그를 채용한 상대 정보기관은 그런 기만사실을 시인하기를 가장 꺼려할 것이다. 즉 자국 정보기관의 방첩관들이 그에 대해 의심을 표할 때 그 정보기관의 수집관들이 나서서 자신들의 귀중한 "자산"인 이중스파이를 지켜준다.

이후에 이중스파이를 운영하는 공작관은 적 진영을 혼란에 빠뜨리는 방안을 선택할 수도 있다. 예를 들어, 이미 활동하고 있는 여러 명의 이중스파이 협업을 통해, 의심을 받고 있는 이중스파이에 대한 상관의 의혹에 힘을 실어줌으로써 의심을 받는 이중스파이를 해임시켜 기관 내부의 긴장을 고조시킬 수 있다. 공작관이 여건을 잘 활용하기만 한다면 다른 장기 스파이를 활용하여 원하는 이중스파이를 노출시킬 수 있는 것이다. 적 정보기관 내부에서는 다른 이들의 상식을 깨고 이중스파이를 적발한 다른 장기 스파이가 현명하고 용기있는 전문가로 부각될 것이다. 물론 이러한 공작은 복잡하고도 어려운 승부이다. 그러나 방첩 간부들이 적 정보기관의 내부 상황에 대해 충분히 알고 있고 좋은 계획을 가지고 있다면, 그들은 장기 이중스파이를 이용해 상대 정보기관을 심각한 혼란에 빠뜨릴 수 있다.

비밀연락관(Liaison) 방첩 간부들은 정보를 얻기 위해 외국 정보기관과 은밀한 연락(密通, liaison)을 취할 수 있다. 이따금 이는 톡톡한 역할을 할 때가 있다. 냉전기간 중에 소련정부는 광대한 비밀연락 네트워크를 가지고 있었다. 또한 세계 2차대전과 냉전기간 중 이익 충돌이 없는 한 미국, 영국, 프랑스, 호주 정보기관은 주요 적국의 활동기법에 대한 분석 및 인물정보를 상호 교환하였다. 예를 들어, 前 프랑스 국내 보안부 수장인 「마르셀 샬레(Marcel Chalet)」와 駐워싱턴 프랑스 거점장인 「필립 드 보졸리(Philippe de Vosjoli)」가 언급한 말에 따르면, 1960년대 소련에 관한 「아나톨리 골리친(Anatoliy Golitsyn)」의 정보를 통해 프랑스 정부의 최고 상층부에 대한 정보가 누설되고 프랑스 정보기관이 침투당한 것을 발견하기도 했다고 밝혔다.

드물게는 정보기관들이 외국 정보기관에 침투한 스파이 또는 포섭과 관련한 정보를 교환할 수도 있다. 정보기관이 서로 가까운 사이라 하더라도 그러한 정보는 매우 귀중하고 민감하기 때문에 외국 정보기관은 말할 것도 없이 자체 정보기관이나 정부와도 잘 공유하려고 하지 않는다.

비록 정보기관들이 같은 목적을 갖고 있더라도 해외 상호 비밀연락을 통해 자국 영토에서 활동하는 의심되는 외국정보요원에 대한 감시를 묵인하거나 촉진시킬 수 있다. 은밀히 상호 연락하는 외국 정보기관은 대외 관찰임무와 관련하여 자국 내에 감시 거점을 세우는 것을 돕기도 한다. 때로는 외국 조사팀이 두드러진 외모 차이 때문에 수행하기 어려운 물리적 조사를 도와주기도 한다.

전시 때는 이러한 형태의 협력이 더 확대되기도 한다. 예를 들어, 월남 당시 미국은 베트콩에 대한 작전과 군경 및 동맹국의 감시 활동에 깊숙이 관여하였다. 그러나 외국 정보기관과의 은밀한 연락은 위험하고 돈, 장비, 정보, 특혜 같은 비용이 많이 든다. 게다가 외국 정보기관은 자신들만의 고유한 이해관계가 있다. 그들은 심지어 합동공작으로 얻은 정보를 다른 쪽, 심지어는 자신들이 감시하는 대상자 측에 팔아넘길 수도 있다. 또는 1992년 소련이 붕괴되고 탄생한 러시아가 이전 정권체제에서 맺은 비밀연락과 관련된 비밀을 공개한 것처럼 정부가 바뀌면서 공개되는 경우도 있다. 또는 다른 정보기관에게 침투당하는 경우도 있다. 세계 2차 대전 직후 미국 정보기관은 영국과 가장 긴밀한 관계를 취하고 있었는데, 사실 소련 요원에 의해 침투된 사례가 가장 적었기 때문이다.

비밀연락관계에서 일어날 수 있는 또 다른 문제는 상대방의 무능력이다.

무능력한 정보기관과 연대할 필요는 없다. 제1, 2차 전쟁 사이 중에 프랑스 정보기관의 소련에 대한 활동은 여러 가지 이유로 미숙해서, 이는 다른 정보기관들 입장에서 볼 때 쓸모가 없는 것이었다. 비밀연락관계는 단순한 외교나 쉬운 편리함의 문제에서 추진할 것이 아니라 필요성과 유리함의 입장에서 이루어져야 한다.

그러나 한 가지 유념해야 할 것은 제 2차 대전이나 냉전과 같이 공통의 거대한 위협이나 적에 대항하여 동맹체제를 구성하는 상황과 같은 것은 이례적이며, 일반적인 규칙은 아니라는 것이다. 오히려 다양한 형태의 경쟁과 협력관계가 상호 공존하는 것이 현실적이다. 경쟁 관계에서는 상호간 비밀연락 관계를 통해 협력을 추구하면서도 동시에 은밀히 공작을 펼쳐 기밀을 입수하려는 활동을 병행하기도 한다. 이것이 바로 비밀연락을 통한 방첩 수집을 복잡하게 만드는 것이고 비효율적으로 만들게 하는 것이다. 비밀연락은 방첩 정보를 수집하는 주요 수단이 아니라 정보를 수집하는 많은 유용한 방법 중에 하나로써 활용되어야 할 것이다.

흑색요원(Illegals) 20세기에 휴민트와 방첩, 비밀공작에서의 주요 행위자는 외교 면책특권이 없는 흑색 요원들을 운영하는 외교적 면책 특권을 가진 전문 관료들로 변하고 있다. 이러한 패턴에는 중요한 예외들도 있으나 앞으로는 이러한 변화로 나갈 것이다.

1920년대 이후의 소련과 1940년대 이후의 이스라엘은 흑색공작원으로 알려진 비공직가장 요원(외교관 신분이 아닌 요원들)에 크게 의존했다. 비록 불법신분의 흑색정보요원이 심리적·물리적 위협에 취약하긴 하지만 상대 정보기관도 그들의 신분을 확인하거나 무력화하는 것이 어렵기는 마찬가지이다. 대부분의 정보기관들은 흑색요원들이 대상국가에 잠입하기 쉽도록 거짓 증명서를 만들어 주거나 안전한 이동경로를 마련해줄 수 있다. 그러나 때로는 이러한 단순한 작업도 실수가 발생한다. 우스운 사례로, 제2차 대전 중 독일의 경우 영국에 보낸 독일 흑색요원들은 입국 즉시 체포되었는데 이는 소련이 이미 같은 방법으로 영국에 흑색요원을 보내고 있어 그 수법을 알고 있었기 때문이다. 그러나 보통 흑색요원이 한번 입국하게 되면 그를 찾는 것은 쉽지 않다.

변절자가 준 정보를 활용하지 않고 흑색요원 또는 비공직 가장을 한 위장 요원을 찾아내는 입증된 기법은 흑색요원의 지원을 담당하는 대사관內 정보요원을 조사하는 것이다. 많은 정보기관들은 소수의 전문가들에게 해외에서 합법적으로 흑색요원을 채용하고 훈련시키며 파견하거나 지원하는 임무를 맡기고 있다. 예를 들면 지원 요원은 새로운 흑색요원을 위한 "전설(위장 스토리)"과 서류들을 준비한다. 만약에 상대국 방첩요원들이 흑색요원들의 이런 위장 스토리나 이름과 관련된 단서를 얻게 된다면 그들은 즉시 신입 흑색요원을 추적할 입장이 되는 것이다.

「윌리암 후드(William Hood)」는 그의 저서 '두더지'에서 1950년대 미국에서 활동을 준비하던 GRU의 두 흑색요원이 어떻게 발각되었는지를 묘사한다. GRU 내부의 변절자인 「표토르 포포프(Pytor Popov)」는 동독의 거점에서 흑색요원을 지원하는 임무를 맡았다. 그는 GRU 흑색요원(여성)이 베를린을 거쳐 미국으로 입국하도록 도왔다. 포포프(Popov)는 CIA에 보고하였으며, CIA는 FBI에게 다시 그 사실을 알렸다. FBI는 뉴욕에서 그녀를 미행해 그녀가 어떤 남자를 만나는 것을 확인했는데 그는 남편으로 보이는 또 다른 흑색요원이었다. FBI가 몇 주간 조사를 걸친 후 그 부부는 홀연히 사라졌다. (어떤 이들은 FBI의 조사로 인해 KGB가 소련 내에 CIA의 스파이가 있다는 힌트를 얻었고 이것이 Popov가 의심을 받게 되는 이유라고 추정한다).

흑색요원에 대한 지원임무를 책임지는 정보관들은 때로 그들로부터 보고서를 받거나 그들에게 자금 및 가족이 보낸 편지를 전달하기도 한다. 따라서 지원정보관을 은밀히 조사하다 보면 이것이 방첩관들로 하여금 흑색요원을 찾게끔 하는데 이것이 바로 정보관의 방첩감시업무가 자신들이 운영하는 스파이의 신원을 확인하는 방법이기도 하다.

때때로 흑색요원은 본부와 통신하는 과정에서 발각되기도 하는데 현대 통신 기술은 이러한 가능성을 크게 줄였다. 흑색요원이 고주파 라디오 기기를 이용하던 시절에는 수신자의 위치를 어느 정도 추적할 수 있었다. 방첩기관이 적시에 방송을 듣고 송신자의 위치를 정확하게 찾는 경우도 있었다. 제2차 대전 중 그러한 사례가 많았다. 시리아가 이스라엘의 흑색요원인 「엘리 코헨(Eli Cohen)」

(그는 체포 당시 시리아 정부 최고직위에 임명되기 직전이었다)을 체포할 때도 이러한 방법이 사용되었다. 현대의 스파이들은 중계기지인 위성으로 강력한 송신파를 쏠 수 있다. 미래에는 더 간단하고 확실한 방법들이 이용될 것이다. 방첩기관은 자신들이 알고 있는 지원요원과 흑색요원이 서로 사적으로 접촉하기만을 바라는 상황에 의존해야할 것이다.

어떤 흑색요원들은 엘리 코헨의 사례에서와 같이 스파이를 채용하거나 또는 정보요원 혐의를 받던 중에 스스로 노출된다. 그러나 그들 중에서 가장 뛰어난 이들은 정보요원 혐의를 거의 받지 않고 활동한다. 그들의 임무는 너무나 민감해서 그들이 필요로 하는 시점까지 즉, 자국정부와 아무런 법적 연결고리가 없어서 그 요원을 활용하기에 좋을 때까지 외국의 시골마을에서 조용히 살아간다.

또는 그들은 전쟁 개시와 같은 전략적 위기상황에서 적이 결정적인 정보를 갖지 못하게 하거나 긴박한 판단을 늦추도록 도울 수 있다. 일부 서구유럽 정보기관들은 전쟁의 경우를 대비해 소련에서 훈련받은 수십 명의 KGB 및 GRU 흑색요원들이 서구유럽에서 불법적으로 활동하고 있었다고 확신하였다. 「마르셀 샬렛(Marcel Chalet)」은 폴란드인 변절자 음로즈(Mroz)의 폭로에 대한 판단에 근거하여 1970년 프랑스에만 100여 명의 흑색요원이 있다고 말했다. 냉전종식 직후 스웨덴 정부는 흑색요원의 활동 방식을 보여주는 교육용 영화를 제작했다. 가장 으스스한 장면 중 하나는 흑색요원인 여성 스페츠나츠(소련의 특수부대원)가 비슷한 나이와 외모를 가진 스웨던 여성을 차에 태워주는 것이다. 드라이브 중에 흑색요원은 그 여성을 칼로 찔러 죽이고 그녀의 신분을 훔쳐 그녀인체 연기하면서 스웨덴 통신 기관에서 일자리를 얻는다. 그 여성 흑색요원은 소련이 스웨덴을 기습공격하기 직전에 그 시설을 폭파시켜 버린다.

지원정보관과 현장의 흑색요원 사이에 외부에서 상호 접촉하는 경우가 거의 없고 비밀접촉에서 거의 실수가 거의 없기 때문에 사실 이상행동 분석이나 과거 공작패턴 분석과 같은 숙련된 분석이 없이 개방사회에서 흑색요원을 붙잡는다는 것은 매우 어렵다.

기술적 방첩(Technical Counterintelligence)

현대의 방첩 간부들에게 가장 큰 도전 중 하나는 기술과 인간을 통합하는 공작이 필요해질 때이다. 일반적으로 기술 공작관과 휴민트 공작관은 각각 다른 조직에서 일하며 서로 다른 조직문화를 가지고 있다. 게다가 대부분의 기술적 수집은 실증적 성향이 강한데 휴민트 방첩관들은 이에 대해 알고 있는 사람들이 거의 없다.

기술적 방첩 수집의 본질은 외국의 정보기관이 보고 듣고 느끼는 기술적 수단과 그들이 자신들의 기술에 대해 얼마나 알고 있으며, 그들이 이 정보를 어떻게 사용하는지를 통해 상대 정보기관을 알게 되는 것이다. 외국 정보기관이 감시를 위해 촬영하고자 하는 목표대상이 무엇인가? 그들은 어떤 통신을 감청하고자 하는가? 그들의 전기, 신호, 통신 정보역량은 얼마나 되는가? 또, 외국정보기관들은 그들의 능력과 목표를 어떻게 감추는가? 휴민트 방첩활동이 외국 정보요원과 그들의 스파이를 파악하고 감시하는 것처럼 기술적 방첩활동은 외국의 기술적 수집체계의 우선순위와 역량을 알기 위해 노력한다.

이해를 돕기 위해 예시를 들어보자면, 현재 미국은 우주기지를 가진 국가들을 다수로 상대하게 되었다. 또한 멀지 않은 미래에는 다른 정부 및 비국가 단체들 역시 위성영상과 전파방해 역량을 갖출 것이다. 그렇다면 외국의 위성은 매일 무엇을 촬영하고 감시하려고 할까? 미국의 통신 채널은 어떤 이들의 목표가 되고 있을까? 외국의 정보 수집관들이 방위 계약과 군사 거점, 경찰·정부 시설을 감시함으로써 무엇을 얻을까? 이 모든 것이 숙련된 방첩관의 일이라고 할 수 있다. 이러한 질문의 해답을 통해 보안을 강화할 뿐 아니라 외국 정보기관에 노출된 정보를 정확히 찾아낼 수 있다.

기술정보 수집관들은 외국 정보기관의 휴민트 역량을 중심으로 휴민트 방첩공작관들을 지원한다. 특히 영상 및 이미지 형태의 정보는 외국 정보기관 본부의 성격과 다양한 인사들이 많이 움직이는 것에 대한 정보도 용이하게 파악할 수 있다. 또, 신호정보(SIGINT)는 외국 정보기관과 국내외 정보요원의 접촉에 대한 정보를 알려준다. 외국의 통신 암호가 해독되지 않더라도 정보 이동량

패턴 역시 많은 것을 알려준다.

휴민트(인간정보) 수집관들과 마찬가지로 방첩분야의 기술정보 수집관들은 공개정보, 휴민트, 기술적 자원들을 결합함으로써 큰 성과를 얻을 수 있다. 외국 잡지에 게재된 미국의 기술 연구와 관련된 기사를 통해 방첩부서의 휴민트 공작관들은 특정 미국 연구시설의 취약점을 알아내기도 한다. 외국 정보기관이 해당 연구시설을 채증하기 위해 기술정보(테킨트)를 활용하는지 여부를 알 수 있다면 더욱 도움이 될 것이다. 또는 그것은 전혀 다른 방면의 단서가 될 수도 있다. 반대로 미국에서 눈치를 채고 왜 외국 위성이 특정 시설에 주목하고 관심을 가지는지 궁금해하기 시작할지 모른다. 혹시 휴민트에서의 기밀유출이 있는 것은 아닐까하고 말이다.

방첩영역에서 이러한 방식으로 공개정보, 휴민트(인간정보), 테킨트(기술정보)를 꼭 들어맞게 조합하는 방식의 효용성이 그렇게 명확하지는 않다. 수년간 미국은 그러한 다양한 분야의 작업을 하나로 섞는 일을 거의 수행하지 않았다. 각각의 방첩 조직과 분야는 독자적인 책임, 우선순위를 가지고, 요원을 어떻게 교육 시킬지 그리고 부문 방첩기관간 자원을 어떻게 배분할지에 대해 독자적으로 결정하고 수행해왔다.

어떤 정보기관들은 다른 영역을 희생시키면서 방첩 수집의 특정 측면을 강조하다 보니 통합적인 정보수집에 실패하게 된다. 크게 중요시되지 않는 공개정보 자원들은 온전하게 수집되는 경우가 거의 없다. 어떤 휴민트 수집 기법은 다른 요소의 희생을 통해 얻어지기도 한다. 미국은 1950~60년대에만 해도 적대적인 외국 정보기관에 대한 감시가 있었으나, 1970년에서 1980년대 초까지 이러한 작업은 거의 없어졌다. 그러나 외국 정보기관의 기술정보(TECHINT) 시스템에 의한 수집 역량에 대한 감시, 예를 들면 소련이 미국의 테킨트 역량에 대해 어디까지 알고 있는지에 대한 감시가 충분하게 이루어지지 않았다. 이와 관련한 어떤 정보가 입수되었다 하더라도 그 정보는 방첩부서의 휴민트 수집관·분석관에게 전달되지 않았으며 실증적인 정보 분석관이나 적대국에 대한 기만·조종과 같은 전반적인 정책을 고민하는 사람들에게는 말할 것도 없었다.

이론상 방첩 간부 및 공작관들은 이러한 모든 수집 자원들을 균형 있게 활용하는 한편 방첩 수집정보를 공유하고 통합해야 한다. 휴민트 및 테킨트 수단을 단독으로 활용하는 것은 불충분하다. 외국 정보기관의 테킨트 역량에 대한 정보 및 방첩분야 휴민트 공작은 서로 상호 보완적이 되어야 한다. 공개 자원에서 나온 정보 또한 방첩분야 휴민트·테킨트 모두에게 유용하다. 임무 설정과 예산 배분과정이 상호 협력을 우선으로 합동훈련과 상호적 우선순위에 맞추어지지 않는다면 부서 간 조정이 어렵게 될 것이다. 이는 자원이 부족한 이 시대에 방첩 수집 부서 간부들이 정보자산을 배치하고 통합하기에 앞서 모든 가용 수단들을 사용하여 검토하고 분석해야 한다는 것을 의미한다.

“역용(Exploitation)”

훌륭한 방첩 수집과 분석의 결실은 역용으로 나타난다. 외국 정보기관의 활동에 대한 이해는 자국의 비밀과 전략을 보호할 뿐만 아니라 외국의 비밀을 나중에 유용하게 활용하는데 도움을 준다. 앞서 지적했듯이 효율적인 방첩활동은 정책 입안자나 정보 책임자들이 적국을 약화시키는데 결정적인 도움을 준다. 국가원수는 순수하게 방어적인 자세로 외국 정보기관의 위협을 무력화하는 방법으로만 방첩을 사용할 수 있다. 이것도 나름대로 도움이 될 수 있지만 한층 더 도움이 되는 것은 방어를 공세적으로 활용하는 것이다.

훌륭한 방어는 효율적인 보안관리와 대응조치로 구성된다. 보안은 기관內 기밀(정보, 군사, 외교분야)에 대한 무단접근을 차단하는 것이다. 하나의 분야로서 보안은 종종 대응조치와 구별된다. 보안 관리자는 그들의 임무를 특정 외국 정보기관의 활동을 저지하거나 적을 약화시키는 것으로 보려하지 않으려는 경향이 있다. 그들은 비정치적이며, 특정 외국 정보기관의 장난질에 초점을 맞추는 것이 그들의 일이 아니라는 것이다. 오히려 그들의 임무는 특정한 비밀문서나 통신, 기술, 시설에 진짜 접근할 필요가 있는 사람들이 그 접근권한을 가지고 있는지 확실하게 하고 누가 무엇에 접근했는지 그 기록이 유지되도록 하는

데 있다. 예를 들어, 보안 관리자의 주된 관심사 중 하나는 바로 비밀접근권을 갖고 있는 사람의 신뢰성에 있다. 그들은 누구에게 보안 허가를 주어야 하고 허가받은 자가 어디까지 알 수 있는지를 결정해야 한다. 이러한 일은 매우 어려운 판단력이 요구된다.

누구에게 특수기관에서 일할 수 있게 보안을 허가해 주고, 누가 가장 민감한 종류의 정보에 접근해야 하는지에 관한 문제를 다루어 보자. 모든 기밀정보에 접근할 권한을 가진 사람은 사실 없거나, 극소수이다. 대개 조사를 통해 신뢰성이 확인되고 장기간에 걸친 재조사를 통해 신뢰성이 반복적으로 검증된 사람만이 기밀정보에 접근할 수 있다. 그렇다면 그 신뢰성에 대한 기준은 무엇이 되어야 하나? 여기에는 간단하게 답할 수 없다. 선택을 해야 하지만 종종 비용이 많이 든다는 것이 사실이다. 지금까지 미국의 각 기관들이 각자의 방식으로 그러한 질문에 답해왔는데, 대체적으로 각 기관들은 서로의 기밀허가권을 그다지 수용하지는 않는 경향을 보였다. 정책입안자나 정보 관리자들은 이러한 패턴을 계속 유지할 수 있거나 아니면 비용을 줄이는 보다 일반적인 기준을 정하라고 고집할 수 있다. 또한 그들은 이에 대한 결정이 각 기관 보안 책임자의 손에서 벗어나게 하는 방안도 가지고 있다. 예를 들어, 1960년대 중반까지 미국에서 신원조사(배경조사)에서 정치적 신뢰 및 충성도가 가장 중요한 문제였지만, 1970년대에는 그러한 조사가 대부분의 기관에서 규정을 벗어나는 것으로 인식되었다. 그러나 1980년대 일어난 스파이 스캔들에서 혐의를 받았던 스파이 「워커－휘트워스(Walker－ Whitworth)」가 미국에 대한 개인적 충성심이 매우 약한 것으로 드러남에 따라 정치적 신뢰 및 충성도 문제가 다시 부각되기 시작했다. 모든 기관들이 지켜야 할 의무적인 일반기준이 있었다면 보안 실무에 있어 그와 같은 즉흥적인 변동사태는 발생하지 않았을 것이다.

배경조사에서 최소한의 기준은 그 사람이 실제로의 그 사람인지 여부이다. 출생에서부터 모든 학적 · 주소 · 직업 변동사항을 추적하고, 지인들에 대한 인터뷰도 병행된다. 이러한 조사가 정확히 이루어진다면, 지금은 전설이 된 1세대 흑색요원들의 침투도 예방할 수 있었을 것이다. 그러나 그러한 방법은 KGB 스파이의 자식인 「피터 허만(Peter Hermann)」과 같은 2세대 흑색스파이를 차단하는 데는 도움이 되지 않는다. 피터는 서유럽에서 태어나 어린 나이에 부모와 함께 미국으로 이민 왔고, 1970년대 국무성에 취업하는 것을 목표로 삼고 조지타운대학교를 다니고 있었다. 어느 누가 그의 기록을 조사하더라도 그의 출생지·학력·이후 경력 등이 사실임을 발견했을 것이다. 배경조사에 있어서 중시되는 또 다른 최소한의 기준은 성격이다. 책임감과 충성심이 있는지? 정보보안을 지킬 것으로 기대될 수 있는지? 어떤 사람들과 어울리는지? 또한 그 사람이 약물이나 술에 중독되거나 사소한 범죄행위에 가담하고 있는지, 정부의 비밀을 다루는데 있어 무책임하지는 않을지? 등등의 검증이 이루어진다. 피조사자를 아는 사람들이 이러한 질문에 답하는데 도움을 줄 것이며, 경찰, 세금, 신용카드 기록이나 FBI 자료들도 확인되어질 것이다.

백악관, 국방부, 국무부의 입장과는 달리 美 정보기관에서는 입사 후보자나 주변인물들이 진술하는 정보의 정확성을 담보하기 위해 폴리그래프(거짓말 탐지기 조사) 조사를 실시하는 것에 주안점을 둔다. 대부분의 해외 정보·보안기관들은 이러한 폴리그래프 조사방식에 회의적이다. 그들은 이 폴리그래프 방식이 주관적이며 사적인 영역에 지나치게 개입하게 되어 오히려 실수를 유발하고, 그 사람으로 하여금 폴리그래프를 속이는 훈련을 하도록 만들 수 있다고 생각한다. 최근 몇 년간 미국 방첩기관에서도 폴리그래프에 대한 열의가 덜 해졌으나 그러나 그것이 여전히 정보기관의 신원조사과정에서 결정적인 도구로 사용된다. 자신의 정직성에 대해 폴리그래프 검사관을 통과하지 못한 사람에게는 아직도 보안허가가 주어지지 않는 것이다.

폴리그래프(box)만의 장점이라고 한다면, 사람들에게 겁을 주어 거짓말을 못하게 하는 데 있다. 즉 나중에 잘못을 자백해야 할 수도 있다는 부담 때문에 거짓말과 잘못된 행동을 미리 단념시키는 것이다. 그리고 이것은 정보와 속임수를 밝혀내는데 기여하며 보안책임자로 하여금 비난받지 않게 보호해 준다. 결국 어떤 후보자에 대한 결정은 보안책임자에 의해서가 아니라 보다 객관적인 기계장치에 의해 이루어지는 것이기 때문이다. 의심스러운 경우 책임자는 후보자를 폴리그래프에 맡김으로써 조금은 지나치다 싶을 정도로 신중을 기할 수 있다. 이는 담당자의 책임감을 약화시킨다. 보안책임자는 다른 기준이나 별도의 조사를 통해 도출한 그들의 판단이 옳다고 확신할 필요가 없다. 거짓말 탐지기 뒤에 숨을 수 있기 때문이다. 거짓말 탐지기를 속이고 통과한 사람이 있는 경우나 혹은 반대로 무고함에도 불구하고 거짓말 탐지기를 통과하지 못한 사람들과 같이 실수가 있는 경우에 이것이 기계적 잘못에 기인하는 것이기 때문에 보안 관리자의 실수 대부분이 묵인되어 넘어가게 된다.

보안에 있어 다음 단계는 '분리' 원칙이다. '허가'는 직원 즉, 접근 대상자가 민감한 정보에 포괄적으로 접근할 수 있도록 하는 자격이 부여되는 것임에 반해, '분리' 또는 'need–to know'(알 필요만 있는 것만 알려주는 방식)는 민감한 정보에 접근만 가능할 뿐, 접근 대상자에게 특별한 자격이 부여되는 것이 아니다. 직원들은 그들에게 맡겨진 업무영역에 필요성이 있을 경우에만 정보에 대한 접근이 허용된다. 배의 선체를 여러 부분으로 분리·차단하여 배에 생길 수 있는 잠재적 손실을 최소화하는 것과 같이, 담당자들이 접근할 수 있는 정보를 제한함으로써 불충하거나 무능한 개인이 끼칠 수 있는 손실을 제한하는 것이다. 그러나 정보접근권한이 지나치게 제한되면 어느 분석관도 그러한 정보를 이용할 수 없게 된다. 보안책임자는 지나치다 싶을 정도로 엄격한 분리를 고수하려는 경향이 있다.

그러나 실제로 분리를 실행하는 것은 매우 어렵다. 변절자들과 정보원들의 말을 들어보면 그들은 공식적 또는 비공식적으로 조직 내의 친구, 동료들을 통해 그들의 공식 업무외의 다른 분야 정보들을 광범위하게 수집할 수 있었다는 것이다. 게다가 조직에서 개인의 지위가 올라갈수록 더욱 많은 분야에 대한 접근권한을 얻게 된다. 또한 외부의 자문을 위해 전문가들을 섭외하고 고급 정보들을 서로 공유하며 이용하려는 것은 자연스러운 성향이다. 그러한 행위의 동기는 좋을지 몰라도 정보가 일단 공유되고 나면 분리 원칙은 깨지게 된다.

이와 유사하게, 보안 책임자는 누가 어떤 정보를 열람하였다는 기록에 근거한 책임 체계를 정립하려고 한다. 이에 따라, 보안침해가 발생하여 설사 사고 발생 후 몇 년이 지나서 그 사실이 밝혀지더라도, 변절자에 의해 제공된 정보를 토대로 정보 유출지점을 추적할 수 있다. 그러한 시스템은 정보에 대한 접근절차가 매우 엄격히 분리되어 있고, 개별화된 형태로 정보 취급자들에게 배포된 경우에는 잘 작동하기도 한다. 그러나 많은 경우, 분리원칙을 무력화하는 여러 요인들이 있기 때문에 책임소재를 가리는데 실패한다.

시설·통신·문서·정보에 대한 보안은 사람에 대한 신뢰성을 확보하는 것 만큼이나 중요하다. 결국 외국 정보기관이 대사관內 컴퓨터나 통신기기, 문서파일 등에 물리적 접근을 할 수 있다면 상대 기관 내에 스파이를 두는 것만큼이나 유용한 것이다. 1980년대 모스크바 주재 미국 대사관에서 있었던 일들을 소련이 했다고 믿는 강한 이유가 있는 것처럼 말이다. 스파이들은 모든 것을 다 알 수가 없다. 스파이는 24시간 내내 근무하거나 대사관의 모든 부서에서 다 일하고 있지 않기 때문에 심지어 스파이보다도 낫다고 할 수 있다.

그러나 대사관 내 통신이나 시설에 대한 외국 정보기관의 접근은 외교·군사적 비밀에 대한 위해뿐만 아니라 심각한 보안 위해요소이기도 하다. 또한, 이는 대사관 직원의 취향, 이해관계, 취약점 등을 누설하여 외국 정보기관이 포섭을 하려고 나서게 만들 수도 있다.

방첩 책임자는 점차 자동화된 정보 보안에 대해 우려를 하고 있다. 이 분야에 있어서 미래의 보안요구사항은 아무리 과장해도 지나치지 않을 것이다. 대부분의 정부·비정부기구들은 컴퓨터와 자동 정보처리시스템에 더욱 크게 의존할 것으로 예상된다. 심지어 일상적인 전화 발신도 컴퓨터 프로그램에 의존하고 있다. 만일 누군가가 허가 없이 정보처리 시스템에 접근할 수 있다면 전체 시스템과 그 안의 정보는 외부의 조작에 노출될 것이다. 보안조치가 되지 않은 정보시스템은 아마추어 해커나 정교한 바이러스에 취약한 것으로 드러났다. 보안 시스템은 아마추어 해커·프로 해커 모두에 대응할 수 있어야 한다. 전략가들은 정보전쟁 수행 능력이 한 국가가 활용할 수 있는 가장 강력한 전쟁수단 중 하나가 되는 시대에 접어들고 있음에 동의한다.

방첩 책임자는 비인가 접근만으로는 비밀보호가 충분치 않다고 여길 것이다. 그들은 보다 집중적이고 정치적이며, 비밀보호를 위해 특정 외국정보위협과 관련된 지식을 사용하려고 할 것이다. 방첩 책임자가 그러한 위협을 공세적으로 차단하거나 방해하지 못하고 단지 방어적인 입장에서 외국 정보기관의 위협을 무력화하는 것, 그것을 '대응조치'(countermeasure)라고 부른다. 마치 보안 전문가가 있는 것처럼 이런 대응조치 전문가가 따로 있다.

대체로 '대응조치'의 목표는 외부의 적대적 첩보활동을 무력화시키는 것이다. 예를 들어, 영상 촬영(imagery)에 대한 대응에는 변장(camouflage)이나 은닉이 포함된다. 스파이에 대한 대응은 자국에 파견된 외교관들의 동선을 통제하고 자국 공무원이 외국 외교관들을 접촉할 경우 상부에 보고 하도록 규정을 마련하는 조치를 포함한다.

몇몇 정보기관들은 기술적 수단을 통한 첩보수집에 엄청난 공을 들이기 때문에 이러한 시도를 차단하는 대응활동은 상당한 가치가 있다. 영국은 제2차대전 당시 독일이 공중정찰에 역점을 둔다는 사실을 알고 전문 마술사들을 동원하여 건물과 텐트, 트럭들을 혼란스럽게 배치하는 등 다양한 트릭을 사용하여 독일 영상 분석가들을 속이기도 했다. 전쟁이 끝난 후 KGB와 GRU는 서방 정보기관의 기술적 수집 전문가들이 수집한 소련 관련 정보들을 교란하는데 힘을 쏟았다. 더 최근의 예로는『사막의 방패작전(Desert Shield, 1990)』을 들 수 있는데 이라크는 미국의 공중 정찰을 피해 주요 핵시설을 숨기는데 성공했다.

가장 기본적인 단계에서 외국 정보기관의 기술적 수집활동과 목표에 대한 접근을 차단하는 것이야말로 이상적이다. 정보가 새어나가지 않더라도 외국 정보기관은 직접적인 관찰과 판단뿐만 아니라 자발적 협조자나 스파이 채용 등을 통해서 정보를 얻을 수 있을 것이다. 비밀이 완전히 차단될 수 없다면, 속이고 현혹시켜 정보를 왜곡하는데 노력을 기울여야 한다. 이것은 평화적 시기에도 중요하지만 이전에는 강점이었던 것이 약점으로 변할 수 있는 전쟁이나 위기 상황에서는 더욱 중요하다. 전시에 사용될 기술적 역량을 보호하고 숨길 방책이 늘 준비되어 있어야 한다.

가장 중요한 것은 외국 정보기관에 의한 접근을 통제하는 것이다. 소련 정보기관들은 여기에 특별한 전문성을 가지고 있었다. 고르바초프가 정권을 잡기 전 소비에트 연방의 2/3는 외국인의 진입을 철저히 차단했다. 보통 군인이 아닌 KGB 핵심인력들로 구성된 국경 경비대는 소련인만 통과시키고 외국인의 출입을 차단했다. 그들은 모든 항구, 공항 및 거점을 감시했다. 나아가 KGB의 두 번째 수장은 소련 내 모든 외국 시설과 외국인들을 감시했다. 그리고 소련에 살고 있는 외국인에 대해 개인별 파일을 유지하면서 그들이 어디서 살 것인지, 어디서 일할 것인지, 어디로 여행할 것인지 등을 모두 결정했다.

이와 대조적으로 2차대전 이후 미국은 상대적으로 국경 출입통제 및 자국에 거주하는 외국인들의 동선 통제를 완화했다. 그에 대한 통제 책임은 美 국무부, 이민국, 세관, 국경수비대로 분할되었으며, 그러한 기관들은 1980년 초반까지 방첩부서의 관리 하에 있지 않았다. 그러면서 미국은 보안과 대응활동에 대해 보다 관심을 가지게 되었다. 그리고 美 국무부內 前 FBI 방첩책임자 「제임스 놀란(James Nolan)」을 수장으로 하는 『외국사절국(The Office of Foreign Missions (OFM)』이 설립되었다. 그러나 그의 취임은 국무부 소속 외교관들에게 환영받지 못했으며, 그가 퇴직하자마자 방첩업무 경험이 전무한 외교관이 후임이 되었다.

외국사절국(OFM)은 미국 방첩활동을 개선하고 적대적 첩보활동을 차단하기 위해 외국 정부인사의 동선과 관련 건물에 대해 통제하기 시작했다. OFM은 자국에 부임한 외교관들의 자동차를 쉽게 식별하기 위해 별도의 금속판을 배포하였다. (이후 이러한 방식은 여러 나라에서 보안을 위한 표준 관행이 되었다) 이러한 금속판을 통해 해당 지역에서 외교관들의 활동을 철저히 추적할 수 있었다. 이는 외국 정보기관원들이 사용하는 차량에 대한 FBI의 미행을 용이하게 하는 등 1980년대 미국 방첩업무의 주요 혁신사례로 꼽힌다.

방첩기관장은 핵심적인 의제에 대해 여러 관점에서 다양한 결정을 내려야 한다. 예를 들면, 정보자산을 일반적인 보안 활동에 할당하는 것이 나을지, 대응활동에 할당하는 게 나을지 등과 같은 것들이다. 대응활동은 전담 간부가 없거나, 조직 내에 한정된 자원을 두고 서로 경쟁하는 다른 지휘관이 때에 따라 지휘한다. 반면에 보안 활동은 비용이 많이 든다. 보통 방첩기관장은 분석가들의 도움을 필요로 한다. 일반적인 보안문제와 특정한 위협과 약점에 대해 보고를 받고나서 비밀을 보호하기 위해 더 많은 잠금장치와 장벽을 설치해야 할지 또는 고도의 정보보안 시스템을 구축해야 할지를 결정해야 한다. 이러한 결정은 경우에 따라 수십억 달러의 예산이 소요된다. 현명한 방첩간부는 보안과 대응활동 관련 예산을 절감함과 동시에 국가기밀을 효율적으로 보호한다. 방어문제에만 매달리는 것이 늘 최선은 아니다. 방첩기관장은 오히려 방첩기관의 공세적 활동을 통해 해외정보수집활동이 외국 정보기관에 의해 무력화되거나 역용되는 것을 방지하고 자국기술을 훔치고 정책을 조종하려는 외국 정보기관의 시도를 무력화시키는 가장 효과적인 방법은 아닌지 자문할 필요가 있다.

공세적 측면(On the Offensive)

방첩 책임자는 다양한 방법으로 외국 정보기관의 활동을 차단하고 저하시키며 파괴해야 한다. (과거에는 이것을 counterespionage라고 불렀다) 그들은 이러한 임무의 수행을 위해 위에서 결정하여 추진하는 전략이나 전체 계획의 형태로 추진할 수도 있고, 냉전시대 상당기간 미국이 했던 것처럼 그때그때 즉흥적인 방식으로 대응하는 방법을 취할 수도 있다.

그 첫 번째 결정은 구체적인 목표 설정과 관련이 있다. 외국 정보기관이나 그 활동을 저하시키기 위한 것인가? 그렇다면 어느 정도까지 차단해야 하는가? 자국 또는 특정 지역에서 활동하는 몇몇의 스파이를 무력화하기 위한 것인가? 아니면 전세계에서 오랜 시간에 걸쳐 외국 정보기관의 활동을 완전히 무력화하기 위한 것인가?

목표가 정해진 후 방첩 책임자는 그것을 실행하기 위한 사항에 필요한 분석가와 수집가들을 모아야 한다. 이는 외국 정보기관 내 약점 발견 등 그들의 목적을 성취하기 위한 기회의 탐지와 그러한 약점들을 이용하기 위해 동원될 수 있는 가용자원을 확인하기 위한 것이다. 그들은 외국 정보기관에 대해 약간의 타격을 줄 수 있을 만큼 충분히 알고 있을까? 비록 충분히 알고 있다 해도 전략을 수행하기 위한 침투, 이중스파이, 다른 나라와의 적절한 연락수단, 재원 등을 갖추고 있을까? 그러한 전략을 통해 파생되는 후과(後果)에는 어떤 것들이 있을까? 외국 지도자가 예상치 못한 어떤 방법으로 제거될 것 같지는 않은지? 어떤 비상상황에 대비하고 있는 것인지? 이러한 질문들에 대한 결정을 한 후에야 책임자는 외국 정보기관 무력화를 위한 구체적인 방법을 결정하고 각 기관과 지부에 활동 우선순위를 배포할 수 있을 것이다.

외국의 정보활동을 차단하는 가장 일반적이고 직접적인 방법은 외국 정보관과 요원들을 노출시켜 체포하는 것이다. (해당 정보관이 면책특권을 가진 외교관일 경우에는 비호감 인물(PNG)로 선언하여 추방할 수 있다) 이를 선호하게 되는 논거는 이러한 방식을 통해서 외국 정보기관으로 하여금 아국 방첩기관에서 실제보다 더 그들을 속속들이 간파하고 있는 것으로 믿게 한다는 것이다. 예를 들어, 외교 공관 내 대부분의 사람들을 체포하거나 추방하면서 한두 명은 건드리지 않고 그대로 둔다면, 외국 정보기관은 주재국 방첩기관이 흑색요원으로 파견된 모든 정보관들을 노출시키려는 것인지 또는 다른 의도가 없는 것은 아닌지를 판단할 수 없게 된다. 노출과 추방은 공관 내에서 흑색활동을 지원하는 공작기구를 엉망으로 만들 수 있는데, 특히 가장 유용한 점은 대부분의 베테랑 정보요원을 노출시키면서 미숙련 정보요원들만 남겨둘 수 있다는 것이다.

다른 방법으로는 상대방의 노출된 정보요원을 추적하여 동선을 확인하는 것으로, 이는 노출된 요원을 추방하고 나서 다시 그의 대체인물에 대한 작업 방식을 파악해야 하는 것보다 더 세련된 방법이다. 물론 이 방법은 즉시 체포하는 것보다 선호되는 방식이다. 왜냐하면 노출된 정보요원을 체포하게 되면 외국 정보기관이 약점을 인지하고 스스로 보안체계를 개선하게 만들기 때문에 주재국 방첩기관은 심도 있는 무력화 공작을 추진하기 어렵기 때문이다.

언급했다시피, 장단점이 각각 존재하지만 무력화의 다른 방법은 이중스파이를 활용하여 외국 정보요원들을 꼼짝 못하게 하거나 교란시키는 것이다. 영국이 제2차 세계대전 당시 독일을 상대로 이 방법을 사용했으며, 쿠바가 1970년대~1980년대에 걸쳐 미국을 이 방법으로 속였던 적이 있다. 물론 이러한 방식은 인내, 자원, 고도의 기술이 요구된다. 예를 들어, 영국과 쿠바는 반정부 활동을 하도록 지령 받은 독일과 미국의 정보 관료·요원들을 공개적으로 체포, 기소하여 추방했다. 실제 이러한 방식은 논란이 있으면서도 부차적인 효과를 준다. 노출을 통한 무력화 방식은 자국의 방첩활동이 얼마나 효과가 있는지를 알리고 외국정보기관의 활동을 좌절시키고 외국 정보기관의 간부를 무능한 사람으로 만드는데 활용될 수 있기 때문이다. 그것은 또한 자국민들이 외국 정보기관의 스파이가 되려는 시도를 차단할 수도 있다.

수년간의 스파이 행위가 효과적으로 진행되는 것을 은폐하려면 엄청난 기술이 필요하다. 영국은 국가 위기 시에 전시 검열제도를 실시하고 민주주의의 일부 기능을 일시 정지시켰다. 영국이 나치에 제공한 거짓 정보들은 나치의 의심을 사지 않을 정도의 고급정보이면서 동시에 어떤 경로에서든지 영국의 전쟁 수행에 악영향을 미치지 않아야 했다. 쿠바가 그랬듯이 영국 또한 그들의 통제 가능한 자원들을 효과적으로 다루면서 조직에 큰 타격을 주는 스파이의 침투나 내부의 변절자가 없도록 주의했다.

그 외에 외국 정보기관 내에 요원을 침투시키고 외국 정보기관 내 관료들을 채용하거나 그중에 일부를 전향하도록 만드는 등 외국 정보기관의 활동을 무력화하는 방법에는 여러가지 방법들이 있다. 자국 정보기관은 외국 정보기관의 주요 활동을 숙지하면서, 그 동안 외국 정보기관이 자신의 목적과 능력에 대해 의심을 품고 스스로 분열되도록 조직 내부에 불만과 의심의 씨앗을 심는 것도 한 방법이다. 이 방식은 외국 정보기관을 넘어 해당 국가의 지배적인 정치시스템에 까지 큰 파장을 미칠 수 있다.

다른 한 가지 기술은 정보요원을 모함하는 것이다. 그 요원의 변절 여부와 상관없이 그 정보기관에 대한 변절자로 보이게 만드는 것이다. 여기에는 다양한 방법이 있다. 예를 들면, 그의 은행계좌에 돈을 예치하거나, 그와 오랜 기간 교신해온 통신수단의 일환인양 "외국 정보기관" 발신명의의 메시지를 발송하거나 또는 그의 변절을 의심할만한 정황을 만들어 내는 것 등이다. 이러한 방식은 정보 요원에게 직접 해를 가하는 것 이상의 효과를 거둘 수 있다. 그가 속한 정보기관은 해당 정보요원을 격리하고 그가 관련하였던 정보활동과 보안사항을 그와 분리하여 재구축하는데 상당한 힘을 쏟을 것이다. 한 사람을 실제로 채용하거나, 또는 여러 정보요원들의 활동을 동시에 모함하거나 방해할 수 있다면 그 정보기관에 대한 파괴효과는 훨씬 대단할 것이다.

이러한 방법들은 1970년대 루마니아 정보기관의 활동을 차단하기 위해 미국과 서방 정보기관들이 사용한 바 있다. 우선 루마니아 정보요원의 활동을 성공적으로 차단하기 위해 루마니아 정보요원의 사기를 약화시켜 공산당 지도자 「차우체스쿠(Nicolae Ceausescu)」가 정보기관을 개편하도록 만들었다. 당초 계획한 변화는 일어나지 않았지만 1978년 다소 흠이 있는 인물인 아이온 파세파

(Ion Pacepa)가 정보기관 수장 대리가 되었다가 탈주해 버렸다. 그 해 9월 루마니아 수도, 부카레스트에 있는 서방 언론과 외교 소식통은 정보기관 역사상 최고층의 망명자인 「파세파(Pacepa)」 장군의 변절로 인하여 루마니아에 대대적인 정치적 숙청이 뒤따랐다고 보도했다.

정부 관료의 1/3이 강등되고, 22명의 대사가 교체되었으며, 그러한 혼란 속에 수십 명은 제거되고 최고 보안책임자 12명이 체포되었다. 1978년 10월 서방에 파견된 DIE(루마니아 해외정보 부서) 관료들이 주재국 방첩기관으로부터 조사를 받게 되면서 루마니아 정부는 국제적 혼란이 가중되는 것을 피하기 위해 대부분의 합법 · 비합법 DIE요원들을 철수시키는 등 대대적인 조치에 들어갔다. 그들 중 몇몇은 자유를 찾아 그곳에 눌러 앉았고, 파세파(Pacepa) 장군이 숙청된 지 불과 몇 시간 후에 루마니아 정보부인 DIE는 극도의 혼란에 빠져 붕괴하기 시작했다고 외신들이 보도하였다.

그러나 「파세파(Pacepa)」가 DIE의 분열에 있어 결정적으로 중요한 핵심고리는 아니었다. 서방 정보기관들이 이러한 DIE 분열공작을 확대하기 위해 이중스파이를 운용하거나 다른 공세적 방첩테크닉을 사용했을 수도 있다. 그 결과, 「파세파(Pacepa)」가 주장한대로 "니콜라 차우세스쿠(Nicolae Ceausescu)의 부인 엘리나(Elena)가 조종하는 수많은 조사기관이 DIE 조직과 그 직원들을 철저히 해부"한 것일 수 있기 때문이다. 전하는 바에 따르면 엘리나(Elena)는 그 해 말까지 DIE를 해산시키고, 이를 대체할 완전히 새로운 조직을 만들기 시작하였다고 한다. 이는 이전까지 루마니아 정보기관이 거두었던 성공적인 정보활동에 종지부를 찍었고, 차우세스쿠(Ceausescu)가 몰락한 1989년까지 수년 동안 루마니아 정부 내에 긴장을 유발시켰다. 간단히 말해 루마니아 정보기관의 붕괴의 근원(이는 전체 정치 시스템에서 중요한 핵심고리 부분이다)은 정확하게 이 책에서 주장하는 방첩, 즉 공세적 방첩의 결과라고 보아야 한다. 이런 사례는 방첩의 전략적 이용이 국가안보목표의 달성에 얼마나 중요한 역할을 하는지를 잘 보여준다.

기만과 공세적 방첩(Deception and Offensive Counterintelligence) 방첩은 또한 외국 정보기관의 인식을 다루고 조종하는데 도움을 줄 수 있다. 인식관리는 곧 정책결정과도 같다. 국가수반은 외국인들이 자국의 대내 · 외 정책에 대해 가지는 특정 이미지를 강화시키는데 정보·방첩활동을 활용할 수 있다. 이를 위해 정보기관의 어느 부서, 즉 자국의 비밀 공작부서를 사용하는가 아니면 방첩 인력의 사용인가를 결정해야 한다. 예를 들어, 그들은 거의 정확한 이미지를 주려고 하거나 또는 본질적으로 거짓된(기만적인) 이미지를 주고 싶어 할 수 있다. 1980년대 후반과 1990년대 초반에 미하일 고르바초프는 자신이 러시아 내에서 심각한 위기에 봉착하여 서방의 경제 원조와 같은 지원이 필요하다는 이미지를 강화하기 위해 KGB의 공작프로그램(적극적 조치)을 사용한 바 있다. 이렇게 만들어진 이미지는 고르바초프가 알고 있던 것보다 정확하게 구성되었으며 그가 원했던 것보다 훨씬 더 정확하게 형성되었다. KGB의 공작프로그램은 그러한 이미지를 강화하고 과장하는데 상당한 기여를 했고, 서방 국가들은 고르바초프를 그의 전임자에 비해 더 호의적으로 대하였다.

유사한 사례로, 1980~1990년대 이란은 비밀공작을 사용하여 테헤란에는 강경파 뿐 아니라 온건파도 있다는 메시지를 전달하면서, 미국이 무기 판매나 경제 원조를 통해서 그리고 팔레스타인이나 레바논 시아파를 위하여 이스라엘에 대한 압박을 통해서 자국 내 온건파들의 권력이 강화될 수 있다는 인상을 심어주려고 하였다.

국가수반이 외국정부의 인식·행동을 조종하기로 결정할 경우 그 결정은 전체적인 외교 정책의 한 부분으로 시행되어야 한다. 정보기관은 이러한 종류의 계획을 일방적으로 시행하는 위치에 있지 않다. 왜냐하면 이러한 계획은 정보적인 판단만으로는 부족하며 방첩기관뿐 아니라 다른 정부부처도 관여되어야 하기 때문이다. 원대한 전략적 구상을 갖고 있지 않더라도 수상이나 대통령은 자국의 전략적 문제점이나 정부의 정책·역량에 대해 외국의 인식이 형성될 수 있도록 결정할 수 있다.

일단 조종하거나 속이기로 결정하고 나면 계획을 실행하는 그룹은 소규모이어야 하고, 계획에 참여하는 다른 조직들과 대등하게 활동할 수 있는 권한을 가져야 한다. 특히 기만작전을 성공하기 위해서는 영국이 2차 대전에서 경험하였던 것처럼 보안이 생명이다. 영국은 소규모 기만작전을 세우는 한편 웨스트민스터에 있는 지하 벙커에 「런던 통제지부(London Control Section)」(이하 LCS)

로 불리는 조정부서를 만들었다. 이 LCS는 처칠이 승인한 작전 아래 기획·조정을 통해 정보·非정보 분야의 여러 인물들로 구성되었다. 울트라(감청 시스템)와 휴민트, 해외 방첩 등을 담당하는 MI6가 체포된 독일 정보요원을 이중스파이로 활용하고 영국의 국내보안을 담당했던 MI5와 함께 여기에 개입했다. 군정보기관이나 「정치전 담당부서(Political Warfare Executive)」와 같은 다른 기관들은 나치를 속이기 위해 거짓 메시지를 보내거나 거짓과 진실이 섞인 조합된 정보들을 송출하는 임무를 수행했다.

평화시기의 민주국가에서 기만자는 의도적이든 실수이든 정책 분야에서는 유권자들과 의회를 속일 수 없다. 선출직 공무원들은 유권자에게 책임을 지며 유권자들은 적국의 목표와 능력뿐만 아니라 자국 정책의 전반적 목표나 방향에 대해서도 이해할 수 있는 입장에 서야 한다. 민주정부는 그들이 적들을 속이는 것처럼 자국민들을 속일 수는 없으므로, 기만전술은 주로 비밀 정보 채널을 통해서 이루어져야 한다. 평시에 민주정부는 외국 언론에 의도적으로 조작된 이야기를 공표하기가 어렵다. 왜냐하면 자국 언론이 자칫 외국 언론의 기사를 국내에 소개하면, 기만 정보가 다시 국내로 흘러 들어와 국내 전문가와 정치인들이 잘못 알게 되기 때문이다. 그러나 이러한 위험 없이도 언제든지 정보채널을 통해 외국 지도자에게 거짓 정보를 흘릴 수 있는 기회는 있다.

기만은 창의적인 계획과 실행을 필요로 한다. 훌륭한 인지조정(認知操縱) 전문가는 거대한 관료사회의 진부한 문화에 매몰되지 않는 사람들이다. 기만에 대한 훌륭한 연구보고서들은 기만 임무를 수행하는 데 있어서 전문적인 정보관료들에게 의존하기 보다는 영국이 세계 2차대전에서 그러했듯이 외부 비전문가를 고용하는 것이 더 낫다고 제안한다. 그들이 누구든지 간에 인지 전문가들은 그들이 조종하려는 대상의 세계관과 인간의 자기 기만적인 성향을 잘 알아야 한다. 성공적 수집·분석에 있어서 중요한 작업 중 하나는 목표에 대한 선입견을 분별해내는 것이다. 그리고 이러한 정보를 역용하는 것이 방첩 담당자와 공작전문가들의 일이다.

방첩 전문가들은 목표국가의 정보기관이 무엇을 어떻게 '듣고' '보는지' 알 수 있는 가장 뛰어난 역량을 갖춘 사람들이다. 그래서 그들은 최대의 효과적인 방법으로 선별된 메시지(주 : 기만정보, 위장 이미지 등)를 만들어 내고 보낼 수 있는 유리한 입장에 있는 사람들이다. 기만 대상 국가가 실제로 그 메시지를 받아들이고 믿을 수 있는 정보라고 판단하도록 하기 위해서는 그들의 정보 수집 및 분석 능력이 사전에 파악되어야 한다. 그들의 기술적 기호(암호)들이 어떻게 변환이 되는지? 상대 정보요원들이 무엇에 관심이 있으며, 어떻게 우리가 원하는 "올바른" 방향으로 따라올 수 있는지?

다음으로 수집부서와 분석팀과 함께 일을 하면서 방첩은 조작된 메시지에 대해 목표물이 어떻게 반응하고 있는지를 결정한다. 그 메시지가 대상국가가 가지고 있는 선입견에 아주 효과적으로 작용하도록 잘 만들어졌는지를 확인하는 것이다. 이것을 '피드백 채널'이라고 한다. 세계 2차대전 기간 중 영국이 성공적일 수 있었던 하나의 이유는 'Ultra Intercept'(對독일 감청 시스템)로 인해 그들이 보낸 조작된 메시지를 나치가 어떻게 받아들이는지 알 수 있었기 때문이다. 만약에 조작된 메시지가 받아들여지지 않는다면, 다시 보내거나 수정하여 보낸 다음 그 메시지가 독일의 관심을 받고 신뢰할 수 있는 메시지로 받아들여지도록 조종하는 것이었다.

마지막으로 메시지가 받아들여져 기만작전이 성공하려면 메시지를 전달하는 노련한 전문실행가가 필요하다. 이들은 정보기관, 방첩기관, 다른 정부부처의 공작파트에서 일한 경력이 있는 숙련된 전문가들로서 그들이 표시한 목표들을 조종할 수 있는 뛰어난 사기꾼과 같은 사람들이다. 영국은 세계 2차대전 당시에는 'Mincemeat'라고 알려진 기만작전에서 이것을 활용하였다. 영국은 "결코 존재하지 않았던 인물"인 마틴(Martin) 소령을 만들고 1943년 연합군이 그리스에 상륙할 계획이라는 최고 기밀을 전달하는 해병밀사인 것처럼 꾸몄다. 실제로는 연합군은 지중해 시실리에 상륙할 계획이었다. 영국 잠수함은 조류가 그를 떠밀어 해안에서 그를 발견한 스페인 경찰이 거짓보고서를 독일에 전달할 것으로 짐작하고 영국 해병군복을 입힌 시체를 스페인 앞바다에 떨어뜨린 후에 해안을 떠났다. 그리고 독일 통신을 모니터링하면서 그들이 자국의 기만작전에 넘어갔음을 확인하였다. 이것은 2차대전 중 영국이 독일을 속이는 데 사용한 많은 기만수법 중의 단지 하나일 뿐이다.

적극적 정보활동(Positive Intelligence)

방첩은 적극적 정보활동에 가치있는 기여를 할 수 있는 잠재력이 있다. 방첩활동은 상대국가의 정보기관에 침투하면서 이루어지기 때문에 방첩책임자는 위기 시 뿐만 아니라 방어 및 전략적 계획에 사용하기 위해 전세계의 기술·인간 정보 자원을 통해 비밀정보들을 수집할 수 있다. 미국이 진주만 공격을 예시하는 정보들을 무시했을 때 이러한 활동에 실패한 적이 있다. 위기상황에서 방첩기관의 정보원(情報源)은 관련된 정보가 어떤 것이라도 보고해야만 한다. 예를 들어, 방첩기관은 외국정보기관에 있는 요원들에게 그 정보기관이 요원들에게 특별임무를 부여했는지, 아니면 높은 위치에 있는 지인이나 친척들이 위기상황에 대한 특이동향을 파악하고 있는지 물어볼 수 있는 것이다. 방첩 정보원(情報源)은 통상적으로 분석관과 공작관들이 외국 정부·단체의 활동과 우선순위 및 생각 등을 통해 직감적으로 정보를 찾는데 도와주는 역할을 한다.

방첩활동이 적극적 정보활동에 적용될 수 있게 시스템을 운영하는 것은 쉬운 일이 아니다. 한편으로 방첩책임자는 정책입안자에게 도움이 되고 싶어 하며 전체적인 정보활동을 뒷받침하는데 중요한 역할을 하고 있는 것처럼 인식되기를 바란다. 그러면서 다른 한편으로는 그들은 자신의 주요 임무가 적극적인 정보활동이 아니라 적의 정보활동을 무력화하고 파괴시키는 것임을 잘 알고 있다. 그들은 적극적 정보활동에 지나치게 방첩을 활용할 경우 발생할 수 있는 역효과를 너무도 생생히 잘 안다. 그것은 자칫 주 업무로부터 시간과 인력, 비용을 다른 곳으로 분산시켜 버린다. 방첩 수집관과 분석관은 적극적인 정보목표에 관심을 가지고 잘 반응하도록 훈련되어야 한다. 게다가 방첩정보원(情報源)으로부터 받은 결과물을 널리 유통시킬수록 (보안 위해 요소가 증가하기 때문에) 그러한 정보소스들이 점차 날아갈 가능성이 커진다. 그것은 최고위층의 일급방첩관으로 하여금 아래의 보상경쟁을 적절하게 조화시키고 방첩 정보원들이 사적인 이익이 아닌 국가이익을 위해 충분히 활용되도록 하는 것이다.

방첩은 국가를 스스로 보호하고 국가간 권력·경제·영향력의 다툼에서 자국의 이익을 증진시키는데 유용한 전략적 수단이다.

분석파트는 방첩정책의 선택안과 방어·공세적 공작활동을 뒷받침한다. 분석파트는 軍 및 정보기관의 방첩관이 하는 업무가 마치 건초더미에서 바늘을 찾는 것처럼 어려운 일로써 재수나 운에 맡겨지지 않게 안내하는 역할을 한다. 어떤 면에서 보면 분석은 방첩의 여왕이다. 분석은 외국 정부가 자국을 조종하려 하고 자국의 비밀이나 기술을 훔치거나 정보활동을 방해하는 노력들을 알아채는 것이다. 또한 분석은 외국정부에 대해 방첩관이 똑같이 방첩활동을 하고 적극적 수집활동을 하는데 있어서도 중요한 요소이다.

방첩정보수집은 공개정보와 기술정보, 인간정보 수집의 유기적 관계를 잘 활용하는 방첩관에 의해 가장 잘 수행된다. 적극적 정보수집에 있어서 공개정보는 인간정보와 기술정보 수집을 안내할 수도 있다. 아니면 인간정보와 기술정보수집이 공개정보 수집을 안내하고 풍성하게 할 수도 있다. 방첩정보수집관들은 적극적 정보활동을 하는 사람들보다도 더 각자의 장점을 인정하지 않는 경향이 있다. 또한 그들은 외국 정부 내에서 활동하는 스파이와 직접 관련된 경우를 제외하면 보안상의 이유를 들어 활동 결과물을 공유하거나 연락하는 것을 무척 조심스러워 한다. 그렇기 때문에 다양한 경로로 입수한 성과물을 결합할 좋은 기회들이 종종 날아가 버리기도 한다.

하지만 방첩활동의 최종 산물 즉, 방첩의 임무는 액션(행동을 취하는 것)이다. 외국으로부터 자국을 보호하는 액션, 국가적 목표의 달성을 위해 외국인들을 조종하는 액션이 그것이다. 물론 모두가 그런 식으로 보려고 하지는 않을 것이다. 예를 들어, 적극적 수집관과 비밀공작관들은 보안을 '경찰 업무'라고 여기면서 하찮게 여긴다. 한편 보안 전문가들은 그들의 업무가 중요하고 정보시스템의 전반적인 임무보다 상위에 있어야 한다고 믿는 경향이 있다. 이런 사고방식 때문에 정보요원의 보고가 배포되지 않는게 낫다거나 보안에 위해를 가할 위험한 작업은 승인하지 않는 것이 낫다고 생각하게 하는 것이다. 즉 보안 전문가들은 정보원(情報源)과 정보활동에 대한 보안이 정보의 가장 중요한 목적이라고 여긴다는 것이다.

최선의 해결책은 그 사이 어딘가에 있다. 보안의 부재로 인해 외국 정보기관의 침투나 조종이 가능하게 된다면 보안의 부재는 정보업무의 나머지 모든 부분을 헛되게 만드는 것이다. 하지만 너무 철벽보안은 정보관들이 적극적 정보수집과 분석에 대한 접근성을 제한하여 그들의 손과 발을 묶을 수 있는 것이다. 보안은 방첩의 필요조건이지 충분조건은 아니다.

대응조치(countermeasure)는 중요하지만 그 자체만으로 충분하지는 않다. 외국 정보기관의 특정 수법을 목표로 하여 무력화시키는 것은 보안에 대해 한층 더 강화된 보호막을 치는 것이며, 이는 큰 차이를 낳기도 한다. 그러나 보통은 대응조치활동(countermeasure activity)이 스파이 스캔들이 발생하거나 정치인들이 특별 조치를 요구할 때 또는 추가적인 자원이 가능할 때 등과 같이 부가적으로 이용될 수 있는 활동으로 여겨지기도 한다. 보통 이 분야는 기관의 제도적인 기반이 약하기 때문에 스파이 스캔들이 없거나 자원이 제한되어 있을 때 제일 먼저 없어질 것이다.

반면에 인간정보와 기술 정보 영역 모두에서 외국 정보기관의 활동을 공세적으로 무력화하는 것을 의미하는 對스파이활동은 첩보 소설이나 영화에서 종종 흥미로운 소재로 등장한다. 그러나 실제로 평화적인 민주국가에서 그것은 방첩활동의 일상적인 업무는 아니다. 특정영역이나 세계적으로 방첩 담당관이 상대국 정보기관 전체를 무력화시키는 기회를 갖는 경우는 거의 없다. 단지 스파이를 체포하거나 이중스파이 운영 이상의 활동을 하기 위해서는 방첩에 대한 비전과 리더십, 헌신, 지식, 그리고 방첩기관 최고위층으로부터의 인내심 등이 필요하다. 외국 정보기관을 무력화시키고 조종하는 것이 항상 방첩 담당자에게 국민적 갈채나 개인적 만족을 주지는 않는다. 왜냐하면 그러한 과정을 수행하는 데는 심지어 수년이라는 오랜 시간이 소요되기 때문이다. 파괴적인 공격을 기획하고 발전시킨 방첩 지도자의 후임자들이 그 공을 챙기기 쉽다. 왜냐하면 전임자가 시작한 공작이 후임자의 임기 중에 성과를 내기 때문이다. 그럼에도 불구하고 임무는 바로 외국의 정보활동에 의한 위협을 단편적으로 보기보다는 외국의 정보활동 위협을 총체적으로 이해하고, 그 지식을 외국의 정보활동을 파괴시키는데 역용하는 것, 그것이다.

외국 정부에게 진짜 이미지를 강화하거나 거짓 이미지를 심어주는 것이 반드시 방첩부서가 혼자 하는 업무가 아니다. 의례적으로 방첩기관은 외국 정보기관만을 대상목표로 삼을 뿐 외국정부의 다른 부서까지는 관여하지 않는다. 방첩기관은 인지조종(manipulation) 과정에서 중요한 역할을 할 수 있다. 특히 민주국가에서 방첩기관이 외국의 인지에 영향을 미치기 위해 공개정보채널을 사용할 때는 자국 내 정치논쟁이 가열되지 않게 제한을 두어야 한다. 결국 잘 작동하기만 하면 방첩 시스템은 적극적 정보수집과 분석 및 비밀공작에 직접적으로 기여할 수 있다. 외국 지도자의 생각에 접근하고 외국 사회의 강점 · 약점을 알아낼 수 있는 방첩 정보원(情報源)은 독보적인 가치가 있다. 이 모든 측면에서 보면 방첩은 최고수준의 정보활동이 유기적으로 펼쳐지게 하는데 있어 필수적인 요소이다.

Chapter

06

효과적인 정보활동 수행을 위하여

"주요 작용 변수(Variables at Play)"

앞 장에서는 방첩과 비밀공작의 이상과 현실 사이에 불일치가 있다는 것과 미국 정부가 어떻게 방첩과 비밀공작을 수행하여 왔는지 살펴보았다. 이러한 불일치는 놀라운 일이 아니다. 국정을 수행하면서 이론과 실제를 완벽하게 조화시키는 정부는 드물다. 그러나 무엇이 구체적으로 이론과 실제의 괴리를 설명할 수 있는가? 왜 미국의 방첩과 비밀공작은 특수한 형태를 취해왔는가? 그 차이를 줄이고 두 개의 정보요소를 국익에 더 효과적으로 활용하는 것이 가능한 것인가? 정보활동이 수행되는 환경을 비롯하여 한 국가의 역사에서 정보활동이 어떻게 수행되는지를 결정하는 많은 조건들이 있다. 적어도 다음 4개의 주요한 변수들이 작용한다. 근대화와 기술 혁신의 속도, 정부구조와 관료문화, 정치적 환경에 대한 인식, 정권의 특성이 그것이다. 이러한 변수들은 단기간(수

년 내)에는 인위적인 조작의 영향을 받기도 하지만 어떤 변수들은 단기간에 쉽게 변화되지 않는다.

근대화와 기술혁신의 속도 (Pace of Modernization & Technological Innovation)

첫째 변수는 근대화와 기술혁신의 속도이다. 근대화를 통해 인간은 자연을 보다 잘 이용할 수 있게 되었고 타인과의 협력이 증가하였는데, 이러한 근대화는 군사·경제·정보 역량을 향상시키는 다양한 기술혁신을 낳았다. 일반적으로 근대화 기간 동안에는 정보에 대한 수요가 적으며 특히, 군사정보의 경우에 그러하다. 그러나 군사무기 분야에서 새로운 발전이 있을 때 이러한 무기의 개발 및 중요성을 이해하는 전문가의 수요가 발생한다. 19세기에 일어났던 일들이 이를 예증한다. 산업혁명이 만들어낸 군사분야의 혁명과 프랑스혁명전쟁은 외국의 새로운 무기·전략·지휘기술에 대한 정보수요를 크게 증가시켰다. 대사(大使)들은 이러한 분야에서 스스로 전문가가 되어야 했거나 또는 종종 전문가를 고용할 필요가 있었다. 19세기 중반경 대부분의 유럽정부들은 군사전문가를 외교 부서에 배속시켜야 함을 깨달았고, 19세기 말경 대부분의 유럽국가들은 항구적인 군사정보조직을 창설하였다. 세기가 바뀌면서 근대화의 속도가 빨라짐에 따라 여러 국가의 군대는 정보를 수집하는 특별한 수단을 개발하기 시작했다. 물리학과 전자기적 스펙트럼에 대한 지식이 발전함에 따라 처음에는 말을 타고 수행하던 정찰업무가 가까운 언덕꼭대기에서 기구를 띄우는 방식으로 발전하였고 다음으로는 비행기 그리고 마지막에는 정찰위성으로 진화하였다. 도청은 더 이상 옆방에서 엿듣거나 뇌물을 받은 심부름꾼이 하지 않고 공중이나 우주에서 전자신호를 수신함으로써 이루어졌다. 이러한 새로운 수집방식으로부터 비밀자료를 분석·개발하기 위한 전문성을 갖춘 특수부대가 만들어졌다. 또한 기술보안 전문가들은 적들의 정보수집 분야 기술혁신으로부터 자국의 군대와 물자, 통신을 보호하고 기만하기 위해 생겨났다. 이는 적들의 보안수단을 밝혀 내고 무력화하는 임무를 띤 전문가의 출현으로 이어졌다. 특히 냉전기간에 유행했던 이러한 경향들은 미국의 정보활동 방식에 엄청난 영향을 미쳤다. 철의 장막 뒤에 있는 '하드타겟'(접근하기 어려운 대상)에 대한 정보수집 시도는 기술정보 수집분야뿐 아니라 대규모 자료를 분류·분석해야 하는 수단의 개발 분야에서 눈에 띄는 신속한 발전을 이끌어냈다. 컴퓨터를 이용한 암호해독에서부터 위성을 이용한 감시에 이르기까지 미국의 정보활동은 근대화로부터 엄청난 혜택을 받았다. 또한, 근대화는 그 자체로 미국 정보공동체의 체계와 정보활동에서 중점을 두어야 할 부분을 결정하는데 중요한 역할을 하였다.

특히, 수집분야의 혁신적인 기술 진보(그러나 많은 비용이 소요된다)는 방첩영역을 희생하면서 이루어졌다. 미국의 기술정보 수집 시스템들이 소련의 KGB와 GRU에 의해 계속 위협받는 상황임에도 불구하고 미국인들은 여전히 정보수집을 허블 망원경이 우주공간에서 수집하는 이미지와 같이 먼 곳에서 자료를 수집하는 거의 준(準)과학적인 노력으로 간주하는 경향이 있다. 미국은 통상적으로 미국의 정보수집 역량을 파악하고, 기만적인 정보활동 및 첩보활동을 차단하기 위해 기꺼이 돈과 시간을 투입하고 있는 적대적 국가들의 관점에서 정보수집을 보지 못하였다. 러시아, 리비아, 이라크, 북한이 자신들의 프로그램과 활동을 성공적으로, 비밀스럽게 유지해 왔다는 사실을 차츰 알게 되면서 미국은 자국의 기술정보 수집역량에 대한 자긍심이 다소 약해져 왔다. 더욱 복잡한 문제는 강력한 계산기술에 힘입어 발전한 암호설정분야의 진보가 암호해독분야의 노력을 곧 능가하게 될 것이라는 사실이다. 요약하면 미래에 미국의 정보활동은 더 많이 보고 듣겠지만 이해하는 부분은 더 적어질 수 있다는 것이다.

전세계에서 하드타겟 국가의 수가 줄어들고 미국의 정보활동 예산이 점차 줄지는 않아도 정체상태로 유지된다면, 정보수집에 치중하는 경향이 있는 미국의 정보활동은 값비싼 기술적 정보수집 프로그램의 중요도를 낮추고 그 결과로 인해 정보수집 및 분석과 방첩 사이에 존재해온 불균형관계를 재고하게 만들 수도 있다. 이로 인한 적절한 교훈이 도출된다면 미국의 정보공동체는 자신의 역량에 대한 가능성과 한계를 더 잘 이해할 수 있게 될 것이라는 점이다.

정부조직과 관료문화

미국이 최근 경험에서 올바른 교훈을 얻었는지는 확실치 않다. 그것은 절대적으로 경직된 관료문화와 관행에 변화를 주고자 하는 정보공동체 수장의 의지에 달려있다. 정부체계와 관료문화는 정보활동 수행에 있어 두 번째 주요 변수가 된다.

실제로 국정수행의 방편들은 종종 선출직 공무원보다 고위관료의 손에 달려있다. 그 고위관료들은 법을 해석하고 규제를 발령·강제하며 정책의 선택범위를 정하고 입안된 정책을 수행하는 공무원 집단의 리더들이다. 현대 정부는 거대한 관료조직을 필요로 하는 것 같다. 그리고 거대한 관료조직은 지속적으로 독특한 시각과 관행을 발전시켜 나간다. 이것은 軍이나 노동부 같은 행정조직체계처럼 정보공동체에 대해서도 똑같이 적용된다. 또한 관료제는 여러 부처간에 일어나는 피할 수 없는 권력투쟁으로부터 영향을 받는다. 전문관료(수집관, 분석관, 방첩관을 포함하여)는 다른 부처를 배제하고 자신의 부처가 부각되길 원한다. 다양한 정보적 관점이 잘 조화되면 균형잡힌 공동체의 이익이 될 수도 있으나 그렇지 않을 경우, 균열이 생긴 관료제하에서는 그 구성요소 중 일부가 다른 요소들을 희생시키면서 부각된다. 편협한 권력투쟁이 지배적이 되면 채용·교육·승진에도 영향을 준다.

미국 정보공동체의 이질적인 요소들이 어떻게 상호작용하는가? 특히, 정부의 활동 중 정보분야에서의 상호작용을 결정하는 핵심요인은 강력한 리더십이다. 「윌리엄 J. 도노반」은 강력한 군사 관료주의를 뒤엎고 미국 역사상 최초로 일체적인 정보역량을 구축하도록 루스벨트 대통령을 설득하는데 성공했다. 비록 트루먼 대통령이 1945년 도노반이 구축한 체제를 해체하기는 했지만 그 체제는 1947년 CIA 창설로 다시 모습을 드러낸다. 전략사무국(OSS)의 퇴역병들, 특히 1950년대 CIA 국장을 역임한 「앨런 W. 덜레스(Allen Welsh Dulles)」는 CIA의 기초를 세웠다. 덜레스와 그의 계승자들은 수집관, 방첩관, 비밀공작관들을 지원하였으며 항상 조화되고 효율적이진 않았지만 서로 협력하도록 하였다. 비록 방첩은 정보요소들 중에 으뜸은 아니었으나 어느 쪽에 종속되지도 않았다.

중앙집권화되고 통합된 CIA는 분권적이고 편협한 경향을 극복하기 위해 설계되었으나 그러한 경향이 완전히 사라지지는 않았다. 70년대까지 대외정책에 대한 합의의 붕괴 및 새로운 CIA 리더십과 결합된 CIA 내부의 관료적 압력은 상대적인 권력과 그 구성요소간의 관계에 있어서 중요한 변화를 이끌어냈다. 중앙정보장 직위가 지속됨에 따라 분석과 기술적 수집(혹자는 인간정보수집도 포함)이 지배적으로 된 반면 방첩과 비밀공작은 사실상 평가절하되었다.

정보공동체 내 다른 기관들이 가진 정보활동에 대한 분권적 시각은 이러한 경향들을 심화시켰다. 국무부와 외교부 관리들은 정보활동을 '분석 또는 다른 국가에 영향을 주는 활동'이라기보다 본질적으로 정보수집이라고 보는 경향이 있었다. 그들은 자신들이 최고의 분석가이며 외교 분야의 관리자라고 보고 있었다. 비밀수집역량 또는 비밀공작조직 없이 단지 소규모 방첩조직만을 보유한 국방정보부 관리들은 모두 정보활동에 대해 편협한 견해만을 가지고 있었다. 육군 정보활동을 제외하고 미군 및 미군 방첩기관들은 군내(軍內) 법 집행이 주된 기능인 해군수사대·공군수사대와 같은 조직내에 수용되었다.

80년대에는 과거 존재했던 '정보기관 간 균형'을 되살리려는 시도가 있었다. 특히 방첩과 비밀공작에는 더 많은 관심과 자원이 투입되었다. 그러나 전체적으로 보아 큰 개선은 이루어지지 않았다. 중앙정보장의 관심과 다음 행정부 및 두 개의 의회(상·하원) 감독위원회의 지원 부재로 개혁은 지연되었다. 미국 정보활동의 우선순위들을 영구적으로 바꾸기 위해서는 지속적이고 용기 있는 정치-관료적 리더십이 필요하다.

그러한 노력을 복잡하게 만드는 것은 미국 정보공동체의 구조 그 자체와 미국 정치체제와의 관계이다. 영국의 한 학자는 미국 정보체계內 핵심적인 부분에 대해 연구하면서 미국 정보기관은 다른 국가의 유사기관들보다 "직접적인 정치적 통제에서 벗어나 더 큰 독립성"을 가지고 있다는 것에 주목했다. 예를 들면 CIA는 "영국 비밀정보부(SIS)가 외교·연방부서에 속해 있었던 것처럼 국무부에 속해 있었던 적이 한 번도 없었고 지금도 아니다."

다음으로 미국 정보조직의 엄청난 복잡성이다. 즉 여러 기관들, 부서들, 부처들이 다양한 활동에 중첩되어 개입되어있다. 그 결과 여러 차례의 일관성 부족 및 책임·소통의 혼란을 가져왔다. 오랜 기간 동안 형성된 정보부처의 행태를 바꾸는 것은 미국과 같은 민주주의 구조에서는 대단히 어려운 일이며 많은 국가에 정착된 다수당 정치체제에서는 더욱 그렇다. 현대 미국의 정보공동체는 지난 45년간의 훈련과 일상적인 공작활동을 통해 자체 조직에 쉽게 바꿀 수 없는 전문적인 풍토를 정착시켜왔다. 전통적으로 민선(民選) 지도자의 명령을 수행하는데 가치를 두는 미군과 달리 미국의 정보활동은 활동의 객관성과 정책결정으로부터 준(準)독립적이라는 사실에 자부심을 갖고 있다.

과거 이러한 태도는 정보기관들(특히 CIA)이 대통령의 "눈과 귀" 역할을 수행한다는 인식에 따라 균형이 맞추어졌다. 대체로 대부분의 미국 역사에서 정보활동은 대통령의 정책적·행정적인 특권영역이었다. 그러나 70년대 중반부터 사정이 달라졌다. 통치권의 헌법적 체계에서 필수구조인 권력분립 개념이 발전함에 따라 정보활동도 사법부와 사법조직의 감시권 내로 들어가게 되었다. 미국에서 정보정책과 정보행정도 정부의 다른 통치영역에서의 행정·정책과정과 유사하게 다루어졌다. 권력분립의 관점에서 본다면 미국 정보활동의 세계도 점차 "정상화"되어졌다는 것을 의미한다.

이것은 물론 정보공동체가 하나 이상의 수장을 갖는 것을 의미한다. 정보공동체는 단순하게 하나의 정부부처에 의해 통제되지 않는다. 이것은 장점이면서 잠재적인 약점이기도 하다. 탈냉전시기 국가안보업무에 대한 명백하고 강력한 합의가 없다면 행정부와 하원이 비밀공작과 방첩분야에서의 상당한 구조혁신과 개선작업이 필요하다는데 동의하는 것이 매우 어려운 일이 될 것이다. 이러한 특수 영역들에 대한 획기적인 개혁을 방치한 채 제도적이고 당파적인 각자의 입장과 주제가 의회의 회기를 지배하게 될 것이다.

정치적 환경에 대한 인식

또 다른 주요 변수는 정보공동체를 형성하는 데 있어서 정부의 운영환경에 대한 정부의 인식이다. 지도자들이 그들이 직면한 정치환경을 어떻게 인식하고 있는지는 정보활동에 있어 중요한 의미를 갖는다. 정부마다 정보의 구성요소를 서로 다르게 활용하고, 어떤 것이 더 중요한지 서로 다른 가치를 부여한다. 물론 전쟁가능성이 정치적 관심사의 최우선 순위이다. 위험을 명백히 느끼는 사람들은 그렇지 않은 사람들과 다르게 행동한다. 종교개혁에서 베스트팔렌 조약에 이르기까지 유럽은 종교전쟁으로 분열되었고 그 기간 동안 유럽의 대사들이 정보활동과 타국 정부의 전복을 위한 비밀 네트워크를 구성하는데 주력한 것은 우연이 아니다. 국가의 평화와 전쟁상태를 구분하는 서방유럽의 인식차이가 없어지면서 정부의 정보활동은 더욱 일반적인 특징이 되었다. 다음 세기 말까지 유럽에서는 전쟁이 지속되었다. 1789~1815년 사이 짧은 휴식이 있었다. 유럽왕조들이 혁명프랑스에 위협을 느껴 프랑스 군뿐 아니라 국가전체를 위협적으로 본 반면, 프랑스 집정관들은 프랑스 망명자 공동체에 스파이를 침투시켰다. 혁명프랑스는 외국의 스파이들로 넘쳐났다. 나폴레옹의 패배 이후에도 유럽왕조들은 여전히 계몽주의와 프랑스혁명으로부터 자극받아 강화되고 있던 세속적인 프랑스 민족주의와 계속 전쟁 중이라고 보았다. 러시아, 오스트리아, 프러시아의 신성동맹은 유럽 전역에 있는 혁명주의자들을 제거하려고 노력했다. 이러한 일에는 러시아 황제 차르들이 누구보다 가장 열정적이었다. 그들은 혁명주의자들을 찾아내기 위해 유럽에 너무나 많은 요원들을 파견했는데, 이에 다른 유럽의 통치자들도 러시아 황제 차르들이 자신들에게도 똑같은 계획을 실행 할까봐 두려워했다. 이탈리아의 혁명적인 공화주의 통일운동가 「쥬세페 마치니」는 19세기 중반 런던 망명기간 중 밀착감시를 당했으며 영국 특수요원들은 그의 편지를 중간에 가로채 열어보았다. 웰링턴 공작은 그러한 방법들이 혁명의 위협을 억제하는데 필요하다고 역설하였다.

종합해서 보면 19세기는 제한된 분쟁의 시대였으며 서구의 정치가들은 나름대로 중대한 정보역량의 발전이 필요하다고 서서히 깨닫기 시작하였던 때이다. 지난 세기의 마지막 수십년 동안 정보활동의 수요는 더 명백해졌다. 정치가들과 군 지휘관들은 훨씬 더 심각한 전쟁을 예견하여 전투에 도움이 되는 정보역량을 발전시키기 시작했다. 20세기 많은 민주국가의 정보체계는 제1차 세계대전을 유발한 긴장과 전쟁에 수반된 군사기술분야의 혁명적 발전에 그 기원을 두고 있다. 19세기 후반 정보활동은 군사적인 대비, 무기체계, 병참, 지형측량,

군대의 이동에 초점을 두었다. 제1차 세계대전은 정보활동의 범위를 크게 확장시켰다. 사회의 많은 요소들은 전투의 산물 및 결과물과 직간접적인 연관성이 있는 것으로 인식되었다. 공업, 과학, 의약, 철도 스케줄과 수리 보수, 시민의 도덕성 등 그 모든 것이 중요한 것으로 받아들여졌으며 정보활동의 범위 안에 들게 되었다.

제1차 세계대전에 이어 이태리, 독일, 러시아에서 전체주의 정치운동의 발흥으로 서구 역사상 가장 큰 비밀조직이 탄생하였다. 조직화, 정치적 선전, 폭력의 조합으로 국내에서 권력을 차지하고 유지했던 볼셰비키와 나치는 이러한 방식들을 해외에 적용시키기 시작했다. 한편 군사적인 혁신은 특수 수집과 분석기술의 발달에 의존하였다. 정부전복과 전쟁위협 증가의 위험을 인지하게 되면서 서구 민주국가들은 정보에 대해 더 체계적이고 조직적인 접근법을 발전시키기 시작했다. 군사력이 여전히 정보보다 우위에 있었다. 전쟁이 임박하기 전까지는 정보활동 노력과 대응책을 검토하기 위해 자금을 지원하고 기술정보와 인간정보를 통합하려는 진지한 노력이 이루어지지 않았다. 결국, 서구 민주국가들은 실제 전쟁위협이 닥쳐서야 비로소 모든 형태의 정보 수집과 분석 그리고 사건의 진행에 영향을 미치기 위한 준군사적·비밀공작을 위한 거대한 관료조직을 구축하였던 것이다. 대체적으로 미국의 정보활동 역사도 이러한 패턴을 따른다. 건국 초기 백여 년 간의 상대적인 지정학적 고립과 남북전쟁이라는 역사적인 변칙을 경험하면서 정보에 대한 미국의 관심은 해외로부터 오는 국가이익에 대한 위협을 어떻게 인식하느냐에 따라 크게 달라졌다. 특히, 2개의 세계대전은 정보에 대한 수요를 급증시켰다. 제1차 세계대전 중 채택된 조치들이 종전 후에 다소 위축되었으나 이후 제2차 세계대전 직전 및 제2차 세계대전 중 새로운 조직과 절차로 되살아났다. 1945년에 얻은 평화가 당분간 지속될 것으로 생각한 미국은 이후 대부분의 정보인프라를 해체하였다. 그러나 트루먼 대통령과 그의 행정부, 하원 핵심멤버들이 한때 동맹국이었던 소련이 향후 무한정기간 동안 중요한 군사·정치적 위협이 될 것이라고 믿게 되면서 정보인프라는 신속히 복구되었다. 위협에 대한 인식은 변화되었으며 그에 따라 국가안보정책의 지원과 미국의 정보역할에 대한 인식도 신속하고 확고하게 바뀌게 되었다.

그러나 소련의 위협에 대한 워싱턴의 시각은 고정되어 있지는 않았다. 앞서 논의한 것처럼 40여 년의 냉전기간 동안 정보활동에 대한 인식의 변화는 반복적으로 미국의 정보활동 방식을 바꾸었다. 대체로 인식되는 위협이 클수록 정보활동에 대한 지원은 커지고 비밀공작과 방첩에 대한 관심은 커졌다. 소련이 현실적인 정보활동 위협으로 인식되는 만큼 미국도 이에 대응하기 위해 노력했다. 소련이 효과적인 전면적 정보위협을 가하는 것으로 판단되면 그럴수록 그에 상응하는 방식으로 미국도 맞대응하거나 반격할 수 있게 정보역량을 증대시켰다. 소련에 맞대응하겠다는 식으로 미국이 결정한 것은 단순히 소련방식을 그대로 따라하겠다는 것이 아니었다. 소련과 미국이 서로 동일한 능력을 발전시켜 나갔다고 하기 보다는 공격적으로나 방어적으로 서로에 필적할만한 역량을 발전시켜 나갔다는 것이다. 냉전 이후 탈냉전의 안보환경에서는 미국에 대응할만한 강대국이 없었다. 유라시아의 여러 지역에서 잠재적인 적인 러시아는 핵무기와 정보역량을 보유하긴 하였지만 더 이상 과거 소련과 같은 초강대국은 아닐 것이다. 대부분의 분야에서 미국은 중대한 위협이나 적대적이고 세계적인 통합 정보동맹에 대해 걱정할 필요가 없다. 미국이 직면하는 것은 많은 작은 규모의 전통적·비전통적인 위협이다. 이란, 이라크, 북한의 사례에서 볼 때 일부 전통적 위협은 중대한 도전으로 드러났으나 향후 십년 동안 그들이 나치 독일이나 소비에트 제국이 제기한 것과 같은 심각한 위협이 될 것 같지는 않다. 그럼에도 불구하고 이러한 더 작은 부분들의 총합도 중대한 도전이 된다.

즉흥적인 작은 위기 사태와 국제적 기습의 지금 세계가 얼마나 새로운 정보역량의 혁신으로 귀결될지는 두고 볼 일이다. 다만 여하히 내다본다면, 이러한 새로운 상황의 발전은 비밀공작이나 방첩보다는 정보수집과 분석의 방향으로 더 지원이 가게 할 가능성이 크다. 근시안적인 시각일지 모르지만 역사를 보면 명백하고 현실적인 위협이 없거나 미국이 국제사회에서 해야 할 역할에 대한 공감대가 없을 경우에 미국의 정책 결정자들이나 일반 대중에게 방첩이나 비밀공작이 뒷전으로 밀려나갈 것으로 보는 것은 당연하다.

정권의 성격

코스타리카의 국방과 정보활동 수요가 이스라엘과 같지 않듯이 비록 국가의 지정학적 상황이 국가안보정책을 결정하는데 중요한 역할을 한다고 하더라도, 국가가 직면한 위협에 대한 인식과 국익의 범위에 대한 정의도 정권마다 그 양상이 다른 법이다. 정권의 특성은 국가마다 정보활동의 수행이 각자 다르고 정보활동에 대한 이해가 서로 다르다는 것을 설명해주는 최후의 변수이자 가장 중요한 변수이다. 사람이 무엇을 보느냐는 그 사람이 처한 상황에 의해 결정된다는 오래된 격언이 사실일지 모르지만 완전하지는 못하다. 왜냐하면 사람이 보는 것은 시력의 산물이기 때문이다. 모든 사람의 안구가 동일하지는 않다. 대체로 정부들은 전략적 태도의 측면에서 볼 때 방어적이거나 공격적이다. 그들은 스스로 현 상태에 만족하거나 또는 "앞으로 나가는 중"에 있다고 생각한다. 그들이 지원을 요하는 국가안보정책과 정보활동도 그들이 어떤 태도를 취하느냐에 달려있다. 예를 들면, 한 국가가 공세적이기 보다 방어적이라고 인식하고 있다는 것은 정부가 자신의 취약성에 더 관심을 기울일 것이며 행동을 취할 기회에는 덜 관심을 기울일 것이라는 의미이다. 자유민주주의 체제는 비밀공작 역량을 조직하는 데 더 느릴 수 있으며, 자신의 정치적 생명이라고 할 수 있는 관용성이 오히려 공격적인 적들의 음모에 취약하게 만들어 "스파이 공포"에 더 약할 것으로 생각된다.

물론 대의적이며 독재적인 정부들은 이런 전략적인 태도에 딱 맞아 떨어지지는 않는다. 근대 자유민주주의 국가들은 대부분 현상유지 성향의 국가들이었으나 항상 그러했던 것은 아니다. 영국, 프랑스, 미국 모두 한때 제국주의 시절을 보낸 적이 있다. 거꾸로 프랑코가 지배했던 스페인, 호자의 알바니아, 소모자의 니카라과 등은 그들의 인접국에 비교하면 상대적으로 평화지향적인 국가들이었다. 역사적으로 보면 오래 지속되었던 대부분의 사회는 대체로 강력한 개인의 통치로 특징지어진다. 강력한 통치자의 부재는 공통적으로 허약함과 취약성을 의미해왔다. 실제로 정부의 주요한 목적은 일반적으로 황제, 국왕, 술탄, 왕자, 추장, 족장, 장군 같은 통치자들의 권력을 보호하고 숭상하는데 있었다.

정부의 정통성이 도전받았을 때 통치자와 피지배자의 관계는 권력의 보존과 확장에 기반을 두었다. 통치자가 피지배자들을 마치 실제 또는 잠재적인 적으로 간주하기 때문이다. 안보와 방첩이 최고의 정보 요소가 되는 것이다. 실제로 해외 정보수집활동(특히, 망명자를 추적하거나 인접국에 골치 거리를 유발하려는 이웃국가 통치자의 의도를 추적하는 것)은 종종 자국의 안보사안의 확장일 뿐이다.

20세기의 악명 높은 전체주의 정부들은 전통적인 독재자의 통치방식이 더 철저하고 완벽하게 구현된 형태이다. 그 정부들은 자국 국경 안에서 평화롭게 살아가는 모든 사람이 시민 또는 잠재적인 시민이라는 자유주의적 관념을 부정해 버렸다. 단지 지배정당의 구성원들만 그 정권의 정치적 삶에서의 한 역할을 하도록 희망할 수 있었다. 자체적으로 거대한 내부 보안군, 폐쇄적인 국경정책, 상비군을 보유한 상황에서 지배정당은 피지배자와 정권을 차지하려는 자들과의 영원한 전쟁을 벌이는 상태였던 것이다.

전체주의 사회의 정보활동이 대부분의 민주주의 사회의 정보활동 방식과 여러 측면에서 다른 것은 놀라운 일이 아니다. 권위주의 체제와 전체주의 체제에서 정보업무는 안보업무와 거의 같은 뜻이다. 비록 국내의 적과 해외의 적(두 개의 적은 모두 추적당하고 있으며 가능하면 언제나 무력화된다) 사이에 구별은 거의 없지만, 정보업무는 주로 현지인을 대상으로 수행한다. 잠재적인 국내의 적이 훨씬 더 가까이 있고 외국의 요원들보다 훨씬 숫자가 많다. 전통적으로 KGB는 인력의 약 90%(군과 국경경찰을 포함하여 한때 50만 명을 넘었던 것으로 평가됨)를 해외의 자본주의 적들에 대해서가 아니라 자국민에게 배치하였다. 정부의 성격 차이에서 기인하는 차이점은 중요하다. 예를 들면, 미국과 영국은 일반적으로 약 95%의 정보활동을 외부위협에 집중하였다. 또한 안정적인 민족국가가 갖고 있는 주권적 평등성의 개념을 온전히 받아들이는 전체주의 통치자는 드물다. 대신에 이 특별한 체제가 사회를 조직하는데 유일한 “올바른” 길이라는 생각에 집착하여, 가능하다면 언제든지 이웃국가들에게 그것을 강요해 왔다. 실제로 그들은 다른 국가들을 제거되지 않으면 언젠가 시간이 변하면서 혁명적 질서의 활력을 손상시킬 수 있는 외부존재라고 생각하였다. 그러한 정부들은 전쟁과 평화 사이에 엄격한 구분을 짓는 서구 주류의 개념도 받아들이지 않는다.

전체주의 통치자들은 정권유지에 필요하다고 생각되면 어떠한 수단이라도 채택했다. 전체주의 사회에서는 정보활동을 수행하는데 거의 제한이 없었다. 특히 비밀 정치공작은 일상적인 무기였다.

'민주주의 국가 대 독재국가'의 정보활동 관행의 차이에 대한 이러한 일반적인 규정이 계속 변하는 정부체제나 민주주의와 독재 사이 어딘가에 있는 정부형태 또는 현대의 러시아, 터키, 콜롬비아, 멕시코 같이 강력한 초국가적 위협에 직면한 약한 국가들에 대해서는 잘 설명하지 못한다. 그러나 그것은 미국과 같이 현대의 안정적이고 자유로운 민주주의가 독재 권력이나 약하고 쪼개진 국가들보다는 비밀공작이나 방첩역량을 덜 확장하는 성향이 있다는 것을 시사한다. 그 한 가지 예로서 민주주의는 그렇게 할 필요성이 적다. 똑같이 중요한 것은 민주주의가 비밀공작 및 방첩활동과 민주적이고 공개된 사회의 가치 사이에 나타나는 잠재적인 긴장관계에 더 직접적으로 노출되기 때문이다.

"조각들 짜 맞추기"

이 연구는 우선 정보 요소들의 기능을 분명하게 밝히기 위해 그 정보활동 요소들 간의 차이점을 밝히면서 시작되었다. 그 정보활동 요소들은 서로 공생관계에 있다. 만약 어느 한 가지 요소가 약해지거나 사라지면 다른 요소들도 역으로 영향을 받기 쉽다. 방첩과 비밀공작이 적절히 수행되기 위해서는 수집과 분석의 지원을 필요로 한다. 그리고 그 반대로도 마찬가지이다. 그리고 각각의 정보활동 요소들은 정책결정자들이 만든 지침을 반영하고 그 지침에 의존한다.

물론, 어떠한 정보체계도 완벽히 균형을 이룰 수는 없다. 국가들은 때때로 시기마다 어떤 정보요소를 다른 것보다 더 강조하게 된다. 그리고 미국이 중요한 방첩과 비밀공작을 소홀히 하였다는 사실이 꼭 부정적인 것만은 아니다. 예를 들면, 방첩을 지나치게 강조하면 정보수집을 방해할 수 있으며 국내에서 직권남용을 유발할 수 있다. 비슷하게 비밀공작을 너무 쉽게 믿으면 전략적 건전성에 의해 공작을 수행하기보다, 정치적으로 민감한 정책을 설득력 있게 주장하지 못하는 정부실패에 근거하여 공작을 수행할 수가 있다. 지금 제기할 필요가 있는 질문은 "미국의 경우 정보 요소들 간의 불균형이 지나치게 크지 않은가의 문제이다. 방첩과 비밀공작을 싫어하는 지배적인 선입견이 국정운영과 정보활동을 전체적으로 곤경에 처하게 할 수 있는 상황을 만들지는 않았는가? 확실히 지난 수십년 간 방첩과 비밀공작의 역량에 대한 잠재력(이상)과 그것들의 실제 모습(현실)간에 불일치의 괴리는 커져왔다. 이러한 괴리가 당시 소련과 소련의 동맹국 등 주요 적국에 대한 투쟁을 더 어렵게 만들었고, 더 많은 비용이 들도록 만들었다. 미래의 핵심적인 국가 안보 이슈는 그 불일치가 지속되거나 불일치가 커지도록 그냥 내버려두는 것이 과연 현명한 것인가의 여부이다.

예측가능한 미래를 위하여

냉전의 종식은 20세기 후반 동안 미국이 관심을 쏟았던 많은 위협요소들을 소멸시키거나 감소시켰다. 그러나 냉전의 종식이 분쟁의 종식을 가져오지는 않았다. 정반대로 세계정치는 인류가 존재한 만큼의 역사 동안 그러했듯이 변함이 없이 그대로 이어져왔다. 세계정치에 개입하는 단위나 행위자의 형태는 변하고 있으며 이러한 행위자들과 관련된 이슈나 위협들도 다양해지고 있다. 그러나 우리가 "역사의 종언"이나 "영구적인 평화"에 접근하고 있다는 최근의 낙관적인 예측과는 정반대로 상대적으로 저급한 수준의 정부와 상대적으로 높은 분쟁과 폭력에 대한 의존으로 특징되는 세계정치는 그대로 지속될 가능성이 크다. 미국은 불확실하고 위험한 세계에 직면하고 있다. 국가들은 앞으로도 계속해서 무력분쟁과 대량살상무기의 생산·확산, 테러리즘에 계속 의존할 것이다. 1991년 걸프전과 1994년 말 이라크 위기가 그 좋은 예이다.

게다가 미국과 많은 독립적인 국제 공동체들은 20세기에 유효하였던 국가중심적 패러다임이 더 이상 충분한 설명과 지침이 되지 않는 비전통적인 도전에 직면하였음을 점차 깨닫고 있다. 아마도 미국의 이익에 대한 가장 중요한 비전통적인 도전은 약한 정부들이 늘어나는 것과 현지 정부에 도전하고 국제적인 통제를 거부하는 준국가적·국제적 행위자들의 발흥이다. 이러한 행위자들은 인종집단과 종교집단 그리고 고위층의 정치적 커넥션이 있는 조직범죄자들을 포함한다. 이런 현상은 제2세계·제3세계로 불리는 곳에서 뚜렷하게 나타난다. 발칸반도, 코카서스, 서남아시아, 중앙아프리카 등지의 일부 국가들은 완전히 분열되었다. 안데스와 멕시코의 일부, 중앙아메리카와 카리브해 지역에서 정부들은 자국 영토를 통제하는데 큰 어려움을 겪고 있다. 국가가 분열되는 경향은 제1세계에서도 뚜렷하다. 예를 들어, 인종 범죄, 인종적·종교적 분쟁은 유럽 일부에서 계속 증가일로에 있으나, 현지정부들은 이런 도전에 대응하는데 어려움을 겪고 있다. 냉전종식은 분쟁을 종식시키지 못했을 뿐 아니라 총체적 정보역량에 대한 수요도 종식시키지 못했다. 앞으로도 전통적·비전통적 분쟁에 대한 정보수집과 분석에 대한 수요는 계속될 뿐 아니라 방첩과 비밀공작이 공생적으로 연계된 정보요소에 대한 수요도 계속될 것이다. 오늘날 미국의 국내외 정부인사(人事)와 임명은 백여 개 이상 국가의 정보기관과 비국가 행위자들의 정보수집 대상이 되고 있다. 예를 들면, 이라크, 북한, 이란, 수단과 같은 국가들은 특정 지역에서의 미국의 이익에 적대적인 경향이 있다. 다른 많은 독재정부들은 자국 내에서 미국의 이익에 대해서는 적대적이지만 해외에서는 그렇지 않다. 많은 적대적인 외국 정보기관들이 미국의 정보활동을 방해하고 상당한 정도로는 미국의 인식을 조종하려고 시도할 것이다. 그들은 자신들에 대한 미국의 적극적인 정보활동을 무력화시킬 뿐 아니라 자국에 대한 미국의 정책을 바꾸게 하거나 빗나가게 하려고 시도할 것이다.

다른 정부들은 전체적인 미국의 이익에 우호적일 것이며 테러나 조직범죄와 같은 특정 이슈들에 대해서는 더욱 협조적일 것이다. 그러나 많은 우호적인 정부들의 기관들조차 정보자산의 일부를 미국의 기밀을 입수하고 미국의 인식에 영향력을 미치는데 사용하고 있으며, 또한 자신들의 기밀을 알아내고 정치에 영향을 미치려고 하는 미국의 정보활동 노력을 차단하는데 사용하고 있다. 약 10만여 명의 사람들이 미국의 정보활동을 무력화하고 속이는 것을 생업으로 하고 있다. 미국의 이익을 증진하기 위해 미국은 수세기 동안 총명한 정치인이 여러 가지 방법으로 해왔던 일, 즉 방첩이 그 임무를 충분히 수행하도록 하는 일을 시작해야 할 것이다. 또한 국제활동영역이 주권국가의 활동에 준할 정도로 광범위한 콜롬비아 마약 카르텔, 중국 삼합회, 이탈리아·러시아 마피아 등 거대하고 숙련된 범죄조직과 같은 비국가 행위자들에 의한 정보위협을 고려해야 할 것이다. 이러한 단체들은 사법기관에 침투하거나 자국정부나 타국 정부의 의사결정에 은밀히 영향력을 행사하는 것과 같은 정보활동에 관련한다.

미국은 정치적 또는 관료주의적 입장에서 위와 같은 국가와 비국가 행위자들의 활동에 대응하기 위해 필요한 노력들이 투입 비용만큼의 가치가 없을 것으로 판단할 수도 있다. 그러나 그러한 판단은 조만간 불리한 역효과를 초래할 것이다. 미국 도시에 대한 성공적인 테러 공격의 형태이든 또는 중동·유라시아 핵심 지역에서의 미국 정보활동의 손해이든 또는 전세계 여러 지역에서 정치적 범죄단체들이나 “방첩대상 국가들” 내에서 상황이 발생하는 것에 대한 이해의 어려움 같은 것을 초래할 수 있기 때문이다. 방첩활동은 지금까지 그래왔고 미래에도 가치 있는 전략적 도구로 남을 것이다. 역사가 보여주듯이 방첩활동은 잘 이해되고 적절히 사용되면 국가가 자신을 보호하기 위한 것뿐만 아니라 적들의 이익에 대항하여 자국의 이익을 증진시키기 위해서 사용될 수 있다. 비밀공작도 마찬가지이다. 미국은 정책을 지원하기 위한 수단으로써 비밀공작을 계속 이용하지 않을 수도 있다. 그러나 비밀공작이 미국 국정운영의 일반적인 수단으로 간주된다고 하더라도 그것이 탈냉전시대에 더 많은 비밀공작이 수행되어야 함을 의미하는 것은 아니다. 비밀공작이 정치적 합의나 잘 고안된 정책의 대체재인 것으로 이해되어서는 안 된다. 미국이 잘 고안된 정책을 발전시켜나가거나 국민적 합의를 이끌어낼 수 없다면 비밀공작으로부터 기대할 것은 많지 않다. 그러나 다른 군사 및 외교 정책수단과 연계하여 효과적으로 활용되면 비밀공작은 전통적 또는 비전통적 위협에 직면해서 미국의 국익을 확장시키는데 중요하고 결정적인 역할을 맡을 수 있을 것이다. 최후의 수단이 아니라 정책의 보조자로서 필요한 시점에 의존할 수 있도록 비밀공작 토대를 발전시켜야 한다고 강력하게 주장하는 입장도 있다.

전세계 모든 국가들과 관련하여 오늘날 미국이 국제사회에서 누리는 이익을 볼 때 방첩활동과 비밀공작역량을 그대로 방치하는 것이 치명적일 것으로 보이지는 않는다. 그러나 방첩활동과 비밀공작 역량이 축소됨에 따라 대통령이 국가안보문제를 다룰 때, 전쟁이라는 극단적인 방법을 빼고는 손쉽게 사용할 수 있는 수단이 급격히 줄어들면서 유리한 이점을 활용할 수 있는 비용이 증대되었다. 또한, 미국의 패권지위가 도전받지 않은 채 영원히 지속될 것 같지는 않다. 20세기가 끝난 후에도 국제사회에서 히틀러와 스탈린과 같은 악당들은 사라지지 않았다. 시험에 닥쳤을 때 허약한 미국의 방첩과 비밀공작 역량은 단순한 장애물 보다 더한 것이 될 수 있다. 전세계 역사를 걸쳐 그래왔듯이 그것은 재앙의 기폭제가 될 수도 있다.

전통적으로 미국의 대외정책 성향은 반복되어 나타나는 경향이 있다. 개입과 철수가 반복되는 경향은 사계절처럼 자연스럽게 보일만큼 미국의 역사에 뿌리 깊게 남아있다. 이러한 순환되는 현상은 불가피한 것도 아니며 바람직하지도 않다. 진지하게 지속적인 노력을 통해 무언가 새로운 변화를 만들어낼 수 있다. 안보를 강화하기 위해 미국의 정보활동이 다시 활력을 되찾을 필요가 있다. 더 이상 미국의 지도자들이 총체적인 정보역량의 강화에 부정적인 입장을 견지할 여유가 없다. 대통령들과 의회 지도자들은 국가안보를 지키는데 방첩과 비밀공작 같은 정보활동이 얼마나 큰 기여를 하고 있는지 이를 인정하고 명확하게 해야 할 것이다. 물론 아마도 이것만으로는 충분치 않을 것이다. 대통령과 의회의 겉만 번드레한 수사적인 연설이나 대통령 주도의 '나홀로 개혁'만으로는 방첩과 비밀공작 역량에 내재하는 '현실과 당위성 간의 불일치'를 해소할 수 없다. 근대화, 관료주의 문화, 위협에 대한 인식문제는 열정적이고 지속적인 리더십을 갖고 있다고 해도 쉽게 다루어질 수 없기 때문이다. 그럼에도 불구하고 강력한 리더십이 존재하고 정보 불일치에 대한 대중적인 이해가 있다면 이것으로 미국의 미래 안보이익과 관련된 정보활동의 결핍을 해소하기 위한 장기적인 노력을 해 나갈 수 있을 것이다.

용어 및 약어 해설

active measures : 비밀공작. 소련 지휘부 및 KGB가 정치적 목적 달성을 위해 선전·선동, 영향력 공작, 위변조, 역정보 공작 등을 포함한 비밀공작을 의미하는 뜻으로 사용한 용어.

AFL : 美노동총연맹. 1955년 산업기관회의(CIO)와 통합되어 AFL−CIO로 재탄생.

AFOSI : 美공군 특별수사대로서 범죄 및 방첩 수사 전담.

America First : 미국 제일주의 운동. 미국의 2차 대전 개입을 반대한 로비활동 단체.

analysis : 정보분석. 생첩보에서 유의미한 사실을 추출하고 결론을 도출해 보다 정보적이고 의미 있는 생산물을 만들어 내는 지적인 과정.

ASA : 육군보안국. 2차 대전 당시 신호정보를 담당한 美 전쟁부 산하조직으로 NSA의 전신.

BSC : 영국보안조정국. 2차 대전 당시 미국 내에서 활동한 영국의 비밀 공작기관으로서 反나치 방첩공작과 비밀 선동공작을 수행을 수행함으로써 미국 여론을 전쟁 지지로 유도하기 위해 노력.

CIC : 육군방첩대. 1917년 최초로 조직된 군 방첩 조직으로 국내외에서 미군에 대한 간첩 침투 및 전복 사건 등을 담당.

CIG : 美 중앙정보단. 1946.1월 트루만 대통령에 의해 창설되어 각 부처 정보활동을 조정하다 1947년 CIA로 흡수.

COI : 정보조정처. 1941년 루스벨트 대통령에 의해 창설된 미국 최초의 중앙정보기구로 1942년 전략사무국(OSS) 출범 시 통합.

COINTELPRO : 1951년 미국 공산당 및 좌파조직들을 와해시키기 위해 조직된 FBI의 반정부·급진조직 와해 프로그램.

collection : 수집. 비밀 수단을 주로 활용해 공개적, 기술적, 인간 출처들로부터 유의미한 첩보를 수집하는 활동.

counterintelligence : 방첩. 적의 정보활동을 적발, 무력화, 역용해 나가는 방첩 활동. 국가 정보기관이 자신들의 활동 및 비밀을 보호하고 적 정보기관의 활동을 자신들에게 이로운 방향으로 이용하기 위한 활동.

covert action : 비밀공작. 정부 기관이 자신의 개입사실을 숨긴 채 타국의 사건에 영향력을 행사하기 위해 선전·선동, 정치 행위, 준군사공작, 정보지원 등을 주로 전개하는 비밀공작.

CPSU : 1917~1991간 집권했던 소련 공산당.

CPUSA : 미합중국 공산당.

DCI : 중앙정보장. 대통령에 의해 지명되고 상원에서 인준되어 임명된 후 대통령의 정보자문관, 정보공동체 수장, CIA 부장의 세 가지 역할 수행.

DI : 정보본부. CIA 내에서 정보를 분석해 최종 생산하는 정보분석 본부로 CIA 차장이 수장. 흔히 DI 혹은 DDI로 불림.

disinformation : 역정보. 적을 속이고 타국을 잘못된 방향으로 유도하기 위해 고의적으로 활용하는 거짓 정보(기만정보).

DO : 공작본부. 즉 해외 정보수집 및 해외 방첩, 비밀공작을 담당하는 CIA의 공작본부. 비밀공작처로도 불리는데 수장은 공작담당 차장 혹은 DDO로 불림.

Double－Cross : 이중스파이 공작. 2차 세계대전 시 독일 공작원들을 역용해 역정보를 흘린 영국의 방첩공작 이름.

DP : 계획감독관실. 1950.12월부터 CIA 내에서 기획 업무를 담당하는 기획조정실. 비밀 수집활동 및 해외 방첩을 담당하는 특수공작실(OSO), 해외 비밀공작을 담당하는 정책조정실(OPC)에 대한 감독 업무도 병행했으나 이 두 기구는 1973년 공작본부로 편입.

DS&T : 과학기술본부. 정보수집 활동에서 과학기술을 담당하는 CIA의 과학기술본부로 과학기술 담당 차장이 수장.

EUR－X : 공산주의운동 분석팀, 1930년대 국무부에 창설된 작은 공산주의운동 분석팀으로 1940~50년대에 국제 공산주의 활동을 분석하고 反스탈린 활동 지원.

FMLN : 엘살바도르 공산주의 게릴라 조직에 뿌리를 둔 정당인 파라분도마르티 해방전선.

FUSAG : 美 제1집단군. 2차 대전 시 독일 군을 기만하기 위해 조직된 가상의 군대. 프랑스 칼레와 마주한 영국의 East Anglia에 본부를 두고 노르망디 상륙 작전의 장소 및 시간을 기만하기 위해 수행된 포티튜드 작전의 일부 역할 수행

GKNT : 소비에트 국가 과학기술위원회.

GRU : 소련군 총참모부 정보총국. 1920년대에서 1980년대에 이르기까지 해외 정보활동도 왕성하게 수행.

HPSCI : 1977년 설립되어 하원 정보 감독기구로 활동하는 美 하원 정보특별위원회.

Hughes－Ryan Amendment : 1961년 제정된 대외원조법에 1974년 부칙으로 추가된 의회의 수정안. 대통령에게 해외 비밀공작이 국가안보에 중요하다는 것을 입증하도록 함으로서 행정부의 비밀활동을 감독.

human intelligence(humint) : 인간정보. 기술적 수단 보다는 인간을 이용해 정보를 수집하는 인간정보활동.

IG－CI : 방첩관계 기관단. 상급 정보관계 기관단의 하부 위원회.

IG－CM and Security : 대응 및 보안관계 기관단. 상급 정보관계 기관단의 하부위원회.

information warfare : 정보전. 적에게 정보를 허용하지 않거나 적 정보시스템을 파괴 및 능력 저하 등을 유도하는 정보전.

intelligence assistance : 정보지원. 비밀활동의 한 형태로서 정보기관 및 정부에 대해 일반적으로 수행되는 연락 이상의 정보지원. 통상 타국의 특정 사건이나 결정에 영향력을 행사하기 위해 요원 훈련, 물자 및 기술지원, 정보전달 등의 방식을 사용.

ISI : 파키스탄정보부. 1980년대 아프카니스탄에서의 비밀공작을 위해 CIA와 협력했던 파키스탄 정보기관.

KGB : 소련 국가보안위원회. 소련 국내외 정보를 담당하는 기관으로 1917년 Cheka란 조직으로 창설된 후 여러 이름을 사용.

Mossad : 이스라엘 해외정보 담당기관.

NSCID 5 : 1948년 하달된 국가안보회의 정보명령 5호. CIA에 해외 방첩에 대한 일차적 책임을 부여한 대통령령.

ONI : 美 해군정보국. 1882년 창설되어 해외 각 나라의 해군활동에 대한 정보를 해군에 제공.

OPC : 美 정책조정실. 1948년 창설되어 CIA 지원하에 대소 봉쇄정책을 지원하는 비밀공작 임무를 수행하다 1952년 OSO와 통합되어 CIA 비밀공작실로 합병.

OSD : 국방장관실.

OSO : 특수공작실. 1947년 신생 CIA에서 비밀 수집 및 방첩을 담당하다 1952년 OPC와 통합되어 CIA 비밀공작실로 합병.

OSS : 전략사무국. 루스벨트 대통령에 의해 1942년 설립되어 전략정보 수집 및 분석, 해외 방첩 및 비밀공작 활동을 수행한 최초의 통합 정보기구였으나 1945년 트루만 대통령에 의해 해체.

paramilitary operations : 병력 사용을 포함하는 비밀공작의 한 형태로서의 準군사작전.

PFIAB : 대통령 외교정보자문위원회. 아이젠하워 정부에서 설립되었다가 1977년 해체된 후 1981년 다시 설립됨. 대통령을 수장으로 한 민간인들로 구성되어 미 정보기관의 활동을 심의.

PFLP－GC : 팔레스타인 테러조직인 팔레스타인 인민해방전선 총사령부.

political action : 해외 사건에 영향력을 행사하기 위해 정치적 수단을 주로 사용하는 비밀공작의 한 형태.

positive intelligence : 적극적 정보. 해외 특정 사건의 전개 동향이나 활동에 대한 가치 있는 정보로서 통상 적극적인 정보수집 활동에 의해 얻어지나 종종 방첩정보가 중요 단서가 되기도 함.

propaganda : 선전. 해외의 사건에 영향력을 행사하기 위해 말, 상징, 기타 심리적 기법 등을 활용해 비밀공작의 한 형태로 수행되는 선전·선동 활동.

SCC : 특별조정위원회. 1978년 카터 행정부에서 NSC 산하에 설립되어 비밀공작과 같은 민감한 정보활동에 대한 감독업무 수행.

SIG－I : 상급 정보관계 기관단. 레이건 행정부 NSC 산하 위원회로서 정보관련 기관에 대한 활동 모니터링 및 조정 담당.

signals intelligence(sigint) : 신호정보. 전자적 신호에서 정보를 얻는 신호정보로서 통신정보 등을 포함.

SIS : MI6로 알려진 영국 비밀정보부. 비밀 수집활동 및 방첩, 해외에서의 비밀공작 등 담당.

SOE : 2차대전 시 준군사 비밀활동을 담당한 영국의 특수작전수행대.

SSCI : 상원 정보특별위원회. 1976년 설립, 상원의 정보감독위원회 역할수행.

SSU : 전략임무대. 전쟁부의 한 조직으로 수집 및 방첩 업무를 수행하였으나 1945년 OSS 해체 시 비밀공작 활동은 제한됨.(OSS → SSU → CIA로 변천)

SWP : 사회주의노동자당. FBI가 침투했던 트로츠키 추종 미국 내 정치세력.

tradecraft : 첩보기술. 정보 전문가들이 사용하는 방식과 공작.

Trust : 트러스트. 서구에 역정보를 흘릴 목적으로 1920년대 만들어진 소련의 방첩 프로그램으로 반대파를 탄압하고 서구에 거짓 정보를 전파하는 활동 수행

Ultra : 2차 대전 시 독일의 통신을 절취해 해독했던 연합국의 공작산물.

VPK : 소비에트군산복합위원회. 소련의 핵심 방위사업체들로부터 수집 요구사항을 접수해 우선 순위화한 다음, GKNT와 같은 획득 담당기관에 전달함으로써 KGB 및 GRU에 의해 수집되도록 하는 역할을 담당.

X－2 : 전략사무국(OSS)의 방첩 조직.

찾아보기

[저자소개]

「로이 고드슨(Roy Godson)」은 『조지타운大』 정부학과 부교수이며 『美 정보학 컨소시움』의 회장이다. 그는 대학에서 20년 이상 국가안보와 외교정책, 미국과 해외정보 그리고 국제관계와 국제법 분야를 가르치고 있다. 1980년부터 1981년까지 레이건 당선자의 대통령직 인수위원회에서 CIA를 담당했으며 1982년 이래로 『국가안전 보장회의(NSC)』, 『대통령해외정보자문위원회』 등의 정부기관에서 고문을 맡아 왔다. 또한 「Godson」 박사는 上·下院 정보위원회에서 수없이 전문분야에 관하여 증언을 하였다. 그는 『Security Studies for the 1990s』, 『Intelligence Requirements for the 1990s』, 『Comparing Foreign Intelligence』를 포함한 다수의 학술논문을 발표하였으며 18권의 저서가 있고 7권으로 이루어진 『Intelligence Requirements for the 1980s』 시리즈를 출간하였다.

[역자소개]

「허태회」 박사는 1995년 미국 University of Denver에서 국제정치학 박사를 취득한 후에 현재 선문대학교 국제관계학과 교수로 재직 중이다. 그는 동북아역사재단 자문위원, 대통령 직속 사회통합위원회 위원, 국가정보원 전문위원 등을 역임하였다. 최근에는 선문대학교 대외협력처장과 국제평화대학장을 거쳐 현재 한국국가정보학회 부회장직을 맡고 있다. 주요 저서로는 "한반도통일론", "신편 국가정보학", "지속가능한 통일론의 모색", "21세기 국가방첩", "정보분석의 역사와 도전" 등이 있으며 주요 학술논문으로는 "21세기 현대정보전의 실체와 한국의 전략과제", "위기관리이론과 사이버안보 강화방안", "정보환경변화에 대응한 대국민방첩의식 제고방안", "위기관리와 국가안전보장회의", "선진 국가방첩이론과 방첩효율성의제고" 등을 포함한 40여 편의 논문이 있다.

[英語版 출판정보]

原題 : Dirty Tricks or Trump Cards U.S. Covert Action & Counterintelligence
1995년 初版 : 美 『국가전략정보센터(National Strategy Information Center)』 출판
2001년 改訂版 : 『Transaction Publishers』 출판 (New Jersey州 Brunswick)
2008년 : 改訂版 6刷
ISBN : 978-0-7658-0699-4

더러운 속임수인가 아니면 비장의 카드인가
미국의 비밀공작과 방첩

초판인쇄 2015년 12월 1일
초판발행 2015년 12월 10일

지은이 Roy Godson
옮긴이 허태회
펴낸이 안종만

편 집 한두희
기획/마케팅 강상희
표지디자인 홍실비아
제 작 우인도 · 고철민

펴낸곳 (주) 박영사
서울특별시 종로구 새문안로3길 36, 1601
등록 1959. 3. 11. 제300-1959-1호(倫)

전 화 02)733-6771
f a x 02)736-4818
e-mail pys@pybook.co.kr
homepage www.pybook.co.kr
ISBN 979-11-303-0264-5 93390

정 가 25,000원